高等学校专业教材

2009 年度中国轻工业联合会科技优秀奖

食品工厂机械与设备

（第二版）

主　编　许学勤

U0219680

中国轻工业出版社

图书在版编目（CIP）数据

食品工厂机械与设备/许学勤主编 . —2 版 . —北京：中国轻工业出版社，2025.5
ISBN 978 - 7 - 5184 - 2020 - 9

Ⅰ.①食… Ⅱ.①许… Ⅲ.①食品厂—机械设备 Ⅳ.①TS208

中国版本图书馆 CIP 数据核字（2018）第 147238 号

责任编辑：张　靓　　责任终审：孟寿萱　　封面设计：锋尚设计
版式设计：锋尚设计　　责任校对：吴大朋　　责任监印：张　可

出版发行：中国轻工业出版社（北京鲁谷东街 5 号，邮编：100040）
印　　刷：三河市国英印务有限公司
经　　销：各地新华书店
版　　次：2025 年 5 月第 2 版第 8 次印刷
开　　本：787×1092　1/16　印张：27.75
字　　数：640 千字
书　　号：ISBN 978 - 7 - 5184 - 2020 - 9　定价：64.00 元
邮购电话：010 - 85119873
发行电话：010 - 85119832　010 - 85119912
网　　址：http：//www. chlip. com. cn
Email：club@ chlip. com. cn
版权所有　侵权必究
如发现图书残缺请与我社邮购联系调换
250796J1C208ZBW

第二版前言 | Preface

　　《食品工厂机械与设备》第一版自 2007 年出版发行以来，已经被我国众多高校的食品专业选作教材，并且得到了较好的评价。随着科学技术的进步，我国食品工业机械设备从生产线角度看，机械化、连续化、自动化方面均有较大发展。根据多年来对食品行业机械设备使用情况观察了解，以及教学实践经验的积累，编者感到重新修订本教材势在必行，以使本教材较好适应食品专业本科教学质量提高的需要。

　　根据食品行业流行应用情形，本书第二版相对于第一版，在章节上作了如下调整：第四章第五节主要介绍固体固液萃取设备，节名改为"固液萃取机械设备"；第七节"粉尘分离设备"名称不变，但内容主要介绍旋风分离器和布袋过滤器；第八章，删除了第一版冷冻浓缩一节，章名也由第一版的"浓缩设备"改为"真空蒸发浓缩设备"，主要介绍真空蒸发浓缩设备；第十二章，删除了第一版中"电离辐射杀菌装置"一节的内容，章名改为"热杀菌机械设备"，主要介绍罐头类食品热杀菌机械设备和流体食品热处理机械设备。

　　在修订过程中，同时作了以下调整：对插图进行了完善，增加了一些设备实物外形图，以强化读者对所介绍设备的感性认识；将第一版教材中大部分插图的数字间接标记，改为直接文字标记，以期提高信息传递效率；自测题的填充题模式做了调整，其他题型也增加了内容，以期提高本教材主要内容的全面掌握程度。

　　本书仍提供与全书内容配套的同步 PPT 课件，但作了较大改进。主要体现在：文字内容和插图多以动画方式展示，突出了内容表达的层次感、逻辑性；PPT 使用的实物照片插图尽量采用彩图，一些黑白色的平面结构原理图，在 PPT 课件表示过程中也尽量采用局部色块表达，并与动画和文字内容配合，使教材内容信息传递的视觉效果得到提高。

　　本书的修订工作由江南大学许学勤、李才明、姜启兴三位老师完成。其中，许学勤完成第 1 章、第 11 ~ 14 章的修订，各章自测题的编写及配套 PPT 课件的制作；李才明完成第 2 ~ 6 章的修订；姜启兴完成第 7 ~ 10 章的修订。全书由许学勤统稿。

　　本书的编写工作得到了江南大学和中国轻工业出版社的大力支持，在此表示衷心感谢。

　　由于作者水平有限，书中难免有错误与不当之处，恳请读者批评指正。

编者

第一版前言 | Preface

食品工厂机械与设备是全国高等学校食品专业的主要专业课程之一，其任务是使学生了解掌握食品工业常用机械与设备的类型、原理、结构和特点等方面的知识。它是一门为学生在食品工艺学与食品工厂设计课程之间建立紧密联系的桥梁性课程。

原天津轻工业学院与原无锡轻工业学院合编的《食品工厂机械与设备》教材自1981年出版发行以来，累计印发了十多万册，在过去二十多年间，为我国高等食品专业人才的培养与教育做出了不可磨灭的重要贡献。随着我国食品工业的发展，食品机械设备的更新与发展，以及食品专业培养方案和教学模式的调整与改革，我们在教学实践中逐渐感到原有教材已不能完全适用，有必要根据教学目标重新编写。

新版《食品工厂机械与设备》以现有多种食品工厂机械与设备方面的教材及国内外相关文献资料为基础，共分十四章，以十二章的内容介绍了有关输送、清洗、热处理、分离、切割粉碎、混合均质、浓缩、干燥、成型、包装、杀菌和冷冻等方面的机械设备。第一章为总论主要介绍了食品机械设备的分类、特点、材料与结构要求及选型原则与方法等。第十四章集成性地介绍了典型食品加工生产线流程与设备。

本教材各章内容由引言、正文、思考题及自测题构成，并且配备了一套与各章内容完全一致的PPT课件，有利于学生预习、复习及知识点的掌握。树结构的PPT课件可使教师方便地控制授课进程。

此教材除作为高校食品类专业的教材外，还可作为食品行业工程技术人员及相关从业人员的参考用书。

本教材编写分工如下：第一、二、四、六和十一章由许学勤编写；第三章由宋贤良编写；第五章由文美纯编写；第七、八和十二章由王海鸥编写；第九和十三章由于秋生编写；第十一章由徐荣雄编写；第十四章由张国农编写。全书统稿及PPT课件的制作由许学勤完成，由王海鸥校审。

本教材在编写过程中，得到了编者所在院校相关部门及师生的支持与帮助，在此表示由衷的感谢。

由于作者水平有限，书中难免有错误与不当之处，恳请读者批评指正。

编者
2007 年 4 月

目录 | Contents |

第一章

总论

食品加工机械设备是指把食品原料加工成食品或半成品的一类专业机械设备。

食品加工机械设备是食品工业化生产过程中的重要保障。现有食品加工业的规模化与自动化发展、传统食品的工业化、食品新资源的利用、新工艺、新产品的产业化等，都离不开机械与设备的支持。食品加工机械设备对食品加工的产品质量保证、生产效率提高、能量消耗降低等，起着举足轻重的作用。因此，对于食品科学与工程类专业的本科生来说，对食品加工机械与设备的了解十分必要。食品加工的科学技术（工艺）知识与机械设备知识的有机结合是食品加工从业人员不可或缺的基本能力要求。

本章将就食品机械的分类与特点、食品机械设备的材料、食品机械的卫生安全以及食品设备选型原则与方法等方面进行介绍。

第一节　食品加工机械设备的分类与特点

食品工业涉及的原料、产品种类繁多、加工工艺各异，自然导致其加工机械设备种类繁多。了解食品机械设备的分类及其特点，有助于正确选择食品机械与设备。

一、食品加工机械设备的分类

食品加工机械设备主要按两种方式分类：一是按原料、产品或加工性质进行分类；二是按机械设备的操作功能分类。

按原料、产品或加工性质分类，可将食品机械分成众多生产线设备。例如，制糖、豆制品、焙烤食品、乳品、果蔬加工和保鲜、罐头食品、糖果食品、酿造、饮料、方便食品、调味品和添加剂制品以及炊事操作等。以上原料或产品，均可以利用各种主要单机设备及辅助机械设备配成相应的加工生产线。这种分类方法，可以通过对各类食品加工生产涉及的各种作业机械的内部联系的研究，促进配套生产线的发展。

按机械设备操作功能分类，也即按单元操作分类。一般食品加工常见单元操作有：输送、清洗、分级分选、粉碎切割、筛分、多相分离、混合、搅拌及均质、换热、热烫蒸煮、烘烤、挤压膨化、蒸发浓缩、干燥、成型、计量装料、包装封口、杀菌、冷冻冷藏等。这种分类有利于对各种单元操作的生产效率和机械结构进行比较研究，从而可以在技术上以局部突破带动全面发展。

从教学角度来看，按操作功能分类，可使学生将各章涉及的机械设备与食品工程原理等先行课程的知识点联系起来，从而有利于理解和掌握所学内容。因此，作为教材，本书按食品加工主要操作功能对食品机械设备分类介绍。

二、　食品加工机械设备的特点

食品加工机械设备的特点是食品原料、加工过程和食品成品方面的特殊性的反映。总体而言，食品加工机械与设备具有以下特点。

（1）品种多样性　一般食品机械设备门类众多、品种较杂，并且生产批量较小，许多设备属于单机设备。

（2）机型可移动性　总的来看，食品机械设备的外形尺寸均较小，重量较轻，可方便地进行移动改换。例如，一般食品机械设备不需要固定基础。

（3）防水防腐性　多数设备或设备的主要工作面材料具有抗水、酸、碱等腐蚀的性能，一般采用不锈钢制作。

（4）多功能性　许多食品机械设备具有一定程度的通用性，一种设备可用来加工不同的物料。此外，还具有调节容易、调换模具方便等特点。

（5）卫生要求高　为保证食品安全，食品加工设备中直接与物料接触的部分，均须采用无毒、耐腐蚀材料制造，并且，为了方便清洗和消毒，与食品接触的表面均需要经过抛光处理。此外，为防止润滑油之类的污染物泄漏进入所加工的食品物料，传动系统与工作区域有严格密封措施。

（6）自动化程度高低不一　目前，食品加工机械设备单机自动化程度总体上并不很高。但也有一些自动化程度较高的设备，例如，无菌包装机、自动洗瓶机及大型杀菌设备等。

第二节　食品加工机械设备的材料

食品机械广泛使用各种材料，除各种金属和合金材料外，尚有各种非金属材料，例如，石材、金刚砂、陶瓷、搪瓷、玻璃、纺织品以及塑料等。

一、　食品加工机械设备用材要求与性能

每台食品加工机械设备，一般均可分成直接接触食品物料的部件和其他非接触性部件（如机架、机壳、驱动机构等）两部分。直接接触食品物料的部件表面称为工作面。工作

面用材必须满足以下两个基本要求：①对食品必须无害，不污染食品；②不受或少受物料介质和清洗剂的影响，以延长设备使用寿命。

食品机械设备材料的性能可分为机械性能、物理性能、耐腐蚀性能及制造工艺性。其中前三项与食品加工应用关系较为密切。

（一）机械性能

食品机械设备用材的机械性能主要有强度、刚度、耐磨性、对高低温度环境的耐受性及抗疲劳性能等，它们关系到整机或部件的使用寿命。

虽然食品机械一般属于轻型机械，大多数零部件受力较小，但由于轻型机械要求尽量降低整机重量和体积，零部件尺寸要尽量小，所以，对材料的机械性能要求也不低。除了强度、刚度和硬度以外，某些部件（如高速往复运动构件）还要考虑疲劳强度。

食品机械中的一些零部件常常要和大量物料相接触，而接触的条件又非常严酷，因此成为非常容易磨损的易损件。例如，锤片式粉碎机的锤片、分切机械刀片、高剪切设备的工作面、压力式喷雾干燥的喷嘴等，对材料的耐磨性和硬度有极高要求。

有的食品机械或部件常在高温（如烘烤机械）或是低温（如冻结机械，可达 -40 ~ -30℃，以液氮为介质的冻结机械工作温度更低）下工作，因而，要求材料具有能在高温或低温下工作的机械性能。

（二）物理性能

食品机械设备的性能常常和设备材料的物理性能有关。材料常见物理性能有相对密度、比热容、热导率、软化温度、线膨胀系数、热辐射波谱、磁性、表面摩擦特性、抗黏附性等。使用场合不同，要求材料具有的物理性能也不同。例如，传热装置要求有高的热导率，食品的成型装置则要求有好的抗黏附性，以便脱模。

（三）耐腐蚀性能

食品机械接触的食品物料带有酸性或弱碱性，有些本身就是酸或碱，例如：醋酸、柠檬酸、苹果酸、酒石酸、琥珀酸、乳酸、酪酸、脂肪酸、盐酸、纯碱、小苏打等。这些物料对许多金属材料都有腐蚀作用。即使是非酸非碱的普通食盐，对许多金属也有腐蚀作用。有些食品物料本身没有腐蚀性，但是在微生物生长繁殖时会产生腐蚀性代谢物，如碳酸等。

食品机械所用材料选择不当而遭受腐蚀，不仅容易造成机器本身的破坏，更重要的是会造成食品的污染。有些金属离子溶出进入食品中，有损于人体健康和食品风味，或者破坏食品的营养。设备选型时，尤其需要注意食品与接触面结构材料的作用关系。

机械设备的耐腐蚀程度决定于：① 材料的化学性质、表面状态以及受力状态；② 物料介质的种类、浓度和温度等参数。

食品机械材料的机械物理性能和化学性能有时发生矛盾，难以十全十美，可以通过复合材料或表面涂层的方法来加以解决，这样不论是抗腐蚀还是抗磨损，都有可能发挥不同材料的优点。

二、 食品机械中常用的材料

（一）普通钢铁材料

普通钢铁材料包括普通碳钢和铸铁等，由于耐腐蚀性都不好，易生锈，更不宜直接接触有腐蚀性的食品介质，因此，一般用于设备中承受载荷的结构，如机架、机座等。铁质本身对人体无害，但遇单宁等物质，会使食品变色。铁锈剥落于食品中会对人体造成机械损伤。因此选用这类材料时，往往采用各种形式的防护性涂层处理。

需要指出的是，出于安全卫生和美观方面考虑，即使是用普通钢铁作机架的设备，也多趋于采用适当规格的不锈钢板作外壳。

（二）不锈钢

不锈钢是指在空气中或化学腐蚀介质中能够抵抗腐蚀的合金钢。其基本成分为铁－铬合金或铁－铬－镍合金，另外还可以添加其他元素，如锆、钛、钼、锰、铌、铂、钨、铜、氮等。由于成分不同，耐腐蚀的性能也不同。铬是不锈钢基本成分之一，其含量范围在12%～28%。

不锈钢通常可按化学组成、性能特点和金相组织进行分类，并往往采用一定规则进行标识。所谓标识也即对不锈钢的型号命名。各国对不锈钢的命名标准有所不同。

我国目前对不锈钢标识的基本方法是，化学元素符号与相应的元素含量数字组合。这种标识符号，往往只标示出反映不锈钢防腐性和质构性元素符号及其含量。铁元素及含量不标出。碳元素符号也不标出，只标示代表其含量的特定数字，并且放在其他元素标识符序列之前。例如，1Cr18Ni9Ti、0Cr18Ni9 和 00Cr17Ni14Mn2 分别是三种铬镍不锈钢标识代号，其中第一个数字1、0 和00 分别表示一般含碳量（≤0.15%）、低碳（≤0.08%）和超低碳（≤0.03%）。其后的元素符号及数字分别表示含铬18% 和17%，含镍9% 和14%，含锰2%；Ti 的含量没有标出，它的含量范围一般在 5（C－0.02）～0.80%。

国际上，一些国家常采用三位序列数字对不锈钢进行标识。例如，美国钢铁学会分别用200、300 和400 系来标示各种标准级的可锻不锈钢。

一些不锈钢型号的国内外标识对应关系如表1－1所示。其他型号的不锈钢可以通过相关途径查询得到。

表1－1　　　　　　　　　　一些不锈钢的国内外标准标识对照

中国 （GB）	日本 （JIS）	美国 （AISI/UNS）	中国 （GB）	日本 （JIS）	美国 （AISI/UNS）
1Cr13	SUS410	410	0Cr17Ni12Mo2	SUS316	316
0Cr18Ni9	SUS304	304	00Cr17Ni14Mo2	SUS316L	316L
00Cr18Ni9	SUS304L	304L*			

注：*L 表示超低碳不锈钢，超低碳不锈钢常用于采用焊接工艺制造的部件。

不锈钢具有耐蚀、不锈、不变色、不变质和附着食品易于去除，以及良好的高、低温机械性能等优点。因而在食品机械中广泛应用。但不锈钢的抗腐蚀能力，由于内在组成和环境条件不同而存在差异。一些型号的不锈钢一般情况下有优良的抗腐蚀能力，但条件改变后就很容易生锈。表1－1所示的304 钢和316 型不锈钢是食品接触表面构件常用的不锈钢，前者可以满足一般的防腐要求，但耐盐（主要是其中的氯离子）性差，后者因成分中加了镍元素而具有良好的耐盐性。因而，食品机械中，耐腐蚀要求较高的接触表面材料，多采用 316 或 316L 型不锈钢。

（三）有色金属材料

食品机械中的有色金属材料主要是铝合金、纯铜和铜合金等。

铝合金具有耐蚀和导热性能、低温性能、加工性能好以及重量轻等优点。铝合金适用的食品种类主要是碳水化合物类、脂肪类、乳类制品等。但有机酸等腐蚀性物质在一定条件下会使铝及铝合金腐蚀。

纯铜也称紫铜，其特点是热导率特别高，所以常常被用作导热材料，可以制造各种换热器。铜虽然具有一定的耐蚀性，但对一些食品成分，如维生素 C 有破坏作用。另外，有些产品（如乳制品）也因使用铜制容器而产生异味。所以，纯铜或铜合金一般不用作直接接触食品的设备材料，而多用于空气加热器等设备。

总体而言，食品机械设备中，曾经用以上有色金属为材料制造直接与食品接触的零部件或结构材料，正趋于被抗腐蚀和卫生性能良好的不锈钢或非金属材料所取代。

（四）非金属材料

食品机械结构中，除使用金属材料之外，还广泛地使用非金属材料。非金属材料包括天然（如天然橡胶、木材和织物等）的和人工制造的两大类，后者在食品机械中应用较多。

人工制造的非金属材料，主要是常称为塑料的各种人工合成的聚合物。常用的塑料有聚乙烯、聚丙烯、聚苯乙烯、聚四氟乙烯塑料及含粉状和纤维填料的酚醛塑料、层压塑料（酚醛夹布胶木、酚醛夹玻璃纤维塑料）、环氧树脂、聚酰胺、各种规格的泡沫塑料、聚碳酸酯塑料、氯化聚醚有机玻璃以及合成橡胶等。

与传统的结构材料相比，塑料有一系列的优点：①密度不大，平均为黑色或有色金属的 1/8 ~ 1/5；②机械加工余量少，使生产成本降低，如用注塑塑料代替金属，工时可减少为 1/6 ~ 1/5，工序减少为 1/10 ~ 1/5，加工费用也减少为 1/6 ~ 1/2；③化学稳定性高；④有良好的摩擦特性；⑤有良好的吸收噪声和隔音性能；⑥有好的耐振性和抗附着特性等。

塑料也存在其固有的缺点，主要表现为：①耐热性和导热性低；②在液体环境中工作时，有老化和膨胀的趋势等。

塑料材料在食品工厂机械设备中不乏应用例子：输送带、料斗、卫生泵的叶轮、某些食品的成型模具、轧面机的轴衬、罐头杀菌笼的隔板、包装机的分瓶螺旋、星形轮等。

食品机械和设备所用的非金属材料，应符合食品机械卫生标准要求。一般地，凡直接与食品接触的非金属材料应该确保对人体绝对无毒无害，不应给食品带来不良的气味和影响食品的味感，不应在食品介质中溶化或膨胀，更不能和食品产生化学反应。因而，食品机械中不宜使用含水或含硬质单体的聚合物，因为这类聚合物往往有毒性。某些塑料在老化或高温下工作（例如高温消毒）时，能够分解出可溶性单体并扩散到食品内，使食品被污染。

三、 食品机械设备材料的表面处理

食品通常具有弱酸、中性或弱碱性。食品中的有机酸具有与强酸、强碱不同的腐蚀特性，在特殊的环境中具有独特的腐蚀作用。

食品中的主要腐蚀性物质有：醋酸、柠檬酸、苹果酸、酒石酸、琥珀酸、乳酸、酪酸等低级脂肪酸；食盐、无机盐类；部分食品添加剂；制造过程中使用的腐蚀性物质。这些腐蚀性物质与食品加工机械的零部件相接触时，会造成零部件材料的腐蚀，并造成金属离子溶入食品中，可能会损害人体的健康或破坏食品的风味。

对于腐蚀的防护，通常可以对材料进行耐蚀抗磨的表面处理，即对金属或非金属的食品加工机械的零部件进行喷涂和涂装以及电镀、刷镀等表面处理。

喷涂主要是指热喷涂，它以金属、塑料或陶瓷等粉末通过火焰，以半熔融状态吹附到工件表面，形成具有耐蚀、耐磨等特性的涂层。我国食品机械行业正在开发聚四氟乙烯的喷涂。

涂装是在金属表面用手工或用简单器械涂上涂料，使之干燥硬化，形成连续的涂层将金属表面与外界隔绝，达到防蚀、装饰的目的。食品机械大量地采用不锈钢，势必会提高设备的成本，所以对一些不必要防腐蚀的部件，如机架等可用涂装材料代替，从而可以降低设备的造价。

电镀和刷镀在食品机械的应用相对较少，但有发展的趋势。电镀与刷镀在原理上相似，只是在工艺上和应用对象上有些区别，电镀以制造为主，刷镀一般用来修复工件。

食品机械对镀层有一定的要求，具体如下：①镀层的材料不应有毒性，不得传给食品异味或影响食品的风味；②为避免锈蚀和镀层的剥落，镀层不应多孔；③镀层应有高的机械特性，并与基体牢固地接合；④必须得到均匀的晶粒镀层和要求的镀层厚度；⑤镀层应对食品介质、洗涤剂成分和大气的影响具有高的化学稳定性以及良好的装饰和保护特性。

第三节　食品机械设备的卫生与安全要求

食品加工机械与设备对食品安全卫生有着极为重要的影响。世界各国对食品机械与设备均有一套食品安全卫生方面要求的标准。我国也有相关的标准法规，以下根据GB 16798—1997《食品机械安全卫生》，对食品加工机械安全和卫生方面的原则要求做一介绍。

一、　设备结构的卫生与安全

食品机械设备结构的卫生与安全涉及两个方面：一是针对食品的安全卫生性；二是针对人员的操作安全性。

（一）食品安全卫生方面的结构要求

食品加工机械与设备在结构方面一般需要注意以下方面：

（1）设备结构、产品输送管道和连接部分不应有滞留产品的凹陷及死角。

（2）无菌灌装设备中与产品直接接触的管道应采用符合标准要求的不锈钢卫生钢管及

其管件阀门，管道控制阀采用易于清洗和杀菌的卫生型阀门结构。

（3）外部零部件伸入产品区域处应设置可靠的密封，以免产品受到外界的污染。

（4）任何与产品接触的轴承都应为非润滑型；润滑型轴承如处于产品区域，轴承周围应具有可靠的密封装置以防止产品被污染。

（5）产品区域应与外界隔离，在某些情况下至少应加防护罩以防止异物落入或害虫侵入。工作空气过滤装置应保证不得使 $5\mu m$ 以上的尘埃通过。

（6）设备上应设有安全卫生的装、卸料装置。

（7）零件及螺栓、螺母等紧固件应可靠固定，防止松动，不应因振动而脱落。

（8）在产品接触表面上黏结的橡胶件、塑料件（如需固定的密封垫圈、视镜胶框）等应连续黏结，保证在正常工作条件（清洗、加热、加压）下不脱落。

（二）操作安全对设备结构要求

（1）机械设备的齿轮、皮带、链条、摩擦轮等外露运动部件应设置防护罩，使之在运行时，人体任意部位难于接触。

（2）机械设备的液压系统、气动系统、电气系统应符合相应的国标规定。相关设备装置的配置和安装，应妥善考虑到其具体工作环境所需的防水、防尘和防爆等方面的特定要求。

（3）具压力、高温内腔的设备应设置安全阀、泄压阀等超压泄放装置，必要时并配置自动报警装置；各机械设备的安全操作参数，如额定压力、额定电压、最高加热温度等，应在铭牌上标出。

（4）设备上具有潜在危险因素的，对人身和设备安全可能构成威胁的人孔盖、贮罐上的罐盖、可能经常开启的转动部分的防护罩，应具有联锁装置。各种腔、室、罐、塔的人孔盖不可自动锁死。人孔盖一般向外开。设在贮罐下部侧面的人孔盖应向内开，并设计成椭圆形，以便拆卸和安装。

（5）备有梯子和操作平台的设备，台面及梯子踏板的材料和构造应具有防滑性能。与塔壁、罐壁平行梯子的踏条应等距离，相距不超过 350mm；踏条与塔壁、罐壁之间的距离不得小于 165mm。安装固定后，梯子前面与最近固定物之间距离不得小于 750mm（设备使用单位应提供足够的厂房）。

（6）机械的外表面应光滑、无棱角、无尖刺。

（7）在正常运行（或空载运行）的情况下，设备的噪声不应超过 85dB（A）。

（8）在工作过程中，当操作人员的手经常会与产品相接触时，启动和停车应不采用手动操作，而应采用非手接触式的控制开关。

二、 设备结构的可洗净性

设备的产品区域应开启方便，以便对不能自动清洗的零部件的拆卸和安装；不可拆卸的零部件应可自动清洗；允许不用拆卸进行清洗时，其结构应易于清洗，并能达到良好的洗净效果。处于产品区域的槽、角及圆角应利于清洗。

放置密封圈的槽和与产品接触的键槽，其宽度不应小于深度，在安装允许的情况下，槽的宽度应大于 6.5mm。

产品接触表面上任何等于或小于135°的内角，应加工成圆角。圆角半径一般不应小于6.5mm。

三、 产品接触面的表面质量及要求

不锈钢板、管的产品接触表面，一般设备表面粗糙度 R_a 不得大于1.6μm，无菌灌装设备表面粗糙度 R_a 不得大于0.8μm；塑料制品和橡胶制品的表面粗糙度 R_a 不得大于0.8μm。

产品接触表面不得喷漆及采用有损产品卫生性的涂镀等工艺方法进行处理。

产品接触表面应无凹坑、无疵点、无裂缝、无丝状条纹。

非产品接触表面粗糙度 R_a 不得大于3.2μm，应无疵点和裂缝。如需电镀和油漆，其镀面和漆面与本底应结合牢固，不易脱落，形成的表面应美观、耐久、易清洁。

对于既有产品接触表面又有非产品接触表面，并需要拆卸清洗的零件，不得喷涂油漆。

用于加热工作空气的表面应采用耐腐蚀金属材料，或采用镀面，不得使用油漆，如属于应清洗部位，则应采用不锈钢制造。

产品接触表面上所有连接处应平滑，装配后易于自动清洗。永久连接处不应间断焊接，焊口应平滑，焊缝不允许存在凹坑、针孔、碳化等缺陷，焊缝成形后必须经过喷砂、抛光或钝化处理，抛光可采用机抛光或电化学抛光。其 R_a 不得大于3.2μm。非产品接触表面上的焊缝应连续平滑，无凹坑、针孔。

下列情况允许互搭焊接：①对垂直方向倾斜角度在15°~45°的侧壁；②可以进行机械清理的水平上部表面；③互搭焊接的焊接材料单位件厚度不超过0.4mm。

相焊接的材料中的一件厚度不到5mm，则允许加嵌条焊接。

工作空气接触表面上的焊缝应连续、严密，不可使未经过过滤的空气透入，也不应形成卫生死角。

与产品接触的部分，不得采用具有吸水性的衬垫。

需要手工进行清洗的部位，结构上应保证操作者的手能够达到所需清洗的范围。设备（如桶、罐、槽、锅）底部向排出口方向应具有一定斜度，以利于洗净液流干，排气管的水平段应向下倾斜不小于2.5°，使其上凝结的液体只能向外流出。

采用不锈钢盘管加热的蒸发浓缩装置，在未设自动清洗装置的情况下，其盘管设置应满足下列要求：盘管之间的距离大于或等于70mm；盘管和内壁之间的距离大于或等于80mm；每排盘管之间的距离大于或等于90mm。

四、 设备的可拆卸性要求

设备中需要拆卸的部分，应能很容易地拆卸下来，并易于重新安装。在物料管道联接中应采用符合相关标准的食品工业用不锈钢管与管道组成件，或采用同等级别的卫生结构的钢管和配件。管道和管件的各项技术要求应符合相应标准规定。夹紧机构应采用蝶形螺母和单手柄操作的扣片等。各类容器的盖和门应拆卸简便，利于清洗。

五、 设备安全卫生检查方便性要求

处于产品区域的零部件，在清洗后应易于检查。需要清洗的特殊部位，必须容易拆开

检查。附件或零件的安装，应使操作人员易于看出其安装是否正确。

六、　设备的安装配置要求

生产设备及其零、部件的设计、加工、使用、安全卫生要求应符合 GB 5083—1999《生产设备安全卫生设计总则》的规定。

设备相对于地面、墙壁和其他设备的布置，设备管道的配置和固定，设备和排污系统的连接，不应对卫生清洁工作的进行和检查形成障碍，也不应对产品安全卫生构成威胁。

输送有别于产品介质（如液压油、冷媒等）的管道支架的配置、连接的部位，应能避免因工作过程中偶发故障或泄漏而对产品形成污染，也不应妨碍设备清洁卫生工作的进行。

设备或安装中采用的绝热材料不应对大气和产品构成污染。严禁用石棉作绝热材料。

第四节　食品加工机械设备的选型

合理的设备选型是保证产品高质量的关键和体现生产水平的标准，可以为动力、配电、水、汽用量计算提供依据。因此，如何选用生产能力适宜、配套性强、通用性广的生产设备已成为食品加工厂建厂设计的重要内容，也是诸多食品厂建厂投产前要解决的首要问题。

一、　食品机械设备选型的原则

食品机械设备选型主要应从以下几方面考虑。

（一）满足工艺要求

设备选型时，一定要弄清楚生产过程中的具体工艺条件（例如，对象特性、过程中的反应情况，处理的温度、压力等）要求。相同类型和名称的设备，在金属加工工艺、结构特点和用材方面会存在这样或那样的差异。设备间存在的差异，有时即使很微小，也会对加工生产过程产生明显的影响。例如，用于无机材料的滚筒式干燥机，如用来对淀粉进行干燥，很有可能发生严重的粘壁现象，这主要是滚筒的同心度和表面粗糙度不够，使得铲刀无法将已干燥的（糊化）淀粉从滚筒整齐地铲下。因此，设备选型必须符合工艺条件的要求。又如，选用罐头杀菌设备时，一定要了解待杀菌的产品是酸性的还是低酸性的，从而可确定是选用加压杀菌设备还是常压杀菌设备。

（二）生产能力匹配

产品产量是选定加工设备的基本依据。应考虑到生产线前后工序工时安排特点，确定具体工段的物料处理产能量。所选设备的产能量、规格和台数，必须满足相应生产工段的产能量要求。考虑到停电、机器保养、维修等因素，设备选型应具有一定的储备系数。

（三）配套性

要充分考虑到各工段、各流程设备的合理配套，保证各设备流量的相互平衡。连续型生产线各工序设备的产能大小应基本一致，以确保整个工艺流程中前后各个工序环节的合理衔接、平稳过渡和顺利进行。

（四）可靠性

生产过程中，任何一台设备的故障将或多或少地影响整个企业生产，降低生产效率，影响生产秩序和产品质量，因此选择设备时应尽量选择系列化、标准化的成熟设备，并考虑到其性能的稳定性和维修的简便性。

（五）兼容性

设备选型时，从维持企业可持续发展和便于扩大生产规模角度，应注意选用通用性好、一机多用的设备，尽可能选用易于配套生产线的设备。

（六）性能价格比合理

在基本满足以上选型条件的基础上，要对不同厂商的设备报价进行比较，尽量选择精度高、性能优良，价格合理的设备。

以上几方面，其中最主要的是要满足工艺要求和与生产能力配套，连续性生产线设备选型时，设备前后的配套性也尤应加以注意。

二、 设备选型计算

设备选型计算主要目的是根据生产线或工段的产量、工艺特点以及可选定型设备的参数，确定具体设备规格和台数。如无定型设备，则可根据选型计算结果，向设备厂商提出设备非标设计制造时所要求规格参数，例如，设备的产能、容量和几何尺寸等。

尽管食品加工机械设备类型繁多，但在处理量计算方面，大部分机械设备可分为以下三类进行选型计算，即输送通过性设备、罐器类设备和连续处理设备。

（一）输送通过性设备的计算

输送通过性设备在加工过程中的物料滞留量可以忽略不计，物料被认为是瞬时通过这类设备的。属于此类设备的例子有输送泵、粉碎机、均质机、胶体磨、过滤机、输送机等。这些设备内滞留的物料量与被处理物料的总量相比，可以忽略不计。

这类设备的衡算通式如下：

$$N \times Q_s \geqslant Q_T \qquad (1-1)$$

式中　N——设备数，台，原则上向上则整数；

　　　Q_s——选型设备的生产能力，物料单位/（时间单位·台），一般由设备厂商提供；

　　　Q_T——生产工序规定的平均生产能力，物料单位/时间单位，其中的物料单位和时间单位应与 Q_s 中的相应单位一致。

Q_T 是由生产规模确定了的，一般是不能变的，而其余两项在一定范围内都是可变的。根据生产工序规定的生产能力 Q_T，以及现有的设备资料提供的单机生产能力，就可以选取适当生产能力的设备。相同功能的设备，往往有不同生产能力的型号。因此，同样的生产能力，既可以选择一台设备，也可以选择多台设备，具体台数，需要视具体情况而定。

物料单位，可以质量为单位（t 或 kg），也可以体积为单位（m³），还可以单件产品为单位（如"瓶""罐""包""袋"和"盒"等），时间单位可取小时（h）或分钟（min）。

有些选型设备有其习惯使用的产能单位，例如，蒸发器和某些干燥器，往往以单位时间的水分蒸发能力为产能单位。这种情形下，往往要将生产线的生产能力单位，换算成选型设备习惯使用的产能单位。例如，乳粉的生产线，其生产能力往往以单位时间鲜乳处理量表示或以单位时间成品乳粉量表示。如要为乳粉生产线的蒸发器或干燥器选型，则首先要根据工艺条件进行物料衡算，将生产线单位时间鲜乳处理量转换成相应工段物料的单位时间水分蒸发量。这种水分蒸发量规定了蒸发器或干燥器的水分蒸发量。

（二）罐器类设备的计算

这是一类属于间歇性处理（包括贮存）物料的设备。例如，贮料罐、杀菌锅、酶反应罐、发酵罐、混合搅拌罐等。

这类设备的选型计算可用下式表示：

$$N \times V_s \geqslant Q_T \times t \tag{1-2}$$

式中　N——选型设备的数量，台，原则上向上取整数；

$\quad\quad V_s$——单台罐器设备的有效容量，物料单位/台，物料单位的选用，参见式（1-1）中物料单位的解释；

$\quad\quad Q_T$——生产工艺规定的平均生产能力，物料单位/时间单位，物料单位应与 V_s 所取的单位一致，时间单位一般取小时（h）或分钟，（min）；

$\quad\quad t$——物料在此工序的总滞留时间（包括生产工艺确定的处理时间及物料进出设备所需的时间），t 所取的时间单位应与 Q_T 所取的时间单位一致。

式（1-2）中的 Q_T 与 t 一般也由生产规模和生产工艺所规定，不能变更，而其余的两个因素在一定范围内是可以进行选择的。

【例 1-1】某罐头生产线的生产能力为 24t/班，针对某主要罐型的杀菌工艺公式为升温 10min，保温 60min，冷却 20min。选用 T7C5 型杀菌锅进行杀菌，T7C5 型的罐头装锅量约为 2t/台。预计每锅罐头进出锅的时间为 20min。杀菌工段每班的处理时间按 4h 计。请计算杀菌工段所需的 T7C5 型杀菌锅的台数。

解：

已知：

杀菌工段的生产能力 Q_T = 24（t/班）/4（h/班）= 6（t/h）；

罐头在此工段的滞留时间 t = （10 + 60 + 20 + 20）/60 = 1.83（h）；

每台 T7C5 型杀菌锅的装锅量 V_s = 2t/台；

从而，根据式（1-2），杀菌工段所需配备的 T7C5 型杀菌锅的台数可按以下估算：

$$N \geqslant \frac{Q_T \times t}{V_s} = \frac{6 \times 1.83}{2} = 5.49(台)$$

杀菌锅只能为整数，所以 T7C5 型杀菌锅取 6 台可以满足要求。

（三）连续处理设备的计算

食品加工中不乏连续处理设备的例子，如连续杀菌机、连续速冻机、连续干燥机、连续式烤炉等。

对于定型的连续处理设备，通常要核算的是设备的实际处理能力。对于非标设备，通常需要估算的是设备的尺寸。

这类设备选型计算可用以下通用式表示：

$$\begin{cases} Q_T = v \times D_s \\ t \times Q_T = L \times D_s \end{cases} \tag{1-3}$$

式中　Q_T——连续处理设备的生产能力（处理对象物料单位/时间单位），其中的物料单位及时间单位的选取参见式（1-1）中 Q_s 的单位解释；

　　　v——连续处理设备输送装置的线速度，m/时间单位，时间单位与 Q_T 所用的一致；

　　　D_s——输送装置上的装载密度，物料单位/m，物料单位与 Q_T 所用的一致；

　　　L——输送线的长度，m；

　　　t——物料在设备内的滞留时间（时间单位），由生产工艺规定，时间单位与 Q_T 所用的一致。

显然，这类设备的生产能力 Q_T 与输送装置的线速度 v 成正比，也与装置的输送线长度 L 成正比；但与物料在设备内的滞留时间 t 成反比。对于定型设备，式（1-3）中的因素是相互关联的，因此，在一定范围内，可以在不改变处理量的前提下对其他参数进行调整。式（1-3）中输送线的长度 L 不一定等于连续处理设备的长度，例如，如果将输送装置的长度 L 分为三段平行（上下安排，或左右安排）排列，则相应设备的长度就可以缩短到原来直线排列的1/3。而且还可以将输送带做成螺旋式（参见第二章内容）。所有这些，允许用户在与设备生产厂家洽谈时，提出某些设备尺寸的调整要求。此外，当输送装置用在拣选工序，尤其是人工拣选时，其输送速度受限于拣选速度，输送带宽度还应符合人体工学的要求。

【例1-2】瓶装饮料用单层喷淋式常压连续杀菌设备以网带式输送机输送进行杀菌。已知：输送带的有效载物宽度为1.0m，长度为7m，速度在110~550mm/min 范围内可变，对于瓶装饮料的装载密度为70kg/m²。生产工艺规定的瓶装饮料在杀菌设备内（包括升温杀菌和冷却操作在内）的总处理时间为20min。请确定：（1）该杀菌设备的最大与最小处理能力；（2）该设备在规定杀菌时间下的实际处理量是多少？该杀菌设备是否满足所需的处理量要求？（3）如果该杀菌设备满足实际处理量要求，此时的输送带速度应为多少？

解：

已知：输送带的长度 $L = 7.0$ m

输送带速度 $v = 110 \sim 550$ mm/min

输送带的线装载密度 $D_s = 70$ kg/m² $\times 1.0$ m $= 0.07$（t/m）

杀菌处理时间 $t = 20$ min

（1）杀菌设备的最大与最小处理能力。由于处理能力与输送带的速度成正比。因此，根据式（1-3）：

最大处理能力 $Q_{Tmax} = 550/1000 \times 0.07 = 0.0385$（t/min）

最小处理能力 $Q_{Tmin} = 110/1000 \times 0.07 = 0.0077$（t/min）

（2）设备在规定杀菌时间下的处理量为：

$$Q_T = \frac{L \times D_s}{t} = \frac{7 \times 0.07}{20} = 0.0245(\text{t/min})$$

实际处理为 0.0245t/min，在该杀菌设备的处理能力范围 0.0077 ~ 0.0388t/min 以内，因此满足处理量要求。

（3）规定杀菌时间下的输送带速度，根据式（1-3）为：

$$v = \frac{Q_T}{D_s} = \frac{0.0245}{0.07} = 0.35(\text{m/min}) = 350\text{mm/min}$$

即此时的输送带速度为 350mm/min。显然它在可调速度 110 ~ 550mm/min 范围之内。

本章小结

食品机械与设备是指把食品原料加工成食品或半成品的一类专业机械与设备。食品机械设备既可按生产线进行分类，也可按操作功能进行分类，后者有助于理解掌握食品机械的作用原理、结构特点与作用范围。

食品加工机械设备具有品种多、可移动性、防水防腐性、多功能性、卫生要求高，以及单机设备自动化程度高低不一等特点。

食品机械与设备采用不同类型的金属和非金属材料制作。但与食品直接接触的工作面材料多采用不锈钢材料制造，并且经过适当的表面处理，有些工作面也可采用其他材料制造。

食品加工机械设备必须符合食品机械安全卫生的国家标准要求。食品机械结构首先既要满足加工物料的安全卫生性要求，也要满足对设备对操作人员的安全性要求。

食品加工机械设备的选型首选必须满足工艺要求，其他还要考虑生产能力匹配、配套性、可靠性、兼容性和性价比等选型原则。

大部分食品设备选型计算主要是根据生产工段的物料处理量、工艺条件，以及选型设备规格和产能，确定选型设备的台数。根据生产能力进行设备选型计算时，大体上可分成以下三类进行，即输送通过性设备、罐器类设备和连续处理设备。

Q 思考题

1. 为什么要对食品加工机械设备进行分类？食品加工机械设备如何分类？
2. 食品加工机械设备用材的基本要求是什么？从哪些方面考察食品机械设备的材料性能？
3. 分析讨论食品机械常用不锈钢材料的国内外标识型号及性能特点。
4. 从食品安全卫生角度分析讨论食品加工机械设备的结构要求。
5. 食品加工机械设备的选型原则是什么？
6. 设备选型计算的主要目的是什么？

自测题

一、判断题

（　　）1. 食品加工机械设备多为成套设备。

（　　）2. 食品加工机械设备应当全由不锈钢制造。

（　　）3. 有些不锈钢材料也有可能生锈。

（　　）4. 各种不锈钢的主要成分是铁和铬。

（　　）5. 一般不锈钢中的铬含量不超过28%。

（　　）6. 食品加工设备不可采用非不锈钢材料制作容器。

（　　）7. 国际上对不锈钢材料有统一命名标准。

（　　）8. 304不锈钢的镍含量为10%。

（　　）9. 食品加工设备所采用的轴承都应为非润滑型。

（　　）10. 具压力、高温内腔的设备应设置安全阀、泄压阀等超压泄放装置。

（　　）11. 机械设备的安全操作参数包括额定压力、额定电压、最高加热温度等。

（　　）12. 设备的产品接触表面应无凹坑、无疵点、无裂缝、无丝状条纹。

（　　）13. 无菌灌装设备表面粗糙度 R_a 不得大于 $8\mu m$。

（　　）14. 食品机械设备非与食品接触部分，可用石棉作绝热材料。

二、填充题

1. 食品加工机械设备可按（1）原料、＿＿＿＿＿或加工性质，（2）设备的＿＿＿＿＿分类。

2. 食品加工机械设备具有＿＿＿＿＿多样性、＿＿＿＿＿可移动性、防水防腐性和多功能性。

3. 食品加工机械设备的＿＿＿＿＿要求高，但＿＿＿＿＿程度高低不一。

4. 食品机械设备可分为＿＿＿＿＿和＿＿＿＿＿食品的两部分。

5. 食品机械设备＿＿＿＿＿接触食品物料的部件表面称为＿＿＿＿＿。

6. 食品机械设备的工作面必须对＿＿＿＿＿无害，不受或少受＿＿＿＿＿介质影响，也不受清洗剂影响。

7. 食品加工关系较密切的食品机械设备材料性能有：机械性能、＿＿＿＿＿性能和＿＿＿＿＿性能。

8. 食品机械材料的机械性能主要有＿＿＿＿＿、刚度、耐磨性、＿＿＿＿＿环境耐受性及抗疲劳性能。

9. 食品的成型装置要求有好的抗＿＿＿＿＿性，以便＿＿＿＿＿。

10. 食品加工机械设备所用材料大致可分为：＿＿＿＿＿钢铁、＿＿＿＿＿、有色金属和非金属等四类。

11. 不锈钢是指在空气中或＿＿＿＿＿腐蚀介质中能够抵抗＿＿＿＿＿的合金钢。

12. 食品机械设备结构需要考虑（1）＿＿＿＿＿的安全卫生性；（2）人员的＿＿＿＿＿安全性。

13. 食品机械选型最主要的是要满足：（1）＿＿＿＿＿要求；（2）生产＿＿＿＿＿要求。

14. 选型计算可将设备分为三类（1）＿＿＿＿＿性类、（2）＿＿＿＿＿类和（3）连续处理类。

三、选择题

1. 以下设备生产线中，不是按产品分类的是_____。

A. 罐头食品生产线　　　B. 饮料生产线　　　C. 果蔬加工生产线　　D. 糖果食品生产线

2. 以下设备中，不涉及分离操作的是_____。

A. 筛分设备　　　　　　B. 换热设备　　　　　C. 清洗设备　　　　　D. 分级分选设备

3. 以下设备中，基本不涉及热交换操作的是_____。

A. 热烫蒸煮设备　　　　B. 分级分选设备　　C. 冷冻设备　　　　　D. 杀菌设备

4. 以下设备部件中，直接与食品物料接触的是_____。

A. 机架　　　　　　　　B. 机壳　　　　　　　C. 电机　　　　　　　D. 料斗

5. 以下设备部件中，可不直接与食品物料接触的是_____。

A. 容器　　　　　　　　B. 管道　　　　　　　C. 阀门　　　　　　　D. 输送带

6. 以下设备部件中，对耐磨性有高要求的是_____。

A. 压力喷雾喷嘴　　　　B. 管道　　　　　　　C. 容器　　　　　　　D. 输送带

7. 有必要采用316不锈钢材料制造的设备是_____。

A. 网带输送机　　　　　B. 卤菜烧煮设备　　C. 牛乳贮罐　　　　　D. 热烫设备

8. 不能用塑料制造的部件是_____。

A. 输送带　　　　　　　B. 罐头杀菌锅锅体　C. 星形轮　　　　　　D. 成型模具

9. 正常情形下，食品加工设备的噪声不得超过_____。

A. 85dB　　　　　　　　B. 58dB　　　　　　　C. 95dB　　　　　　　D. 59dB

10. 一般食品接触表面粗糙度 R_a 不得大于_____。

A. 0.8μm　　　　　　　B. 3.2μm　　　　　　C. 1.6μm　　　　　　D. 2.4 μm

11. 以下设备中，不属于通过型的是_____。

A. 粉碎机　　　　　　　B. 均质机　　　　　　C. 过滤机　　　　　　D. 搅拌罐

12. 以下设备中，不属于罐器型的设备是_____。

A. 贮料罐　　　　　　　B. 胶体磨　　　　　　C. 酶反应罐　　　　　D. 杀菌锅

四、计算题

1. 罐头车间生产线生产某型号罐头所用的封罐机的生产能力为160罐/min。杀菌段拟选用GT7C5A型卧式杀菌锅，对封口后的罐头进行杀菌，此型号的杀菌锅一次可装待杀菌的罐头3240罐。如果罐头的杀菌公式为升温10min，保温40min和冷却20min，并且，进出杀菌锅所用时间各为10min。求该杀菌段需要GT7C5A型卧式杀菌锅的台数。

2. 快餐厂蒸饭工段需为7500（份/h）的套装快餐配蒸米饭。选用蒸柜蒸煮米饭，每个蒸柜有20只蒸饭盘，每盘装5kg米饭。蒸柜蒸饭的操作周期为：进盘10min，蒸饭30min，出盘10min。假如每套快餐配160g米饭，请计算此工段需要的蒸柜数量。

3. 班产量24t原果汁，采用5m³的酶解罐进行酶解澄清，酶解罐的装料系数为80%。每罐操作周期120min。如果酶解工段每班生产时间为6h，且假设原果汁的密度为1000kg/m³，请计算此工段需要的酶解罐数。

4. 利用分割鸡副产品鸡骨架生产（鸡精配料）鸡骨提取物。采用4m³的提取罐，按1

份鸡骨架 5 份水的比例投料进行提取，每罐总装料量为 3200kg，提取液得率按总装料量的 50% 计。每罐提取操作周期为 2h。为在 6h 时间内提取 24t 提取液，试估算所需提取罐数量。

5. 班产 6t 的混合汤料车间，拟选容积为 300L 的 V 形混合器混合固体汤料。混合器装料系数取 0.45。混合器的操作周期为 20min。如果混合工段的实际每班生产时间为 5h，混合料的平均松密度为 1000kg/m³，求此工段需要的混合器数量。

6. 肉制品厂拟采用 4m³ 容积的蒸煮槽对西式方腿进行巴氏杀菌。方腿产量为每班 6t，蒸煮段每班生产时间为 5h，蒸煮槽每次装的方腿量为 1600kg。蒸煮槽操作周期为 200min。请计算此工段需要的蒸煮槽数。

7. 某食品厂拟采用隧道式连续式微波炉对混合营养粉进行干燥，微波炉的处理能力为 400kg/h。已知：输送带宽度 800mm；有效干燥时间为 5min；物料在输送带上装载密度为 5kg/m²。求：（1）输送带速（m/min）；（2）干燥段的载物输送带长度（m）。

8. 班产 3.6t 的面包生产线采用红外隧道式烤炉烘制烤面包。已知：输送带有效宽度为 1.2m；面包烤制时间为 10min；烤炉输送带的装载密度为 5kg/m²。设烤炉每班生产时间为 6h，求：（1）输送带速（m/min）；（2）红外线隧道有效长度（m）。

9. 速冻食品厂采用螺旋式速冻机生产速冻包子，产量为 1000kg/h。已知：输送带宽度 0.5m；输送带的包子装载密度为 12.5t/m²；速冻时间为 1h。求：（1）输送带线速度（m/min）；（2）螺旋输送带的长度（m）。

10. 豆制品厂的内酯豆腐连续热成型线生产能力为 3000 盒/h，输送带宽度为 600mm，输送带的内酯豆腐盒装载密度为 120 盒/m²，热成型处理时间为 15min。求：（1）输送带速度（m/min）；（2）成型机的输送带长度（m）。

11. 班产 20t 的易拉罐酸性饮料采用单层式常压连续杀菌机杀菌。已知：输送带宽度 1500mm；罐头要求的杀菌和冷却总时间为 25min，单位面积输送带的罐头装载密度为 75kg/m²，杀菌工段每班实际操作时间为 6h。求：（1）输送带速（m/min）；（2）杀菌机输送带的长度（m）。

12. 某连续速冻机用于加工速冻饺子的生产能力为 1t/h。试求，用于加工速冻包子的生产能力为多少（t/h）？已知，饺子的冻结时间为 20min，包子的冻结时间为 30min，饺子的装载密度 10kg/m²，包子的装载密度 12kg/m²，速冻机输送链的有效载物宽度为 0.7m。

CHAPTER

第二章

物料输送机械

食品加工涉及从原料到产品的各种物料的输送。为了提高生产率、减轻劳动强度、提高生产安全性，往往需要采用各种机械设备来完成物料的输送任务。

食品工厂输送机械的作用是：按生产工艺要求，将物料从一处输送到另一处（例如，将原料从原料库运到车间加工，将产品从生产车间送到成品库等）；在单机设备或生产线中，利用输送过程实现对物料的工艺操作（例如，连续干燥设备、连续冷冻设备等）；输送工艺所需的工作介质或生产工艺所需的工作环境状态（例如，利用风机提供热空气或冷空气等）。

输送机械与设备，按输送的物料状态，可分为固体物料输送机械、液体物料输送设备和气（汽）体输送机械与设备等；根据过程的连续性，可分为连续式和间歇式两大类；按传送时的运动方式，可分为直线式和回转式；根据驱动方式，又可分为机械驱动、液压驱动、气压驱动和电磁驱动等形式。

第一节　固体物料输送机械

食品生产过程中，固体物料以散装或包装的形式进行输送。目前食品工厂应用最广泛的固体物料输送设备有带式输送机、斗式提升机和螺旋输送机三类。此外，还有气力输送设备、刮板式输送机、振动输送机、辊轴输送机、悬挂输送机和流送槽等。

一、带式输送机

带式输送机常用于块状、颗粒状及整件物料的水平或倾斜方向运送。许多加工过程设备，如检选操作线、灌装线、连续干燥机、连续速冻机等，均采用带式输送装置。

（一）结构原理

带式输送机的基本构成及传输原理如图2-1所示，工作原理是，绕两滚筒（或齿轮）

的输送带，在驱动滚筒（或齿轮）的摩擦力（齿链传动）作用下，产生连续运动，使物料借助摩擦力随输送带从一端输送到另一端。

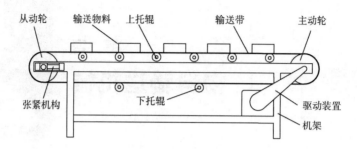

图 2 - 1 带式输送机基本构成

常见带式输送机的输送带输送方向如图 2 - 2 所示。

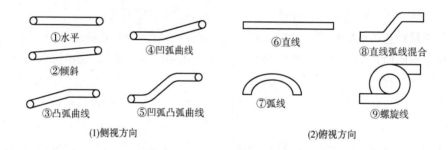

图 2 - 2 带式输送机的输送方向

（二）输送带

常用于食品的输送带一般可以分为挠性带、链带和扣带三类，前两类输送带构成的输送机，以适当方式间隔一定距离在输送带加上垂直横条，可构成所谓的刮板输送机。

1. 挠性带

挠性带由鼓形轮驱动，主要有橡胶带、塑料带、帆布带和钢带等。对这类输送带的一般要求是强度高、挠性好、本身重量轻、伸长率小、吸水性小、抵抗分层现象性能和耐磨性好。

（1）橡胶带　橡胶带是由 2 ～ 10 层棉织品或麻织品、人造纤维的衬布用橡胶加以胶合而成。其外表面附有覆盖胶作为保护层。橡胶带中间的衬布可给予输送带以机械强度和用来传递动力。橡胶带可用于散装原辅料和包装物的装卸和输送，也可用作输送式检选台、预处理台的输送带。

（2）塑料带　塑料带分整芯式和多层芯式两种。整芯式塑料带制造工艺简单、成本低、除挠性较差外其余性能较好。多层芯塑料带在强度方面和普通橡胶带相似。塑料带具有耐磨、耐酸碱、耐油、耐腐蚀和适用于温度变化大场合的优点。塑料带的使用场合与橡胶带的类似，并趋于替代更多的橡胶带。例如，可用于分割线的物料输送 [图 2 - 3（1）]。

（3）帆布带　帆布带主要用于饼干成型前面片和饼坯的输送，如面片叠层、加酥辊压、饼干成型过程中均用帆布作为输送带 [图 2 - 3（2）]。帆布带主要特点为抗拉强度大，柔性好，能经受多次反复折叠而不疲劳。

（4）钢带　钢带具有机械强度大，不易伸长，耐高温，不易损伤等优点。钢带在食品工业中最典型的应用是连续式烤炉中的输送装置［图2-3（3）］。钢带局限性表现在：因其刚度大，而需要采用直径较大的滚筒；对冲击负荷很敏感，且要求所有的支承及导向装置安装较准确。因此，食品工厂一般情况下不采用钢带输送。

(1)塑料带　　　　　　(2)帆布带　　　　　　(3)钢带

图2-3　食品加工中应用的挠性带

2. 链带

这类输送带一般由侧面的两条链和齿轮驱动，主要有钢丝网带和铰链板带和链辊带等。

（1）钢丝网带　钢丝网带由（不锈）钢丝编制而成，通常依靠横向穿网而过的一系列钢条承重，钢条两端固定在两条平行链上［图2-4（1）］，链条由驱动齿轮牵引传动。

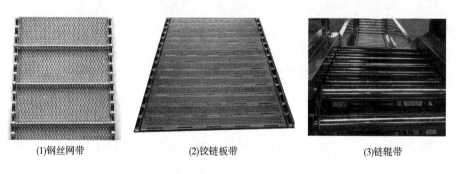

(1)钢丝网带　　　　　　(2)铰链板带　　　　　　(3)链辊带

图2-4　链带

钢丝网带因具有网孔、强度高且耐高温等特点，因而常用于边输送边对料物进行加工处理的场合。食品加工应用钢丝网带的输送的例子：果蔬清洗设备、连续式油炸机、速冻设备、烘烤设备等。

（2）铰链板带　这种输送带通常由固定于链条节之间的金属条板构成。牵引驱动与钢丝网带情形相似，也以一对齿轮驱动。一些处理设备用链条带做输送件。

（3）链辊带　由固定于链条节之间的辊筒构成。这种输送带可用于输送番茄之类的果蔬，且往往与清洗和挑选操作结合在一起。

3. 扣带

这类带由扣接件相互扣在一起成为链带，也依靠传动齿轮驱动，但无需专门的链条牵

(1)钢丝扣带　　　(2)铰链扣板带

图2-5　扣带

引。通常有两种形式：第一种为钢丝扣带，如图2-5（1）所示，它由一定强度的不锈钢丝单元相互扣接而成，这种形式的输送带用途类似于钢丝网带。第二种是铰链扣板带，如图2-5（2）所示，它由类似于铰链板的结构单元相互铰接而成。食品行业的铰链扣板带以往常用不锈钢制成，但目前多用工程塑料制成。这种链带常用于包装工段的瓶罐输送，也可用于成品外包装箱盒的输送。

扣带的链接有活动余地，使得这种输送带在水平方向可能以弧线方式或螺旋方式行进。因此，可用于螺旋带式输送机和水平弧转弯的带式输送机。工艺过程时间长的连续式操作（如速冻、烘烤等）采用螺旋带输送可以大大节省占地面积。

最后需要指出，如果倾斜输送的角度过大，则有可能物料与输送带之间的摩擦力不足以使物料保持与输送带的相对静止。这种场合可以沿输送带加装适当高度的拦板（刮板），加了拦板的带式输送机往往称为刮板提升机（如图2-6所示）。一些果蔬加工生产线的预处理段各工序，往往采用刮板提升机衔接传送物料。另外，即使是水平输送，但由于处于水中或者输送速度快，物料受的水平阻力较大，仍然有可能不随带一起向前，这种场合也需要加装刮板。例如，第三章的翻浪式清洗机和第七章的刮板式连续预煮机，采用的正是加刮板的带式输送机。

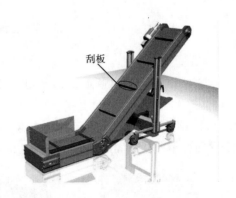

刮板

图2-6　刮板提升机

（三）驱动装置

带式输送机的驱动装置包括电动机、减速器和驱动轮等。用于挠性带输送机的驱动轮多具有空心鼓形结构，其长度略大于带宽。驱动滚筒略呈鼓形，即中部直径稍大，用于自动纠正输送带的跑偏。链带式输送机的驱动轮均为齿轮。

（四）机架和输送带承托机构

带式输送机的机架多用槽钢、角钢和钢板焊接而成。可移式输送机的机架装在滚轮上以便移动。

各种带式输送机的输送带，均需要有一定形式的机构承托。

使用挠性带的带式输送机，一般利用托辊对输送带及其所载物料起承托的作用，使输送带运行平稳。托辊分上托辊（即载运段托辊）和下托辊（即空载段托辊）。上托辊有如图2-7所示的几种形式。槽形托辊主要用于量大散装物料输送，它是在带的同一横截面方向接连安装3~5条平型辊，底下的为水平，旁边的倾斜而成槽形。对于较长的胶带输送机，为了防止胶带跑偏，每隔若干组托辊，须装一个调整辊。这种托辊在横向能摆动，两边有挡板，防止胶带脱出。输送距离不长，并且输送速度不大的场合，柔性输送带可用固定在机架上的托板，替代上托辊。

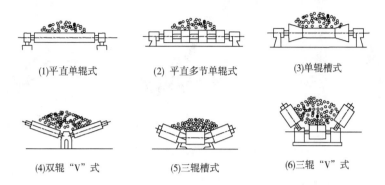

(1)平直单辊式　　　　(2) 平直多节单辊式　　　　(3)单辊槽式

(4)双辊"V"式　　　　(5)三辊槽式　　　　(6)三辊"V"式

图2-7　上托辊的形式

使用链带或扣带依靠专门的链条槽、轴槽或托板承托。

（五）张紧装置

有些类型的输送带（如橡胶带、塑料带和帆布带等）具有一定的伸长率，在拉力作用下，本身长度会增大。这个增加的长度需要得到补偿，否则带与驱动滚筒间不能紧密接触而打滑，使输送带无法正常运转。

常用的张紧装置有螺杆式、弹簧螺杆式和重锤式等，如图2-8所示。

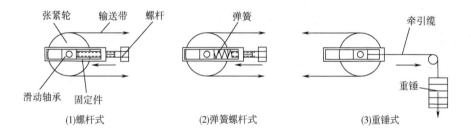

张紧轮　输送带　螺杆　　　　弹簧　　　　牵引缆

滑动轴承　固定件　　　　　　　　　　　　　　重锤

(1)螺杆式　　　　(2)弹簧螺杆式　　　　(3)重锤式

图2-8　张紧装置示意图

二、斗式提升机

斗式提升机也称为斗式升送机，多用于将物料从地坪面运送到较高位置或较高楼面，以实现在较低位置投料，在较高位置加工处理。例如，从地面将果蔬提升到投料口较高的热烫机投料，或从一楼将大米送到三楼进行浸泡等，都可采用斗式提升机。

（一）基本结构与类型

斗式提升机有不同类型。各种形式的斗式提升机，主要由料斗、牵引件、驱动装置、机架、进出料部件及机壳等组成。

斗式提升机，根据输送方向和料斗的运行方式，可分为垂直式、倾斜式和诱导式三种形式（图2-9）。

(1)垂直式   (2)倾斜式   (3)诱导式

图 2 - 9   斗式提升机类型

（二）垂直式斗式提升机

垂直式斗式提升机的外形如图 2 - 9（1）所示，其提升高度可达 50m 左右，一般用于跨楼层向上输送流动性较好的物料，食品行业用于谷物原料和中间产品的提升。

1. 料斗牵引方式

按牵引方式，垂直式斗式提升机可分为带式牵引和链条牵引两类，后者又可分为双链式和单链式两种形式（图 2 - 10）。按速度，斗式提升机可分为高速和低速两种形式。

斗提机牵引料斗用的胶带与带式输送机挠性带相同。料斗用特种头部的螺钉和弹性垫片固接在牵引带上，带宽比料斗的宽度大 30~40mm。胶带作牵引件主要用于中小生产能力的工厂及中等提升高度，适合于体积和相对密度小的粉状、小颗粒等物料的输送。

牵引料斗的链条，通常为套筒链或套筒滚子链。其节距有 150、200、250mm 等数种。当料斗的宽度较小（160~250mm）时，用一根链条固接在料斗的后壁上；斗的宽度大时，用两条链条固接在料斗两边的侧板上。链条作牵引件则适合于生产率大、升送高度大和较重物料的输送。

2. 装卸料方式

垂直式斗式提升机有挖取式（或称吸取式）和撒入式（或称直接装入式）两种装料方式，分别如图 2 - 11（1）和（2）所示。前者适用于粉末状、散粒状物料，输送速度较高，可达 2m/s，料斗间隔排列。后者适用于输送大块和磨损性大的物料，输送速度较低(<1m/s)，料斗呈密接排列。

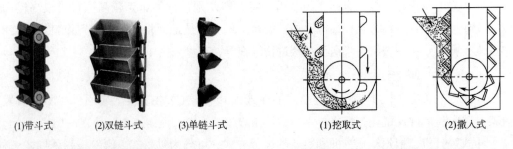

(1)带斗式   (2)双链斗式   (3)单链斗式   (1)挖取式   (2)撒入式

图 2 - 10   料斗牵引方式   图 2 - 11   斗式提升机装料形式

斗式提升机的卸料方式主要有三种形式：离心式、无定向自流（重力）式和定向自流（离心重力）式，这三种卸料方式分别如图 2-12 (1)、(2) 和 (3) 所示，其中前两种形式的斗与斗之间保持一定距离，而最后一种卸料方式提升机的料斗紧密相接。

 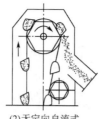 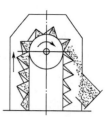

(1)离心式　　　　(2)无定向自流式　　　　(3)定向自流式

图 2-12　斗式提升机卸料形式

离心式卸料适用于物料提升速度较快的场合，一般在 1~2m/s，利用离心力将物料抛出。这种卸料方式适用于粒状较小而且磨损性小的物料。无定向自流式卸料方式适用于低速（0.5~0.8m/s）运送物料的场合，靠重力落下作用实现卸料。它适用于提升大块状、相对密度大、磨损性大和易碎的物料。定向自流式卸料，靠重力和离心力同时作用实现卸料。适用的提升速度也较低，一般在 0.6~0.8m/s，适用于流动性不良的散状、纤维状物料或潮湿物料。

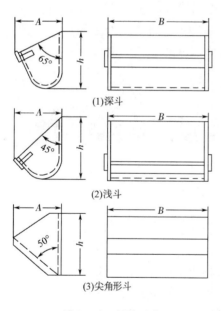

(1)深斗

(2)浅斗

(3)尖角形斗

图 2-13　料斗形式

3. 料斗

料斗是斗式提升机关键部件，它决定了提升机的用途。常见料斗形式有：圆柱形底的深斗、圆柱形底的浅斗和尖角形斗，分别如图 2-13 (1)、(2) 和 (3) 所示。

深斗的斗口呈 65° 的倾斜，深度较大。用于干燥、流动性好、能很好地撒落的粒状物料的输送。

浅斗的斗口呈 45°倾斜，深度小，适用于潮湿的和流动性较差的粒状物料，由于倾斜度较大和斗浅，因此能更好地使斗倾倒。

深斗与浅斗都有圆柱形的底部，它在升送机上的排列要有一定间距，这个间距范围在 2.3~2.4 h（h 为斗深）。这种料斗可用 2~6mm 厚的不锈钢板、薄钢板或铝板等材料，通过焊接、铆接或冲压而成。

尖角形料斗［如图 2-13 (3) 所示］与上述两种斗不同，它的侧壁延伸到板外成为挡边，卸料时，物料可沿挡边和底板所形成的槽卸出，在输送带上布置时一般没有间隔。尖角形料斗适用于黏稠性大和沉重的块状物料用定向自流式卸料的场合。

料斗在牵引带上的布置间距如图 2-14 所示，可分为稀疏型和密接型两种形式。具体形式根据被运送物料的特性、使用场合和料斗装料和卸料的方法来决定。

（三）倾斜式和诱导式斗式提升机

这两种形式的提升机在食品行业应用时，一般提升高度较低，只在单层楼面上为较高

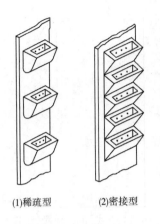

(1)稀疏型　(2)密接型

图 2-14　料斗的布置形式

设备供料。这两种提升机的料斗由双链牵引。

倾斜式斗式提升机外形结构如图 2-9（2）所示。果蔬加工生产线预处理段设备（如打浆机、预煮机、分级机）有时会采用这种形式的斗提机，所用的料斗常用多孔板制作，一般采用密接型料斗，这样可以使进料连续和均匀。从功能上看，倾斜式提升机与刮板式提升机类似，但结构却较复杂，因此，目前在食品加工中较少使用。

诱导式提升机，也称为 Z 形斗式提升机，是一种较新型的提升设备，如图 2-9（3）所示。料斗在两链条之间可以转动，在整个运行过程，料斗口始终保持水平向上，只有在卸料位置，由专门机构作用才使其斗翻转卸料，随后又恢复向上状态随牵引链移动。牵引链在固定在机架上牵连槽规定下，以"⌐"形方式，在水平段-垂直段-水平段之间循环。

三、　螺旋输送机

螺旋式输送机（俗称绞龙），是一种不带挠性牵引构件的连续输送机械。它主要用于各种干燥松散的粉状、粒状和小块状物料的输送。通过与适当形式的螺旋配合，螺旋输送机还可实现对物料进行压榨、搅拌、混合、加热和冷却等操作。

螺旋式输送机的一般结构如图 2-15 所示。它利用旋转的螺旋将被输送的物料在固定的机械内推移而进行输送。物料由于重力和对于槽壁的摩擦力作用，

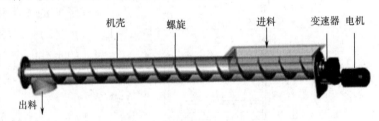

机壳　　螺旋　　　　进料　　变速器　电机

出料

图 2-15　螺旋输送机一般结构

在运动中不随螺旋一起旋转，而是以滑动形式沿着物料槽移动，其情况与不能旋转的螺母沿旋转螺杆作平移运动类似（如图 2-16 所示）。

螺旋是螺旋输送机的主要构件，螺旋主体分有轴和无轴的两种形式，如图 2-17 所示。有轴螺旋的轴，虽然也可采用实心轴，但为了减轻重量，通常采用钢管制成的空心轴［图 2-17（1）］，并可由长度 2~4m 的短轴方便地接成长轴。有轴螺旋的叶片大多由厚 4~8mm 的薄钢板制成，可以焊接、铆接等不同方式固定在螺旋轴上。

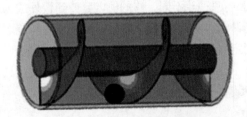

图 2-16　螺旋输送工作原理

(1)有轴

(2)无轴

图 2-17　两种螺旋形式

螺旋叶片形状如图 2-18 所示，可以分为实体、带式、叶片式和齿形等。实体螺旋是最常见的型式，适用于干燥小颗粒或粉状物料输送，其螺距为 0.8 倍螺旋直径。带式螺旋用于输送块状或黏滞状物料，它的螺距约等于螺旋直径。输送韧性和可压缩性物料时，宜采用叶片式或齿形螺旋（螺距约为 1.2 倍螺旋直径），这两种螺旋往往在运送物料的同时，还可对其进行搅拌、揉捏和混合等工艺操作。螺旋的旋向可以是右旋也可左旋。同一螺旋输送机可由不同旋向的螺旋联接而成，以实现不同输送要求，例如，可将物料从中间输送入到两端出料，也可从两端同时进料输送到中间出料。

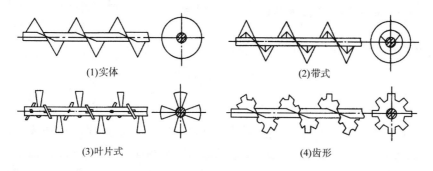

(1)实体　　　　　　　　　　　(2)带式

(3)叶片式　　　　　　　　　　(4)齿形

图 2-18　有轴螺旋的形状

螺旋输送机壳体分圆筒型和槽型两种形式。

圆筒型螺旋输送机可以作水平、垂直、倾斜和弯曲方向物料输送，如图 2-19 所示，其中最后一种弯曲形的螺旋输送机采用的是挠性无轴螺旋，并且机壳采用的也是挠性管。无轴螺旋有一定挠性，因此，与适当机壳配合可以制成弯曲形螺旋输送机 ［图 2-19(3)］。

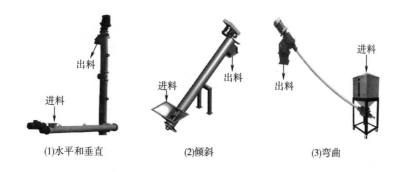

(1)水平和垂直　　　　(2)倾斜　　　　(3)弯曲

图 2-19　圆筒型螺旋输机的输送方向

如图 2-20 所示为两种槽型螺旋输送机，它们主要用于水平方向输送，也可在一定范围内倾斜输送。槽型输送机的机壳截面多为 U 形，可以加盖，也可敞开。此外，还可将机槽口与其他容器底配合，完成集料出料任务。

螺旋输机的驱动机构（电机和变速器）与螺旋可通过联轴器成直线联接排列，也可以通过齿轮或链条联接，成平行状排列。

螺旋输送机的优点：①构造简单，横截面积尺寸小，因此制造成本低；②便于在若干

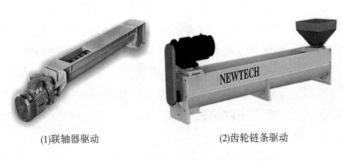

(1)联轴器驱动　　　　　　(2)齿轮链条驱动

图 2-20　槽型机壳螺旋输送机的两种驱动方式

位置进行中间加载和卸载；③操作安全方便；④密封性好。它的缺点：①在运输物料时，物料与机壳和螺旋间都存在摩擦力，因此单位动力消耗较大；②由于螺旋叶片的作用，可使物料造成严重的粉碎及损伤，同时螺旋叶片及料槽也有较严重的磨损；③输送距离不宜太长，一般在 30m 以下，过载能力较低。

四、气力输送系统

气力输送系统也称为气流输送系统，是利用气流的动压或静压通过管路输送物料的系统。根据物料的流动状态，气力输送按基本原理可分为悬浮输送和推动输送两大类型。

悬浮输送利用气流的动能进行输送，输送过程中物料在气流中呈悬浮状态，主要适用于干燥小块状及粉粒状物料（如面粉、砂糖、大米、小麦、麦芽和黄豆等），气流速度较高，沿程压力损失较小，但功耗较大，且可能造成物料的破碎。

推动输送利用气体的压力进行输送，物料在输送过程中呈栓塞状态。这种输送形式除能输送粉粒状物料外，还能输送潮湿且黏度不大的物料，特殊构造的系统还能输送空饮料瓶等较大件轻质材料。

食品加工业多采用悬浮气力输送系统，其基本形式有吸送式、压送式和混合式。

（一）吸送式气力输送系统

如图 2-21 所示，风机（或真空泵）将整个系统抽至一定真空度，由于存在压差，可吸入环境空气，当空气从物料堆间隙透过时，便把物料携带入吸嘴，并沿管输送至分离器，在此，空气与物料分离。物料可由分离器底部的闭风阀连续卸出，含尘气流则经除尘器除尘后由风机（或真空泵）通过消声器排

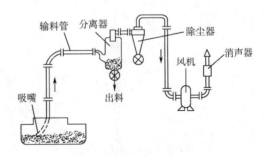

图 2-21　吸送式气力输送装置

入大气。为了保证风机（或真空泵）可靠工作及减少零件磨损，进入的空气必须预先除尘。

此种装置的最大优点是供料简单方便，能够同时从若干不同位置处吸取物料。但是，其输送物料的距离和生产能力有限，因为装置系统的压力差不大（即推动力不超过 1atm）。其真空度一般不超过 0.05 ~ 0.06MPa，如果真空度太低，又将急剧地降低其携带能力，以致引起管道堵塞。这种装置对密封性要求很高。

（二）压送式气力输送系统

压送式气力输送装置如图 2-22 所示，它的工作压力大于 0.1MPa。鼓风机把具有一定压力的空气压入导管，被输送物料由供料器供入输料管。空气和物料混合物沿着输料管运动，物料通过分离器卸出，空气则经除尘器净化后排入大气。

此装置特点恰好与吸送式相反，由于它便于装设分岔管道，所以可同时把物料输送至多处，且输送距离可以较长（因为系统的推动力可大于 1atm），生产能力较大。此外，系统的漏气位置容易发现，且对空气的除尘要求不高。它的主要缺点是供料装置较复杂，因为物料是由低压环境进入高压输料管的，并且不能或难于同时由几处供料。

（三）混合式气力输送系统

混合式气力输送装置如图 2-23 所示，它由吸送式部分和压送式部分组成。物料首先由吸嘴从料堆吸入输料管，然后送到分离器，分离出来的物料又被送入压送系统的输料管中继续进行输送。此种形式综合了吸送式和压送式的优点，既可以从几处吸取物料，又可以把物料同时输送到几处，且输送的距离可较长。其主要缺点是含尘的空气要通过鼓风机，从而使系统的工作条件差。

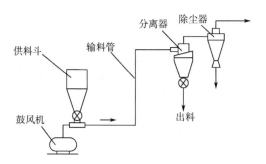

图 2-22　压送式气力输送装置

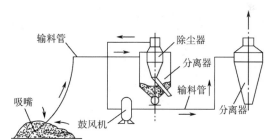

图 2-23　混合式气力输送装置

（四）气力输送装置的主要部件

气力输送装置主要由供料器、输送管道系统、分离器、除尘器和风机等部分组成。

1. 供料器

供料器的作用是把物料供入气力输送装置的输送管道，造成合适的物料和空气的混合比。它是气力输送装置的"咽喉"，其结构和工作原理与气力输送装置形式和被输送物料性质有关。

（1）吸送式气力输送供料器　吸送式气力输送供料器的工作原理是利用管内真空度将物料连同空气一起吸进输料管。常见吸送式气力输送供料器有吸嘴与喉管两种。吸嘴主要用于车船、仓库及场地装卸粉粒状及小块状的物料。吸嘴的结构形式很多，以单筒吸嘴结构最简单。单筒吸嘴结构如图 2-24 所示，直管与不同结构形状的下端结构相结合，构成了直口、喇叭口、斜口和扁口吸嘴。

喉管也称为固定式受料嘴，主要用于车间固定地点的取料。例如，可用于直接由料斗或容器端供料到输料管的场合。物料下料量可通过改变挡板开度进行调节。挡板的开度可采用手动、电动或气动操作。固定式受料嘴也有多种形式，常用于粉状物料（如面粉）输

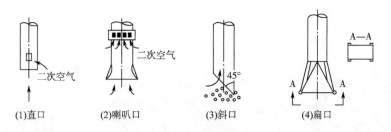

图 2-24 单筒吸嘴形式

(1)直口　(2)喇叭口　(3)斜口　(4)扁口

送的诱导式固定受料嘴如图 2-25 所示。

（2）压送式气力输送供料器　压送式气力输送装置的供料是在管路中气体处于正压条件下进行的。根据其作用原理可分为旋转式、喷射式、螺旋式和容积式等。

旋转式供料器是一种广泛用于中、低压条件供料装置，一般适用于流动性能较好、磨损性较小的粉粒状及小块状物料。最普遍使用的为绕水平轴旋转的圆柱形叶轮供料器，其结构如图 2-26 所示。其中的均压管可使叶轮格室内的高压气体转到装料口之前排出，从而使其中的压力降低，便于物料填装。

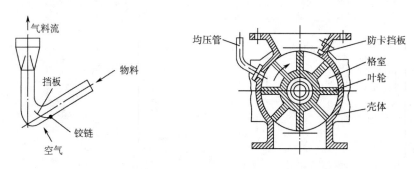

图 2-25 诱导式固定受料嘴　　　图 2-26 旋转式供料器

喷射式供料器主要用于低压短距离压送装置。其结构如图 2-27 所示。它的工作原理是收缩状的喷嘴使气流速度增大，造成供料处的静压等于或低于大气压力，从而可使供料斗的物料落入喷嘴段。供料口后有一段渐

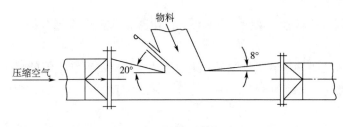

图 2-27 喷射式供料器

扩管，在渐扩管中气流速度逐渐减小，静压逐渐增高，达到必要的输送气流速度与静压力，使物料沿着管道正常输送。这种供料器结构简单，尺寸小，不需任何传动机构。但所能达到的混合比小，压缩空气消耗量较大，效率较低。

螺旋式供料器由螺旋输送器与空气混合的混合室构成。其工作原理与螺旋输送器相同，只是它的螺旋是变螺距的，进口端螺距大，排出口端螺距小，因此可使物料获得进入系统所需的压力。

容积式供料器又称仓式泵，有单仓和双仓两种形式，主要用于运送粉状物料的高压压送式气力输送装置。容积式供料器可以从底部也可以从顶部排料，其工作原理均是利用压缩空气使容器内粉状物料流态化后压送入输料管。

容积式供料器的供料是周期性的。一个供料周期有装料、充气、排料、放气四个过程。因此，单仓式只能间歇供料。由两个单仓组合而成的双仓式供料器，可获得近似连续供料效果。

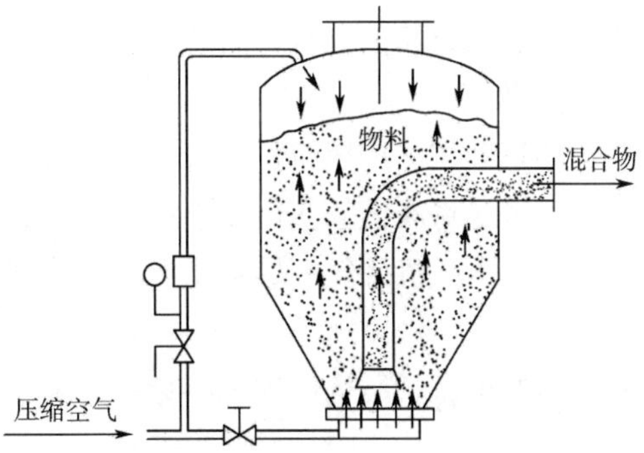

图 2－28　单仓容积式供料器

2. 输送管及系统部件

输送管系统通过由直管、弯管、软管、伸缩管、回转接头、增压器和管道连接部件等构成。具体可根据工艺需要配置。

输料管的结构及尺寸对系统压力损失、输送装置的生产率、能量消耗和使用可靠性等都有很大影响。所以，在设计输料管及其元件时，必须满足：接头和焊缝的密封性好；运动阻力小；装卸方便，具有一定的灵活性；尽量缩短管道的总长度。

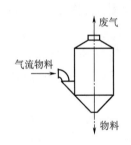

图 2－29　容积式分离器

3. 分离器

气力输送装置的物料分离，通常是借重力、惯性力和离心力使悬浮在气体中的物料沉降分离出来。分离器通常有容积式和离心式两类。

容积式分离器结构如图 2－29 所示。其作用原理是：空气和物料混合物由输料管进入面积突然扩大的容器中，使空气流降低到远小于悬浮速度 v_f（通常仅为 $0.03 \sim 0.1v_f$）的速度。这样，气流失去了对物料颗粒的携带能力，物料颗粒便在重力的作用下由混合物中分离开来，经容器下部的卸料口卸出。

离心式分离器也称旋风分离器，其结构与工作原理请参见本书第四章的相关内容。

4. 除尘器

从分离器排出的气体中尚含有较多粒径范围 $5 \sim 40\mu m$ 的较难分离的粉尘，为防止污染大气和磨损风机，在引入风机前须经各种除尘器进行净化处理，收集粉尘后再引入风机或排至大气。除尘器的形式很多，但目前应用较多的是旋风分离除尘器和袋式过滤器。关于这两种除尘器的详细结构原理，请参见本书第四章的相关内容。

5. 风管及其附件

风管是用来连接分离器、除尘器、鼓风机并作为通大气的排气管。对压送式气力输送装置，从鼓风机至供料器之间也需用风管连接。

风管直径根据风量和气流速度计算确定。分离器至除尘器之间的风管风速一般取 $14 \sim 18m/s$，除尘器以后可取 $10 \sim 14m/s$。此外，在风管上应装设必要的附件。在压送式装置上，有时需装设止回阀、节流阀、转向阀、贮气罐、油水分离器、气体冷却器和消声器等。在吸送式装置的风管上，有时需装设安全阀、止回阀、转向阀和消声器等。

6. 气源设备

气力输送装置多用风机作气源设备。对风机的要求是：效率高；风量、风压满足输送物料要求且风量对风压的变化要小；有一些灰尘通过也不会发生故障；经久耐用便于维修；用于压送装置的风机排气中尽可能不含油分和水分。有些场合，也使用空气压缩机和真空泵作气源设备。

有关这些设备的结构原理可参见本章第三节相关内容的描述。

五、 其他输送机械与装置

食品行业中，还有不少可用于输送固体物料的装置或系统，以下介绍另外两种输送装置。

（一）流送槽

流送槽是一种利用水力输送的装置，主要用于块状或颗粒状且可与水分离的物料输送。

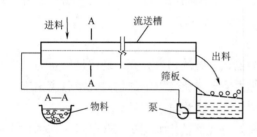

图 2 - 30　流送槽原理图

1. 构造及工作原理

流送槽由具有一定倾斜度的水槽和水泵等装置所构成，如图 2 - 30 所示。由人工或机械把放在堆放场的原料放入水平输送机，然后由输送机将物料送到流送槽中，由于水的流动，一方面将物料随水流输送到目的地，另一方面可以把原料外表的泥沙杂质等浸泡及冲洗，再经过滤筛板滤去泥浆、污水后进入清洗机中，这样水力输送就有清洗和输送的作用。污水从筛板流出，经过处理进行循环使用。

水槽可用砖砌、水泥浇灌，也可用钢材、塑料制成。槽内比较平滑，两侧用喷嘴加水（有利于对原料的冲洗和流送），槽底为半圆形或方形（还可设一个假底用于除砂）。

槽的倾斜度（即槽的两端高度差与槽的长度之比）因流送槽用途不同而异。用于输送时，直段取 0.01 ~ 0.02，转弯处取 0.011 ~ 0.015；用作冷却槽时取 0.008 ~ 0.001。转弯处的曲率半径应当选取，以免输送时造成死角。

2. 流送槽的计算

流送槽的生产能力 q_m（t/h）与流送槽截面 A（m^2）、水与物料混合物密度 ρ（一般取 1000kg/m^3）、液料比系数 m 及水与物料的流送速度 u（m/s）之间的关系可用下式表达：

$$q_m = 3.6 \times \frac{A\rho u}{(m+1)} \tag{2-1}$$

式中 m 为流送槽中水流量 q_w（t/h）与物料流量 q_m（t/h）（即流送槽生产能力）之比，即：

$$m = \frac{q_w}{q_m} \tag{2-2}$$

m 一般取值范围在 3~5，也即流送槽的用水流量为原料质量流量的 3~5 倍。值得一提的是，m 是一个最终需要根据系统调试操作确定的参数，其适宜大小与流送槽的表面光滑程度和倾斜度有关，一般而言，槽面光滑、倾斜度大，其值可取小些。水流速度要求在 0.5~0.8m/s。可直接利用自来水输送，但是一般都采用离心泵加压。槽中操作水位一般为槽高的 75%。

3. 流送槽的应用

流送槽可用于将物料从原料堆放场输送到清洗机或预煮机，也可将由清洗机或预煮机出来的物料流送到另一个工段。流送槽有时还可兼起冷却或去杂质的功能。番茄、苹果、蘑菇、菠萝和其他块茎类原料的输送多用流送槽。流送槽用于预煮物料冷却时，可以将流道弯曲安排（如图 2-31 所示），以保证必要的冷却时间，同时减小流送槽的占地面积。

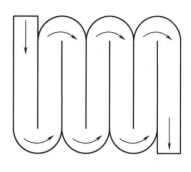

图 2-31　冷却用流送槽流道安排

（二）悬挂输送机

悬挂输送机由循环轨道、悬挂件、牵引链、驱动装置及张紧装置等构成。轨道可以灵活进行立体布置，在平面方向，它的回转半径可小至 400mm，能实现多种角度转弯；在垂直方向通常以 45°角提升或下降，也可以其他角度升降，升降角度的限制因素主要是输送器具与被输送物之间的间隙。悬挂件的单件悬挂重量在 20kg 以上。悬挂输送机在其他制造业中有着较广泛应用，它在食品行业最典型的应用是屠宰生产线（图 2-32）。

(1)猪屠宰线

(2)家禽屠宰线

图 2-32　悬挂输送机在屠宰线中应用

由于其轨道布置的空间灵活性，容易结合工艺操作过程，因此特别适用于加工过程中用钩子、箱子或篮子传递的产品，例如肉类产品、水果和蔬菜等。

值得一提的是，这种输送装置只适用于卫生要求不太高的场合，而不适合待包装易腐产品的输送，因为悬挂链结构难免积聚灰尘污物，且不易彻底清除。

第二节 液体物料输送机械与设备

食品加工生产过程往往需要将液体物料从一处输送到另一处。除业已存在位差和压差场合以外，食品料液一般通过由泵、管路、阀门、管件和贮罐等构成的系统完成输送。液体输送系统中的动力设备是泵，而其他部件在整个液体输送系统的投资中有时会占相当大的比例。因此，本章主要分泵和管路系统两部分进行介绍。

一、泵

食品工业有许多类型的泵。如图 2-33 所示，各种类型的泵可分为正位移式和离心式两大类，每一大类又包括了各种类型的泵。从使用场合来说，各种类型的泵还可分别归为一般泵和卫生泵两类。

卫生泵的材料必须为 316L 不锈钢；泵腔内应无卫生死角，可进行在线清洗（CIP）；其密封件或材质应为食品级材料，如丁腈橡胶、氟橡胶、乙丙橡胶、特氟龙等。从泵的种类来看只要满足上述要求，都可广义地称为卫生泵。

被输送的液体物料的性质千差万别，食品料液从工艺水、稀溶液、油、高黏度巧克力浆和糖浆等有不同的黏度；许多具有复杂的流变学特性；某些具有一定的腐蚀性，本身容易变质或易滋生微生物等。根据以上特点，所选用的泵，除型式必须适合被输送料液的流变性质（主要是黏度）以外，往往必须满足耐腐蚀和卫生要求。食品料液应采用适当的卫生泵输送。

这里要介绍的是食品工业中较广泛用来输送食品料液的泵。泵的分类见图 2-33。

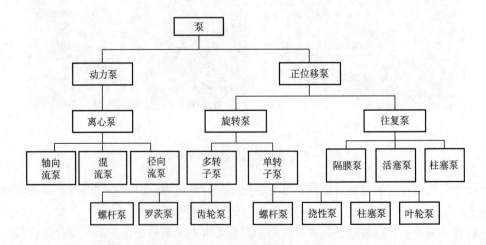

图 2-33 泵的分类

（一）离心泵

离心泵在食品工厂中有着广泛用途，常用于包括工艺用水在内的低黏度液料和液体工作介质（如热水、冷水和冷冻盐水等）的输送。

离心泵的原理、分类、特性、安装等在有关教材（如《食品工程原理》《化工原理》等）中有较详细阐述，这里不再介绍。

从使用场合来说，离心泵分为普通离心泵和卫生离心泵。普通离心泵在食品工厂多用于液体工作介质的输送，而食品料液则往往需采用卫生离心泵输送。一般的卫生离心泵多属单级离心泵。要求提供高压头平稳输送条件时，可以采用多级离心泵。膜分离系统的进料泵常采用多级离心泵。

典型卫生离心泵的外形及结构如图2-34所示，主要由一个电机驱动的叶轮及封闭叶轮的壳体构成。离心泵操作的基本原理是利用离心力增加液体的压强。由叶轮转动中心处进入离心泵的料液，由于受到离心力的作用而运动到叶轮的周缘。在此，料液的压强达到最大，并从出口进入管路。

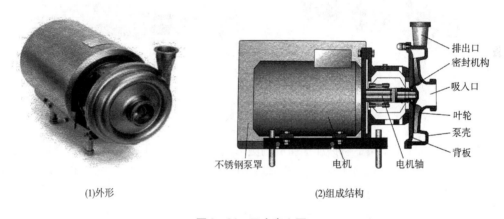

(1)外形　　　　　　　　　　　　(2)组成结构

图2-34　卫生离心泵

卫生离心泵的特点：①泵体所有与食品接触的材料均由不锈钢制成；②泵壳、背板、叶轮及进出口管的连接结构均从方便清洗角度设计，采用箍扣之类活接头形式密封，从而可以方便地对泵体进行拆洗（见图2-35）；③叶轮形式一般为方便清洗的开启式，叶片通常为两片、三片，也有四片的；④采用符合卫生要求的机械式密封（图2-36），而不是一般泵的填料式密封；⑤带有不锈钢泵罩，从而可防止液体对电机的损害；⑥泵体直接与电机和底盘联成一体，底盘支脚不用固定基础，可以方便地移动和改变方向。

（二）螺杆泵

螺杆泵是一种回转式容积泵，它依靠由螺杆和衬套形成的密封腔的容积变化来吸入和排出液体。螺杆泵按螺杆数目分为单螺杆泵、双、三和五螺杆泵。目前食品工厂中多用单螺杆泵输送高黏度液体或带有固体颗粒的浆料，如在番茄酱连续生产流水线中，常采用这种泵。

典型单螺杆泵的外形和结构如图2-37所示。这种泵利用装在橡皮衬套内的旋转螺杆与橡皮套形成不断改变位置的空间，通过推送作用使料液由泵入口向泵出口移动。

图 2-35 卫生离心泵的构件

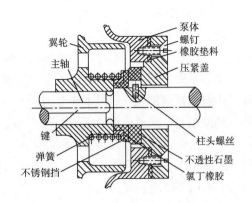

图 2-36 离心泵密封装置

(1)外形图

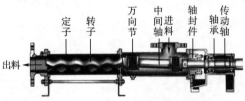

(2)结构示意图

图 2-37 单螺杆泵

单螺杆泵的转子是用不锈钢加工而成的圆形断面螺杆，定子是具有双头内螺纹的橡皮衬套（如图 2-38 所示）。其螺纹螺距是螺杆的一倍。橡皮衬套内径比螺杆直径小约 1mm，从而可保证与螺杆围成的空间有密封性。

单螺杆泵的工作原理如图 2-39 所示。由电机通过联轴器联接并驱动的螺杆，在橡皮套定子内作行星运动，与橡皮衬套相配合形成一个个互不相通的封闭腔。当螺杆转动时，在吸入端形成的封闭腔沿轴向排出端方向运动，并在排出端消失，产生抽送液体的作用。

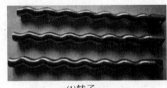

(1)转子

(2)定子

图 2-38 单螺杆泵的转子与定子

图 2-39 单螺杆泵工作原理

螺杆泵的流量可以通过改变转速来调节，合理的转速范围为 750~1500r/min。转速过高会因为摩擦过度而使橡皮套发热损坏，过低则会影响生产能力。螺杆泵不能空转，否则橡皮套会因摩擦发热而损坏。

螺杆泵有较高（接近 $8.5mH_2O$）的吸程，其排出压头与螺杆长度有关，一般每个螺距可产生 $20mH_2O$ 的压头。这种泵的输出脉动小、运转平稳，无振动和噪声，适宜于输送高黏度料液。

（三）罗茨泵

罗茨泵也称转子泵，也属于回转型容积泵，其外形和结构如图 2 - 40（1）和（2）所示，泵体主要构件为泵壳和一对转子。罗茨泵的工作原理如图 2 - 40（3）所示，分别由主从动齿轮传动的转子在泵壳内啮合旋转，在入口处当两转子逐渐分开，工作空间逐渐增大，形成部分真空，使液体在大气压作用下进入泵内。进入泵的液体在两个转子的作用下沿泵体内壁被送至排出管。当转子对不断旋转，泵便能不断吸入和排出液体。

(1)外形　　　　　　　　　　(2)结构　　　　　　　　　　(3)工作原理

图 2 - 40　罗茨泵

由于转子形状简单（一般为 2 叶、3 叶和 5 叶），易于拆卸清洗，对于料液的搅动作用小，因此，罗茨泵适用于（尤其是含有颗粒的）黏稠料液的输送。但由于转子的制造精度要求较高，所以转子泵价格较高。

（四）柱塞泵

柱塞泵属于高压往复式泵，主要构件有偏心轮、柱状活塞、泵（缸）体、单向阀等。泵体通常是一块开有活塞孔的不锈锻钢，并配有活塞及阀门。圆柱状的活塞也由不锈钢制造，为防止液体泄漏及空气渗入，采用垫料函密封。根据柱塞的多少，柱塞泵可以分为单柱塞泵和多柱塞泵。

单柱塞泵的工作原理和流量输出曲线分别如图 2 - 41（1）和（2）所示。柱塞与缸体孔之间形成密闭容积。由电机驱动的曲轴每旋转一圈，带动连杆使柱塞左右往复运动一次。柱塞向左运动吸料，向右运

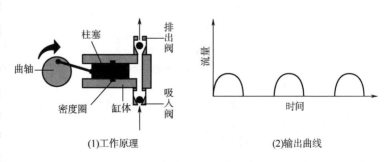

(1)工作原理　　　　　　　　　　(2)输出曲线

图 2 - 41　单柱塞泵

动排料。由于只有一半时间排料，因此，单柱塞泵的输出曲线是脉冲式的。虽然是脉冲式，但每一脉冲的排出量是相当一致的，因此，一些液体罐装机的定量灌装机构采用柱塞泵原

理。另外，也可采用液压或气压控制方式推动单柱塞的柱塞往复运动。

食品工业上应用的多柱塞泵以三柱塞泵居多。三柱塞泵较单柱泵的输出流量平稳。图2-42所示为典型三柱塞泵的外形、工作原理和输出曲线。

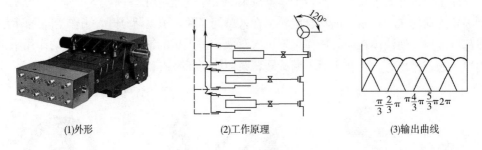

(1)外形　　　　　　　(2)工作原理　　　　　　　(3)输出曲线

图 2 - 42　三柱塞泵

食品工业常用的三柱塞泵，通常可使料液以获得20MPa以上的压强。柱塞泵在食品加工中有两种典型用途：一是用作压力式喷雾干燥机雾化系统的供液泵（参见第九章相关内容）；二是作为高压均质机的加压泵（参见第六章相关内容）。

（五）泵的选用

对于不同性质和工艺要求的液态食品输送，应当选用不同类型的泵。选用适当型式的泵是食品工程师的任务。选泵一般可以分为三步进行，首先确定泵的类型，其次选择具体型号与规格，最后是其他方面的考虑。

泵的类型主要根据食品料液性质与不同泵的适用范围确定。一般来说，首先可以根据一些基本条件确定所用的泵是离心泵还是正位移泵。如图2-43所示为初步确定食品料液用泵类型的路径图。

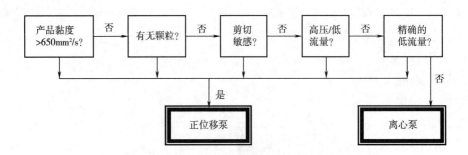

图 2 - 43　确定食品料液用泵类型的路径图

离心泵的适用范围：① 输送温度下液体的运动黏度不宜大于$650mm^2/s$，否则，泵效率下降较大；② 流量较大，扬程相对较低；③ 液体中溶解或夹带的气体不宜大于5%（体积）；④ 液体中含有固体颗粒时，宜选用特殊离心泵（如泥浆泵）；⑤要求流量变化大、扬程变化小者，宜选用平坦的$H-Q$曲线的离心泵，要求流量变化小、扬程变化大者，宜选用陡降的$H-Q$曲线的离心泵。

正位移泵的适用范围：① 输送温度下液体黏度高于$650mm^2/s$者；②流量较小且扬程

高的，宜选用往复泵；③液体中气体含量允许稍大于5%（体积）；④液体需要准确计量时，可选用柱塞式计量泵，液体要求严格密封时，可选用隔膜计量泵；⑤流量较小，温度较低、压力要求稳定的，宜选用回转式正位移泵。

泵类型确定以后，可按以下一般步骤选择泵的型号：

（1）根据生产上的送液量及泵安装地点到输送目的地的相关位置，拟定管路长度和管径以及所用管件的种类和数量，然后按流体力学原理计算所需泵的扬程。

（2）根据计算所得的扬程 H 和给定的流量 Q 值，从产品目录或制造商产品说明书上，选择能满足要求的泵。选择时，要注意所选泵的扬程和流量应略大于计算所得值，但也不能过大，以免造成泵效率的降低。

（3）当生产要求输液量过大，选不到合适的泵，或生产上输液量波动过大，按最大输液量选泵不很经济时，宜考虑泵的并联问题。这时，选泵所依据的扬程仍为计算所得的扬程。

（4）如选用叶片泵，而被输送液体的黏度、密度较大时，则须对所选泵的特性曲线进行换算，对主要参数 H、Q 等重新进行校核，并注意工作点是否在高效率区。

在选泵时需要注意以下几点：① 结构简单、操作方便；②运转可靠、使用寿命长；③性能良好、效率高、符合装置运转特性；④零部件互换性强、容易更换、维修方便；⑤价格低廉。

二、真空吸料装置

真空吸料装置是一种简易的利用压差进行流体输送的方法。其工作原理可用图2-44加以说明。真空泵将密闭吸料罐中的空气抽出，造成一定的真空度，在吸料罐与进料槽之间产生一定压差，从而可使由进料槽中的物料通过管道吸入吸料罐。将物料从吸料罐排出有间歇式和连续式两种方式。间歇式是破坏吸料罐的真空度（打开放空阀），即可以通过罐底（普通）阀门卸出。连续式出料是阀门为旋转叶式阀门，要求旋转阀门出料能力与管道吸进吸料罐的流量相同。吸料罐上的放空阀可用来调节罐内的真空度及液位高度。

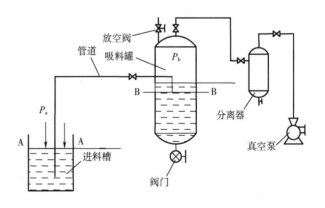

图2-44 真空吸料装置

真空泵与分离器相连，分离器与吸料罐相连。因为吸料罐内抽出的空气有时还带有液体，先在分离器分离后再由真空泵抽走，如液体为水，且采用湿式真空泵（如本章第三节的水环式真空泵），就不一定采用分离器。

只要厂内有真空系统的都可以利用真空吸料原理对流体作短距离输送及一定高度的提升。如果原有输送装置是密闭的，就可以直接利用这些设备作真空吸料之用，不需要添加其他设备。这种装置特别适用于果酱、番茄酱之类含固体块粒的料液。黏度较大或具有一定腐蚀性物料，一般不能用离心泵输送，而要用特殊泵输送。真空吸料装置可替代能输送这类物料的特殊泵。但它的缺点是输送距离或提升高度有限，效率很低。

需要指出的是，真空吸料不仅限于液体物料，有些流动性良好的粉体物料也可以利用真空原理进行短距离输送或提升。事实上，有些容器回转型粉料混合装置确实采用了真空吸料方式进料。

三、 液体食品输送管路

生产液态食品的设备构成中，包括管道、管件和阀件在内的输送管网无论从占用空间、构件数量还是从投资费用方面来看，均占有很大比例。正确选择这些构件是液体食品输送管路设计的重要内容。食品工业中，凡与食品原料或制品直接接触的输送系统，均应首先满足卫生安全要求。现代液体食品输送系统需要注意以下几点：①输送系统内无死角且表面光滑；②采用耐腐蚀不生锈材料；③防水性良好；④易拆卸清洗；⑤材料强度和韧性高不易破裂。

食品液体卫生级输送管路所用的各种构件均有相应的国内外标准，它们涉及管路构件的材料、形式、尺寸、表面处理及工作条件等规范。表2-1所示为与不锈钢卫生管路相关的一些常见标准名称、代号及颁布标准的组织、国家及地区。

表2-1　　　　　　　　常见不锈钢卫生管、管件与阀门执行的标准

标准	标准代号	标准颁布的组织、国家与地区
中国国家标准	GB	中国
国际标准化委员会标准	ISO	国际标准化委员会
德国标准	DIN	德国
3A 标准	3A	美国
国际乳业联合会标准	IDF	欧洲

不同标准针对具体的产品，规格方面会有差异，这些差异有些出现在材料、尺寸方面，也有些出现在表面处理或加工工艺方面。因此，对这些标准有所了解将有助于与设备供应商进行技术沟通。

（一）管路的活接头形式

液体食品卫生级输送管路中，目前主要采用两种活接头方式，即卡箍式和螺旋式。

卡箍式活接头构成如图2-45所示，卡箍将夹有密封圈、两个端面对齐的管接头箍住，再用螺栓将卡箍栓紧。卡箍式活接头近年在食品厂应用比较普遍，管子、管件、阀门和可移动设备多采用这种活接头形式。

螺旋式活接头的结构如图2-46所示，它通过套在一个平头管接头的螺母与另一个管接头外丝旋紧的方式，将两个管接头端面及垫圈夹紧，从而实现连接与密封。螺母的外形有两种形式：一种是圆柱形上开槽的形式；另一种是正六角形的。前一种需要专门的扳手

操作，后一种只要采用大小适当的活络扳手操作。

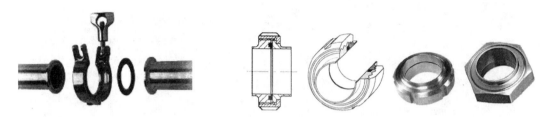

图2-45　卡箍式快装活接头　　　　　　图2-46　螺旋式活接头

（二）管件

不锈钢卫生管路上的管件主要有弯头、三通、四通、大小头、闷头等。这些管件一般有两种形式，一种是供焊接用的［图2-47（1）］，另一种是利用活接头连接的［图2-47（2）］。单机设备定型设备中使用焊接管件多一些，而在工厂生产线上，则多直接使用活接头形式。上面提到的活接头形式在卫生级管路上均有使用。

(1)供焊接用的管件　　　　　　　　　　　　(2)活接管件

图2-47　各种管件

（三）阀与阀系统

液体食品管路上使用的阀门，从功能上看多为截止阀（或称直通阀）或切换阀（如三通阀），特殊功能的阀门有减压阀（背压阀）、止逆阀和取样阀等。从结构上看，主要形式有：碟阀、球阀、塞阀和座阀等。操作方式主要有手动、气动和电动驱动等。这些阀大多用活接头形式与管路其他部分或设备连接。

1. 截止阀与切换阀

（1）碟阀　碟阀外形和结构如图2-48所示，它依靠安装于阀体圆柱形通道内的圆盘形碟板绕轴旋转而产生开闭作用，全开与全闭状态间的旋转角度范围为0°~90°。从阀门全闭位置开始旋，旋转到90°时，阀门呈全开状态。

碟阀的特点是结构简单、体积小、重量轻，只由少数几个零件组成；碟阀处于完全开启位置时，对流体所产生的阻力很小，且具有较好的流量控制特性；卫生级碟阀在全开状

(1)手动   (2)带限位齿的手动   (3)气动

图2-48　碟阀

态清洗时不存在死角。

碟阀一般做直通截止阀用。特别适用于剪切敏感流体产品，如酸乳和其他发酵乳制品的输送管路。

（2）球阀　球阀有直通型和三通型球阀之分。直通型球阀外形和内部结构如图2-49所示。球阀靠球形旋转阀芯的转动使阀门畅通或闭塞。三通型球阀的结构基本与直通型类似，所不同的是它同时与三条管路相接，根据（带T形孔的）阀芯的转动方向不同可以实现三条管路中的两条管路接通。

球阀的特点是：开关轻便，体积小，口径范围大，密封可靠，结构简单，维修方便，密封面与球面常在闭合状态，从清洗角度看，它的卫生性不如碟阀，因为在全开状态下，阀芯球面不能被清洗液冲洗到。

球阀的适用场合与碟阀类似。三通型球阀可用于需要改变流体输送流向的场合。

（3）塞阀　塞阀外形如图2-50所示，有二通和三通阀两种形式。由一个可相对于阀体手动旋转的带孔（直通或T形）的有一定锥度的塞子构成。对于两通阀，转动手柄可以使塞子置于开通或关闭位置。对于三通阀，转动手柄可使流体从1进入从2流出，当转到另外两个位置，可以实现使1，3相通或2，3相通。卫生塞阀的塞子一般可方便地从阀座取出，从而可进行彻底清洗。罐器的放料口多采用塞阀。

(1)两通塞阀   (2)三通塞阀

图2-49　球阀   **图2-50　塞阀**

2. 座阀及其组合阀

座阀的基本结构如图2-51所示，主要由带阀座的阀体和装在阀杆上的阀盘构成。通过阀杆上下升降，可使阀盘堵住或离开阀座，从而实现流路的关闭或开通。为了保证关闭，阀盘和阀座均有密封圈。

将阀体做成模块形式，通过活接方式，再与适当数量的阀盘和阀盘位置配合，就可以构成不同的组合阀（如图2－52所示）。但不论如何组合，功能上也不外截止和切换两种。

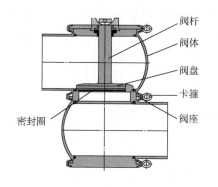

图2－51　座阀结构

图2－52　各种组合座阀

一种由三个阀体单元构成的组合切换阀的原理如图2－53所示。它的阀杆上装有两个阀盘。当阀杆在上挡位时，2、3通道口被下部的阀盘塞住，只允许1、2接通；当阀杆在下挡位时，1、2通道口被上部的阀盘塞住，只允许2、3接通。这一组合切换阀是由三个水平向的阀体单元构成的。阀体单元通道也可取阀杆长度方向，此时的接管在阀的下方。

3. 防混阀

防混阀是一种特殊座阀或组合座阀。它与普通的座阀的差异在于这种阀一般具有双层密封，当一层密封圈损坏后，泄漏的液体会及时从阀内排出，而不会再进入另一管中。如图2－54所示为一种防混阀的阀塞结构。值得一提的是，根据需要，同一组合阀中的两个阀塞，可以一个采用防混结构而另一个为普通结构（见图2－53）。

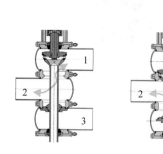

图2－53　组合切换阀原理

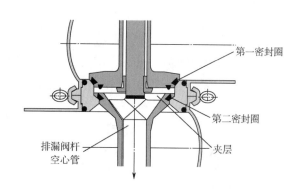

图2－54　一种防混阀结构原理

防混阀在CIP清洗管路中相当有用。食品生产车间的管路有时需要设计成部分生产部分清洗，两部分交替使用的模式。即要求在清洗液与食品料液两部分管路间之间能几乎同时进行切换。并且切换以后要求保证阀两侧的液体不串流（尤其必须保证不使清洗液进入食品料液）。为了做到这一点，可以有不同的解决方案。图2－55所示为同一管线切换功能的不同解决方式。可见利用模块式的组合防混阀，问题就变得简单多了。

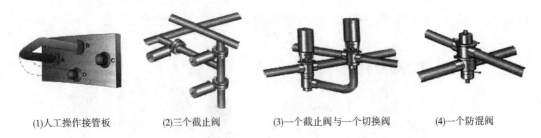

(1)人工操作接管板　　(2)三个截止阀　　(3)一个截止阀与一个切换阀　　(4)一个防混阀

图2－55　完成同一管路切换功能的不同途径

4. 特殊阀门

除上述阀门以外，液体食品输送管网还有一些特殊的阀门，如止逆阀、背压阀、取样阀等。它们的结构也应符合卫生要求。其连接方式也采用符合标准的活接方式。

（1）止逆阀　也称单向阀（图2－56），安装在需要防止产品倒流的地方。在流体由右向左流动时，该阀保持打开状态；反向流体对阀塞产生压力时，会迫阀塞压向阀座而关闭，也就是说，流体不能从左侧流向右侧。

（2）减压阀　也称泄流阀（图2－57），用于保持系统中恒定的压力。如果系统压力低，则弹簧将阀塞拉向阀座，当压力达到一定值时，在阀塞上的力超过弹簧力量，阀门打开。通过调节弹簧的张紧度可以调节打开阀塞所需力的水平。

（3）流量调节阀　图2－58所示为一种手动流量调节阀的结构示意。这种阀有一与特殊形状的阀杆相连的阀塞，旋转调节手把，可使阀塞左右移动，使通道发生变化，从而引起流量和压力变化，阀上带有指示位置的刻度盘。

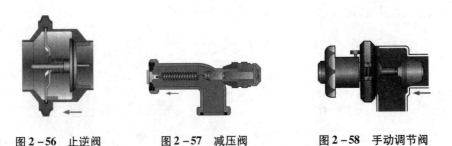

图2－56　止逆阀　　图2－57　减压阀　　图2－58　手动调节阀

如果阀杆由气动控制器驱动，便可构成自动调节阀。自动调节阀用于加工过程中压力、流量、液位的自动控制。安装在加工线上的传感器，连续向控制器传送测量信息，控制器根据接收到的信号进行调整，以保持流量维持在预设值。

5. 阀阵

将若干阀安排成阀阵，可以使输送系统的死角最少化，从而可对生产车间不同加工区域间的产品进行配送。通过在各具体输送管路上安装适当的阀门，可以安全地保证当一些管路在清洗的同时，另一些管路进行正常的产品输送（图2－59）。值得一提的是，CIP（即在线清洗，参见第三章）清洗液流与产品流在管路间必须始终做到无残液切换。

（四）密封件

从上面的介绍可以看出，不论是活接头还是阀门，均需要各种密封件配合。用于食品输送管路的密封件通常为圆环形垫圈，但也有特殊形状的垫圈。在管网系统中，密封件是易损件，需要经常更换。一般的密封件与刚性管路部件相配，因此需要对尺寸规格加以注意。

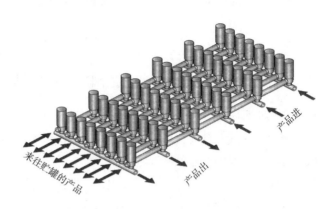

图 2 - 59　贮罐区供产品和清洗液独立进出贮罐的阀组布局

有多种材料可用做卫生级液体食品输送管路的密封件材料。但需要注意它们的使用温度范围，因为如果超过工作温度范围，有可能影响其使用寿命、密封效果和卫生安全性。表 2 - 2 列出了一些常用食品卫生级密封材料的工作温度范围。

表 2 - 2　　　　　　　　　　　常见食品卫生级密封材料的工作温度范围

密封材料		工作温度/℃	
		最低	最高
氯丁橡胶	Buna - N（black or white）	- 40. 0	123. 8
聚四氟乙烯	Teflon（PTFE）	- 78. 8	204. 4
硅橡胶	Silicon	- 28. 8	232. 2
氟橡胶	Viton（flourel）	- 28. 8	232. 2
乙丙橡胶	EPDM	- 48. 3	135. 0

第三节　可压缩流体输送机械与设备

食品工厂中往往需要利用风机、压缩机输送、压缩诸如空气、制冷剂蒸气等工作介质，也常利用真空泵抽吸空气形成负压环境。这些设备可归类为可压缩流体输送设备。

气体为可压缩流体，因此对其输送与压缩两者不可分割。这类输送设备对气（汽）体有不同程度的压缩作用。压缩流体输送设备的输出端气体压强与输入端气体压强之比通常称为压缩比。可压缩流体输送设备通常按其可实现的流体终压和压缩比进行划分（见表 2 - 3）。

表 2 – 3   可压缩流体输送机械的终压与压缩比

输送设备	终压/kPa	压缩比	输送设备	终压/kPa	压缩比
通风机	<1.47（表压）	1～1.15	压缩机	>300（表压）	>4
鼓风机	1.47～300（表压）	1.15～4	真空泵	98	与真空度有关

一、 通风机与鼓风机

（一）通风机

通风机分离心式和轴流式两种。离心式通风机多用于气体输送；轴流式通风机由于产生的风压较小，一般用于通风换气。

1. 离心式通风机

离心式通风机的结构与工作原理与离心泵类似，主要由（由很多叶片构成的）叶轮、机壳和机座组成。

离心式通风机可按能产生的风压分为低压（<980Pa）、中压（980～2940Pa）和高压（2940～35700Pa）三种。

典型的离心通风机外形如图 2 – 60 所示，可见，离心式通风机的机壳呈蜗壳状，机壳断面有方形和圆形两种。一般低压和中压多为方形［图 2 – 60（1）和（2）］，高压多为圆形［图 2 – 60（3）］。这类风机的切向出风口一般可以在较大范围绕叶轮轴线转动安装，从而可以适应不同的安装角度要求。

(1)电机直联驱动(中低压)   (2)皮带轮驱动(中低压)   (3)圆形机壳断面(高压)

图 2 – 60   离心通风机

2. 轴流式通风机

轴流式通风机如图 2 – 61 所示，机壳多呈筒状，叶轮轴与机筒轴线重合，叶轮的叶片为扭曲状。叶轮往往由直联电动驱动，有的也通过皮带轮由装在机壳外的电机驱动。工作时空气沿轴向在叶片间流动。

轴流式通风机产生的风压不高，通常在 255Pa 以下，但有高达 980Pa 的。效率一般较高，范围在 60%～65%。这种通风机作为换气风机时，直接装在墙壁或天花板的机筒上。某些生产线（如热烫冷却）也用轴流风机对产品吹风冷却。

(1)电机直联驱动　　　　　　(2)皮带驱动　　　　　　(3)用于墙壁或天花板

图 2 - 61　轴流通风机

（二）鼓风机

鼓风机产生的风压范围在 1.47 ~ 300kPa，在食品加工中的应用例子有气力输送、气流干燥和流化床干燥等。鼓风机的形式通常有离心式和旋转式两种。

1. 离心式鼓风机

离心式鼓风机的外形和工作原理如图 2 - 62 所示，其叶轮通常为多级式，由若干单级叶轮串联而成，气体每通过一级叶轮后风压有所增加，因此，叶轮级数越多，产生的总风压越大。

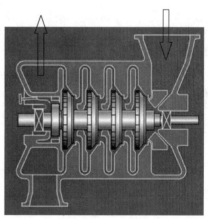

(1)外形　　　　　　　　　　(2)工作原理

图 2 - 62　离心鼓风机

2. 罗茨鼓风机

罗茨鼓风机又称旋转式鼓风机，其外形、结构和原理如图 2 - 63 所示，主要工作部件与罗茨泵类似，也是一对相互啮合转动的转子，转子的叶片数一般为两片或三片。

罗茨鼓风机的性能特点是风量不随阻力大小而改变，因此俗称"硬风"。这种风机特别适用于风量要求稳定的工艺过程。这类鼓风机的主要缺点是在压强较高时，泄漏量大，磨损较严重，噪声大。由于罗茨鼓风机噪声较大，一般要在进出口处安装消声器。相对于

(1)外形　　　　　　　　(2)结构　　　　　　　　(3)原理

图2-63 罗茨鼓风机

离心鼓风机，这类鼓风机输气量不大，压强范围在 10~200kPa。

二、压缩机

压缩机用于压缩各类气体。食品工厂不乏需要压缩空气或其他气体的场合。例如，气动控制系统、罐头反压杀菌、气流式喷雾干燥、蒸气压缩制冷、热泵蒸发等许多工艺都要使用压缩机。压缩机的形式种类繁多，但至今为止，食品工业中最常见的仍然属往复式压缩机。因此，以下主要介绍往复式压缩机。

往复式压缩机又名活塞式压缩机，有多种类型。常用往复式压缩机的分类见表2-4。

表2-4　　　　　　　　　　往复式压缩机的分类

分类依据	形式特点
压缩机气缸构造	单动式：只能在活塞一侧吸气及排气；双动式：两侧均能吸气及排气
压缩级数	单级、双级和多级
压缩气体终压	低压（1MPa以下）；中压（1~10MPa）；高压（10MPa以上）
生产能力	小型（$<10m^3/min$）、中型（$10~30m^3/min$）、大型（$>30m^3/min$）
气体种类	空气压缩机、氨压缩机、氟利昂压缩机等
气缸布置	立式（气缸垂直放置）、卧式（气缸水平放置）
	多缸布置：L形、V形、W形、S形等

（一）往复式压缩机的结构原理

往复式压缩机也称活塞式压缩机，主要结构由气缸、活塞、进气和排气阀等构成。单缸单作用往复式压缩机的工作原理如图2-64所示，低压气体由气缸内往复运动的活塞通过吸气阀吸入，经过压缩后的高压气体由排气阀排至贮气罐，或直接与高压管路相连接。

单级单缸单作用式压缩机的理论送气能力可用式（2-3）表示：

$$q_{v,t} = \frac{\pi}{4}D^2Sn \tag{2-3}$$

式中　$q_{v,t}$——压缩机的理论输气能力，m^3/s；

　　　D——气缸活塞的直径，m；

S——活塞的冲程，m；

n——活塞的往复频率，1/s。

实际上，由于安全原因，活塞与气缸底之间总留有一定的余隙。并且，由于气体是可压缩流体，压缩终了时留在余隙内的高压气体，会在吸气时首先膨胀至与吸气压强相等，然后才开始吸入机外气体，因此，压缩机的实际输气能力，不会像输送液体那样与容积和活塞往复频率呈线性关系。压缩机的实际输气能力可用式（2-4）表示：

$$q_v = \lambda_a q_{v,t} \qquad (2-4)$$

式中 q_v——压缩机的实际输气能力，m^3/s；

λ_a——送气系数。

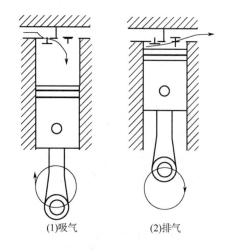

(1)吸气　　(2)排气

图2-64 单缸单作用压缩机原理

送气系数实际上是压缩机气缸的有效利用系数，与压缩比（排气端高压与吸气端低压之比值）、温度等因素有关，其值总是小于1。送气系数随压缩比的增大而减小，甚至增大到某一极限时，λ_a可为0。此时，因压缩机不能吸气而无法工作。

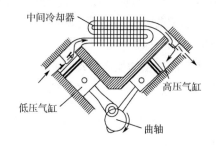

中间冷却器

高压气缸

低压气缸

曲轴

图2-65 双级压缩机示意图

因此，在工艺上要求高压缩比时，往往采用多级压缩，就是把两个或几个气缸串联起来，气体经过多次的压缩和冷却，压强逐级升高到所要求的最终压强。在多级压缩过程中，气体的体积逐级减小，因而气缸容积也逐级减小。图2-65为双级压缩机的示意图。

在同样压缩比下，所用级数越多，所消耗的压缩功越小。但级数增加，投资也增加。每增加一级，零部件辅助设备将成比例增加，级数过多在经济上是不合算的。因而随终压的不同，多级压缩的级数有一个合理的范围，见表2-5。

表2-5　　　　　　　　　压缩机级数与终压的关系

终压/MPa	级数	终压/MPa	级数
<0.5	1	3~10	3~4
0.5~1	1~2	10~30	4~6
1~3	2~3	30~60	5~7

（二）压缩机选择与使用

选用压缩机时，首先根据用途，主要是由气体性质决定压缩机的种类，然后根据生产能力，确定压缩机的排气量，最后，根据工艺要求确定压缩机的排气终压。在决定压缩机排气量时，应考虑气体在贮存和输送管道中的泄漏损失，同时，为了供气安全，还应有一定的余量。在选择压缩机排气量时一般应比实际需要的用气量大 20%～30%。选择压缩机的终压时，除了需要满足工艺气体压强要求以外，还应考虑输气管道压力损失。管道的压力损失可根据流体力学原理计算出。

在选取压缩机类型时，可按要求的种类、排气量、终压等条件，从压缩机厂商提供的产品目录中，选用合适的型号。产品目录中还提供了压缩机的级数、转速、活塞冲程、气缸数目、轴功率、电动机功率等性能指标，供设计人员选用时参考。

各种压缩机对气体压缩输送的主体部件（如气缸、曲轴等）高速运动摩擦作用，会产生大量热量，因而一般压缩机均需要适当的润滑和冷却措施配合。压缩机的冷却可采用风热和水冷两种方式。大型多级压缩往往采用水冷式，水冷式需要为压缩机配置专门的冷却水。小型压缩机则往往采用风冷方式，在气缸侧面装上适当的风机使气缸得到及时冷却。另外为了提高冷却效果，这种压缩机气缸外形常带散热肋片。对压缩机运动部件润滑的润滑油，难免会进入被压缩气体，因此需要将压缩气体中的油除去。最常用的除油方式是使压缩气体经过一个贮气罐，使油在其中沉降收集，与被压缩气体分开。如图 2-66 所示为一台自带冷却风扇的小型压缩机，它同时也带有除油用的气罐。

图 2-66   小型往复式压缩机

压缩机出来的压缩空气有些场合可以直接应用，如高压杀菌的反压冷却（参见第十二章内容）。有些场合，例如，气动控制系统，发酵罐的通气等，对压缩空气的质量有较高要求，还需要在压缩机出来的输气管路上配置净化系统。

三、真空泵

真空泵是用各种方法在某一封闭空间中改善、产生和维持真空的装置。真空泵在食品工业上的有着极为广泛的应用。许多食品单元操作，如过滤、脱气、成型、包装、冷却、蒸发、结晶、造粒、干燥、蒸馏以及冷冻升华干燥等都采用真空作业法。

（一）真空泵的分类

真空泵形式众多，能达到的真空度也高低不等，因此真空泵的种类较多。真空泵通常可按真空度、结构和工作原理进行分类（见表 2-6）。

表 2-6   真空泵分类

分类依据	类型、特点、常见真空泵例子
真空度 极限压强/Pa	低真空泵（>1.33）：往复式、旋转式、水环式、喷射式以及吸附式真空泵
	中真空泵（10^{-2}～1.33）：罗茨真空泵、多级喷射式真空泵等
	高真空泵（10^{-6}～10^{-2}）各种扩散泵及分子泵
	超高真空泵（<10^{-6}）：离子泵、低温泵等

续表

分类依据	类型、特点、常见真空泵例子
结构	机械式：靠机械动作使泵腔工作容积发生周期变化来实现抽气作用，如往复式真空泵、旋转式真空泵 射流式：无机械运动部件，主要靠通过喷嘴的高速射流来抽真空，如水蒸气喷射泵、空气喷射泵、水喷射泵以及各种扩散泵等 其他类型：获得高真空、极高真空或高纯洁真空的泵，如吸附泵、分子泵、离子泵、冷凝泵
工作原理	往复式、旋片式、滑阀式、机械增压式、喷射泵、扩散泵、分子泵、离子泵、冷凝泵等

（二）机械式真空泵

1. 往复式真空泵

往复式真空泵结构及工作原理与往复式压缩机类似。

往复式真空泵可直接用来获得粗真空，其极限压强一般在 1333Pa（即真空度 660mmHg）左右。因此可满足食品真空浓缩、真空干燥等操作的真空度要求。采用这类泵的优点是它具有较大的抽气速度，如例 W 型系列真空泵的抽气速率范围为 8 ~ 770 m^3/h。

往复式真空泵是一种干式真空泵，抽气中的水汽需要采用冷凝器之类装置预先除去。

2. 水环式真空泵

水环式真空泵是一种旋转式泵，外形结构和工作原理如图 2 - 67 所示，它主要由偏心叶轮与泵壳构成。当叶轮旋转时，水受离心力的作用被甩到四周，从而形成一个相对于叶轮是偏心的封闭水环。来自吸气管的被吸气体，从泵壳的吸气口进入叶轮与水环之间的空间，由于叶轮的旋转，这个空间容积由小变大而产生真空。随着叶轮继续向前旋转，此空间又由大变小，气体受到压缩，最后被迫经排气孔进入排出管。

(1)外形   (2)结构   (3)原理

图 2 - 67　水环式真空泵

水环式真空泵须在不断通水的情况下才能正常工作，这主要是为了将产生的热量带走，同时也是为了补充部分蒸发的水分。图 2 - 68 所示为一种带有循环补水罐的水环式真空泵连接方式。

国产 SZ 系列水环泵的极限压强范围为 7065 ~ 16260Pa（相当于真空度范围 638 ~ 122mmHg），抽气速率范围为 0.12 ~ 11.5m^3/min。

水环式真空泵是一种湿式粗真空设备，其特点是可抽吸带水蒸气的气体。食品工业上常用于真空封罐和真空浓缩等作业上。

3. 油封旋转式真空泵

这类泵都有一旋转转子，旋转部分或磨合运动部分都用油来密封，或将其置于油箱中或采用特殊的油循环，以达到油封的目的。典型油封式真空泵有旋片式和滑阀式等。

旋片式真空泵外形及工作原理如图 2-69 所示，它主要由泵体、转子及旋片（亦称滑片或刮板）所组成。转子直径方向上刻有槽缝，槽内装入滑片和弹簧。转子偏心地安装在泵壳内。当转子旋转时，在弹簧力和离心力的作用下，滑片沿槽缝自由滑动，并沿泵壳内表面滑动。转子、滑片和泵壳之间所形成的空间，从进气侧由小变大，到排气侧由大变小，造成与水环泵相类似的吸气和排气条件。因此，旋片泵的抽气过程依靠机械作用使泵腔内工作容积增大和缩小而实现。

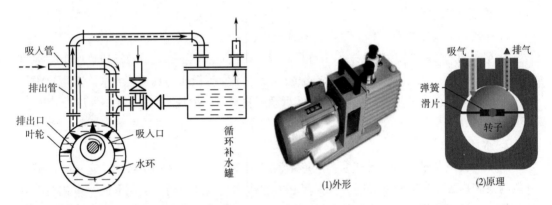

图 2-68　水环式真空泵与循环补水罐连接　　　　图 2-69　旋片真空泵

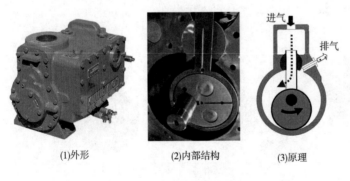

图 2-70　滑阀式真空泵

滑阀式真空泵的外形、内部结构和工作原理如图 2-70 所示。滑阀式真空泵，也是一种油封机械容积泵。这种泵的抽气容腔要比旋片式真空泵的大，耐用性也比旋片式的好。

这两类真空泵均有单级泵（极限压强为 $0.133Pa$）和双级泵（极限压强为 $0.00133Pa$），双级泵是两个抽吸单元构成的真空泵。这两类泵目前多用作食品冷冻干燥真空系统的前级泵。

4. 罗茨真空泵

罗茨真空泵的结构和工作原理与罗茨鼓风机相同。罗茨真空泵转子间以及与泵壳之间配合较紧密（只有约 $0.1mm$ 间隙）。尽管如此，运转时，仍然有气体会从排出侧通过间隙向吸气侧泄漏，所以其压缩效率远低于油封机械泵。但是，正因为没有摩擦接触，转速才有可能很高（一般 $1000～3000r/min$），所以泵的抽速很大。

当泵内平均压强降低时，间隙的流导值也随之降低，从而可提高泵的效率。在压强6.665Pa、压缩比约为10的条件下，泵的效率最高。因此，罗茨真空泵在真空系统中一般作为增压泵与低真空的前级泵配合使用（图2-71）。

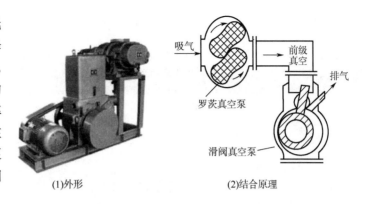

(1)外形　　　　　　(2)结合原理

图2-71　罗茨真空泵与前级真空泵机组

（三）射流式真空泵

射流式真空泵是一类泵体本身没有运动部件的泵，主要依靠通过喷嘴产生的高速射流来抽真空。食品行业常用的射流式真空泵有蒸汽喷射泵和水力喷射泵。

1. 蒸汽喷射泵

蒸汽喷射泵的外形结构如图2-72所示，其沿泵体纵向的速度与压强曲线如图2-73所示。

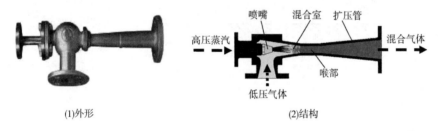

(1)外形　　　　　　　　　(2)结构

图2-72　蒸汽喷射泵

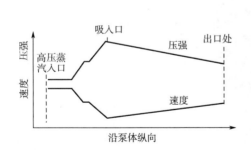

图2-73　蒸汽喷射泵沿纵向压强与流速曲线

蒸汽喷射泵的工作原理：具有较高压强的工作蒸汽进入泵后，其压强和流速沿喷嘴依次迅速降低和升高。在喷嘴内，蒸汽流至喉部处其速度已达到音速。由于蒸汽的可压缩性，已达音速的蒸汽流，在喷嘴截面渐扩后仍会继续渐增。直到离开喷嘴出口，蒸汽流的速度已经超过音速，出口处压强降得很低，造成真空状态，从而可将待抽气体吸入，与蒸汽在混合室内混合。混合气体又以一定速度进入扩压管，动能又转变成静压能。

蒸汽喷射泵有单级和多级之分。如果混合成的气体喷出时的压强高于大气压，则可直接排入大气环境，这种泵称为单级蒸汽喷射泵。如果混合气体出口的压强低于大气压，则需要由前级泵抽走。因此，多个喷射器联在一起就可以构成多级蒸汽喷射泵。需要的真空度越高，喷射泵的级数越多。表 2-7 给出了蒸汽喷射泵级数与能获得的绝对压强范围的关系。

表 2-7 蒸汽喷射泵的级数与绝对压强范围

级数	绝对压强范围/Pa	级数	绝对压强范围/Pa
一级	5332～14660	三级	333～2664
二级	1333～4000	五级、六级	<133.3

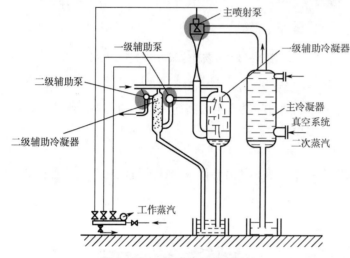

图 2-74 三级蒸汽喷射泵系统

蒸汽喷射泵可用于真空浓缩系统抽吸来自二次蒸汽的不凝性气体。尽管它是一种允许吸入湿气的真空泵，但其抽气量有限。因此为了减轻喷射泵的负荷，降低蒸汽消耗量，提高泵的效率，一般要与冷凝器配合，以使低压气体中尽量除去水分后，再进入蒸汽喷射泵。图 2-74 所示为一种为真空蒸发系统提供真空条件的三级蒸汽喷射泵的配置。

2. 水力喷射泵

水力喷射泵外形与结构如图 2-75 所示，它由喷嘴、吸气室、混合室、扩散室等部分组成。其工作原理类似于蒸汽喷射泵，具有一定压头的冷水以高速（15～30m/s）射入混合室及扩散室，然后进入排水管中。水流在喷嘴出口处于低压状态，因此可不断吸入二次蒸汽，由于二次蒸汽与冷水之间存在温差，与冷水混合即凝结为冷凝水，同时夹带不凝结气体，随冷却水一起排出。这样既达到冷凝，又能起抽真空作用。

真空浓缩系统中，水力喷

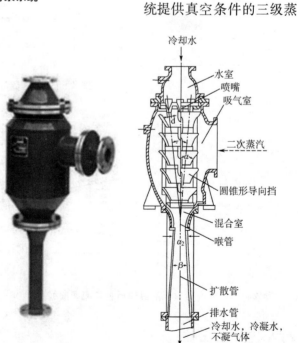

(1)外形　　　(2)结构

图 2-75 水力喷射泵

射泵一般与循环水泵、水箱组成如图 2 - 76 所示的系统，起二次蒸汽冷凝器和抽真空双重作用。系统能获得的真空度与水温有关（图 2 - 77）。因此，为了应对冷却水温度随季节变化而引起系统真空度变化，需要调整水箱补给冷却水的补充量。值得一提的是，图 2 - 71 中的溢流水水温较高，通过适当冷却后可作为温度为常温的补充新水回流到水箱。

水力喷射器的主要特点是：①兼有冷凝器及抽真空作用，所以不必再配置真空装置；②结构简单，不需要经常检修；③适用于抽吸腐蚀性气体；④不能获得太高真空度；⑤真空度随水温升高而降低（图 2 - 77）。

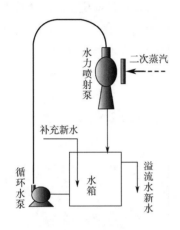

图 2 - 76　水力喷射泵系统

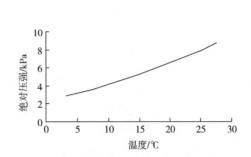

图 2 - 77　水温与水力喷射泵绝对压强的影响

（四）真空泵的选择

真空泵的选择依据通常有：

（1）系统对真空度的要求　通常由生产工艺提出。

（2）系统正常工作时的真空度范围　要求泵正常工作时的真空度范围必须满足生产设备工作时所要求的工作压强。选泵时通常要求泵的极限真空度比设备要求的真空度高 0.5 ~ 1 个数量级。

（3）被抽气体种类、成分、杂质情况及系统工作时对油蒸气有无限制等情况　它在食品生产中往往是正确选择泵的关键问题。

（4）系统被抽气量　它是决定选择某一类型真空泵的主要依据。真空泵的抽速可由式（2 - 5）求取：

$$S_p = \frac{SC}{C - S} \tag{2 - 5}$$

式中　S_p——泵的抽速，m^3/s；

S——真空系统的抽速，m^3/s；

C——流导即导管或孔口的通导能力，m^3/s。

本章小结

食品工厂中，物料输送机械与设备主要起食品物料输送、提供加工设备连续化和输送食品加工介质或产生加工环境条件等作用。它们可以按物料状态分为固体物料、液体物料和可压缩流体输送机械设备三大类。

固体物料主要以带式输送机、螺旋输送机和斗式提升机进行输送。这些输送机械设备可用来输送不同类型的固体物料，也常常结合在连续加工设备中。固体物料还可用气力输送系统、流送槽、真空吸料和悬挂输送机等输送。

泵是液体输送系统中的动力源。泵可以分为旋转式和往复式，也可以分为容积式和非容积式等。用于输送食品料液的泵必须是卫生泵。食品工厂中，低黏度料液常用离心泵输送；高黏度料液常用螺杆泵、旋转泵、齿轮泵等输送；常用三柱塞泵使食品料液获得高压。

食品料液需要用卫生级管路输送。对管路中涉及的部件有多种标准，选用时需要加以注意。管路中不同的部件常用卫生级活接头联接。管路中常用的卫生阀有碟阀、球阀、塞阀、座阀以及基于座阀的组合阀等，它们可以手动、气动和电动等方式操纵。本质为座阀的防混阀在 CIP 系统相当有用。

食品加工所需的工质或工作环境，常用风机、压缩机和真空泵输送或产生。

🔍 思考题

1. 举例说明物料输送机械在食品加工中所起的作用。
2. 举例说明食品厂常见固体物料形态，及其可采用的输送机械设备类型。
3. 食品厂常用哪些类型的泵输送液体食品物料？它们的适用场合如何？
4. 气力输送与流送槽输送系统有何异同点？
5. 试比较碟阀、球阀、塞阀和座阀的特点与适用场合。
6. 举例说明风机、压缩机和真空泵在食品加工中的应用。

自测题

一、判断题

（　　）1. 带式输送机只能水平或向上输送。

（　　）2. 带式输送机的驱动轮均为空心结构。

（　　）3. 并非所有带式输送机都依靠托辊支承输送带。

（　　）4. 斗式提升机主要用于垂直方向输送物料。

（　　）5. 各种斗式提升机的料斗均不能在牵引带上转动。

（　　）6. 斗式提升机也可在上部进料。

（　　）7. 诱导式斗式提升机不能用单链牵引。

（　　）8. 螺旋输送机主要用于干燥物料输送。

（　　）9. 同一台螺旋输送机的螺旋螺距不能变化。

（　　）10. 螺旋输送机不能垂直输送物料。

（　　）11. 物料在螺旋输送机中不随螺旋一起旋转。

（　　）12. 食品工业多采用悬浮气力输送系统。

（　　）13. 吸送式气力输送系统的风机在系统前端。

（　　）14. 压送式气力输送系统可将一处吸入的物料同时送往多处。

（　　）15. 混合式气力输送系统可同时多处吸料多处出料。

（　　）16. 流送槽输送物料所用的水流可能循环利用。

（　　）17. 输送物料的流送槽必须呈直线状，不能弯曲。

（　　）18. 悬挂输送机多用于屠宰生产线。

（　　）19. 卫生泵的材质必须为 316L 不锈钢。

（　　）20. 卫生离心泵的叶轮必须是开启式或半开启式的。

（　　）21. 输送食品料液的单螺杆泵的转动件必须用食用级橡胶制造。

（　　）22. 螺杆泵、齿轮泵和离心泵只要改变旋转方向就可以改变输送方向。

（　　）23. 螺杆泵的输出压头与螺杆的长度有关。

（　　）24. 罗茨泵也称转子泵，转子的叶片一般在 3 片以上。

（　　）25. 柱塞泵通常可使料液获得 20MPa 以上的压强。

（　　）26. 卫生级碟阀在全开状态清洗时不存在死角。

（　　）27. 从清洗角度看，球阀的卫生性优于碟阀。

（　　）28. 卫生塞阀的塞子一般可方便地从阀座取出。

（　　）29. 离心式通风机可分为低压、中压和高压三种，后两种的机壳截面为圆形。

二、填空题

1. 最常用于输送固体食品物料的三类设备是：_____ 输送机、_____ 输送机和斗式提升机。

2. 带式输送机常用于 _____、_____ 状及整件物料的水平或倾斜方向运送。

3. 带式输送机常用张紧装置形式有：_____ 式、弹簧 _____ 式和重锤式等。

4. 斗式提升机按输送方向和料斗运行方式，可分为 _____ 式、倾斜式和 _____ 式三种。

5. 斗式提升机有 _____ 式（或称吸取式）和 _____ 式（或称直接装入式）两种装料方式。

6. 斗式提升机的卸料方式主要有：_____ 式、无定向自流式和 _____ 自流式。

7. 螺旋输送机，俗称 _____，是一种不 _____ 牵引构件的连续输送机械。

8. 配有适当形式螺旋的螺旋输送机可对物料进行压榨、_____、混合、_____ 和冷却等操作。

9. 螺旋叶片的常见四种形式是：_____、_____、叶片式和齿型。

10. 螺旋输送机壳体的两种形式是：_____ 型和 _____ 型。

11. 悬浮气力输送的基本形式有：_____ 式、_____ 式和混合式。

12. 常用气力输送系统的气源设备是 _____，但也可用空气压缩机和 _____ 做气源设备。

13. 流送槽除起输送作用外，还具有 _____ 和 _____ 功能。

14. 各种类型的泵可分为 _____ 式和 _____ 式两大类。

15. 从使用场合来说，各种类型的泵还可分别归为_____泵和_____泵两大类。

16. 卫生离心泵采用_____密封，_____的叶片数通常为二片、三片和四片。

17. 螺杆是一种_____容积泵，食品工厂常用单_____输送高黏度或带有颗粒的料液。

18. 单螺杆泵的转子是圆形断面的_____螺杆，定子是具有双头内螺纹的_____衬套。

19. 罗茨泵也称为_____泵，也属于_____型容积泵，其转子的叶片数一般为 2 叶、3 叶和 5 叶。

20. 食品工业常用的三_____泵，通常可使料液获得_____MPa 以上的压强。

21. 柱塞泵在食品加工中的两种用途：压力式喷雾的_____泵，高压均质机的_____泵。

22. 液体黏度大于_____mm²/s 时宜选用_____泵。

23. 选用正位移泵时，小流量高扬程时可选用_____式泵；含颗粒时可选用_____式泵。

24. 可压缩流体输送设备可分为以下三类：_____、压缩机和_____泵。

25. 风机又可分为_____机和_____机两大类。

26. 通风机分为_____式和_____式两种，一般分别用于气体输送和通风换气。

27. 鼓风机在食品工业中常用于_____输送、气流干燥和_____床干燥等系统。

28. 气动控制或发酵罐通气所用的_____空气，需要在输气管路配置空气_____系统。

29. 食品工业应用的两类非机械式真空泵是：_____喷射泵和_____喷射泵。

30. 水环式真空泵属于_____真空设备，其特点是可以抽吸带_____的气体。

三、选择题

1. 用于灌装线输送容器的输送带形式通常是_____。

A. 链板带 B. 网带 C. 橡胶带 D. 钢带

2. 输送番茄供人工进行挑选操作的带式输送机，最好采用_____。

A. 链板带 B. 钢带 C. 链辊带 D. 塑料带

3. 斗式提升机一般在_____装料。

A. 中部 B. 上部 C. 下部 D. A 和 B

4. 饼干成型机中，常用于输送饼干坯料的输送带材质是_____。

A. 钢丝网 B. 钢 C. 橡胶 D. 布

5. 隧道式饼干烤炉中，输送坯料的输送带是_____。

A. 布带 B. 钢带 C. 橡胶带 D. 塑料带

6. 用螺旋输送机输送粉体物料时，宜采用的螺旋体形式为_____。

A. 叶片式 B. 齿型 C. 实体 D. 带式

7. 为输送较黏稠含颗粒料液，宜采用_____。

A. 离心泵 B. 转子 C. 螺杆 D. B 和 C

8. 改变泵轴旋转方向，不能反方向输送料液的泵是_____。

A. 离心泵 B. C 和 D C. 螺杆泵 D. 罗茨泵

9. 以下食品加工操作中，必须用压缩空气配合的是_____。

A. 低酸性罐头杀菌 B. 离心式喷雾干燥 C. 蒸汽压缩制冷 D. 气流干燥

10. 必须由压缩空气配合的食品加工操作是_____。

A. 低酸性罐头杀菌　　　B. 离心式喷雾干燥　C. 蒸汽压缩制冷　　　D. 气流干燥

11. 必须有真空泵配套的食品加工操作是_____。

A. 低酸性罐头杀菌　　　B. 冷冻干燥　　　　C. 喷雾干燥　　　　D. 气流干燥

12. 食品工业最常使用的压缩机型式是_____。

A. 离心式　　　　　　　B. 螺杆式　　　　　C. 活塞式　　　　　D. 气流干燥

13. 食品工业中，不大会用真空泵配合的加工操作是_____。

A. 脱气　　　　　　　　B. 蒸发　　　　　　C. 干燥　　　　　　D. 罐头杀菌

14. 应用柱塞泵可能性最大的食品加工操作是_____。

A. 干燥　　　　　　　　B. 均质　　　　　　C. A 和 B　　　　　D. 罐头杀菌

15. 为了将干燥大豆从车间底层提升到二层，不宜采用_____。

A. 气力输送系统　　　　B. 流送槽　　　　　C. 斗式提升机　　　D. 刮板输送机

16. 将多种粉料同时加入混合容器进行混合操作时，可考虑采用的气力输送形式是_____。

A. 吸送式　　　　　　　B. 压送式　　　　　C. 混合式　　　　　D. B 和 C

四、对应题

1. 找出以下输送带与加工设备对应关系，并将第二列的字母填入第一列对应项括号中。

（1）钢带（　　　）　　　　　　A. 果蔬清洗设备

（2）钢丝网带（　　　）　　　　B. 连续焙烤设备

（3）帆布带（　　　）　　　　　C. 提升物料

（4）板式带（　　　）　　　　　D. 饼干坯料的输送

（5）刮板带（　　　）　　　　　E. 灌装线上瓶罐输送

2. 找出以下料斗与适用性之间的对应关系，并将第二列的字母填入第一列对应项括号中。

（1）圆柱形底的深斗（　　　）　A. 适用黏稠性大，沉重的块状物料

（2）圆柱形底的浅斗（　　　）　B. 适用于粉状散粒状物料；输送速度高（2m/s）

（3）尖角形的斗（　　　）　　　C. 适用潮湿的，流动性差的粉粒状物料

（4）挖取式装料（　　　）　　　D. 适用于大块，输送速度低（<1m/s）的物料

（5）撒入式装料（　　　）　　　E. 适用干燥，流动性好，撒落性好的粉粒状物料

3. 找出以下有关螺旋输送机的对应关系，并将第二列的字母填入第一列对应项括号中。

（1）实体螺旋（　　　）　　　　A. 输送韧性和可压缩性物料

（2）带式螺旋（　　　）　　　　B. 空心钢管

（3）叶片与齿形螺旋（　　　）　C. 输送块状或黏滞状物料

（4）无轴螺旋（　　　）　　　　D. 输送干燥粉状或小颗粒物料

（5）有轴螺旋（　　　）　　　　E. 可弯曲

4. 找出以下标准代号与名称之间的对应关系，并将第二列的字母填入第一列对应项括

号中。

（1） GB （　　）	A. 美国标准
（2） ISO （　　）	B. 中国国家标准
（3） 3A （　　）	C. 国际乳业联合会标准
（4） DIN （　　）	D. 德国标准
（5） IDF （　　）	E. 国际标准化委员会标准

第三章
清洗机械与设备

食品加工过程中，需要对包括原料、加工设备、包装容器、加工场所和生产人员等在内的各种对象进行清洗。清洗是从源头上保证和提高食品质量安全性的重要措施。

清洗可分为湿洗与干洗。湿洗是利用水作清洗介质的清洗过程，就清洗的质量来说，以湿洗的效果最好；干洗相对于湿洗而言，利用诸如空气流、筛分、磁选等方法原理除去泥尘、异质物和铁质等污染物的操作都属干洗范畴，干洗效果有局限性，只能作为湿洗的辅助手段。

对于各种清洗对象均可采用人工方法进行清洗，但为了提高清洗效率和保证清洗质量，食品加工生产过程应尽可能采用机械清洗方法。至今为止，食品工厂中可以利用机械设备完成清洗操作的对象主要有原料、包装容器和加工设备三大类。

清洗过程的本质是利用清洗介质将污染物与清洗对象分离的过程。各种清洗机械与设备一般用物理与化学原理结合的方式进行清洗。物理学原理主要利用机械力（如刷洗、用水冲等）将污染物与被清洗对象分开；而化学原理是利用水及清洗剂（如表面活性剂、酸、碱等）使污染物从被清洗物表面溶解下来。

第一节　原料清洗机械

食品原料在其生长、成熟、采收、包装和贮运等过程中，会受到尘埃、砂土、肥料、微生物、包装物等的污染。因此，加工前必须进行有效的清洗。

多数食品原料表面附着的杂质和污物，可以采用干洗的方法除去，但难于完全除尽，最终还得用湿法清洗去除，即利用清水或洗涤液进行浸泡和渗透、使污染物溶解和分离。最简单的湿洗方法是把原料置于清水池中浸泡一段时间，用人工翻动、擦洗或喷冲。但这种方式劳动强度大，生产效率低，只适合于小批量原料的清洗。因而，大批量的原料多采用机械方式进行清洗。

由于食品原料的性质、形状、大小等多种多样，洗涤方法和机械设备的型式也很繁多，但所采用的手段不外乎浸洗、刷洗、淋洗和喷洗等。

一、滚筒式清洗机

这类清洗机的主体是滚筒，其转动可以使筒内物料自身翻滚、互相摩擦，也与筒壁发生摩擦作用，从而使表面污物剥离。但这些作用只是清洗操作中的机械力辅助作用，因此，往往需要与淋水、喷水或浸泡配合。滚筒式清洗机可以间歇和连续方式操作，但常见形式为连续式。

滚筒一般为圆形筒，但也可制成六角形筒。滚筒可以是栅状筒，也可用一定孔径的多孔钢板作筒面。滚筒两端敞开，以便使物料连续进出。为了使物料按一定速度连续通过滚筒，可以将滚筒以一定倾斜角度（3°~5°）安装在机架上，使物料在转动翻滚的同时借助重力作用从一端向另一端移动；也可以在滚筒内安装螺旋构件，使滚筒成为一种螺旋输送体。为提高清洗效果，有的滚筒式清洗机内安装了可上下、左右调节的毛刷。图3-1所示为各种形式的滚筒内部结构。

滚筒可通过托辊-滚圈、筒外齿轮和中轴三种方式驱动。

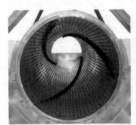  

(1)内装橡胶螺旋条　　　(2)筒内装螺旋钢带　　　(3)内装抄板

图3-1　各种滚筒内部结构

（一）喷淋式滚筒清洗机

一种喷淋式滚筒清洗机结构如图3-2所示。它主要由栅状（或多孔板）滚筒、喷淋管、机架和驱动装置等构成。

喷水管一般与滚筒轴平行安装在滚筒内侧一定位置，根据需要可安装多根水管，并且可沿水管装喷水头。

物料由进料斗进入落到滚筒内，随滚筒的转动而在滚筒内不断翻滚相互摩擦，再加上喷淋水的冲洗，使物料表面的污垢和泥沙脱落，由滚筒的筛网洞孔随喷淋水经排水斗排出。

这种清洗机结构比较简单，

传动装置　　滚筒　　进水管及喷淋装置
进料
排水斗
机架
出料

图3-2　喷淋式滚筒清洗机

适用于表面污物易被浸润冲除的物料。

（二）浸泡式滚筒清洗机

图3-3所示为一种浸泡式滚筒清洗机的剖面示意图。这是一种通过驱动中轴使滚筒旋转的清洗机。转动的滚筒的下半部浸在水槽内。电动机通过皮带传动蜗轮减速器及偏心机构，滚筒的主轴由蜗轮减速通过齿轮驱动。水槽内安装有振动盘，通过偏心机构产生前后往复振动，使水槽内的水受到冲击搅动，加强清洗效果。滚筒的内壁固定有按螺旋线排列的抄板。物料从进料斗进入清洗机后落入水槽内，由抄板将物料不断捞起再抛入水中，最后落到出料口的斜槽上。在斜槽上方安装的喷水装置，将经过浸洗的物料进一步喷洗后卸出。

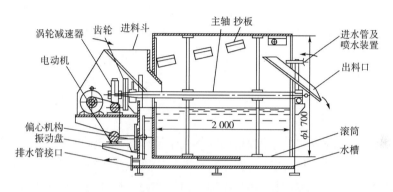

图3-3　浸泡式滚筒清洗机（单位：mm）

传统的滚筒式清洗机由于物料在其中翻滚碰撞激烈，除了使表面污物剥离外，有时还会损伤皮肉，因而是一种适合于块状硬质果蔬清洗的清洗机。一般的滚筒式清洗机可用于甘薯、马铃薯、生姜、马蹄、萝卜、胡萝卜、核桃等的清洗。滚筒式清洗机也可对某些硬质块状果蔬物料同时进行清洗和去皮，但经过种方式去皮后的物料，表面不光滑，只能用于去皮后切片或制酱的果蔬罐头生产，不适用于整只果蔬罐头的制造。在滚筒内加装适当毛刷，并与浸泡和喷淋结合的滚筒式清洗机，也可用于清洗某些浆果（如蓝莓）。滚筒式清洗机不适合用于叶菜和皮质较嫩浆果的清洗。

二、鼓风式清洗机

鼓风式清洗机也称气泡式、翻浪式和冲浪式清洗机。

鼓风式清洗机的外形和结构分别如图3-4（1）和（2）所示，主要由洗槽、输送机、喷水装置、鼓风机、空气吹泡管、传动系统等构成。

鼓风机式清洗机的清洗原理是利用鼓风机产生的具有一定压头的空气，通过吹泡管在水中产生大量气泡，使物料在水中翻滚，使表面除附着的密度较大的污物（如泥砂）离开物料，沉入槽底。这种翻滚作用不会使物料受到损伤，最适合多叶蔬菜原料清洗。

鼓风机式清洗机一般采用链带式装置输送被清洗的物料。作为物料的载体，链带可采用辊筒式（承载番茄等）、金属丝网带（载送块茎、叶菜类原料）或装有刮板的网孔带（用于水果类原料等）。链带在主动链轮和从动链轮之间运动方向通过压轮改变，分为水

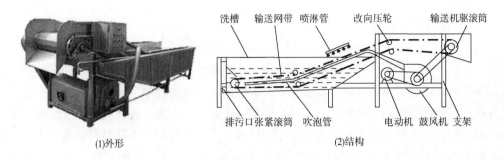

(1)外形   (2)结构

图 3 - 4 鼓风式清洗机结构

平、倾斜和水平三个输送段。鼓风机吹出的空气由管道送入吹泡管中。吹泡管安装于输送机的工作轨道之下。处于洗槽水面之下的水平输送段是原料受到鼓风浸洗的区段；中间的倾斜段是喷水冲洗段；上面的水平段（必要时可延长或后接另一条输送带）则可用于对原料进行拣选和修整。

三、 刷洗机

滚筒式和鼓风式清洗机之类主要借助流体力学原理实现清洗的设备，往往难以有效清洗原料表面附着较牢的污物。对于这些原料可以采用刷洗机进行处理，这类机械利用毛刷对物料表面的摩擦作用，直接使污物与物料分离，或使其松动便于用水洗净。另外，刷子作用也可除去丝状异杂物。

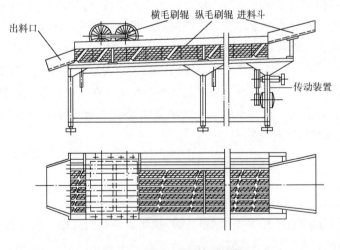

图 3 - 5 GT5A9 型柑橘刷果机

图 3 - 5 所示为 GT5A9 型柑橘刷果机的结构，主要由进出料斗、纵横毛刷辊、传动系统、机架等部分组成。毛刷辊表面的毛束分组长短相间，呈螺旋线排列。相邻毛刷辊的转向相反。毛刷辊组的轴线与水平方向有 3° ~ 5° 的倾角，物料入口端高、出口端低，这样物料从高端落入辊面后，不但被毛刷带动翻滚，而且作轻微的上下跳动，同时顺着螺旋线和倾斜方向从高端滚向低端。在低端的上方，还有一组直径较大、横向布置的毛刷辊。它除了对物料擦洗外，还可控制出料速度（即物料在机内停留时间）。该机原主要用于对柑橘类水果进行表面泥砂污物的刷洗。根据需要，可在毛刷辊上方安装清水喷淋管，增加刷洗效果，从而可适合于多种水果及块根类物料的清洗。

第二节 包装容器清洗机械

目前，可用机械方式进行清洗的空包装容器主要有玻璃瓶、塑料瓶和制造罐头用的金属空罐等，包装后需要清洗的主要是实罐。

一、 洗瓶机

许多液态食品（如果汁、饮料、乳品、酒类等）用玻璃瓶装，这类瓶子往往回收使用。使用过的瓶子不可避免地带有食品残留物和各种其他污染物。因此，为了最大限度地减少这些污染物带入包装食品内，确保产品的卫生质量要求，在包装以前必须将它们清洗干净。同时，通过对容器的清洗，也可降低产品包装后杀菌处理的要求或保证杀菌处理的有效性。一次性使用的食品包装容器在制造、存放和运输过程中，也不可避免地会在其内壁和外表面带上污染物（如尘埃、金属或非金属杂物及微生物等）。相对于回收瓶的清洗，新瓶的清洗比较简单，主要利用水冲便可达到清洗要求。例如，使用一次性塑料瓶的软饮料灌装线，只用一台与灌装机匹配的冲瓶机对瓶子进行冲洗。因此，以下主要对回收瓶清洗机进行介绍。

（一）基本洗瓶方法与洗瓶机类型

回收瓶污物通常包括瓶内的食物残液、污垢和瓶外的旧商标等。清洗方法除了浸泡、喷射、刷洗三种基本手段以外，一般还需加热和洗涤剂浸泡等物理和化学手段的辅助。

浸泡是将回收瓶浸没于一定浓度和温度的洗涤液中（一般为碱性溶液），使其所带的污物软化、乳化或溶解，同时受到一定程度的杀菌作用。浸泡后要再将瓶中污水倒出。浸泡通常是洗瓶机流程的前道工序。

喷射，有时也称喷洗或冲洗，是利用喷嘴将清水或洗涤液以一定压力（0.2~0.5MPa）对瓶内（或瓶外）进行喷射，清除瓶内（外）污物，喷射多用于小口径瓶子的清洗机。

刷洗利用旋转刷子将瓶内污物刷洗掉。由于是直接接触污物洗刷，所以去除效果好。刷洗易出现的问题是：①较难实现连续洗瓶；②转刷遇到油污瓶，会污染刷子；③若遇到破瓶，会切断转刷的刷毛，使毛刷失效并污染其他净瓶；④须经常更换毛刷。因此，大型自动洗瓶机一般不采用刷洗手段。

洗瓶机类型较多，按操作机械化程度，可分为半机械、机械化和全自动洗瓶机；按瓶子在设备中的行进方式，可以分为回转式和链带载运式两种。

回转式洗瓶机是一类利用一个垂直（或水平）转盘（轮）完成洗瓶过程的机器。这类清洗机结构简单，但清洗功能单一，生产效率低，且多为半机械方式，适用于小规模生产。

链带载运式洗瓶机是由输瓶链带送送被清洗瓶子的洗瓶机。大型全自动洗瓶机均采用这种输瓶方式。全自动洗瓶机中，按被清洗瓶子在机内的走向又可分成单端式和双端式。

图3-6　双端式全自动洗瓶机

（二）双端式全自动洗瓶机

双端式洗瓶机也称为直通式洗瓶机，因其进、出瓶分别在机器的前后两端。图3-6所示为一种双端式自动洗瓶机的进瓶端情形。该洗瓶机的内部结构如图3-7所示。它主要由箱式壳体、进出瓶机构、输瓶机构、预泡槽、洗涤液浸泡槽、喷射机构、加热器、具有热量回收作用的集水箱，及其净化机构等构成。由给瓶端进入机器的瓶子，先后经过预冲洗、预浸泡、洗涤剂浸泡、洗涤剂喷射、热水预喷、热水喷射、温水喷射和冷水喷射等清洗作用，最后从出瓶端离开洗瓶机。预冲洗是为了将瓶子外附着的污垢除去，以降低后面洗涤液消耗量。洗液喷洗区位于洗液浸泡槽上方，这样从瓶中沥下的洗液又可回到液洗槽。后面的几个喷洗区域采用不同的水温，主要是为了防止瓶子因温度变化过大造成应力集中损坏。喷洗由靠高压喷头对瓶内逐个进行多次喷射清洗实现。可见，这种洗瓶机主要利用了冲洗、浸泡和喷射三种方式对瓶子进行清洗。由于需要浸泡、并在同一区域进行冲洗，所以瓶子需要在同一截面上反复绕行，因此，设备的高度较高。

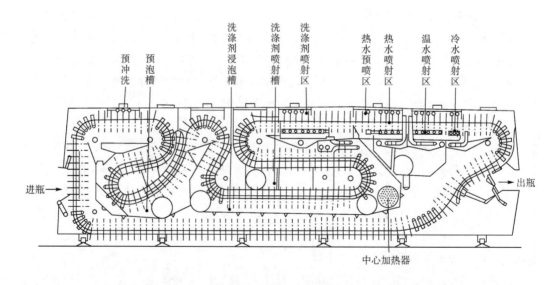

图3-7　双端式洗瓶机的结构及清洗流程示意

有的洗瓶机不设浸泡槽，全部采用冲洗方式进行清洗，因此结构简单而成本低，但用水较多，动力消耗高。

双端式洗瓶机由于进、出瓶别在机器两端，因此，生产卫生条件较好，且便于生产线的流程安排。但这种类型洗瓶机的输瓶带利用率较低（有的只有50%），从而设备空间利用率也低，占地面积较大。

（三）单端式全自动洗瓶机

单端式全自动洗瓶机也称来回式洗瓶机，它的进、出瓶操作在机器同一端。

一种单端式全自动洗瓶机的外形如图3-8所示。其内部结构及清洗流程如图3-9所示。这种洗瓶机无预冲瓶段，对瓶子的清洗主要靠洗涤液浸泡和喷射实现，喷射时间约占工作循环的2/3，其余的1/3为浸泡。

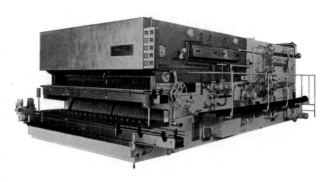

图3-8 单端式全自动洗瓶机

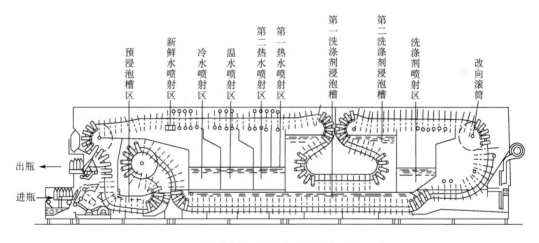

图3-9 单端式自动洗瓶机的结构与流程示意

待洗瓶从进瓶处进入到达预浸泡槽，预浸泡槽中洗液的温度范围为30~40℃，瓶子在此受到初步清洗与消毒。预泡后的瓶子到达第一洗涤剂浸泡槽，此处洗涤液温度可达70~75℃。通过充分浸泡，使瓶子上的杂质溶解，脂肪乳化。当瓶子运动到改向滚筒位置升起并倒过来时，瓶内洗液倒出，流在下面未倒转的瓶子外表，对其有淋洗作用。在洗涤剂喷射区处设有喷头，对瓶子进行大面积喷洗，喷洗后的瓶子达到第二洗涤剂浸泡槽，在此瓶上未被去除的少量污物得到充分软化溶解。从第二洗涤剂浸泡槽出来的瓶子，依次经过第一、第二热水喷射区、温水喷射区、冷水喷射区和新鲜水喷射区，受到喷射清洗。最后，洗净并得到降温的瓶子由出瓶处出瓶。

浸泡与喷射式洗瓶机有如下特点：输送瓶的链带是匀速连续运动的，因此所需的驱动力较低，且避免了磨损和较大的噪声。

与双端式自动洗瓶机相比，单端式洗瓶机仅需一人操作，输送带在机内无空行程，所以空间利用率较高。但由于净瓶与脏瓶相距较近，从卫生角度来看，净瓶有可能为脏瓶污染。所以，现在一般不采用。

二、洗罐机

洗罐机是用于对未装料的空罐和对封口杀菌后的实罐进行清洗的机械设备，因此洗罐机分空罐清洗机和实罐清洗机两类。

用来直接盛装食品的空罐应确保其卫生。由于在加工、运输和贮存过程中不可避免地会受到微生物、尘埃、污渍甚至残留焊药水等的污染。因此，所有的罐装容器装罐前必须得到有效地清洗和消毒。

空罐和实罐均可采用人工和机械方式进行清洗。采用何种方式要看容器种类和生产规模而定。一般小型企业多采用人工方式清洗，而大中型企业多采用机械方式进行清洗。

（一）空罐清洗机

空罐的清洗与回收玻璃瓶的清洗相比要容易得多。空罐清洗机有不同种类，但清洗方法基本相同，多采用热水进行冲洗，必要时再用蒸汽进行杀菌或用干燥热空气吹干。空罐清洗机之间的差异主要在于空罐的传送方式以及对空罐类型适应性不同。各种洗罐机有一个共同的特点，即清洗过程中罐内的积水可以自动流出。

1. LB4B1 型空罐清洗机

这种洗罐机适用于镀锡薄钢板制成的空罐清洗，其外形如图 3 – 10 所示，其结构如图 3 – 11 所示。它的输罐系统由一条链带式输送机、一对水平转盘、一对磁性轮、上下磁架及导罐栏杆等构成。清洗过程采用 55 ~ 80℃ 的热水对内壁进行冲洗，并以热风吹干。

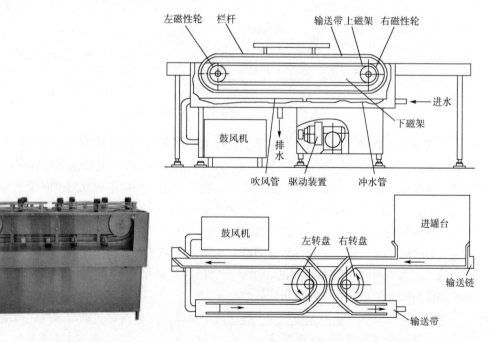

图 3 –10　LB4B1 型空罐洗罐机外形　　　　**图 3 –11　LB4B1 型空罐洗罐机结构**

该机的工作原理：需清洗的空罐置于进罐台上，由人工推至自右向左的输送链上。空罐经栏杆及右转盘的导引，转向进至输送带上，自左向右行进。由于磁性轮及下磁架的磁力作用，空罐受磁力吸引，罐底紧贴输送带，罐口向下通过冲水管，由喷出的高压热水对其内壁进行冲洗；以后空罐又通过吹风管，由热风将空罐的水滴吹干。吹风管的风由鼓风机提供。空罐继续倒立行进至左磁性轮转向，罐口向上，由输送带输送经左转盘转向进至平顶输送链送出。冷水经过蒸汽加热器后进入。清洗速度可通过无级调速器调节。通过对导罐栏杆的距离调整，可适应不同大小罐型的清洗。

2. 滑道式空罐冲洗机

滑道式空罐冲洗罐机，也称滚动式洗罐机，其外形和结构原理分别如图 3 – 12 和图 3 – 13 所示。它的壳体是一个矩形截面、呈一定斜度安装的长条形箱体。它的输罐机构是箱内由 6 根钢条拦成的"矩形"滚道。滚道"截面"的轴线与箱体截面轴线又成一定角度，从而可使空罐在下滚时罐口以一定角度朝下，便于冲洗水的排出。空罐在由上而下沿栏杆围成的滚道滚

图 3 – 12　滑道式洗罐机外形

动过程中，罐内、罐身和罐底同时受到三个方向的喷水冲洗。污水由箱体下部排出。由图可见，通过空罐滚道上下两端的"截面"取向变化，可使空罐以直立状态进出洗罐机，因而可与洗罐机前后的带式输送机平稳衔接。

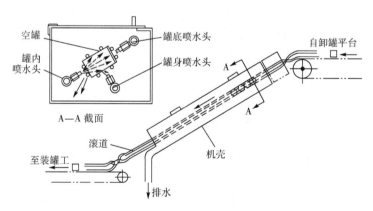

图 3 – 13　滑道式洗罐机结构

这种洗罐机的优点是效率高（可达 100 罐/min）、装置简单而体积小，并且在一定范围内可通过调整栏杆和喷嘴位置，适应不同的空罐清洗。其缺点是空罐的进机有一定高度要求。

3. GT7D3 型空罐清洗机

这种清洗机用于成捆空罐的清洗。设备结构如图 3 – 14 所示，全机由机架、传动系统、不锈钢丝网带输送机、水箱、水泵和管路系统等组成。整台设备空罐输送方向分初洗和终洗两个区。终洗区采用热水喷洗，热水由蒸汽与冷水在热水器中混合形成，热水的温度可通过截止阀控制蒸汽和水的流量来进行调节。喷淋流下的水汇集在终洗区下方的水箱，再由水泵抽送至初洗区供喷淋清洗，喷淋后的水汇集在初洗区下方的斜底槽由排水管排放。贯穿设备整个长度的不锈钢丝网带，以 0.14m/s 的速度自右向左运动。机身全长约 3.5m，因此空罐在机内总共受到的清洗时间约为 0.4min。

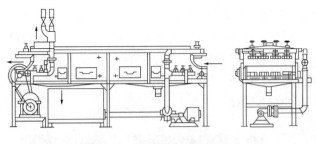

图3-14　GT7D3型空罐洗罐机

其工作过程如下：成捆罐口向下的空罐，由人工放置在设备右端进口处的网带上。在网带自右向左的输送过程中，空罐先后通过初、终两个洗区，先后受到高压热水的喷洗，最后由左端出口送出。

由于输送空罐的网带式输送装置，因此这种洗罐机对罐型的适应性较强。但与其他洗罐机相比，它的体积较大。

（二）实罐清洗机

实罐加工（排气、封口和杀菌）过程中，由于内容物的外溢或破裂外泄，会使实罐（尤其是肉类罐头）外壁受到污染，所以需要在进行贴标或外包装以前加以清洗。

实罐清洗机又称实罐表面清洗机或洗油污机。与空罐清洗机不同的是，实罐清洗机一般需要与擦干或烘干机相配成为机组。下面介绍一种具有烘干功能的GCM系列实罐表面清洗机组。

该机组如图3-15所示，由热水洗罐机、三刷擦罐机、擦干机和实罐烘干机组成。工作过程如下：实罐以滚动方式连续经过浸洗、刷洗、擦干和烘干等过程处理，以去除实罐表面的油污和黏附物。整个机组由一个电气控制柜控制。

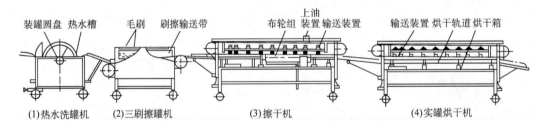

图3-15　GCM系列实罐洗擦干机组结构示意图

此机具有去污能力强，机械性能好，罐型适应性好、结构比较紧凑、清洗过程连续化、改变罐型时调整比较方便以及造价较低等优点。

机组的技术性能如下：生产能力范围为80~100罐/min；适应罐径范围52~108mm、罐高范围54~124mm的圆罐；总功率为3.7kW；外形尺寸为9.5m×0.84m×1.15m。

第三节　CIP系统

食品加工生产设备，在使用前后甚至在使用中应进行清洗，主要有两方面原因：一方面，使用过程中其表面可能会结垢，从而直接影响操作的效能和产品的质量；另一方面，设备中的残留物会成为微生物繁衍场所或产生不良化学反应，这种残留物如进入下批食品中，会带来食品安全卫生隐患。

食品加工生产设备可有不同的清洗方式。显然，小型简单的设备可以人工方式清洗。但大型或复杂的生产设备系统如采用人工方式清洗，则既费时又费力，而且往往难以取得必要的清洗效果。因此，现代食品加工生产设备，多采用 CIP 清洗技术。

一、基本概念

CIP（Cleaning in place）是就地清洗或现场清洗的意思。它是指在不拆卸、不挪动机械设备的情况下，利用清洗液在封闭管线的流动冲刷作用或管线端喷头的喷射作用，对输送管线及与食品接触的表面进行清洗。CIP 往往与 SIP（Sterilizing in place，就地消毒）操作配合，有的 CIP 系统本身就可用作 SIP 操作。

CIP 清洗具有以下特点：①清洗效率高；②卫生水平稳定；③操作安全，节省劳动力；④节约清洗剂、水、蒸汽等的用量；⑤自动化程度高。

CIP 清洗效果与 CIP 洗净能及清洗时间有关。在洗净能相同时，清洗时间越长则清洗效果越好。CIP 洗净能有三种，即动能、热能和化学能。一般 CIP 系统均需围绕以上三种洗净能及清洗时间的有机结合进行设计。

动能来自洗液的循环流动。流体动能否达到要求可以用雷诺数（Re）来衡量，增大雷诺数可缩短洗净时间。雷诺数对 CIP 洗涤效果的影响如图 3 - 16 所示。一般认为罐内壁面下淌薄液的 Re 应大于 200；管道内液流的 Re 应大于 3000（$Re > 30000$ 效果最好）。

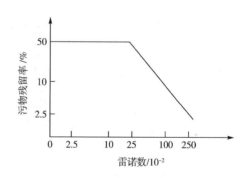

图 3 - 16　雷诺数对 CIP 洗涤效果的影响

热能来自洗液的温度。洗液流量一定时，温度升高其黏度会下降，而其 Re 数、与污物的化学反应速度以及污物中可溶物质的溶解量均会增大。

化学能来自洗液的化学剂。化学能是三种清洗能中对洗净效果影响最大的一种。选择洗涤剂的依据有：污物性质和量、水质、设备材料和清洗方法等。

一般说来，输送食品的管路、贮存或加工食品用的罐器、槽器、塔器、运输工具，以及各种加工设备都可应用 CIP 方式进行清洗。CIP 特别适用于乳品、饮料、啤酒及制药等生产设备的班前、班后清洗消毒，以确保严格的卫生要求。

二、CIP 系统构成

典型的 CIP 系统如图 3 - 17 所示。图中的三个容器为 CIP 清洗的对象设备，它们与管路、阀门、泵以及清洗液贮罐等构成了 CIP 循环回路。同时，借助管阀阵配合，可以允许在部分设备或管路清洗的同时，另一些设备或管路正常运行。如图 3 - 17 所示，容器 1 正在进行就地清洗；容器 2 正在泵入生产过程的物料；容器 3 正在出料。管路上的阀门均为自动截止阀，根据控制系统的讯号执行开闭动作。

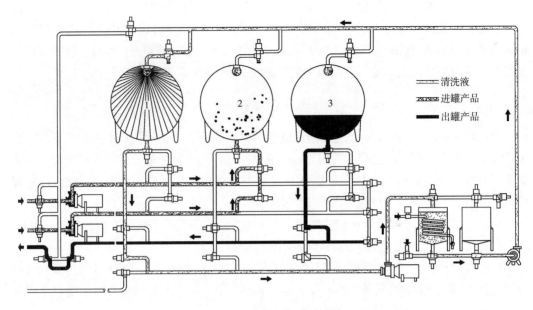

图 3 – 17　典型 CIP 清洗系统

CIP 系统通常由清洗液（包括净水）贮罐、加热器、送液泵、管路、管件、阀门、过滤器、清洗头、回液泵、待清洗的设备以及程序控制系统等组成，其中有些是必要的，如清洗液罐、加热器、送液泵和管路等；而另一些则是根据需要选配的，例如，喷头、过滤器、回液泵等。

CIP 系统可以分为固定式与移动式两类。固定式指洗液贮罐是固定不动的，与之配套的系列部件也保持相对固定，多数生产设备可采用固定式 CIP 系统。

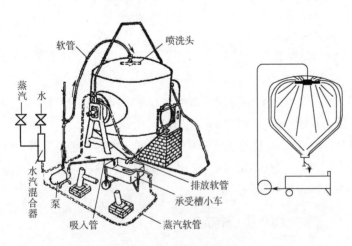

图 3 – 18　摔油机就地清洗组合

移动式 CIP 系统通常只有一个洗液罐，并与泵及挠性管等装置构成可移动单元。移动式 CIP 系统多用于独立存在的小型设备清洗。如图 3 – 18 所示为利用移动式装置与摔油机配合进行 CIP 清洗的情形。

（一）贮液罐

CIP 系统中的贮液槽用于洗液和热水的贮存。根据被清洗设备的数量和规模，CIP 系统的洗液和热水可用单罐和多罐贮存。如上所述，单罐式一般为移动 CIP 清洗装置采用。

供多台设备清洗用的固定式 CIP 系统往往采用多罐贮液。贮液罐数量，一般由（包括热水在内的）清洗液种类和系统对贮罐洗液进出操作控制方案决定。

贮罐有立式和卧式两种形式。立式贮罐一般是相互独立的圆柱筒罐，图 3 - 19 所示为一种立式三罐 CIP 系统。

卧式贮液槽通常是由隔板隔成若干区的卧放圆筒。有时一个 CIP 系统的贮液容器既有卧式，也有立式。如图 3 - 20 所示的 CIP 装置中，有一个卧式槽和一个立式贮罐，卧槽分为两间，可分别贮存酸性洗液

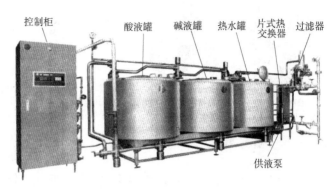

图 3 - 19　立式三罐式 CIP 系统

（如 1% ~ 3% HNO_3 溶液）、碱性洗液（如 1% ~ 3% NaOH 溶液），右侧立式罐为清水罐。

图 3 - 20　卧式贮液槽 CIP 系统

（二）加热器

CIP 清洗系统的加热器可以独立于贮液罐而串联在输液管路上，例如，图 3 - 19 所示的片式热交换器，也可用采用套管式热交换器型式。加热器也可以装在贮液罐（槽）内。例如，图 3 - 20 所示的各贮液罐内设有蛇管式加热器。以上各加热器结构特点参见本书第七章相关内容。

单机清洗用的单罐式 CIP 系统，往往用蒸汽混合方式加热（图 3 - 18）。

（三）喷头

对于贮罐、贮槽和塔器等的清洗，均需要清洗喷头。清洗喷头可以固定安装在需要清洗的容器内，也可以做成活动形式，需要清洗时再装到容器内。

清洗用的喷头有多种形式。按洗涤时的状态，喷头可分为固定式和旋转式两种。但无论是哪种形式的喷头，一般最需要关心的是射程和喷头覆盖的角度两个方面。需要指出的是，同一个喷头，在同样条件下，射得越远，其对污物的清洗力就越弱；用于小尺寸罐器设备有很好清洗效果的喷头，对于大罐器设备不一定能进行有效清洗。喷头的式样和结构关系到清洗质量的好坏，应根据容器的形状和结构进行选择。

固定式喷头是清洗时相对于接管静止不动的喷头。这种喷头多为球形，如图 3 - 21 所示。在球面上按一定方式开有许多小孔。清洗时，具有一定压力（101 ~ 304kPa）的清洗液从球面小孔向四周外射，对设备器壁进行冲洗。喷头水流的方向由喷头上的小孔位置与

取向决定，常见的喷洗角度有120°、240°、180°和360°等。由于开孔较多，这种喷头喷出的水射程有限（一般为1~3m），所以一般用于较小设备的清洗。固定式喷头也可根据设备的具体情况进行专门设计，例如，图3-21（3）所示为一种用于清洗布袋过滤器的喷头。

(1)喷射角
=120°/240°

(2)喷射角
=180°/360°

(3)用于布袋
过滤器的喷头

图3-21　固定式不锈钢 CIP 喷头

对于体积较大的容器，往往需要采用旋转式喷头。旋转式喷头的喷孔数较少，因此，在一定的压力（一般为304~1013kPa）作用下，可以获得射程较远（最远可达10m以上）和覆盖面较大（270°~360°）的喷射效果。除了射程和覆盖面以外，旋转式喷头的旋转速度也对清洗效果有较大影响。一般说来，旋转速度低能获得的冲击清洗效果较好。旋转式喷头可进一步分为单轴式和双轴式两种类型。

单轴旋转式一般为单个球形或柱形喷头（图3-22），在球面上适当位置开孔（孔截面多略呈偏形），可以得到270°~360°覆盖面不等的喷射。单轴旋转喷头的喷射距离一般不大（一般淋洗距离约为5m，清洗距离约为3m）。图3-23所示为单轴旋转喷头在容器内喷洗情形。

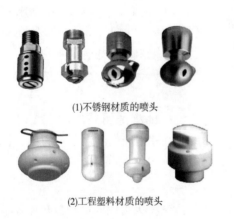

(1)不锈钢材质的喷头

(2)工程塑料材质的喷头

图3-22　单轴旋转式 CIP 喷头

图3-23　单轴旋转喷头的喷洗情形

双轴旋转式喷头的喷嘴可作水平和垂直两个方向的圆周运动，可对设备内壁进行360°的全方位喷洗。这种喷头的喷嘴数不多，一般只有2、3、4和6个（图3-24），所以喷射距离较远（最大淋洗距离约12m，最大清洗距离约7.5m）。图3-25所示为一种三喷嘴双轴旋转喷头的喷射运动情形。

（四）供液系统

CIP 的供液系统由管道、泵、管件与阀等构成。

1. 管道

CIP 系统的管道由两部分构成：一是被清洗的物料管道；二是将清洗液引入被清洗系

统的管道。这些管道对产品应有安全性，内表面光滑，接缝处不应有龟裂和凹陷。CIP 清洗系统的水平管路有一定的倾斜度要求。

图 3-24 双轴旋转式 CIP 喷头

图 3-25 双轴旋转喷头的喷射情形

2. 泵

CIP 系统中的泵分供液泵和回液泵两类。供液泵用于将清洗液送到需要清洗的位置，为清洗液提供动能，以便以一定速度在管内流动和提供喷头所需的压头。一般系统均带有独立的供液泵。回液泵用于将清洗过的液体回收到贮液罐，供洗液回收使用，一些简单的系统可以不设回液泵。

CIP 系统一般采用不锈钢或耐腐蚀材料制造的离心泵。泵的规格由 CIP 清洗系统所需要液体循环流量、管路长度和喷头所需压力决定。

3. 阀和管件

阀在 CIP 系统中起控制各种液流（包括清洗液、食品料液）流向的作用。常用阀的形式有不锈钢的碟阀、球阀、座阀和组合式座阀等（参见第二章内容）。根据 CIP 清洗系统的自动化程度，可以采用手动阀或自动阀。简单的系统采用手动阀即可，而复杂的清洗系统往往采用自动阀。

除了阀以外，CIP 系统供液管路上还需要有弯头、活接头。这些管件均应满足卫生要求。另外，在手动控制的 CIP 系统中，为了将不同清洗液分配到各个需要清洗的设备，常采用管路分配板（参见图 2-55）。

三、 CIP 系统的控制

CIP 操作总体上需要控制的因素或完成的控制任务：①CIP 贮液罐的液位、浓度和温度等；②各洗涤工序（如酸洗工序、碱洗工序、中间清洗工序、杀菌工序、最后洗涤工序等）的时间（表 3-1）；③不同被清洗设备的清洗操作时段切换。

表 3-1　　　　　　　　牛乳和乳饮料的 CIP 清洗工序

工序	时间/min	溶液种类与温度	工序	时间/min	溶液种类与温度
1. 洗涤工序	3~5	常温或60℃以上温水	5. 中间洗涤工序	5~10	常温或60℃以上温水
2. 酸洗工序	5~10	1%~2%溶液，60~80℃	6. 杀菌工序	10~20	氯水 $1.50 \times 10^{-4}\,mol/m^3$
3. 中间洗涤工序	5~10	常温或60℃以上温水	7. 最后洗涤工序	3~5	清水
4. 碱洗工序	5~10	1%~2%溶液，60~80℃			

以上控制操作，可以手动、自动，或手动－自动混合方式实现。对于简单系统，可以用人工方式进行调控。人工调控的系统，对于系统的阀门配置要求较简单。

洗清程序复杂、被清洗设备较多时，往往需要采用自动控制系统。CIP 系统可用继电器、PLC（Programmable Logic Controller 的缩写，意为可编程控制器）和工控机等 3 种方式进行自动控制。继电器控制由于其分立元件多，接线复杂，易出故障且不易查找等原因，将逐渐淘汰。PLC 由于其运行可靠性高、利于顺序控制等特点，在 CIP 系统中应用较多。但是，该方式也有它的缺陷，即模拟量控制成本较高，在线参数设定困难等。

随着计算机技术的飞速发展，国外采用工业控制计算机的 CIP 控制系统越来越多。工控机可以通过各种工业 I/O 模板，将各个模拟量（如罐温、液位等）进行 A/D 转换后，在屏幕上直接显示，也可以用动态图线非常直观地显示各罐的液位、各阀门的状态和液体的流动方向及流动路线等。工控机系统的另一个优点是在线修改参数非常方便，针对不同的生产过程，工控机系统可以同时提供几种不同的清洗程序，并且提供具体参数在线修改对话框，且每次配置参数均可以保存下来，供下次启机时使用。

值得一提的是，自动控制除了控制器本身成本以外，其他要求的硬件配置（如传感器、自动阀等）相对于人工控制而言，成本也将成倍地增加。这是需要投资者与设计人员加以注意的。

本章小结

对各种与食品加工过程相关的对象进行清洗是保证食品质量安全性的重要操作。大规模生产需要机械方式进行清洗的对象有原料、包装容器和食品加工设备三大类。

各种清洗机械一般运用化学与物理原理结合的方式对清洗对象进行清洗。

常见的原料清洗机械设备有滚筒清洗机、鼓风式清洗机和刷洗机等。它们分别运用滚筒的转动、空气鼓泡作用和刷子的洗刷作用，使食物表面污染物剥离，但多需要与浸洗和喷洗结合。

自动洗瓶机主要用于回收旧瓶清洗，可分为单端式和双端式两种。清洗流程由冲洗、浸泡等手段选择性组合而成，并且均采用液体温度逐渐升高和降低及能量回收利用的设计模式。从使用角度看，单端式和双端式特点各有利弊。

CIP 是对食品加工设备进行现场清洗的意思。CIP 系统通常由清洗液（包括净水）贮罐、加热器、送液泵、管路、管件、阀门、过滤器、清洗喷头、回液泵、待清洗的设备以及程序控制系统等组成。多数加工设备采用固定式 CIP 清洗。对于特殊的设备可采用移动式进行 CIP 清洗。CIP 清洗过程可采用人工或自动方式控制，两者在系统设备投资方面有很大差异。简单和小规模生产线的清洗可采用人工控制方式；设备规模大、流程复杂和设备数量多的生产线 CIP 清洗宜采用自动控制。

🔍 思考题

1. 分析讨论不同类型果蔬宜采用的清洗机的形式。
2. 讨论不同类型食品包装容器宜用的清洗机形式。
3. 试对一条食品加工线 CIP 清洗进行分析，哪些需要用喷头，哪些不需要？

自测题

一、判断题

（　　）1. CIP 是对设备进行就地或现场拆洗的意思。
（　　）2. 所有 CIP 清洗用的洗液容器需要固定安装。
（　　）3. 喷头不是所有 CIP 系统的必需部件。
（　　）4. 所用 CIP 清洗系统的管路必须采用自动阀切换流体。
（　　）5. SIP 是对设备进行就地杀菌的意思。
（　　）6. 食品物料只能采用水为清洗介质进行清洗。
（　　）7. 双端式自动洗瓶机卫生条件和空间利用率优于单端式。
（　　）8. 单端式自动洗瓶机主要用于新瓶的清洗。
（　　）9. 鼓风式清洗机无须与空气压缩机配合就能运行。
（　　）10. 只有两个喷嘴的喷头，难以对容器设备内壁进行全方位冲洗。

二、填空题

1. 食品工厂的清洗机械设备常采用_____、_____、冲洗和淋洗等方法对对象进行清洗。

2. 食品工厂可用机械设备进行清洗的对象有_____、_____和加工设备三大类。

3. 滚筒式清洗机的主体是_____，一般为_____筒，但也可制成六角形筒。

4. 滚筒式清洗机由于物料在其中_____激烈，因而适合于_____果蔬清洗。

5. 鼓风机式清洗机的_____产生压缩空气，通过_____在水中产生气泡，使物料翻滚。

6. 刷洗机利用毛刷，可使_____与物料分离，也可用于除去物料所存在的_____异杂物。

7. 全自动洗瓶机按瓶子进出位置，可分为_____式和_____式两种。

8. 洗瓶机用不同水温对瓶喷射是为了避免_____变化过大对瓶子产生的_____集中损坏。

9. 空罐清洗多采用热水进行冲洗，必要时再用_____进行杀菌或用_____吹干。

10. LB4B1 型洗罐机包括上下磁架及一对_____轮，只适用于_____制成的空罐清洗。

11. GT7D3 型空罐清洗机用于_____空罐清洗。沿长度空罐输送方向分初洗和_____两个区。

12. CIP 是对食品加工设备进行_____清洗或_____清洗的意思。

13. CIP 清洗效果与 CIP 清洗_____及清洗_____有关。

14. CIP 洗净能有三种，即_____、_____和化学能。

15. CIP 系统中的贮液槽用于_____和_____的贮存。

16. CIP 系统中可以分为_____式和_____式两种形式。

17. CIP 系统中的贮液槽有_____和_____两种形式。

18. CIP 清洗系统的_____可独立于贮液罐而串联在输液_____上，也可装在贮液罐内。

19. CIP 清洗系统的清洗喷头可以_____安装，也可以做成_____形式需要时再装到容器内。

20. CIP 清洗系统使用中的阀，可根据自动化程度，采用_____阀或_____阀。

三、选择题

1. 为了对菠菜进行清洗，可采用的清洗机型式是_____。

A. 鼓风式   B. 刷洗式   C. 滚筒式   D. 淋洗式

2. 可适应不同规格空罐清洗的洗罐机型式是_____。

A. GT7D3 型   B. LB4B1 型   C. A 和 B   D. 滑道式

3. 不宜选择用来对铝合金空罐进行清洗的洗罐机型式是_____。

A. GT7D3 型   B. LB4B1 型   C. A 和 B   D. 滑道式

4. 以下关于双端式自动洗瓶机特点的说法中，与实际不符的是_____。

A. 卫生条件较好   B. 便于安排生产流程

C. 输瓶带利用率高   D. 设备占地面积大

5. 不需要用喷头就能进行 CIP 清洗的设备是_____。

A. 片式杀菌机   B. 贮奶罐   C. 干燥室   D. 布袋过滤器

6. 与 CIP 清洗效率关系最小的是_____。

A. 洗液浓度   B. 洗液流速   C. 洗液温度   D. 洗液贮罐形状

7. 可对贮罐内壁进行全方位清洗的喷头形式是_____。

A. 固定式   B. 单轴旋转式   C. 双轴旋转式   D. A、B 和 C

8. 应考虑采用移动式 CIP 装置进行清洗的设备是_____。

A. 喷雾干燥塔   B. 真空浓缩系统

C. 容器回转式混合器   D. 碟式离心机

四、对应题

1. 找出以下有关清洗机的对应关系，并将第二列的字母填入第一列对应的括号中。

（1）翻浪式清洗机（ ）   A. 刷果机

（2）GT5A9 型（ ）   B. 鼓风机

（3）LB4B1 型（ ）   C. 双端式自动洗瓶机

（4）直通式自动洗瓶机（ ）   D. 镀锡薄钢板空罐清洗机

（5）来回式自动洗瓶机（ ）   E. 单端式自动洗瓶机

2. 找出以下有关 CIP 清洗的对应关系，并将第二列的字母填入第一列对应的括号中。

（1）喷头（ ）   A. 对料液管与 CIP 清洗管切换与隔离

（2）供液泵（　） 　　　　B. 提高洗液热能

（3）防混阀（　） 　　　　C. 提供 CIP 清洗所需动能与压头

（4）加热器（　） 　　　　D. 用以贮热水及洗涤液

（5）洗液罐（　） 　　　　E. 清洗罐器和塔器

第四章

分选分离机械与设备

4

从原料到成品的整个食品加工过程，涉及各种分离操作。食品的原料在加工以前需要进行去除异杂物和分选，固态或液态物料有效成分的提取及不同组分的分离等操作，可选用各种分离原理操作实现，包括风选、筛分、过滤、压榨、离心分离、萃取、膜分离等。

第一节　分选机械设备

食品原料多为农副产品，除带有各种异杂物外，还存在多方面的差异。为了提高食品的商品价值、加工利用率、产品质量和生产效率，在加工或进入市场前，多数食品原料需要进行分级和选别。加工的半成品和成品会因多种原因而不合格，不合格品在进入下道工序或出厂以前，应尽量从合格品中加以选别剔除。

一、分选概念及其机械设备类型

（一）分选概念

分选是指以分级和选别为目的的分离操作。

分级一般指按照品质指标将食品物料分离成不同等级的操作。品质指标可包括个体尺寸、质量、形状、密度、外表颜色以及内在品质等。

选别是将不合格个体及异杂物从食品物料中剔除的操作。食品物料可以是原料，也可以是未包装或已经包装的半成品或成品。个体物料合格与否可用形状、重量、质地和颜色标准加以判断。食品物料的异杂物通常指枝叶、包装物碎片、金属碎片等。

分级与选别操作目的不同，但操作原理相同，均包括分离对象识别和分离动作执行两方面因素。生产规模小且可直接识别判断的分选操作，一般可由人工完成。但对于大规模生产，或无法直接判断的分选操作，往往需要采用各种机械设备来完成。

（二）分选机械设备类型

固体物料的分选机械种类繁多，分类依据多种多样。最常见的分类依据是识别原理、分选目的和分选对象。分选机械可如表 4-1 所示，将对象识别原理分为筛分、力学、光学、电磁学等大类，各类又可按照识别参数为分若干类，表中列出了一些识别参数和分选机械的例子。

表 4-1　　　　　　不同对象识别原理及对应的识别参数和分选机械举例

识别原理	识别参数	分选机械举例
筛分	大小，形状	筛分分级机、异筛分选机
力学	质量	重量分级机
	密度	风选去杂机
光学	大小	光电分级机
	颜色	各种色选机
	表面	图像识别分级系统
	内在成分	光谱识别分级机
电磁学	密度	X 光异物选别机
	导电性	金属探测器

二、筛分式分选机械设备

筛分机械设备是根据物料几何形状及其粒度差异，用带有孔眼的筛面对物料进行分选的机器，应用极为广泛。机械筛分的对象物可小至面粉、乳粉，大到蘑菇、柑橘等。有关筛分设备的基本原理参考《食品工程原理》等相关教材内容。这里介绍基于筛分原理的典型机械设备。

（一）滚筒式分级机

滚筒式分级机是一类典型的基于筛分原理的分级机械，其关键部件是由不同孔径构成的多孔筛状圆筒。根据筛状圆筒的数量，滚筒式分级机可为单滚筒式和多滚筒式两类。

典型单滚筒分级机的外形如图 4-1 所示，主要由进料斗、滚筒、集料槽、驱动装置和机架等构成。

滚筒是这种分级机的主体，是一种轴向变孔径的筛状圆筒，从进口到最后出口的筛孔规格依次从小到大分为若干组，筛孔规格数为分级规格数减 1，最后一级物料直接从滚筒的末端排出。集料槽设在滚筒下面，其数目与分级规格数相同。滚筒沿轴向从物料进口端到另一端呈一定角度安装，驱动方式可参见第三章介绍的滚动式清洗机。

单滚筒分级机的工作原理：物料通过料斗进入滚筒，在滚筒旋转和重力双重作用下，主体上发生由周向滚动和轴向移动构成的复合运动，此过程中，不同规格的物料通过孔径大于自身尺度的筛孔，从滚筒落入下方的集料槽，从而实现分级。

这种分级机效率较高，可用于球形体物料，如蘑菇、青豆等的分级。

图4-2所示为典型多滚筒式分级装备的外形，可用于柑橘、樱桃等物料的分级。这种分级机有若干个孔径不同的滚筒，滚筒的轴线与分级物料的行进方向垂直，各转筒的开孔沿物料行进方向自小到大。物料在转筒作用下沿其外表先后经过各转筒，当物料小于孔眼时，便落入相应转筒内的集料槽，从而实现不同大小物料的分级。转筒的数目规定了物料的分级数，分级数为转筒数加1。

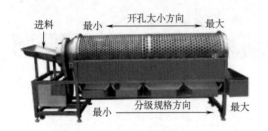

图4-1　单滚筒式分级机　　　　　　　图4-2　多滚筒分级机

（二）三辊式果蔬分级机

三辊式果蔬分级机也是一种按筛分原理进行分级的设备，主要用于苹果、柑橘、桃子等球形果蔬分级。典型三辊式果蔬分级机的外形如图4-3（1）所示，整机主要由辊轴链带、若干出料输送带、升降滑道、驱动装置及机架等组成。分级部分为由辊轴与两侧链条构成的辊轴链带，辊轴分为水平位置固定式和可升降式两种，固定辊与链条铰接，水平位置在分级区保持固定，而升降辊安装于链条连接板的长孔内，式在分级区动可随链带两侧机架的升降滑道升降。

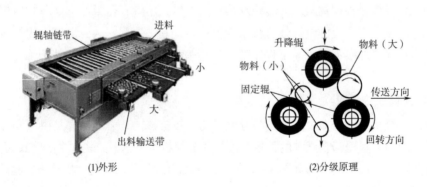

(1)外形　　　　　　　　　　　　(2)分级原理

图4-3　三辊式分级机

三辊式果蔬分级机的分级原理可根据图4-3（1）和（2）加以说明。工作时，链带在链轮的驱动下连续运行，同时各辊轴因两侧的滚轮与滑道间的摩擦作用而连续自转。待分级果蔬通过适当输送器送入辊轴链带，经适当方式被整理成单层，并随辊轴链带向前移动进入分级区段，此区段内升降辊随升降滑道位置逐渐上升，其与前后相邻固定轴形成的夹缝逐渐变大。当夹缝大于果蔬尺寸时，果蔬便会穿过夹缝落到下方的横向输送带出料。大于夹缝的果蔬继续随链带前移，大于最大夹辊轴夹缝的果蔬从末端排出。

这种分级机的生产能力强，分级准确，无冲击现象，果蔬损伤小，但结构复杂、造价较高，适用于大型水果加工厂。

三、 基于力学的分选机械

（一）气流分选机械

气流分选机械是一类根据空气动力学特性对颗粒物料进行分选的机械设备。物料在设备中受到的作用力（包括空气作用力、重力及浮力）因其尺寸、形态、密度等不同而异，表现出不同的运动状态，从而可利用这种运动状态差异达到分选目的。基于气流分选原理的分选设备，可有不同形式以适应不同的应用。

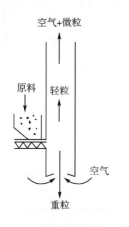

图4-4　垂直气流清选机原理

1. 垂直气流清选机

该机原理如图4-4所示。当颗粒原料由喂料口喂入后，因轻杂物的悬浮速度小于气流速度而上升，正常颗粒则因悬浮速度大于气流速度而下降，两种物料将在上下两个不同的位置被收集起来，从而可以将正常颗粒物料中的轻杂物分离出来。通过调整不同的气流速度，可将不同类型颗粒物料中的轻杂物清理掉。

2. 水平气流分选机

水平气流分选机原理如图4-5所示。这类机械的工作气流沿水平方向流动，颗粒在气流和自身重力的共同作用下因降落位置不同而完成分选。当物料在水平气流作用下降落时，大的颗粒获得气流方向加速度的能力小，落在近处，小的颗粒被吹到远处，而更为细小的颗粒则随气流进入后续分离器（如布袋除尘器、旋风分离器）被分离收集。

水平气流重力型分级机适合较粗（≥200μm）颗粒的分级，不适于具有凝聚性的微粉的分级。

（二）重量分级机

重量分级机有多种别名，例如，重量分选机、自动分选机、称重选别机等。这类分级机通过对产品单体称重，根据设定的重量，将其分成若干等级。

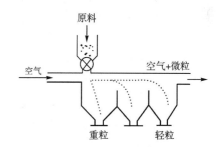

图4-5　水平气流分选原理

目前重量分级机主要有两大类：一类是机械杠杆式；另一类是自动皮带秤式。以下分别介绍这两类重量分级机。

1. 杠杆式重量分级机

杠杆式重量分级机也有多种别称，例如，称重式果品分级（选）机、转盘式重量分级（选）机、料斗式重量分级（选）机等。典型的杠杆式重量分级机外形如图4-6所示，主要由喂料台、固定秤，带料盘的移动秤、循环输送移动秤的辊子链、机架和传动机构等组成。固定秤固定在机架上，其托盘装有分级砝码，固定秤的数量规定了分级数。如图4-6

（1）和（2）所示，移动秤随辊子链在机架上循环的方式有水平循环型和上下循环型两种。分级机整体至少包括上料和分级两个区段，它们均位于辊子链水平移动段，此区段移动秤料盘均朝上。水平循环的上料区和分级区可设在对称于机架水平长轴的两侧，根据需要，可在一侧设为上料区，另一侧设为分级区，也可在两侧各设个上料区和分级区，即整机有两个上料区和分级区；上下循环机型一般只能以上料区在前、分级区在后的方式排列。

(1)移动秤水平循环型　　　(2)移动秤上下循环型　　　(3)称重分级部分

图 4-6　杠杆式重量分级机

　　上料指的是采用适当方式将果实放入移动盘的操作，可用人工，也可用机械方式上料。机械上料通常利用辊链输送机和专门机构结合实现。值得一提的是，上下循环型分级机可两台机并联合用一套上料机械。

　　杠杆式分级机的分级原理如图 4-6（3）所示。当装有果实的移动秤到达各固定秤处，与相应固定秤砝码重量比较确定盘中物料的走向。若物料重量大于砝码值，则移动秤通过杠杆作用侧向翻转，使盘中物料滚落入相应（覆盖有柔性材料的）集料槽；如果盘中物料重量小于砝码值，则移动秤继续前移到下一个固定秤处。如此，物料由重到轻按固定秤数量而分成若干等级。通过调整各固定秤的砝码重量，可调整分级规格。倾翻的移动秤在随循环链向前移动过程得到复位再次进入上料段，重新进行上料、分级、复位循环。

　　杠杆式分级机主要有以下特点：分级速度较快，例如某机型分级机的分选速度可达到320 次/min；分选精度较高，一般可达 ±0.2g；调整方便灵活，可通过调换果盘和分级砝码等方式，用于不同大小类型的果实分选；由于集料槽面采用柔性材料辅助，并与移动秤料盘配合紧凑且角度平缓，因此分级过程对果实的损伤程度较低；适应性广，例如，苹果、梨、桃、番茄、芒果、木瓜、火龙果、猕猴桃等，均可以采用这种分级机进行分级。

　　2. 皮带秤重量分级机

　　皮带秤重量分级机也有多种别称，例如，在线检重秤、自动检重秤、重量分选秤等。这是一类中低速度（80～120 件/min）、高精度（相对误差范围 0.1%～0.05%）的在线检重设备。称量范围可在几百克到几十克不等，一般称量值越大，相对误差越小。

　　典型皮带秤重量分级机如图 4-7 所示，主要由电子皮带秤（称重输送机）、控制器（系统）、分级输送带、执行器和集料器等构成。其分级原理是，来料经电子皮带秤完成重量信号采集工作，并将重量信号送至控制器进行处理。称重物随后进入分级输送带，当经过对应重量等级区时，相应位置分级执行器接到控制器发出的分级指令，并采取动作，使物品离开输送带，进入相应的集料容器。控制器可预设分级重量值、显示称重数据、贮存和输出分级信息。用于分级的执行器形式主要有吹气式、推杆式、摆臂式和下坠式等。

这种分级机较适用于海鲜（如海参、鲍鱼、虾）、水产（条鱼、鱼片、鱼块）、禽肉（鸡腿、鸡翅）等的重量分级。

皮带秤重量分级机除了分级以外，还可用于：①产品重量的最终检验，以保证出厂的产品重量符合要求；②集装包装产品的缺失检验，确保这类包装产品里不会出现小包装产品缺少的现象。例如，每箱饮料 24 瓶，正常重量是一定的，检查每箱重量可以发现有无漏装的现象。

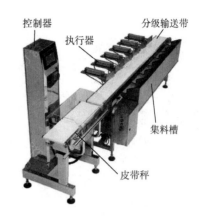

图 4 - 7　皮带秤重量分级机

四、 光学原理分选机械

应用光学原理对食品物料进行分选的机械，还可分成两类识别原理机型：一类是基于光电测量原理的机械，另一类是基于比色原理的机械。基于光电测量原理的机械适用于（如水果、蔬菜等）个体较大，且大小差异明显的物料分级；基于比色原理的机械通常称为色选机，常用于（如花生、葡萄、豆类、谷物等）个体较小、粒度较均匀物料中剔除有颜色差异的同类物料或弃杂物。

虽然在识别原理上这两类分选系统有很大差异，但系统构成有类似性，一般由供料器、检测传感器、信号处理与控制电路，以及剔除动作执行器等部分构成。

（一）光电式果蔬分级机

光电式果蔬分级机利用光电测量原理对不同大小物料个体进行分级。光电测量是非接触式的，因而可以减少识别过程中的物料机械损伤。光电式果蔬分级机械有不同型式，但总体上均可分为输送带、光电测量系统、控制系统和分级执行系统四部分。基本工作原理：随输送带移动的单个物料经过由发光器（L）到接收器（R）之间的光路时，其几何特征（如直径、高度或面积）受到测量，测量值经与设定的分级值比较后，由控制系统发出指令，再由分级执行器采取动作，使相应被测物料分流离开输送带，进入同一级别的集料器，或横向输送带。

光电式测量原理本身有不同形式，常见形式如图 4 - 8 所示：①遮断式、②脉冲式、③水平屏障式和④垂直屏障式等。遮断式的光电测量原理是，沿传输方向设置若干对（数量按分级而定）双光束单元，每对平行光束距离 d 由大到小，高度由高到低，依次从前到后排列在分级区。经过光电单元的果实如能同时遮断双光束，则可判断为被测特征尺寸（如圆形水果的直径）大于相应双束平行距离，从而可通过分级执行机构将此个体物料从输送带上分流出来。其余三种方式，均只需在输送带前端设置一个测量点，系统根据经过物品的光学测量值（脉冲数，阻断的光线数）及输送的带速，经过系统计算得到的是通过所测物中心剖面的面积值，从而可通过控制系统发出指令，由设在测量点后面输送区沿途的相应执行机构，使被测物从输送带上分流出来。

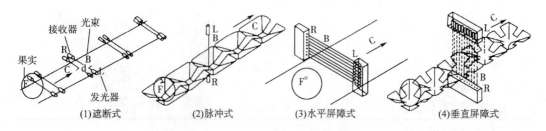

(1)遮断式 (2)脉冲式 (3)水平屏障式 (4)垂直屏障式

图 4-8 光电式测量原理

（二）色选机

色选机是一种利用食品物料颜色差别进行选别除杂的设备。理论上，只要被识别物料与主体物料存在颜色差异，都可利用比色原理识别剔除。类似于其他选别设备，色选机的选别操作也需要两方面的系统配合，即识别系统和根据识别信号对具体物料进行分流的操作机构。

食品物料的外表颜色是其对一定波长光线照射产生的物理响应信号。从颜色的光学原理来说，这种响应信号既与食品物料对光源光线的吸收、反射、透射特性有关，也与光源特性（波长、光强）、物料被检测时的背景颜色以及物料在检测区的运动状态（流量，运动方向相对于入射光线的角度）有关。因此，为了使色选机的颜色变化响应成为食品颜色品质的单值函数，必须固定其他影响因素，例如，固定背景、光源、被检测物的流量和运动角度条件。此外，还要求被检测正常物料单体之间的反光面积的大小均匀，即物料的粒度要有适当的均匀度。

典型色选机外形如图 4-9（1）所示，它带有 4 个选别通道（一般色选机常为多通道式）。

每条通道包含供料滑道、检测控制机构和剔除机构，其工作原理如图 4-9（2）所示。

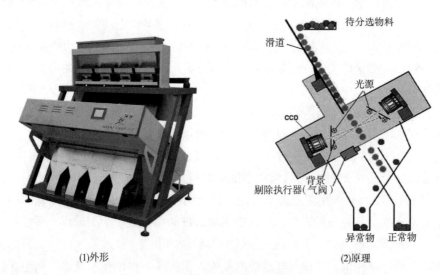

(1)外形 (2)原理

图 4-9 光电色选机

物料通过公用的振动喂料器落入滑道成单行排列，依次滑落经过光电检测室，经过由 CCD 视镜、比色板和光源构成的比色空间。被选别颗粒的反射光颜色信号，与比色板的反射光颜色信号由 CCD 视镜比较，产生的颜色差异信号，再通过与控制机构预置值比较，如果大于预置值，即由剔除执行器（高速气流喷嘴）将杂色物料吹送入旁路通道。而合格单体通过时，气流喷嘴不动作，物料进入正常物通道。

值得一提的是，有些色选机每个通常带两个剔除执行器，分别用于对选别对象的同类杂色物和异杂物（如石砾、泥粒等）进行剔除操作，因此，出料有三股，即正常物、杂色同类物和异杂物。

色选机适用于具有固定形状的食品物料分选，如花生、豆类、大米、枣子、坚果等。

（三）其他光学识别分级原理

除了上述两种以光电学原理为基础的食品品质识别系统以外，尚有两类与光学有关的食品分级识别系统。一类是无损伤食品内在品质识别系统，另一类是食品外观识别系统。

无损伤食品内在品质识别系统的工作原理是：被测食品物料在特定波长（如红外或紫外区）处的吸光度（或透光率），与存储于系统的标准级别食品物料的吸光度（或透光率）进行比较，根据比较结果，做出分级处理的判断。果实的糖度、酸度、成熟度之类内在品质指标往往可以通过对特定波长射线的吸收或透射程度得到反映。利用这种原理，可以根据果实的糖度、酸度、成熟度等内在品质指标进行分级。

利用电子成像技术进行分选的原理如图 4-10 所示。摄像机摄取的被测果实图像的模拟信号，经过处理后成为数字图像信号。数字图像再经过处理可得到反映果实外观（如大小、形状、色泽、弯曲情况等）品质的若干参数。由计算机将这些参数与储存的标准参数进行比较，根据比较结果对分级执行机构发出相应的处置指令，得到分选级处理。

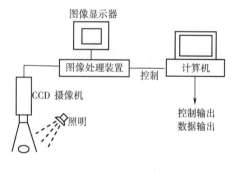

图 4-10　数字图像处理分选原理

如前所述，这两种识别系统与相应的控制及执行机构进行结合，便可制成各种形式的食品识别分选系统设备。

五、 金属及异杂物识别机械

食品加工过程中，不可避免地会受到金属或其他异物的污染。为此，在食品生产中（尤其是自动化和大规模生产过程中），由于产品安全、设备防护、法规或（客户）合同要求等原因，往往需要安装金属探测器或异物探测器。

（一）金属探测器

多数金属探测器利用三线圈平衡系统探测磁性或非磁性（包括不锈钢）小颗粒金属。三个绕在非金属框架上的线圈相互平行。中间的线圈是驱动线圈，与高频电磁发生器相接，起电磁发射作用，其两侧的两个线圈是接收器。由于这两个线圈是相同的并且距驱动线圈

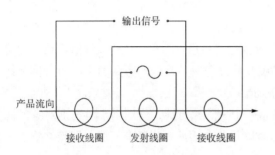

图 4-11   金属探测器原理

的距离相等，因此它们会收到相同的信号，并产生相同的输出信号。当这两个线圈如图 4-11 所示那样两端相接起来时，则输出信号为零。当有金属颗粒物通过探测器的线圈时，会使所处线圈的频率场产生扰动，从而产生若干微伏的电压。原来平衡的状态被打破，从线圈组合的输出电压不再为零。这就是金属探测器的工作原理。

金属探测器的正常工作，通常要求有一个无金属区环境，即装置周围一定空间范围以内不能有任何金属结构物（如滚轮和支承性物）。因此，相对于探测器，一般要求紧固结构件的距离约为探测器高度的 1.5 倍，而对于运动金属件（如剔除装置或滚筒）需要 2 倍于此高度的距离。

如上所述，金属探测器既可探测磁性金属，也可探测非磁性金属。探测的难易程度取决于物体的磁性和电导率。典型的金属探测器可以检测到直径大于 2mm 的球形非磁性金属和所有直径大于 1.5mm 球形磁性金属颗粒。表 4-2 给出了一些金属类型的探测难易程度。金属颗粒的大小、形状和（相对于线圈的）取向非常重要，金属探测器的灵敏度设置应当考虑这些因素。

表 4-2   金属类型与探测的难易程度

金属类型	透磁性	电导率	探测难易程度
铁	磁性	良好	容易
非铁性（铜、铅、铝）	非磁性	良好或极好	相对容易
不锈钢	通常为非磁性	通常良好	相对困难

食品的条件对于金属的探测有很大的影响。有些食品（诸如干酪、鲜肉、热面团、果酱和腌菜），即使在无金属出现的情况下，所具有的电导率仍然使金属探测器产生信号。这一现象称为"产品效应"。因此，有必要了解这一现象，以便与探测器厂商联络，确定补偿产品效应的最佳方案。

探测金属的最终目的是为了将金属或受金属污染的产品从正常产品中除去，而这一操作在自动生产线上，通常是由剔除机械来完成的。剔除机械要能保证 100% 将污染物剔除。在此前提下，应当尽量减少因剔除金属或金属污染产品而引起的未受污染的产品损失。被剔除的受污染产品要收集在一个不再回到加工物流的位置。金属探测器有三种基本的安装构型：传送带式、自由落体式和管线式。

传送带式金属探测器应用最普遍，图 4-12 所示为几种传送带式金属探测器的例子。这种探测器可与各式手动、半自动和全自动的剔除装置和其他动作执行机械组合，例如，空气喷嘴 [图 4-12（1）]、推送臂、可重新定位传送带 [图 4-12（2）]、可逆传送带 [图 4-12（3）]、滑门、分支传送带和机械手等。

值得一提的是，目前国内厂家使用的多数只是一种安装在输送带上方的金属探测器，金属异物的剔除一般由人工完成。如图 4 - 13 所示为一台金属探测器的外形。

自由落体式金属探测器与快速执行机构的配合原理类似于前述的色选机（见图4 - 9）原理。这种形式的金属探测剔除系统常可与干物料充填机组合安装，但也适用于其他可从容器落下物料的探测。管线探测器用于探测管路中的金属污染物，通常通过一种类似于三通的执行机构将被探测到含有污染物的物流分流到一个容器中。

（二）X 射线异物探测器

X 射线探测器在食品加工业中应用始于 20 世纪在 70 年代后期。随着图像处理技术的发展以及先进快速微处理机的应用，利用 X 射线探测器全自动地检测食品已成为可能。

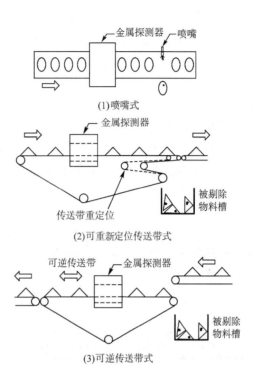

(1)喷嘴式

(2)可重新定位传送带式

(3)可逆传送带式

图 4 - 12　传送带探测器 - 剔除装置组合

X 射线异物探测基于 X 射线"成像"比较原理。X 射线是一种短波长（$\lambda \leqslant 10^{-9}$ m）的高能射线，它可以穿透（可见光穿不透的）生物组织和其他材料。在透过这些材料时，X 射线的能量会因为物质的吸收而发生衰减。透过被测物体能量发生不同程度衰减的 X 射线由检测器检测。检测到的 X 射线经过图像分析技术等处理后可以得到二维图像。这种检测得到的图像与标准物体的 X 射线图像进行比较，便可判断被测物体是否含有异常物体。

X 射线探测器可与简单传输装置结合成如图 4 - 14 所示、由人工剔除不合格产品的机器。这种形式的检测机适用性比较灵活，可用于自动化程度要求不高的一般包装产品的检测。

图 4 - 13　金属探测器

图 4 - 14　X 光射线异物检测机

对于散装物料，则可将 X 射线探测单元与自动剔除等单元结合成在线 X 射线探测剔除设备。这种机器通常由以下部分构成：X 射线发生器（X 射线管）、输送带、X 射线检测器、图像处理计算机、显示器以及异物剔除机械装置等。由输送带输送的食品通过 X 射线区域时，若有异物存在，则可由显示器图像观测到。在自动生产线上，除了显示以外，计算机对检测信号经过分析判断后，还发出指令，使执行机构产生相应的动作。

X 射线检测系统的敏感度（可检测度），是指能够造成可检测 X 射线减弱程度的最小异物大小，即敏感度越大，能检测的异物越小。敏感度与检测速度有关，例如，在 20m/min 检测速度下，一些异物的检测敏感度水平如表 4 - 3 所示。由于 X 射线不易检测到密度较低的异物，因此，对纸、绳子和头发等检测尚有困难。

表 4 - 3　　　　　　　　X 射线异物探测器对某些食品中异物的检测敏感度

异物种类	检测敏感度	异物种类	检测敏感度
金属粒子	0.5 ~ 1mm	橡胶	1.5 ~ 2mm
石头	1mm	木头	4 ~ 5mm
玻璃	1mm	骨骼	6mm
塑料	1 ~ 1.5mm		

与金属检测器相比，X 射线检测系统可以检测更多种类的污染物。除了金属以外，X 射线检测系统还可检测食品中存在的玻璃、石块和骨头等物质，同时还能够检测到铝箔包装食品内的不锈钢物质。值得一提的是，含有高水分或盐分的食品以及一些能降低金属检测器敏感度的产品也可以用 X 射线检测系统进行检测。除了杂质以外，X 射线探测器还可检视包装遗留或不足、产品放置不当及损坏的产品。例如，对于多种巧克力混装的产品，由于包装的影响，少装了 2 ~ 3 支产品，称重器可能也难于检测出来，而 X 光计却能检测到即使是 1 支产品的漏放。

第二节　离心分离机械

离心分离机械在食品工业中有着广泛的应用，可用于不同状态分散体系分离。例如，原料乳净化、奶油分离、淀粉脱水、食用油净化、大豆的浆渣分离、葡萄糖脱水等操作，都由离心分离机械完成。

一、离心机类型

离心分离机械种类较多，分别适用不同物料体系和满足不同分离需要。离心分离机可按不同因素分类，常见分类因素有：分离因数、分离原理、操作方式、卸料方式和轴向等。按分离因数划分的离心机类型如表 4 - 4 所示。

表4-4　　　　　　　　　　　　　　　　按分离因数范围数划分的离心机类型

分离因数*（K_c）范围	离心机类型	适用场合
<3000	常速	当量直径0.01~1.0mm颗粒悬浮液分离、物料脱水
3000~50000	高速	极细颗粒的稀薄悬浮液及乳浊液的分离
>50000	超速	超微细粒悬浮系统和高分子胶体悬浮液分离

注：*分离因数为离心力与重力加速度之比。

离心分离机按分离原理可分为过滤式、沉降式和分离式三类。过滤式离心机是鼓壁上有孔，借离心力实现过滤分离的离心机。这类离心机分离因数不大，转速一般在1000~1500r/min。沉降式离心机是一类转鼓壁不开孔、借离心力实现沉降分离的离心机。分离式离心机的鼓壁亦无孔，但其转速很大，一般在4000r/min以上，分离因数在3000以上，一般用于乳化液和较稳定悬浮液的分离。这三类离心机还可进一步分类，表4-5所示为这三类离心机的常见形式及其特点。

表4-5　　　　　　　　　　　　　　　　离心机的常见类型及其特性

型式	常见形式	操作方式	轴向	卸料方式	适用场合
过滤式	三足式、上悬式、卧式刮刀式、活塞推料式	间歇或连续	立式卧式	人工卸料式、重力卸料式、刮刀卸料式、活塞推料式、离心卸料、振动卸料离心机、进动卸料离心机	用于易过滤的晶体悬浮液和较大颗粒悬浮液的固液分离以及物料的脱水
沉降式	螺旋卸料沉降式	连续	卧式立式	螺旋卸料式	适用于不易过滤的悬浮液的固液分离
分离式	碟式、管式	连续	立式	通过管道连续排出	主要用于乳浊液分离和悬浮液增浓或澄清

离心机的操作方式有间歇式和连续式两种。

间歇式是指转鼓对所承载的分离截留物料有一定质量限度的离心机。在卸料时，必须停车或减速，然后采用人工或机械方法卸出物料，如三足式、上悬式离心机。其特点是可根据需要延长或缩短过滤时间，满足物料终湿度的要求，主要用于固-液悬浮混合液的分离。

连续式离心机的物料输入和不同相物质的分离与输出均连续完成。典型的连续式离心机有螺旋卸料沉降式离心机、活塞推料离心机和碟式离心机等，可用于固-液悬浮液和液-液乳浊液的分离。

二、过滤式离心机

过滤式离心机主要适用于溶液固相浓度较高、固相颗粒粒度较大（通常大于50μm）的悬浮液的分离脱水。过滤式离心机在食品工业有广泛应用，典型应用例子有蔗糖结晶体分离精制、脱水蔬菜的预脱水、淀粉脱水、血块去血水、水果蔬菜榨汁、回收植物蛋白及冷冻浓缩过程冰晶分离等。

过滤式离心机完成的是过滤操作，型式有多种，可按卸渣过程的连续性分为三足式（间歇式）和连续式两类。

（一）三足式离心机

三足式离心机是典型的间歇式过滤离心机，可连续进料，但一段时间后需要停机卸渣。

人工卸渣的三足式离心机外形和结构如图4-15所示，主要由转鼓、机壳、支柱、制动器、电动机等组成。转鼓又称滤筐，由不锈钢制成，鼓壁开有滤孔。转鼓由电机通过皮带轮传动驱动。该机的特点是，外壳、转鼓和传动装置都通过减振弹簧组件悬挂固定在三个支柱上（故称作三足式离心机），以减弱离心机转鼓运转时产生的振动。

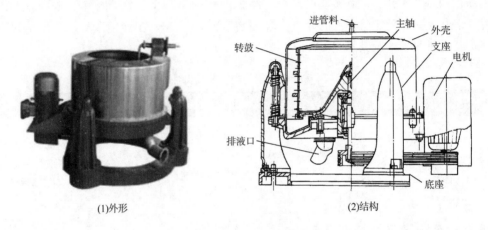

(1)外形　　　　　　　　　　　　　(2)结构

图4-15 三足式离心机

操作时，通过设在离心机上的进料管，将待分离的浆料注入转动着的（事先覆以滤布的）转鼓内，液体受离心力作用后穿过滤布及壁上的小孔甩出，在机壳内汇集后从下部的出液口流出。不能通过的固形物料则被截留在滤布上形成滤饼层。当滤饼层达到一定厚度时，要停机除渣，采用人工方式，连同滤布袋一起将固体滤饼层从离心机中取出。

三足式离心机适用于处理量不大，但要求充分洗涤的物料。为使物料在转鼓内均匀分布，避免载荷偏心，宜采用低速加料，高速过滤、脱水，降速或停机卸料。

三足式离心机的主要优点是：对物料的适应性强，能按需要随时调整过滤、洗涤的操作条件，可进行充分的洗涤并得到较干的滤渣，固体颗粒几乎不受损坏，且运转平稳、结构简单、造价低廉。其缺点是间歇操作，辅助作业时间较长，生产能力低，劳动强度大。

三足式离心机广泛应用于食品工业中如味精、柠檬酸及其他有机酸生产中的结晶与母液的分离。

（二）连续卸渣的过滤离心机

连续式过滤离心机可连续进料连续卸渣，这类离心机有多种型式，例如，机械卸渣的三足式离心机、上悬式过滤离心机、刮刀卸料过滤离心机、活塞推料过滤离心机和离心力卸料过滤离心机等。连续式过滤离心机与适当的控制措施配合，可实现半自动或全自动操作，有较高自动化程度和可靠性。

螺旋卸料过滤离心机可连续地将薄层滤饼从离心机排出，有立式和卧式两种型式。图4-16所示是一种卧式螺旋卸料过滤离心机。由于转鼓内的物料层较薄并不断地被螺旋翻动、推移，所以排出的滤渣含湿量较低。

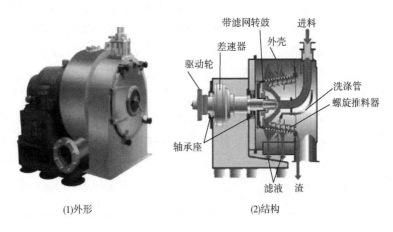

图4-16　螺旋卸渣过滤离心机

螺旋卸料过滤离心机的分离因数较高，当量过滤面积及过滤强度较大，具有体积小，生产能力大，脱水效率高及运行费用低，能耗小等优点，但结构复杂，物料破碎率较高，洗涤不充分，滤网制造要求较高。螺旋卸料过滤离心机适用于食品工业中颗粒粒度大于$75\mu m$的悬浮液物料的固液分离，如食盐、玉米淀粉、酒精糟液等，豆制品厂也常用于湿大豆磨碎后的浆渣分离。

三、沉降式离心机

沉降式离心机的转鼓壁无孔，借助于离心力使得不易过滤的悬浮液沉降分离成固液两相。

沉降式离心机的典型代表是螺旋卸料沉降式离心机，这类离心机按轴取向可分为卧式、立式两种，按用途可分为脱水型、澄清型、分级型和三相分离型等几种；按转鼓内流体与沉渣的运动方向可分为逆流式、并流式两种；按分离工艺操作条件可分为普通型、密闭防爆型等。

典型卧式螺旋沉降式离心机的外形和结构如图4-17所示。

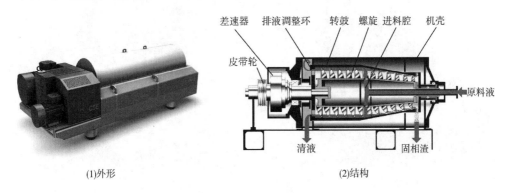

图4-17　卧式螺旋沉降离心机

悬浮液经加料管进入螺旋进料腔后，通过内筒壁进料孔进入由主电机传动的高速转鼓内，在离心力作用下悬浮液的固体颗粒与液体分离，沉降到鼓壁的固相沉渣由转速较低的螺旋输送器推送到转鼓小端排出。分离液经转鼓大端溢流孔排出。

转鼓是螺旋离心机的关键部件之一，有圆锥形、圆柱形和柱锥形三种基本结构形式。转鼓的结构形式决定离心机的特点和分离效果。圆锥形有利于固相脱水，圆柱形有利于液相澄清，柱锥形则可兼顾二者的特点，是常用的转鼓形式。

转鼓与螺旋输送器可由同一台电机通过差速器传动，产生不同的转动速度；也可以分别通过主、副两台电机及相应的变速器驱动；为进一步调节转速，还可采用变频电机。

卧式螺旋沉降式离心机在食品工业中有较多应用，例如可用于动植物蛋白回收、豆奶浆渣分离、可可分离、咖啡分离、淀粉脱水、淀粉与蛋白分离、果汁固液分离、鱼粉加工、油脂分离去杂等。

四、 分离式离心机

分离式离心机具有较大离心力，可用于乳浊液和极细颗粒悬浮液的内外相有效分离。这种离心机的特点之一是其转鼓半径较小但转速很高，足以产生乳（悬浮）浊液两相分离所需的离心力，而鼓壁所受的离心力作用较小。一般分离式离心机（简称分离机）均属于超速离心机。

分离式离心机可分为管式离心机、碟式离心机和室式离心机，它们在食品工业中有广泛的应用。例如，管式分离机常用于动物油、植物油和鱼油的脱水，也可用于果汁、苹果浆、糖浆的澄清；碟式离心机可用于奶油分离和牛乳净化，也可用于动植物脂精制过程的脱水和澄清，还可用于果汁澄清。

碟式分离机常见外形及基本结构如图4-18所示，主要由转鼓、变速机构、电机、机壳、进、出料管等构成。

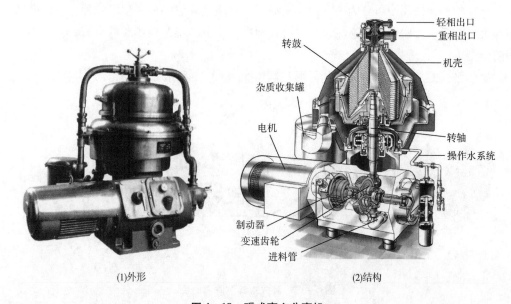

(1)外形　　(2)结构

图4-18　碟式离心分离机

转鼓是碟式离心机的主要工作部件，是使物料达到处理要求的主要场所，转鼓主要由转鼓体、分配器、碟片、转鼓盖、锁环等组成。转鼓直径较大，通常是由下部驱动。转鼓底部中央有轴座，驱动轴安装在上面，转速一般为 5500 ~ 10000r/min，在转鼓内部有一中心套管，其终端有碟片夹持器，其上装有一叠倒锥形碟片。

碟片呈倒锥形，锥顶角为 60° ~ 100°，每片厚度 0.3 ~ 0.4mm。碟片数量由分离机的处理能力决定，从几十片到上百片不等。碟片间距与被处理物料的颗粒粒度和分离要求有关，范围在 0.3 ~ 10mm，用于牛乳分离为 0.3 ~ 0.4mm，用于分离酵母为 0.8 ~ 1.0mm。根据用途不同，碟片的锥面上可开若干小孔或不开孔。图 4 – 19 所示为一种开小孔的锥形碟片，用于牛乳等乳化液的分离。

碟式离心机的进料管，有设在下部的，也有设在上部的。功能上没有本质的区别。出料管都在上部。出料管口因功能不同而异，用于乳浊液两相分离的有轻液、重液两个出口，用于澄清的只有一个出口。用于乳浊液澄清的离心机，在出口处还装了一个乳化器，以使得在离心澄清过程中分离了的两相再次得以混合乳化后再排出。

碟式离心机的分离原理如图 4 – 20 所示。混合液自进料管进入随轴旋转的中心套管之后，在转鼓下部受离心力作用而进入碟片空间，在碟片间隙内也因离心力而被分离，重液向外周流动，轻液向中心流动。由此在间隙中产生两股朝相反方向流动的液流，轻液沿下碟片的外表面向着转轴方向流动，重液沿上碟片内表面向周边方向流动。在流动过程中，分散相不断从一流层转入另一流层，两液层的浓度和厚度均随流动发生变化。在中心套管附近，轻液从分离碟片间隙穿出，而后沿中心轴与分离碟片所形成的环隙向上流出。碟片间形成的重液相被抛向鼓壁，而后经分离碟片与转鼓内壁形成的环隙向上流动，再经重相液出口流出。

图 4 – 19　用于乳化液分离的碟片

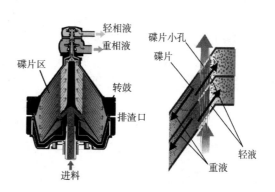

图 4 – 20　碟式离心机分离原理图示

用于澄清的碟式离心机结构与上述机型基本相同，所不同的是只有一个液体排出管口，同时其碟片上无孔，底部的分配板先将液体导向转鼓边缘。在鼓壁被分离净化的液体则沿碟片间隙向转鼓中央流动，固体就沉积于转鼓壁处。沉积于转鼓壁的固体沉淀，既可由人工方式，也可以自动方式周期性地通过鼓壁排出离心机。

第三节　过滤设备

过滤是利用多孔介质将悬浮液中的固体微粒截留而使液体自由通过的分离操作。食品工业中在生产饮料、果汁、糖浆、酒类等类产品时，常用过滤方式除去其中的固形物微粒，以提高产品的澄清度，防止制品日后随保存时间延长发生沉淀。

一、过滤过程及设备类型

（一）过滤过程

过滤操作中，一般将被过滤的悬浮液称为滤浆，滤浆中被截留下来的固体微粒称为滤渣，而积聚在过滤介质上的滤渣层则被称为滤饼，透过滤饼和过滤介质的液体称为滤液。过滤过程见图4−21。

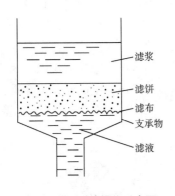

图4−21　过滤操作示意图

完整的过滤操作一般有以下四个工序阶段：①过滤阶段，形成滤饼和产生滤液；②洗涤阶段，利用适当介质（如水）对滤饼中夹带的滤液进行冲洗；③干燥阶段，利用适当手段排除滤饼中液体；④卸料阶段，从过滤介质除去滤饼。其中第①和第④阶段是所有过滤操作必有的阶段，而第②和第③阶段是否进行要视具体应用而定。

过滤介质是过滤机的重要组成部分。工业上常用的过滤介质有三类：①粒状介质，如细纱、石砾、炭等；②织物介质，如金属或非金属丝编织的网、布或无纺织类的纤维纸；③多孔性固体介质，如多孔陶、多孔塑料等。

为防止胶状微粒对滤孔的堵塞，有时用助滤剂（如硅藻土、活性炭等）预涂于过滤介质上，或按一定比例与待过滤悬浮液均匀混合，一起进入过滤机，形成渗透性好、压缩性较低的滤饼，使滤液能顺畅流通。

（二）过滤机类型

过滤机按过滤推动力可分为重力过滤机、加压过滤机和真空过滤机；按过滤介质的性质可分为粒状介质过滤机、滤布介质过滤机、多孔陶瓷介质过滤机和半透膜介质过滤机等；按操作方式可分为间歇式过滤机和连续式过滤机等。

间歇式过滤机的四个过滤操作工序在过滤机同一部位不同时间段依次进行。它的结构简单，但生产能力较低，劳动强度较大。一般加压过滤机多为间歇式过滤机。

连续式过滤机的四个过滤操作工序是同一时间在过滤机不同部位上进行的。它的生产能力较高，劳动强度较小，但结构复杂。一般真空过滤机为连续式过滤机。

二、加压式过滤机

加压过滤机的过滤介质或滤饼一侧压力高于大气压，另一侧为常压或略高于常压，两侧形成的压力差可大于一个大气压。柱塞泵、隔膜泵、螺杆泵、离心泵、压缩气体以及来自压力反应器的物料本身都可提供加压的压力。加压过滤机的常用操作压力范围在 $0.3 \sim 0.5MPa$，最高的可达 $3.5MPa$。

加压过滤机的优点：①由于较高的过滤压力，过滤速率较大；②结构紧凑，造价较低；③操作性能可靠，适用范围广。加压过滤机的缺点主要是它的间歇操作方式，有些型式加压过滤机的劳动强度较大。

典型的加压过滤机有板框式压滤机和叶滤机等。

（一）板框式压滤机

板框压滤机的外形和结构如图 4－22 所示。它由机架与板框组成。机架由固定端板、螺旋（或液压）式压紧装置及一对平行的导轨组成。在压紧装置的前方有一安放在导轨上、可前后移动的活动端板。在固定端板与活动端板之间是相互交替排列、垂直搁置在导轨上的滤板和滤框。滤板和滤框的组数可根据生产能力及滤浆性质确定，一般在 10～60 组。组装时，交替排列并用滤布隔开的滤框和滤板，用压紧装置压紧。压紧装置可以是手动或电动螺杆，也可以是油压机构。

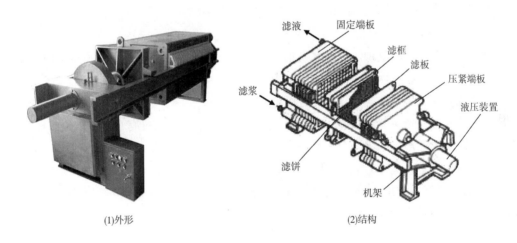

(1)外形　　　　　　　　　　　(2)结构

图 4－22　板框式压滤机

图 4－23　滤板与滤框

滤框和滤板的结构如图 4－23 所示，通常为正方形。滤框内边长范围在 200～2000mm，框厚范围在 16～80mm。食品工业用的板框压滤机，其滤框和滤板可用不锈钢或塑料等材料制造。滤板和滤框适当（角或边框）位置开有孔，根据安排组装叠在一起后，便形成供滤浆、滤液和洗涤水流动的通道。滤框有与滤浆（有时也可与洗涤水）通道相通的孔道，供滤浆（或洗涤水）进入滤框。滤板上有孔道与滤液通道相通，有些滤板装有供滤液直接排出的旋塞。压滤机的进料有底部进料和顶部进料两种方式。底部进料能够快速排除滤室中的空气，对于一般的固体颗粒能形成厚度均匀的滤饼。顶部进料，可得到最多的滤液和湿含量最少的滤饼，适用于含有大量固体颗粒，有堵塞底部进料口趋势的物料。大型的压滤机则采用底部和顶部同时进料方式。滤板和滤框的液流通道位置应当根据进料方式确定。

压滤机的滤液排出有暗流和明流两种方式。暗流方式是当压滤机锁紧后，由滤板、滤框上的排液孔道形成贯通压滤机整个工作长度的滤液密封通道，滤液经滤板上的排液口流向滤液通道，再从固定端板的排液管道流向滤液贮罐。暗流方式用于滤液是易挥发的或要求清洁卫生避免染菌的物料的过滤。明流方式是通过每块滤板的排液口各自直接流到压滤机下部的敞口集液槽中。明流方式可以观察到每块滤板流出的滤液流是否澄清；若滤布破损，滤液混浊，可关闭此滤板的排液阀，而整个过滤过程仍可继续进行。

板框压滤机对于滤渣压缩性大或近于不可压缩的悬浮液都能适用。适合的悬浮液的固体颗粒浓度一般为10%以下。板框压滤机的食品工业应用例子有：压榨液的进一步精制，脱色处理液去除固形物等。

板框压滤机的优点是：结构较简单、操作容易、运行稳定、保养方便、过滤面积选择灵活、占地小、对物料适应性强。其缺点主要有：板框很难做到无人值守，滤布常常需要人工清理、装拆劳动强度大、不能连续运行，并且滤布消耗大。

（二）叶滤机

叶滤机也是一类间歇加压的过滤设备，主要由耐压的密闭罐体及安装在罐体内的多片滤叶组成。罐体可以有立式和卧式两种形式（图4-24）。

滤叶由金属筛网框架或带沟槽的滤板组成（图4-25），形状有矩形、圆形等，外面可套滤布。滤叶可安装在固定或转动构件上。滤叶在罐内的安装也可有水平和垂直两种取向。垂直滤叶两面均能形成滤饼，而水平滤叶只能在上表面形成滤饼。在同样条件下，水平滤叶的过滤面积为垂直滤叶的1/2，但水平滤叶形成的滤饼不易脱落，操作性能比垂直滤叶好。因此，人们通常用滤叶的安装取向来对叶滤机进行分类。图4-26和图4-27所示分别为垂直滤叶型叶滤机和水平滤叶型叶滤机的例子。

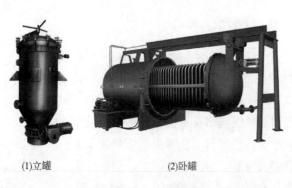

(1)立罐　　　(2)卧罐

图4-24　叶滤机

图4-25　滤叶

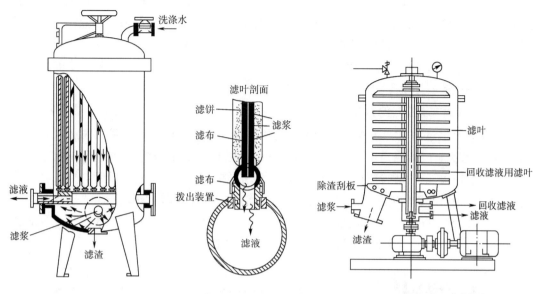

图4-26 垂直滤叶型叶滤机   图4-27 水平滤叶型叶滤机

叶滤机的操作周期可分为过滤和洗涤两个阶段。过滤时，将滤叶置于密闭槽中，滤浆处于滤叶外围，借助于滤叶外部的加压或内部的真空进行过滤，滤液在滤叶内汇集后排出，固体粒子则积于滤布上成为滤饼，厚度通常为5~35mm。洗涤时，以洗液代替滤浆，洗液的路径与滤液相同，经过的面积也相等。滤饼可利用振动、转动以及喷射压力水清除，也可打开罐体，抽出滤叶组件，进行人工清除。

叶滤机的主要优点是：灵活性大，单位体积有较大过滤面积，洗涤速率较一般压滤机为快，而且洗涤效果较好。叶滤机的主要缺点是：构造复杂，滤饼不如板框压滤机干燥，也有滤饼不均匀的现象，使用的压差通常不超过400kPa。

加压叶滤机有利于取得滤液。它适用于过滤周期长、滤浆特性恒定的过滤操作。在食品工业中，叶滤机大多以硅藻土预涂层作过滤介质，图4-28所示为一套带预涂硅藻土的叶滤机装置。

叶滤机在食品工业的典型应用对象有食用油、饮料、糖液、味精液等。

图4-28 带预涂硅藻土罐的叶滤机装置

三、真空过滤机

真空过滤机是过滤介质的上游为常压、下游为真空的设备，作为过滤推动力的上下游两侧的压力差不超过一个大气压。真空过滤机常用的真空度为0.05~0.08MPa，但也有的超过0.09MPa。真空过滤机可有间歇式和连续式两种型式，但后者应用更广泛。常见的连续式真空过滤机有转鼓式和转盘式等。

真空过滤机的主要优点：①劳动强度小；②能直接观察过滤情况，及时发现问题，便于检查；③维修费用较低。真空过滤机主要缺点如下：①不能过滤低沸点料液；②不能过滤会形成可压缩比滤饼的难过滤物料；③真空系统需经常维护。

连续式真空过滤机除以上特点外，优点是工作效率高，缺点是若进料料浆中的固体颗粒浓度和颗粒粒度分布变动大则过滤的效果差。

（一）转筒式真空过滤机

转筒式真空过滤机如图4-29所示。它的主体为可转动的水平圆筒（截面见图4-30），称为转鼓，其直径为0.3~4.5m，长3~6m。圆筒外表面由多孔板或特殊的排水构件组成，上面覆盖滤布。圆筒内部被分隔成若干个扇形格室，每个格室有吸管与空心轴内的孔道相通，而空心轴内的孔道则沿轴向通往位于轴端并随轴旋转的转动盘上。转动盘与固定盘紧密配合，构成一个特殊的旋转阀，称为分配头，如图4-31所示。固定盘上分成若干个弧形空隙，分别与减压管、洗液贮槽及压缩空气管路相通。

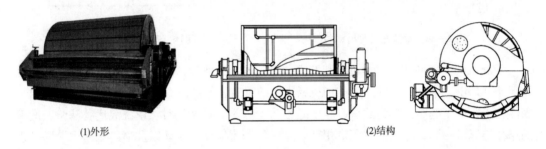

(1)外形　　　　　　　　　　　　　(2)结构

图4-29　转筒真空过滤机

当转鼓旋转时，借分配头的作用，扇形格内分别获得真空和加压，如此便可控制过滤、洗涤等操作循序进行。如图4-30所示，整个转鼓表面可分为六个区，这些区域所对应真空状态与操作情形见表4-6。

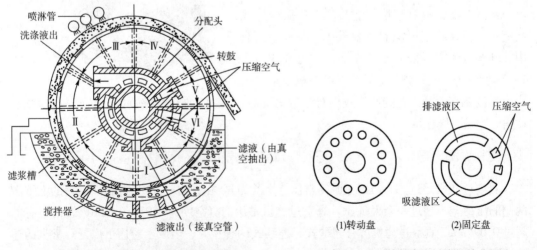

图4-30　转筒真空过滤机操作原理图　　　　　图4-31　转鼓真空过滤机的分配头

表 4 - 6   真空转筒表面区域的压力状态及相应操作

区域	区域名	扇形格压力状态	相应操作
I	过滤区	负压	滤液经过滤布进入格室内，然后经分配头的固定盘弧形排滤区槽缝以及与之相连的接管排入滤液槽
II	吸干工区	负压	扇形格刚离液面，滤饼中的残留滤液被吸尽，与过滤区滤液一并排入滤液槽
III	洗涤区	负压	洗涤水由喷水管洒于滤饼上，扇格内负压将洗出液吸入，经过固定盘的弧形吸滤区槽缝通向洗液槽
IV	洗后吸干区	负压	洗涤后的滤饼在此区域内借扇形格室内的减压进行残留洗液的吸干，并与洗涤区的洗出液一并排入洗液槽
V	吹松卸料区	正压	将被吸干后的滤饼吹松，同时被伸向过滤表面的刮刀所剥落
VI	滤布再生区	正压	在此区域内以压缩空气吹走残留的滤饼

　　转筒式真空过滤机主要优点：①适应性强，凡悬浮液颗粒粒度中等、黏度不太大的物料均适用；②可通过调节转鼓转速来控制滤饼厚度和洗涤效果；③滤布损耗小于其他类型过滤机。这种机型的主要不足之处：①由于以真空为推动力，过滤压差低，最大不超过 80kPa，因此，滤饼的湿度较高（一般 >20%）；②设备加工制造复杂，消耗于抽真空的电能高。目前国产的这类机型过滤面积范围一般在 5 ~ 40m^2，最大可达 50m^2。

（二）转盘真空过滤机

　　如图 4 - 32 所示为转盘真空过滤机简图。它是由一组安装在水平转轴上并随轴旋转的滤盘（或转盘）所构成。转盘真空过滤机及其转盘的结构和操作原理与转筒真空过滤机相类似。盘的每个扇形格各有其出口管道通向中心轴，而当若干个盘联接在一起时，一个转盘的

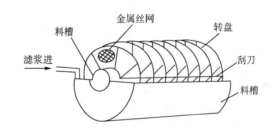

图 4 - 32 转盘真空过滤机

扇形格的出口与其他同相位角转盘相应的出口就形成连续通道。与转筒真空过滤机相似，这些连续通道也与轴端旋转阀（分配头）相连。转盘真空过滤机的操作与转筒真空过滤机甚为相似。每一转盘即相当于一个转鼓，操作循环也受旋转阀的控制。每一转盘各有其滤饼卸料装置，但卸料较为困难。

　　转盘真空过滤机主要优点是单位过滤面积占地少，单机过滤面积大，最大可达 85m^2，滤布更换方便、消耗少、能耗也较低。其缺点主要是滤饼的洗涤不良，洗涤水与悬浮液易在滤槽中相混。

第四节　压榨机械

　　压榨是通过机械压缩力从固液两相混合物中分离出液相的一种单元操作。压榨过程中液相流出而固相截留在压榨面之间。压榨的压力由压榨面移动产生，而不像过滤那样由于物料泵送到一个固定空间而产生。

　　压榨与过滤目的相同，都是为了将固液相混合物分离。流动性好、易于泵送的混合物可采用过滤分离，不易用泵输送的混合物应采用压榨分离。为了将过滤操作滤饼中的液体除得更彻底些，可采用压榨操作。由于机械脱水法通常较热处理法更经济，压榨常被用作某些生产过程的预干燥手段。

　　食品工业中应用压榨操作的例子有：从植物油籽或果仁（如可可豆、椰子、花生、棕榈仁、大豆、菜籽）榨取油脂，从甘蔗中榨取糖汁，榨取（苹果和柑橘之类）水果汁，豆制品压榨脱水成型，腌菜脱水等。

　　压榨过程主要包括加料、压榨、卸渣等工序。有时，由于进料状态要求，或为了提高压榨效率，需对物料进行必要的预处理，如破碎、热烫、打浆等。

　　压榨设备按操作方式有间歇式和连续式两类。

一、　间歇式压榨机

　　间歇式压榨过程的加料、压榨和卸渣等操作工序均是间歇进行的。这些设备具有结构简单、安装费用低、操作压力易控制、能满足压力由小到大逐渐增加的压榨工艺要求等优点。

　　间歇式压榨机有多种型式，按装料容器形式分类，有箱式、板式、缸式、筐式和笼式等；按施压方式分类，有：机械螺杆型、液压型和气压型三大类；按加压面的运动方向可分为立式和卧式两类。

　　以下分别介绍目前食品工业中较常见的一些间歇式压榨机。

（一）立式压榨机

　　立式压榨机主要由机架，压榨机构、压榨容器等构成。压榨机构由装在横梁可上下活动的压榨板及推进压榨板构成，压榨容器可根据需要做成多种形式。食品行业典型的立式压榨机有豆制品压榨机和立式榨油机等。

　　图4-33所示的豆腐压榨机是一类典型的立式压榨机，主要由机架、压榨框、压榨驱动机构等构成。压榨过程

(1)手动螺旋式　　　　(2)液压式

图4-33　豆腐压榨机

是，点好卤的豆浆浇入衬有滤布、垫在底板上的多孔不锈钢压榨框内，将滤布折起盖在豆浆上，然后使压榨板由上向下移动，将豆浆中多余水分挤压出，使豆浆体积压缩凝结成为豆腐块。将压榨块向上提起，连同底板将压榨框移出，并取走压榨框，便可得到压榨成型的整板豆腐（或豆腐干）。

有些榨油机（图4-34）和酱菜脱水机（图4-35）也采用立式压榨机构型。这类压榨机常称为筐式压榨机，它们采用的（多孔或栅栏）筒形或箱形压榨容器，由梯形截面木条、钢条或多孔钢板制成，必要时，容器内可加适当形式的过滤介质，如滤布。加压时液体流出筒壁，沿筒壁外侧流向压榨机底座的集液槽，或排入废水沟槽。食品工业中，这类压榨机还可用于果汁、菜汁的生产。用于葡萄汁压榨时，最终的压榨压力一般为0.3~0.4MPa，最高时可达1.2~1.6MPa。筐式压榨机也用于鲸脂、鱼脂以及其他不需高压的油脂压榨。

（二）卧篮式压榨机

卧篮式压榨机也称布赫（Bucher）榨汁机，最初是瑞士Bucher公司用来生产苹果汁的专用设备。最大加工能力8~10t/h苹果原料，出汁率82%~84%，设备功率24.7kW，活塞行程1480mm。图4-36所示为一种卧篮式压榨机的外形。

图4-34 立式榨油机　　　图4-35 酱菜脱水机　　　图4-36 布赫榨汁机外形

卧篮式压榨机的结构如图4-37所示，关键部件是可获得低浑浊天然纯果汁的滤芯（也称为滤绳）。滤芯结构如图4-38所示，由强度很高的柔性材料制成，沿其长度方向有许多贯通的沟槽，其表面缠有滤网。一台榨汁机滤芯可多达220根。挤压时，物产随动压盘向前（同时绕轴运动）移动受到压缩，汁液经滤网过滤后进入（已经发生螺旋状弯曲的）滤芯沟槽，沿弯曲滤芯通过静压盘流出至汁槽，这种压榨过程颇类似于拧干湿毛巾的过程。滤芯由弯曲再随动压盘（挤压面）复位而逐渐伸直，可使浆渣松动、破碎，有利于再次挤压。

布赫榨汁机的主要工序如图4-39所示，包括：①装料：水果碎块由泵充填压榨室，充填过程中压缩室的旋转有助于改善预排汁，通过一次性或多次性装料可以优化装料过程；②压榨：当充填量达到额定值后，动压盘作向前运动挤压物料，产生汁液；③复位松渣：动压盘向后动，使滤芯重新伸直，使压榨后的果渣松动。第②和③步可根据需要进行重复，并且可在③步中加水，以提高再次压榨的出汁率；④排渣：完成最后一次压缩后，使压榨筒与静压盘脱开，动压盘继续向前移动，将渣推入下方的集渣斗。

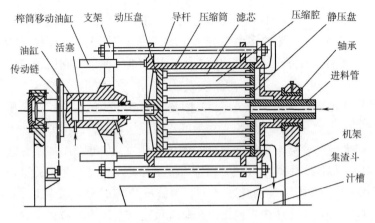

图 4 – 37　卧篮式压榨机结构

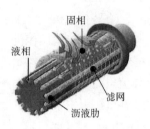

图 4 – 38　尼龙滤芯结构

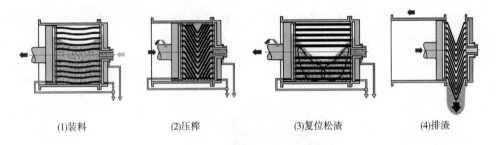

(1)装料　　　(2)压榨　　　(3)复位松渣　　　(4)排渣

图 4 – 39　布赫榨汁机的主要工序

目前，布赫榨汁机已发展成为可适合多品种果蔬榨汁的通用型筐式榨汁机，可用于仁果类（苹果、梨）、核果类（樱桃、桃、杏、李）、浆果类（葡萄、草莓）、某些热带水果（菠萝、芒果）和蔬菜类（胡萝卜、芹菜、白菜）的榨汁。

（三）气囊压榨机

气囊压榨机又称为维尔密斯（Willmes）压榨机，出现于20世纪60年代，最先用于葡萄酒厂的葡萄榨汁、酒醪过滤和压缩。实际上它可用于压榨任何（甚至黏性的）果汁。

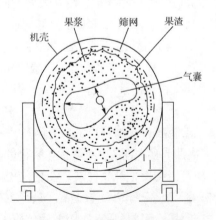

图 4 – 40　早期气囊压榨机截面

早期气囊式压榨机的截面示意如图 4 – 40所示，其基本结构是一个可旋转卧式圆筒，内侧有一个过滤用的滤布圆筒筛，滤布圆筒筛内装有一个能充压缩空气的橡胶气囊。待榨物料置于圆筒内后，通入压缩空气将橡胶气囊充胀起来，给夹在橡胶气囊与圆筒筛之间的物料由里向外施加压力。这时整个装置旋转起来，使空气压力均匀分布在物料上，最大压榨压力可达 0.63MPa。其施压过程逐步进行。用于榨取葡萄汁时，起始压榨压力为 0.15 ~ 0.2MPa，然后放气减压，转动圆筒筛使葡萄浆料疏松，分布均匀，再重新在气囊中通入压缩空气升压，然后再放气减压，疏松后再升压。只有在大部分葡萄汁流出后，才升压至0.63MPa。整个压榨过程为1h，逐步反复增压5~6次或更多。

一种新型气囊式压榨机外形如图4-41所示，其主体也是一个可转动的压榨圆筒。圆筒壁大体可分为两半，一半沿轴贴内壁安排有若干（与多条助滤芯相连的）排汁管（图4-42），另一半贴壁固定可充气膨胀和吸气收缩的气囊，筒内与排汁管相连的助滤芯的另一端，分别固定在适当对应位置的气囊上。圆筒开有两个方形进出料口，并带有可滑动开闭的盖子。

图4-41　新型气囊压榨机

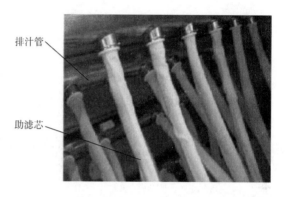

图4-42　压榨筒内排汁管与助滤芯布置

这种新型气囊压榨机的工作过程如图4-43所示。①装料：压榨筒的进出料口朝上，盖打开，通过适当方式将待压榨浆料注入筒内。②加盖定位：待榨物料装满压榨筒后，滑动进料口盖，将进料口盖上，随后转动压榨筒，使排汁管所在筒面朝下，而气囊所在的筒面朝上。③充气压榨：气囊充气膨胀，压缩浆料，汁液通过助滤芯流入排汁管，从筒端流出。④放气复位：气囊放气收缩，同时助滤芯复位伸直，使滤渣松动。同样，第③和④步可以根据需要重复进行，并且可以在第④步加水，以提高出汁率。⑤卸渣：最后一次压缩完成后，可打开进出料口的盖子，同时转动压榨圆筒，使进出料口朝后，让果渣落入下方的果渣收集槽内，排空的圆筒即可进入下一次装料压榨。

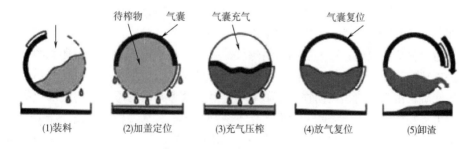

(1)装料　　(2)加盖定位　　(3)充气压榨　　(4)放气复位　　(5)卸渣

图4-43　新型气囊压榨机操作过程

二、连续式压榨机

连续式压榨机操作过程的进料、压榨、卸渣等工序是连续的。食品工业中，最有代表性的这类压榨设备是螺旋压榨机，其他还有带式压榨机和辊式压榨机等。辊式压榨机主要在榨糖操作中应用，这里不作介绍。以下介绍螺旋压榨机和带式压榨机。

（一）螺旋压榨机

螺旋压榨机是使用比较广泛的一种连续式压榨机，很早就用来榨油、水果榨汁及鱼肉磨碎物的压榨脱水等方面。

螺旋压榨机的外形和结构如图4-44所示，主要由压榨螺杆、圆筒筛、离合器、压力调整机构、传动装置、汁液收集斗和机架等构成。

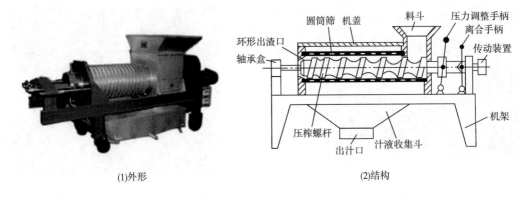

(1)外形　　　　　　　　　　　　　　(2)结构

图4-44　螺旋压榨机

出渣端　　　　　　　　进料端

图4-45　压榨螺杆

压榨螺杆轴两端的轴承支承在机架上，传动系统使螺杆在圆筒筛内作旋转运动。螺杆结构如图4-45所示，其螺旋内径沿进料端到出渣端方向逐渐增大，而螺距沿同方向逐渐缩小，从而逐渐增加螺旋作用于物料的轴向分力，径向分力则逐渐减小，这样有利于推进物料，也可使物料进入榨汁机后尽快受到压榨。螺杆的这种结构特点，使得螺旋槽容积逐渐缩小，其缩小程度用压缩比来表示。压缩比是从进料到出渣方向第一个螺旋槽的容积与最后一个螺旋槽容积之比。例如，国产GT6GS螺旋连续榨汁机的压缩比为1:20。

螺旋也有做成两段的：第一段叫喂料螺旋；第二段叫压榨螺旋。两段螺旋间螺旋叶片是断开的，转速相同而转向相反。经第一段螺旋初步预挤压后发生松散，松散后的物料进入第二段螺旋，由于转向相反使物料翻了个身，第二段螺旋结构可对物料施加更大的挤压力，从而可提高出汁率。圆筒筛一般由多孔不锈钢板构成，为了便于清洗及维修，通常做成上、下两半，用螺钉固定在机壳上。圆筒筛孔径一般为0.3~0.8mm，开孔率既要考虑榨汁的要求，又要考虑筛体强度。螺杆挤压产生的压力可达1.2MPa以上，筛筒的强度应能承受这个压力。

具有一定压缩比的螺旋压榨机，虽对物料能产生一定的挤压力，但往往达不到压榨要求，通常采用调压装置来调整榨汁压力。一般通过调整出渣口环形间隙大小来控制最终压榨力和出汁率。间隙大，出渣阻力小，压力减小；反之，压力增大。利用调整构机使得压榨螺杆沿轴向左右移动，可实现环形间隙的调节。

螺旋压榨机具有结构简单、外形小、榨汁效率高、操作方便等特点。该机的不足之处是榨出的汁液含果肉较多，要求汁液澄清度较高时不宜选用。

（二）带式压榨机

带式压榨机也称带式榨汁机。这种压榨机在食品工业中的使用始于 20 世纪 70 年代。

带式榨汁机有很多型式，但其工作原理基本相同。如图 4 - 46 所示，它们的主要工作部件包括两条同向、同速回转运动的环状压榨带及驱动辊、张紧辊和压榨辊。压榨带通常用聚酯纤维制成，本身就是过滤介质。借助压榨辊的压力挤出位于两条压榨带之间的物料中的汁液。带式压榨机一般可分为三个工作区：重力渗滤或粗滤区，用于渗滤自由水分；低压榨区，在此区域压榨力

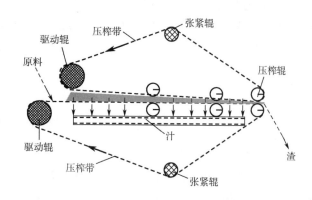

图 4 - 46　带式压榨机原理

逐渐提高，用于压榨固体颗粒表面和颗粒之间孔隙水分；高压榨区，除了保持低压榨区的作用外，还进一步使多孔体内部水或结合水分离。

福乐伟（FLOTTWEG）压榨机是一种典型的带式压榨机，其外形和结构分别如图 4 - 47（1）和（2）所示，主要由料槽、压榨网带、一组压辊、高压冲洗喷嘴、导向辊、汁液收集槽、机架、传动部分以及控制部分等组成。所有压辊均安装在机架上，一系列压辊驱动网带运行的同时，从径向给网带施加压力，使夹在两网带之间的待榨物料受压而将汁液榨出。工作时，经破碎待压榨的固液混合物从喂料盒中连续均匀地送入下网带和上网带之间，被两网带夹着向前移动，在下弯的楔形区域，大量汁液被缓缓压出，形成可压榨的滤饼。当进入压榨区后，由于网带的张力和压辊作用将汁液进一步压出，汇集于汁液收集槽中。以后由于压辊直径递减，使两网带间的滤饼所受的表面压力与剪力递增，保证了最佳

(1)外形

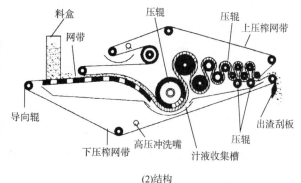

(2)结构

图 4 - 47　带式压榨机（福乐伟）

的榨汁效果。为了进一步提高榨汁率，该设备在末端设置了两个增压辊，以增加线性压力与周边压力。榨汁后的滤饼由耐磨塑料刮板刮下从右端出渣口排出。为保证榨出汁液能顺利排出，该机专门设置了清洗系统，若滤带孔隙被堵塞，可启动清洗系统，利用高压喷嘴洗掉粘在带上的糖和果胶凝结物。工作结束后，也由该系统喷射化学清洗剂和清水，清洗滤带和机体。

该机的优点是，逐渐升高的表面压力可使汁液连续榨出，出汁率高，果渣含汁率低，清洗方便。但是压榨过程中汁液全部与大气接触，所以，对车间环境卫生要求较严。

第五节　固液萃取机械设备

萃取是利用各组分在溶剂中溶解度的差异而使各组分分离的单元操作。萃取是分离和提纯物质的重要单元操作。若被分离的混合物是液体，则称为液－液萃取，简称萃取。若被分离的混合物是固体，则称为固－液萃取，又称为浸取、浸提或提取。如果所用溶剂的在超临界状态下进行萃取，则称为超临界萃取。

食品行业涉及的萃取多属固液萃取，如用溶剂提油，用水提取甜菜中的糖，用水提取茶叶中的茶，用水泡取咖啡中的可溶性物质等。有些食品原料的提取往往需要加热辅助，如鸡骨在加热加压条件下蒸煮提取鸡骨素等。

本节主要介绍固液萃取设备，这类设备可以分为间歇式、半连续式和连续式三类。

一、　间歇式固液萃取设备

典型的间歇式固液萃取设备是浸提罐，常称为提取罐。浸提罐广泛用于中药成分提取，近年来，随着食品原料精深加工的发展，这种设备在食品行业运用范围在逐渐扩大。

浸提罐一般为直立式，可是常压容器，也可是耐压容器，后者可在加压或负压条件下操作。常见提取罐的外形如图4-48所示，罐上部一般为固定碟形或椭圆形封头，其上设有固态原料投料口（有时称为人孔）、溶剂管口、蒸汽排出管口、视镜和压力表等，有些提取罐带搅拌器，因此罐顶还设有搅拌器驱动电机和变速器。罐体一般通过设于侧面的四个耳座悬空固定在操作台架上。为提高提取效率，罐体下段或上段通常设有蒸汽加热的夹套。

提取罐的罐底结构如图4-49所示。底盖为可开启式，带有假底，它通常由活塞连杆机构辅助启闭和转动。底盖起两方面作用，闭合状态时，利用假底使提取液排出，而固体渣料截留在罐内，开启状态时，将固体残渣清出罐外。罐底排液管必要时也可接支路管反向从罐底进液或压缩空气，使固体床层松动。罐底的排液管通常固定在底盖转动铰链轴的两端。底盖离地应有适当高度，以便其开启和收集固体渣料小车的进出有足够空间。

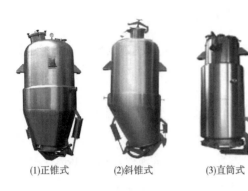

(1)正锥式　　(2)斜锥式　　(3)直筒式　　(4)蘑菇式

图 4 – 48　常见提取罐形式

图 4 – 49　提取罐底盖结构

　　提取罐往往需要适当的辅助装置配套，这些配套装置主要起两方面作用：①使产生的溶剂蒸气冷却回流到提取罐；②增加提取过程液体与固体相对运动，从而提高提取效率，缩短提取时间。因此，提取罐往往配有冷凝器系统，以回收利用溶剂。为增加提取溶剂与固体之间的相对流动，通常的方式有：①加搅拌器搅拌；②用泵在罐底抽出溶液再送入罐顶，使罐内的溶液循环流动；③利用配套的浓缩器，使溶剂在提取罐内外自然循环流动。

　　图 4 – 50 所示为带有溶剂蒸气冷凝器、挥发油分离器和溶液浓缩器的提取罐系统。这种单台提取罐系统的操作过程通常为：固体原料和溶剂分别通过投料口和溶剂管加入罐中，然后对提取罐夹套加热，使溶剂在一定温度和搅拌条件下对固体物料进行萃取。提取罐所带的溶剂冷凝系统然后开启，及时将溶剂蒸气冷凝为液体，回流到提取罐，同时罐底出液管开启，使提取液利用液位差，自动流入浓缩器进行浓缩，浓缩器产生的二次蒸气也进入顶端的冷凝器冷凝为液体，再回流到提取罐。因此，整

图 4 – 50　典型提取罐系统

个提取过程基本效果是：提取罐中固体材料不断受到顶部进入的（回流）溶剂作用，所含的被提取物含量越来越少，而浓缩器中溶液浓度却不断提高。一次提取操作结束时，可以关闭提取罐和浓缩器的加热蒸汽，同时关阀冷凝器却冷水，再通过适当方式（如用压缩空气在提取罐上方加压，或用泵在浓缩器后抽），将浓缩器溶液和提取罐的残液排至后道工序。为获得提取操作应有的提取率，可利用单个提取罐对同一批固体物料用新溶剂进行多次接触提取，得到的萃取浓度依次降低。最后一次提取操作完成后，可打开提取罐下方的底盖，将固体残渣排出。固体残渣既可用小车收集转移，也可以通过螺旋输送机之类方式转移到适当位置。

二、 半连续式固液萃取设备

单个提取罐常用于中试或小规模生产。为提高生产能力及操作的连续性，利用若干提取罐通过适当的溶剂和溶液管路连接，可构成多级逆流半连续浸提系统。这种浸提系统也常称为罐组式浸取设备。

图4-51所示的三级逆浸提系统，由三组提取罐、循环泵和溶液罐构成。经过启动阶段几罐提取操作后，各罐按表4-7所示的物料状态顺序交替进行操作。其中，提取液"浓"的提取罐作为最终提取液，由泵送往后道工序（双联过滤器），而提取液度纯为"新"，指用纯溶剂对浸余物含量"低"的罐进行提取。

这种浸提系统可用于某些植物原料（如油籽、咖啡、茶叶等）成分的提取。

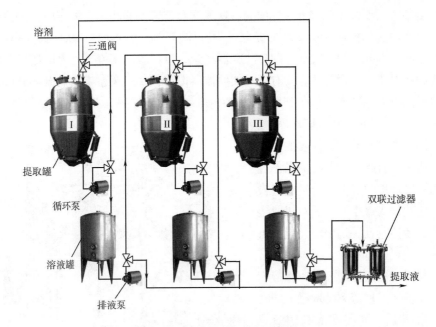

图4-51　三级逆流半连续浸提系统

表4-7　　　　　三级逆流浸提系统三次操作各提取罐物料状态变化

操作次序号	第一次			第二次			第三次		
罐号	I	II	III	I	II	III	I	II	III
提取溶剂纯度	新	中	低	低	新	中	中	低	新
浸余物含量	低	中	高	高	低	中	中	高	低
提取液浓度	稀	中	浓	浓	稀	中	中	浓	稀

三、 连续式固液萃取设备

连续式固液萃取设备的最大特点是浸出过程中，固体物料在机械输送装置辅助作用下连续移动。根据萃取过程物料与液体接触方式，连续固液萃取设备可分为浸泡和渗滤两种。

值得一提的是，无论是浸泡式还是渗滤式萃取设备，一般都称为浸取器。各种浸取器中，物料与溶液往往呈逆流作相对运动。以下对几种连续式浸取器作简单介绍。

（一）立式浸泡式浸取器

浸泡式浸取器又称塔式浸取器，其结构如图 4 – 52 所示。浸取器由呈 U 形布置的三个螺旋输送器组成，由螺旋输送器实现物料的移动。物料在较低的塔的上方加入，被输送到下部，在水平方向移动一段距离后，再由另一垂直螺旋输送到较高的塔的上部排出，溶剂与物料呈逆流运动。在浸取器内，物料溶浸泡在溶剂中，所以这种设备属于浸泡式。油脂和制糖工业均有采用此类设备的实例。

（二）立式渗滤浸取器

立式渗滤浸取器结构如图 4 – 53 所示，用于输送固定物料的实际上是一种特殊形式斗式输送机，所以也称为斗式浸取器。在垂直安置的输送带上有若干个料斗，物料被置于料斗内，料斗底部有孔，可让溶液穿流而过。新鲜物料在右侧顶部加入，到达左侧顶部后料斗翻转，卸出浸取后的物料。溶剂从左侧顶部加入，借重力作用渗滤而下，在左侧与物料呈逆流接触。在底部得到的中间混合液，用泵送至右侧上方，同样渗滤而下，此区溶液与物料呈顺流接触，在右侧底部得到浓提取液。

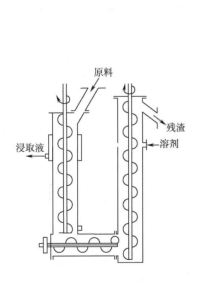

图 4 – 52 立式浸泡式浸取器

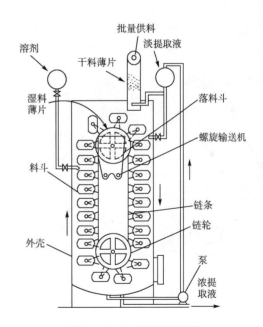

图 4 – 53 立式渗滤浸取器

（三）卧式浸泡式浸取器

卧式浸泡式浸取器的结构如图 4 – 54 所示，它的主体是一台倾斜的卧式（单或双）螺旋输送器。浸取器一端设有固体物料进口和溶液的排放口，另一端设有溶剂进口，端面设有残渣排放口。器身下侧带有用于维持浸取温度的夹套。器身可在一定范围调节倾斜角度。

物料由较低端加入，被输送到尾端后从端面开口处排出。溶剂则从较高端加入，浸取后的溶液从原料加入端的下方开口处排出。如此形成逆流操作。倾斜的器身保证浸取过程

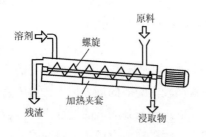

图 4-54　卧式浸泡式浸取器

器内始终充满液体，而倾斜角度的调节则可控制溶液利用重力排出的速度。

值得一提的是，已经出现与超声波发生器结合的浸泡器壳，在器内产生的超声波可以促进溶液与固体的接触效果，从而提高浸出效率。

卧式浸泡式浸取器可用于多种植物原料的提取。

（四）平转渗滤式浸取器

平转式浸取器又称旋转隔室式浸取器。图 4-55 所示为一种平转式浸取器系统的外形和结构，其主体是一个圆筒形容器和一个直径略小的同心可转动内筒体。外筒体底上围绕筒轴心用一定高度隔板隔出若干扇形接液隔室及一个供排渣用的无底隔室，外筒上方加盖，在与排渣室相邻室上方的盖上设有加料管。内筒也用隔板隔出相同数量的扇形隔室，底用可开闭的筛网制成。实际上每一隔室相当于一个固定床浸取器，当空隔室转至加料管下方时，原料便落入此室，当旋转将近一周时，隔室底自动开启，残渣下落至器底，由螺旋输送器排出。在残渣将要排出浸取器前，将新鲜溶剂喷淋于床层上，溶液流至筛网下方，然后用泵送至前一个隔室的上方再作喷淋，这样形成逆流接触。在刚加入原料隔室下方排出的溶液即为浸取液。这种设备广泛应用于植物油的浸取，也用于甘蔗糖厂取汁和其他植物材料提取，也有用来提取菊花提取物。

(1)外形　　　　　　　(2)结构

图 4-55　平转式浸取器

第六节　膜分离机械设备

膜分离是以半透膜为分离介质的分离单元操作，其分离的推动力是膜两侧的压力差或电位差。膜分离通常在常温下进行，因此特别适用于热敏性物料的分离。膜分离的对象，可以是液体也可以是气体。食品工业中应用较多的是液体物料的分离。

根据分离驱动力，膜分离操作可以分为压力驱动式和电位驱动式（即电渗析）两大类。虽然两者同属膜分离，但分离原理上有本质区别。因此，膜分离设备通常也分成压力式膜分离设备和电渗析膜分离设备两大类。

一、压力式膜分离设备

（一）基本概念

1. 膜分离原理

压力式膜分离基本原理可用图4－56加以说明，这是一类特殊形式"筛分"式分离操作，其分离介质是各种半透性膜。膜分离操作与一般分离操作不同，一般不希望在半透性膜上形成"滤饼"，而希望利用膜的截留作用，在压力作用下将原料液分为透过液和保留液（也称为浓缩液）两部分。对于不能透过膜的保留溶质（分子）来说，它在保留液中浓度较原料液得到了提高，也即得到了浓缩；而对于透过液来说，膜分离使透过液脱除了被膜截留的物质。

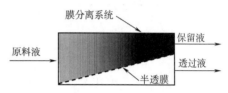

图4－56　压力式膜分离原理

保留液与透过液间存在的溶液渗透压差是膜分离操作的主要阻力之一。所谓溶液渗透压，简单地说，是指溶液中溶质微粒对水的吸引力。通常溶液渗透压与溶液的摩尔浓度成正比。也就是说，相同质量浓度下，溶质的分子质量越小，其渗透压越大。为了将原料液中的溶质（不能通过膜的大分子或粒子）与透过液分开，需要在半透膜保留液一侧加压，以克服保留溶质渗透压对透过液的吸引力，使其透过分离膜。保留液的溶质越小，需要施加的压力越大。

2. 膜的类型

压力式膜分离所用的半透性膜，按所用的材料可分为有机膜和无机膜两类。有机膜的材料非常广泛，典型有机膜材料有纤维素衍生物类、聚砜类、聚酰胺类、聚酰亚胺类等，这类材料制成的膜，目前约占膜市场的85%。有机膜具有单位膜面积制造成本低廉、膜组件装填密度大等优势，具缺点是不耐热，机械强度低，并易受某些溶液条件（如pH）影响，另外，也易受微生物污染影响。膜分离用的无机膜多为陶瓷膜，陶瓷膜具有耐高温、耐化学腐蚀、机械强度高、抗微生物能力强、渗透量大、恢复性能好、孔径分布窄和使用寿命长等优点，但陶瓷膜的造价较高、脆性大，部分过程装置运行能耗相对较高。

无论是有机膜还是无机膜，均具有多孔性结构。通常将压力式膜分离所用的膜，根据膜孔的大小，依次分为微滤膜（MF）、超滤膜（UF）、纳滤膜（NF）和反渗透膜（RO）四种类型。这四种类型的膜对于各种物质的保留和透过能力如图4－57所示。实际应用可按待分离液体中溶质的分子或粒度大小及应用目的加以选择。例如，可用微滤膜去除溶液中的微生物，可用反渗透脱除水中的无机盐，可用超滤结合纳滤分离得到小分子有机物组分（如低聚糖），可用超滤对蛋白质进行浓缩等。

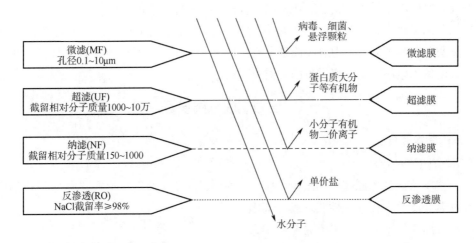

图 4 –57 压力式膜分离的四种类型

膜分离所需压力与膜孔大小的对应关系如表 4 –8 所示。可见，膜孔径越小，所需的压力越大。

表 4 – 8　　　　　　　　　不同类型膜分离的膜孔大小与操作压力范围

膜分离类型	膜孔大小／μm	操作压力／MPa	膜分离类型	膜孔大小／μm	操作压力／MPa
反渗透	$10^{-4} \sim 10^{-3}$	$3 \sim 6$	超滤	$10^{-2} \sim 10^{-1}$	$0.1 \sim 1$
纳米滤	$10^{-3} \sim 10^{-2}$	$2 \sim 4$	微滤	$10^{-1} \sim 10^{1}$	<0.1

3. 膜分离的透过液通量

膜分离操作的一个关键指标是透过液的膜通量，它指的是单位时间透过单位膜面积的透过液量。从实用角度来说，在保证实现正常分离要求前提下，膜通量越大越好。膜通量不是膜材料固有特性，它与多种因素有关，其中影响最大的因素有操作压力、操作时间、膜操作方式等。一般来说，膜通量与操作压力呈正相关性，即压力越大，通量也越大。正常情形下，各种膜分离操作的透过液通量均会随操作时间延长而下降，主要原因有膜孔为溶质堵塞和浓度极化影响等。因此，各种膜分离操作，经过一段时间操作之后，通常需要进行清洗，以恢复正常的通量和分离效率。

4. 浓差极化

浓差极化是指分离过程中，料液中的溶液在压力驱动下透过膜，溶质（离子或不同分子量溶质）被截留，在膜与主体溶液界面或临近膜界面区域浓度越来越高；在浓度梯度作用下，溶质又会由膜面向主体溶液扩散，形成边界层，使流体阻力与局部渗透压增加，从而导致透过液通量下降。浓差极化在膜分离过程中不可避免，但可设法加以缓和。错流操作方式是缓和膜分离过程浓差极化的有效手段。

5. 死端过滤和错流过滤

压力式膜分离有两种操作方式，即死端过滤和错流过滤。

死端过滤（Dead end filtration）也称为全量过滤［图 4 –58（1）］。这种过滤方式犹如普通过滤，保留液相对于膜表面水平方向是静止的，溶剂和小于膜孔的溶质在压力驱动下透过膜，大于膜孔的颗粒被截留住，并积聚于靠近膜面区，随着透过液和过滤时间的增加，膜面上堆积的颗粒也在增加，过滤阻力增大，膜通量下降。因此，死端过滤只能小规模间歇生产，适用于原料液中截留物浓度较低（<0.1%）的场合。

错流过滤（Cross filtration）是指原料液在泵的推动下平行流过膜表面，部分可透过物（溶剂和可透性溶质）透过滤膜成为透过液，其余随保留液一起离开膜分离单元［图4－58（2）］。错流过滤时料液在膜表面的切向流动，对膜表面有一定的冲刷作用，因而减轻了杂质在膜表面的积累，防止透过液流道被堵死，使污染层保持在较薄水平。错流过滤适用于原料流中保留物浓度超过0.5%的场合。食品行业的压力式膜分离多采用错流过滤操作方式。

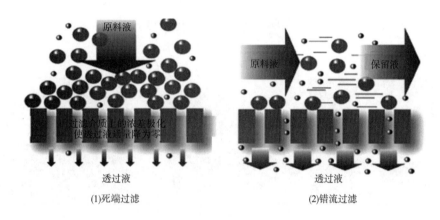

图4－58　死端过滤与错流过滤

（二）膜组件

膜组件是膜分离设备的关键部件。根据膜分离原理，为了克服浓差极化及提高膜分离操作效率，所有工业化膜分离设备通常采用错流方式进行分离操作。采用错流操作的膜组件均有三个液流接口，即原料液入口，保留液（浓缩液）出口和透过液出口。组装系统时，将这些膜组件的液流接口与系统的相应管路接通。一个膜组件可单独与系统流程其他部件配合成完整的膜分离设备。膜分离设备的生产能力与膜的面积成正比，为了满足生产能力，往往将若干相同膜组件以并联或串联形式组合成膜分离装置。

常用膜组件形式有管式、平板式、螺旋卷式和中空纤维式等。膜组件的形式决定了压力式膜分离装置的运行、清洗和维护等方面的性能。

1. 管式膜组件

管式膜组件中的膜依附在多孔性支承管上。根据支承材料的性质，管式膜可分为有机管膜、陶瓷管膜和不锈钢管膜三种。

有机管式膜及其组件如图4－59所示，其膜管由高分子材料制成［图4－59（1）］，一般膜涂在管的内壁，束状［图4－59（2）］膜元件，管膜束元件装入膜壳，用O形圈密封成为壳管状膜组件［图4－59（3）、（4）］。一般这种管式膜组件的外壳多采用工程塑料管，并且多采用快装活接头连接。有机管式膜可用于超滤或微滤。

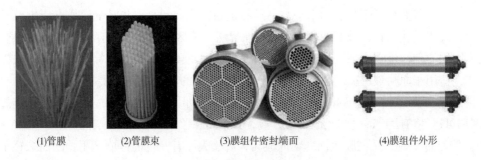

(1)管膜　　　(2)管膜束　　　(3)膜组件密封端面　　　(4)膜组件外形

图4-59　有机管式膜组件

陶瓷管式膜的元件如图4-60（1）所示，这种膜元件两端套上密封件与两端多孔板配合，再套在不锈钢管壳内，壳侧面有供透过液流出的接管［图4-60（2）］，这种壳管式膜组件两端配上适当的弯头，可以串联起来使用［图4-60（3）］。管式陶瓷膜一般用于微滤。

(1)陶瓷管膜元件　　　(2)装在膜壳的陶瓷膜　　　(3)陶瓷管膜组件串联

图4-60　陶瓷管式膜组件

不锈钢管式膜的元件结构如图4-61（1）所示，膜的支承件是多孔不锈钢管，管内附着具有分离功的无机多孔性材料（如二氧化钛）。不锈钢管膜与壳体构成的膜组件类似于列管式热交换器［图4-61（2）］。不锈钢管膜适用于各种高黏度、高固含量、高污染的流体，可以在各种极端的化学、温度和压力运行条件下运行。管式不锈钢膜目前也多用于微滤。

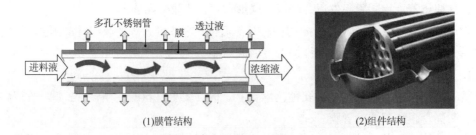

(1)膜管结构　　　(2)组件结构

图4-61　不锈钢管式膜

管式膜组件的特点是管子较粗，可调的流速范围大，所以浓差极化较易控制；因进料液的流道较大，所以不易堵塞，可处理含悬浮固体、较高黏度的物料，且压强损失小；易安装、易清洗（膜面的清洗可用化学方法，也可用机械法清洗如用泡沫海绵球之类的器具）、易拆换；但单位体积所容纳的膜面积较小。

2. 中空纤维膜组件

中空纤维膜是一类外径范围为 $50 \sim 100\mu m$，内径范围为 $15 \sim 45\mu m$ 的中空高分子材料膜。中空纤维膜组件一般由环氧树脂固定的中空纤维束（图 4-62）、O形圈及耐压壳体等构成，组件外形类似于

图 4-62 中空纤维束

管式膜组件。这种膜组件分内压式和外压式两种，内压式的高压侧在中空纤维管内，进料液从一固定端面进入，截留液（浓缩液）从另一端流出；透过液从中空纤维侧面流出；外压式的高压侧位于中空纤维管外，进料液从膜组件壳侧面的一端进入，截留液从另一端侧管流出；透过液则从膜组件的固定端流出。

这种膜组件的特点是：因纤维膜无需支承材料，所以单位体积具有极高的膜面积（一般为 $1.6 \times 10^4 \sim 3 \times 10^4 m^2/m^3$）；由于纤维的长径比极大，所以流动阻力极大，透过膜的压强损失也大；膜面污垢的去除较困难，且只能采用化学清洗，因此对进料液的预处理要求严格。中空纤维膜组件多用于反渗透操作。

3. 螺旋卷式膜组件

螺旋卷式膜元件结构原理如图 4-63 所示，它由多个（由平面膜夹间隔器构成的）膜袋及袋间网状间隔层绕一根多孔集液管卷绕而成，膜袋口与多孔集液管密封接合，可使透过液流入管内。原料液及保留液则在膜袋外的间隔层流过。最后将若干膜卷元装入圆筒形组件壳，

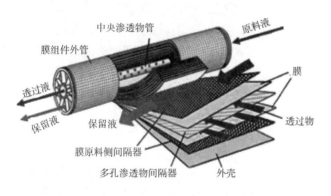

图 4-63 螺旋卷式膜元件原理

成为如图 4-64 所示的螺旋卷式膜组件。

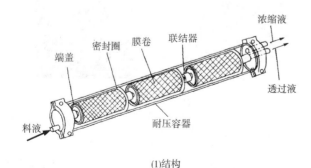

(1)结构

(2)外形

图 4-64 螺旋卷式膜组件

螺旋卷式膜组件的优点是单位体积膜面积大，结构紧凑，但膜面流速一般为 0.1m/s 左右，浓差极化不易控制；另外，由于流道狭，易堵塞，不易清洗。因此，对原料液的预过滤处理也十分重要。

4. 平板式膜组件

平板式膜组件也称板框式膜组件，是一种原理上类似于板框过滤机或叶滤机形式的膜组件。平板式膜组件的原理如图 4-65 所示，由膜和起隔离、支承及导液作用的间隔器（如多孔材料）交替叠装而成一定构型。由于存在压力差，进料液流经由两膜之间形成的流路时，小分子透过两边的膜，进入膜外侧的透过液流路。由膜与间隔器材料构成的单元模块可重复叠在一起，装在由紧固件夹紧、带进出口液流接管的容器或机架上构成可独立操作的膜组件。

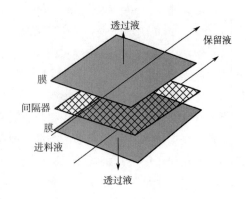

图 4-65 平板式膜组件结构原理

一种圆盘平板膜组件的外形和结构原理如图 4-66 所示。由两面内凹中心开孔的导流碟片与（双层）膜片交替叠成的柱状构型，用两端法兰和中轴紧固体封装于圆筒状压力容器内。进料料液由下端法兰进入，通过柱状构型物与圆筒间隙引至上端，并由上而下，先由内外向，再由外向内通过由导流碟片与膜片构成的一层层圆面状液流通道，最后在下端法兰保留液出口离开膜组件。同时，由于压差作用，液流在经过每片膜两表面时，会透过膜汇集到紧挨中轴的透过液通道，最后由中轴下端离开膜组件。

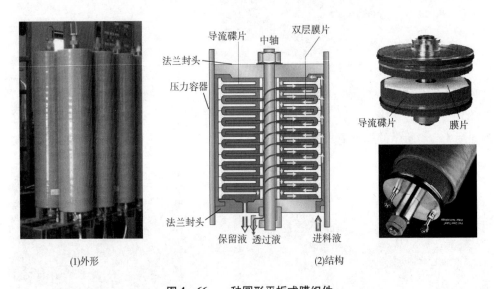

(1)外形 (2)结构

图 4-66 一种圆形平板式膜组件

平板式膜组件的特点是组装简单，膜的更换和维护容易。但因安装要求及液体湍流时造成的波动等原因，对膜的机械强度要求比较高；由于密封边界线长，密封要求高，且需支承材料等，故设备费用较大，另外由于膜组件的流程比较短，液流状态较差容易造成浓差极化。

（三）膜分离流程

膜分离操作流程可以分为间歇式和连续式两类。

1. 间歇式流程

典型压力式膜分离间歇流程如图 4-67 所示。这种流程中，一定量初始浓度的原料液，经膜分离系统得到的浓缩液不断回流到进料液，透过液则不断从系统排出，最后得到的是浓缩到一定程度的浓缩液。

流程中由循环泵和膜组件构成的循环圈，是为了使保留液在经过膜面时有足够的切向流速。保留液从膜组件出来后，分为两股流，一股循环回

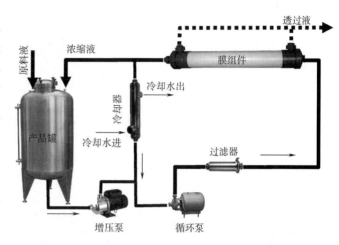

图 4-67 典型间歇式膜分离流程

到循环泵，另一般作为出料回流到产品罐。而增压泵起两重作用，一是为循环提供进料，二是为循环圈提供膜分离所需的压力。

流程中的过滤器对膜组件起保护作用，防止原料液中（膜表面结垢脱落）的硬粒对膜表面造成破坏。值得一提的是，对于反渗透或纳滤操作，过滤器往往装在增加泵之前，所需过滤压力再用另一台泵提供。

循环中的冷却器用于对循环引起的升温料液进行降温，以确保循环料液温度在所用膜材料允许的温度范围之内。

间歇式流程适用于实验和小规模生产。

2. 连续式流程

连续式膜分离流程如图 4-68 所示。其中，①RO 和 NF 模式；②UF 模式，所代表的模组件的材料为有机膜；③MF 模式所代表的模组件材料为陶瓷膜。

反渗透和纳滤所用的膜孔径小，因此需要的膜分离压力较高，如图 4-68（1）所示流程中的增压泵，为一台多级离心泵，具体可根据反渗透或纳滤所需的压力选用。另外，注意到，此流程中的过滤器设在循环圈之外。

图 4-68（2）所示的超滤（UF）连续膜分离流程，与图 4-67 所示的流程基本类似，只是出料不再回到产品罐。超滤所用的膜分离压力较低，所以增压泵用了一台多级卫生泵表示。

图 4-68（3）所示的微滤（MF）连续膜分离流程中的两台膜组件串联，并且保留液侧和透过液侧均有一个循环圈，这可使整个膜组件液流循环方向的膜两侧压差保持相等，从而可以使膜分离通量优化。由于陶瓷膜耐热，材料强度也较有机膜的大，因此，流程不

再需要设过滤器和冷却器。另外，注意到此流程的增压泵只是一台单级离心泵。

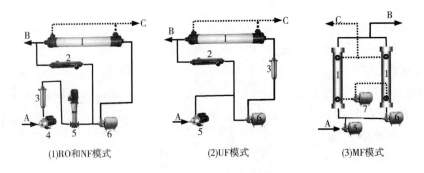

(1)RO和NF模式　　　　(2)UF模式　　　　(3)MF模式

图4-68　典型连续式膜分离流程

1—膜组件　2—冷却器　3—过滤器　4—过滤器增压泵　5—膜循环圈增压泵
6—保留液循环泵　7—透过液循环泵　A—原料液　B—浓缩液　C—透过液

（四）膜分离设备系统配置

为了使膜分离过程正常进行，实际生产的膜分离装置系统，除了上述流程图中所示的

图4-69　膜组件与泵的模块化集成

关键部件以外，还须有其他辅助装置配合，主要包括：膜清洗辅助装置、计量仪表、切换阀门及控制系统等。一般膜分离供应商根据客户提出的要求，会设计并提供相应的膜分离装置，其中，提供的膜组件整体集成在机架上，并配上相应辅助器件布置成模块化机组（图4-69）。这种机组与外界相应的（用于贮存原料液、产品、清洗液等）罐器相连即可。当然，这种集成模块不是膜分离供应商的定型标配产品，而是要根据客户工艺条件设计组合而成的。因此，以下从使用者角度，讨论膜分离系统配置时的一些需要注意的环节。

1. 膜组件

工艺研究时，在实验室进行膜分离试验，能取得的实用信息通常只是合适的分离膜材料和膜的孔径大小。订购膜分离设备前，用户应考虑制备适量的待处理液，用膜分离设备供应商的试验装置进行试验，以确定合适的膜组件形式，并根据试验结果（例如透过液的膜通量），确定所需的膜面积（膜组件单元数量）。

2. 泵

膜分离设备厂商标准配置的泵，可能并非完全符合食品卫生要求。例如，有些多级离心泵，虽然材料也是不锈钢的，但不一定是卫生型泵，不方便拆洗。此时，可以考虑采用多台（压头较低的）多级卫生离心泵串联，以替代一台（压头较高的）多级离心泵。另外，也要考虑料液黏度变化对泵的影响。进料泵和循环泵通常均用卫生离心泵，有些料液黏度较高，并且对剪切较敏感，则可考虑采用正位移泵。例如，酸化乳超滤时可用正位移泵做进料泵和循环泵。

3. 罐器配置

无论是采用间歇还是连续方式，图4－69所示的膜分离装置，通常要与适当的罐器配合，才能正常运行。通常涉及的罐器包括原料液缓冲罐、浓缩液缓冲罐和透过液缓冲罐，以及膜分离装置的清洗液贮存罐等。

膜分离流程往往包括不同膜孔类型（包括RO、NF、UF和MF）的分离操作，有时相同类型膜分离还会包括不同分子质量组分的分离要求，例如，可能会有不同截留分子质量的超滤膜出现在同一系统中。这种多类型多规格的膜分离系统的罐器，往往采用前后段兼容的方式配置。例如，微滤的透过液缓冲罐可作为后续超滤段的原料液罐使用，而超滤段的浓缩液缓冲罐，又可作为后续纳滤段的原料液缓冲罐用。如此，既可节省罐器的数量，又简化了系统操作控制的环节。但这种前后段兼用罐器的配置，需要用统一的系统控制。

通常每套膜分离装置要配独立的清洗液罐，即清洗液罐的数量与整个膜分离流程中的膜分离集成模块数量相等。

4. 冷却介质

如前所述，压力式膜分离采用的错流过滤方式，即装置运行时始终有一定量料液在循环，这种料液的循环，会引起料温升高。因此，必须在循环圈中配置适当的冷却器。冷却器实际上是一种热交换器，所用的冷却介质，可以是外部提供的冷却水，也可考虑部分或全部采用系统内的较低温度的料液，从而实现能耗利用的优化。

二、 电渗析膜分离设备

电渗析是借助于电场和离子交换膜对含电解质成分的溶液进行分离的操作。电渗析技术最早在20世纪50年代用于苦咸水淡化，60年代应用于浓缩海水制盐，70年代以来，电渗析技术已发展成为大规模的化工单元操作。它广泛应用于苦咸水脱盐，在某些地区已成为饮用水的主要生产方法。随着性能更为优良的新型离子交换膜的出现，电渗析在食品、医药和化工领域都有广阔的应用前景。

（一）电渗析原理

电渗析基本原理可用图4－70说明。在阴极和阳极间插入一张（只能使阴子通过的）阴离子交换膜和一张（只能使阳离子通过的）阳离子交换膜，构成左侧的阳极室、脱盐室和右侧的阴极室。当盐水通过脱盐室时，其中的阴、阳离子在直流电场的电位差作用下，会分别朝阳极和阴极方向迁移，并通过离子交换膜离开脱盐室，分别进入左、右的极室。其结果是盐水脱盐成为淡水。

两侧电极室除了分别有阴阳离子进入以外，还会发生氧化还原反应。通常，阴极会发生氢离子的还

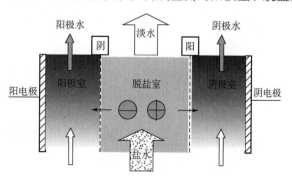

图4－70　电渗析基本原理

原反应：$2H^+ + 2e \rightarrow H_2 \uparrow$，溶液呈碱性而在电极结垢；阳极会发生氧化反应：$4OH^- \rightarrow O_2 + 2H_2O + 4e$，溶液呈酸性会使电极腐蚀。因此，通常将两电极室的水合在一起进行循环，以提高电极的工作效率和使用寿命。

电渗析过程以电能为代价对溶液的电解质进行分离，其电能主要消耗在克服电流通过溶液、离子交换膜时所受到的阻力及电极反应。

电析渗两极间离子交换膜按照一定顺利重复安排，可以实现各种处理效果。以下分别介绍脱盐、果汁脱酸和牛乳钙含量调整的电渗析原理。

1. 脱盐

利用电渗析对原料进行脱盐处理的流程如图4-71所示。图中从左到右由膜与电极（板）共相隔成七个通道（室），依次为阳极室、由三对阴阳离子交换膜构成的三个脱盐室和两个浓液室，最右一个是阴极室。整个系统有三股循环进出液流：原料-产品液、承接产品盐分的浓液和极板液。总体上，图4-71所示各室料液在自下而上流动过程中，其中的电解质在直流电场作用下，发生向左和或向右的迁移，从而使各室液流的电解质含量发生变化。

实际上，图4-71中的氯离子和钠离子可以代表产品所含的阴和阳两类离子。这种电渗析脱盐原理在食品工业中的典型应用，除咸水脱盐以外，还可用于其他产品脱盐处理，如糖液、蛋白水解液和乳清脱盐等。值得一提的是，这种系统由于最早用于脱除水中的盐分，习惯上，将原料液、浓液和电极液分别称为原水、浓水和极水。

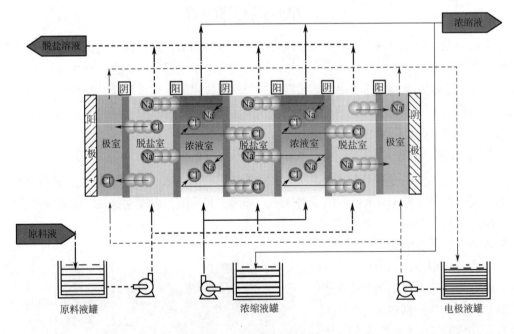

图4-71　电渗析脱盐原理

2. 果汁脱酸

传统上，对某些（多因采摘时间先后造成的）柑橘果汁中过量柠檬酸进行调整有两种做法：一是将高酸度和低酸度果汁进行掺和；二是对高酸度果汁加碱中和。但前者会因高、低酸度原料比例和产量不稳定，以及贮藏困难而受到一定程度制约，后者会因柠檬酸盐的存在而影响产品口味。

电渗析法提供了一种使果汁降低柠檬酸、提高其甜酸比的适当方法。其原理如图4-72所示。电极间全部采用阴离子膜。每一单元由三张阴离子膜构成左侧的中和室和右侧的产品室。由于全为阴离子交换膜，因此，所有阳离子均不能左右迁移，而阴离子则可朝正极迁移。因此，该系统的总效果是，柠檬酸根（Cit³⁻）离子从果汁进入氢氧化钾（KOH）溶液、氢氧根离子（OH⁻）进入果汁，而阳离子彼此无传递作用。其净效果是果汁中的多余的柠檬酸被水所置换。

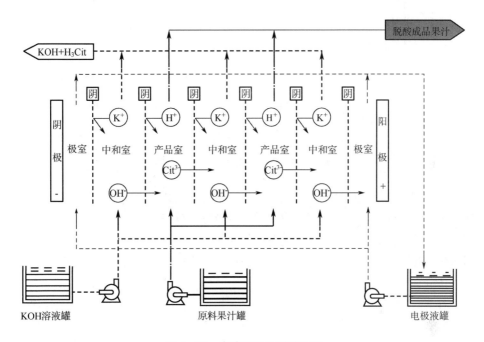

图4-72　电渗析果汁脱酸原理

3. 调整产品无机盐组成

一些食品原料液（如牛乳）本身含有多种无机盐离子（如钾、钠、钙、镁等）。出于配方要求，有时要对所含的无机盐离子比例进行调整。为达到上述目的，可利用图4-73所示的电渗析系统实现。

该系统所含的循环单元包括三个单室：由两张阳膜夹成的原料产品室（以P表示）、由一阳一阴膜夹成的补充液室（以M表示）和由一阴一阳膜夹成的废液室（以W表示）。

操作时，原料产品室中的阳离子（如Na⁺、K⁺、Ca²⁺、Mg²⁺和H⁺等）均可穿过左侧阳离子交换膜进入废液室W（最左侧为极室），但在此受W室左侧的阴离子交换膜阻碍而被留在废液中。同时，补充液室M中的阳离子，可按不同需求有计划地穿过左侧的阳离子交换膜，以补充P室内所迁移出的阳离子，使得产品中总电解质浓度不变。补充液室中的阴离子（如氯离子Cl⁻或其他酸根离子）会在电场作用下，穿过右侧的阴离子交换膜进入废液室，并同样受再右侧的阳离子交换阻碍而也留在废液中。进入废液室的阴阳离子均因无法再朝电场方向迁移而随循环的废液排出室外。

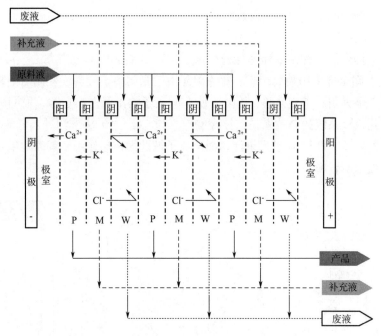

图 4 - 73　利用电渗析进行加钾去钙

要对产品中阳离子进行有意义的调整，除以上电渗析离子交换膜及循环液种类安排特点以外，还需要掌握产品所含阳离子的种类，以及它们的迁移率。一般，各离子的迁移量与其在溶液中的浓度成正比。相同浓度下，各离子的迁移率是不同的。例如，牛乳含有钾、钠、钙和镁，其固有迁移率之比为 $1.5 : 1.0 : 0.50 : 0.50$。为了调整牛乳中的电解质比例，且又保持其电解质总量不变，补充液必须含有上述阳离子成分。但它们在补充液中的比例则可根据需求而进行调整。例如，如补充液只含钾钠离子，则净效果使牛乳脱钙镁；如补充液只含钙离子，则可使牛乳加钙脱镁；还可制成净脱镁、脱钠和脱钾的牛乳。这种任意置换阳离子组成的电渗技术有时也称为电置换法。

（二）电渗析装置系统构成

实现上述电渗析原理图中所示的过程的实际电渗析装置系统，主体是电渗析器，通常还需以下部分配合：直流电源、各种罐器、泵、阀门管路、计量仪器等。图 4 - 74 所示为实际电渗析系统的实验装置和工厂装置。

（三）电渗析器

典型电渗析器外形与结构层次关系如图 4 - 75 所示，整体结构类似于板式热交换器。每台电渗析器可包含若干由电极板夹膜堆构成的级，并由夹紧装置固定。膜堆数与级数相等，电极区（中间的电极区同时含上下膜堆所需的阴、阳电极）数等于级数加 1，其中两端电极区各只有一个电极。如果一台电渗析器只有一级，则只有两端的电极区。

1. 膜堆与膜对

电极所夹的膜堆是物料实现电渗析处理过程的区域，其基本单元是膜对。膜对是实现特定电渗析过程所需的最少数量阴阳交换膜和隔板单元，它包括除极室以外所有与相应电渗析过程有关的液体隔室。

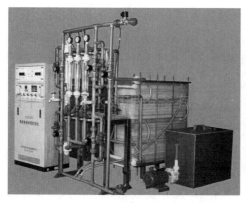

(1)实验装置

(2)工厂装置

图 4 - 74　实际电渗析系统

　　膜堆所含的膜对数，也即一级内所允许安装的最多膜对数，与电极提供的电压、电流强度以及膜对电阻等因素有关。通常，脱盐用的电渗析器的每级膜堆由 100 ~ 200 膜对构成，一台电渗析器总膜对数一般不超过 500。

　　2. 级与段

　　表示电渗析器构成特征的参数，除级以外，还有段。电渗析器级与段的关系可用图4 - 76 加以说明。一台电渗析器中，浓、淡水流方向一

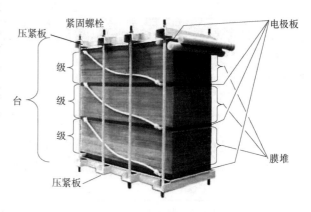

图 4 - 75　电渗析外形及构成层次

致的膜堆称为一段，水流方向每改变一次段数增加 1。段是针对液流方向而言的，级是相对于电渗析器内的电极对数而言的。因此，根据需要，一级（即一对电极）内的膜堆可设计成多个段，使处理液以串联方式多次发生流向变化；另一方面，一台（多级）电渗析器也可通过并联的方式全部构成一个段，即所有的处理液只取一个流向。

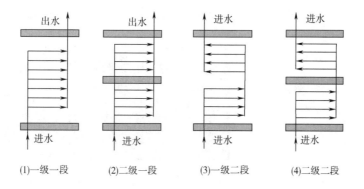

(1)一级一段　　　　(2)二级一段　　　　(3)一级二段　　　　(4)二级二段

图 4 - 76　电渗析器级与段的关系

电渗析器可按段组装成各种形式。一般增加级数可降低电极所需的电压，提高产量，而增加段数可提高所需电渗析离子交换的效果。

值得一提的是，多台电渗析器，也可以根据需要，以并联和串联和方式安排。并联可以提高总处理量，串联可以提高电渗析总分离效果。

3. 离子交换膜

离子交换膜是膜状的离子交换树脂，含有活性基团和能使离子透过的细孔。常用的离子交换膜按其选择透过性可分为阳离子交换膜、阴离子交换膜和特殊离子交换膜三大类。阳离子交换膜含有酸性活性基团，可解离出阳离子，使膜呈负电性，选择性透过阳离子；阴离子交换膜含有碱性活性基团，可解离出阴离子，使膜呈正电性，选择性透过阴离子。根据结构材料，离子交换膜可分为均相和异相两种型式，它们的特性比较如表4-9所示。

表4-9 均相膜、异相膜特性比较

特性	均相膜	异相膜	特性	均相膜	异相膜
构成材料	树脂	树脂，黏合剂	膜电阻	小	大
孔隙度	小	大（易渗漏）	耐热性	强（可达55~65℃）	弱（≤40℃）
厚度	小	大	机械强度	小	大

离子交换膜的厚度不超过0.5mm，其大小根据电渗析器结构裁剪成长方形，并且在膜的两端开出供不同液流通过的小孔。图4-77所示为一种离子交换膜的结构。

4. 隔板

隔板与离子交换膜形成电渗析器液流通道。隔板材料多采用硬聚氯乙烯或聚丙烯塑料，一般为带边框网状结构，隔板的厚度约0.9mm。隔板的形式按水流在其中的流动状况，可分为回流式和直流式隔板。如图4-78所示为一种直流式电渗析隔板。直流式隔板中水流是从一个或多个进水孔经布水道直线地流过隔板再由对应的出水孔流出。其特点是水流线速度较小，水流阻力较低，有效面积较大。回流式隔板一般只一个进液孔和一个出液孔，液流从进口经布液道进入隔板窄长的流槽中来回流动，最后从出液孔流出。其特点是水流线速度较大，湍流搅动较好，脱盐流程长，脱盐率较高，但水流阻力较大，沿水流方向浓度差异较大，电流密度分布也不均匀，允许极限电流较低。

图4-77 离子交换膜

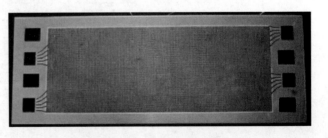

图4-78 直流式电渗析隔板

5. 电极板

电极板由电极材料、极框和导水板等构成所谓的电极板。电极与电源相连，为膜堆提供电渗析分离所需的电场。常见电极材料有涂钌钛丝网、石墨板和不锈钢板，它们均可做阴极和阳极。极框所用材料通常为硬塑料（聚乙烯），用于镶嵌电极材料及提供极水流通，其上侧面有极水引管接头，垂直于框面方向根据相应电渗析器构成所需，有供各种液流通过的孔道。电极板分端电极板和中间

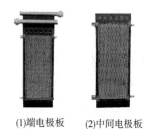

(1)端电极板　　(2)中间电极板

图 4 - 79　电极板

电极板两种型式，前者每块含一件电极，后者正反面各有一个电极。图 4 - 79 所示为这两种电极板实物。

6. 夹紧装置

夹紧装置由上下两组铁夹板和一组紧固螺栓等构成。

第七节　粉尘分离设备

在食品工业中，凡是涉及处理固体颗粒或粉末的气流操作系统，均会涉及这些物料与气体的分离，使用过气体介质在排放以前也必须经过净化处理。食品工业使用气流进行操作的典型例子有气力输送、气流分级、流态化干燥或冷却、气流干燥或冷却、喷雾干燥等。这些系统对于尾气的分离和除尘操作意义重大，它关系到提高产品质量、回收有价值副产品、保证工厂卫生、防止粉尘爆炸以及预防环境污染等诸多方面。

工业上的粉尘分离设备，因应用目的不同而有不同的名称。例如，目的主要在于回收的称为粉尘回收设备，而目的主要在于除去排入大气中粉尘的设备则称为除尘设备，有时这两种名称也被互用。

各种形式的粉尘分离设备大体上可分为干式和湿式、静电式三类，根据实际情况可以单独使用或联合使用。食品工业应用较多的是干式粉尘分离设备，典型的干式分离设备有旋风分离器和袋式过滤器，以下主要介绍这两类装置。

一、 旋风分离器

旋风分离器利用离心惯性力对含尘气流进行分离。在食品工业中，旋风分离器广泛用于乳粉、蛋粉等干制品加工过程后期的分离，颗粒状原材料、半成品或成品的气流输送，颗粒或粉末状产品的流化床干燥和气流干燥等。

旋风分离器的结构如图 4 - 80 所示，主体上部为一圆柱形，下部为一圆锥形。气体进口管与圆柱体部分切向相接，气体出口管为上方中央的同心管，圆锥部分的底部为粉尘出口。根据圆锥与圆柱的结合方式，旋风分离器有切线型和扩散型两种结构。旋风分离器的几何尺寸已系列化，各部分的几何尺寸均与圆柱的直径成比例。

旋风分离器的工作原理（图4-81）为：含尘气体自进口管依切线方向进入后，在圆柱内壁与气体出口管之间作圆周运动形成旋转向下的外旋流，到达锥底后以相同的旋向折转向上，形成内旋流，直至达到上部排气管流出。在此过程中，随气流运动的颗粒粉尘因受离心力作用而撒向分离器内壁，与器壁撞击而失去速度，又在重力作用下沿壁落下，从出料口排出。由此达到分离目的。

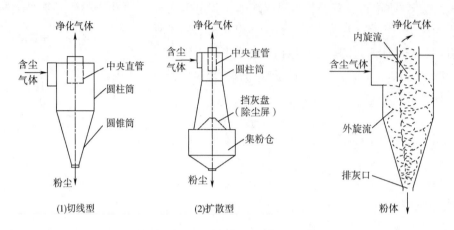

图4-80　旋风分离器　　　　图4-81　旋风分离器工作原理

旋风分离器的分离效率主要受混合气流中粉尘粒度、气流速度和分离器气密性等因素影响。

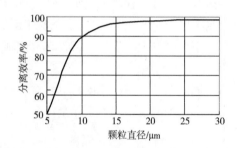

图4-82　粒子大小与旋风分离器捕集效率关系

粉粒的直径越大，分离效率越好，图4-82所示为粒子大小与旋风分离效率关系。由图可见当颗粒直径小于$5\mu m$时，分离效果将受严重影响。

旋风分离器的入口气流流速一般为10~20m/s，低于10m/s时，分离效率将受影响，同时粉末会在进口管处堆积起来。在一定范围内，分离效率随着气流速度的增大而提高，而压力损失与气流速度的平方成正比增加。速度过大，压力损失将大大提高，而分离效果不一定高。因此，一般旋风分离器的气流速度不超过25m/s。

由于旋风分离器的器内静压强在器壁附近最高，往中心逐渐降低，在器中心为负压。因此，旋风分离器下部的粉体均需通过与外界大气隔断的闭风阀出料。如果出口密封不良，已收集在器底的粉尘会被重新卷起，被卷起的颗粒有可能随上旋气流进入中央排气管。因此，旋风分离器需要有良好的气密性，如果密封不严即使只有少至5%的气体进入，也会明显影响分离效率。

旋风分离器的优点是结构简单，制造容易。其缺点是压力损失高，分离效率较低（一般不超过98%）。

旋风分离器可以单独或串联使用，也可以作为预分离器，后接布袋过滤器或湿法除尘装置等。

同旋风分离器的结构原理类似，如果分离的是液－固体系，则称之为旋液分离器。旋液分离器在食品行业的典型应用是淀粉悬浮液的脱水。

二、 袋式过滤器

袋式过滤器是利用有机纤维或无机纤维织物作为过滤布袋，将气体中的粉尘过滤出来的高效净化设备。在食品行业中，布袋过滤器的典型应用是作为喷雾干燥机末级气固分离装置使用。

袋式过滤器结构主体如图4－83所示，由布袋和壳体组成。隔板及过滤袋将壳体分成过滤区与净气区两部分。含尘气体进入壳体过滤区，粉体产生惯性、扩散、黏附、静电作用而附着在滤布表面，清洁气体穿过滤布的孔隙从净气区排出。根据过滤袋相对气流方向，袋式过滤器可以分为内滤式［图4－83（1）］和外滤式［图4－83（2）］两类。食品工业中，这两种型式均可使用。毫无疑问，经过一段时间过滤后，积聚在布袋上的粉尘层会使袋式过滤器阻力增加。因此，各种袋式过滤器均需配上适当的除粉（清灰）机构才能正常运行。

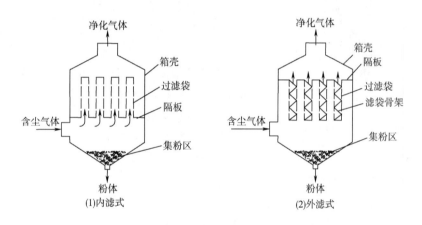

图4－83 布袋过滤器基本结构示意

袋式过滤器的单个滤袋一般为长2~3.5m、直径0.12~0.3m的圆筒袋。滤布材料有天然或合成纤维两类，一般根据物料性质、操作条件及净化要求而选择。天然纤维只能在80℃以下使用，毛织品略高于此温度，聚丙烯腈、聚酯等化纤织物可在135℃以下使用，玻璃纤维可用于150~300℃。

袋滤器的壳体，可为独立的箱体结构，也可与产生粉尘气流的其他加工设备（如喷雾干燥机）构成一个整体。独立的箱体结构有进、出气接口、集粉、排粉机构以及更换布袋用的门等，可以为方箱形（图4－84）也可为圆筒形。壳体的大小由设计的布袋数

图4－84 方箱形袋滤器

定，而布袋数则又由含尘气流量定。一般实用中织物滤材的过滤速度为 0.5~2m/min，毡滤材为 1~5m/min。有良好的除粉装置能及时清灰者可采用较高的气速。

滤布过滤器的除粉（清灰）方式大体上可以分为以下三种：①机械除粉，包括人工敲打、机械振打等，是古老而又简单的方法；②逆气流除粉，借助于高压空气，朝除尘气流相反方向吹向滤袋，直接对袋上积聚的粉尘层产生冲击，同时还由于气流方向的改变，滤袋发生胀缩变形的振动，使沉积于滤袋上的粉尘层破坏而脱落；③脉冲喷吹除粉，在不中断过滤气流情况下，使压缩空气通过文氏管引射器，瞬时喷到外滤式滤袋内部，并诱导二次气流形成的冲击力和逆气流进行脉冲除粉。这种除粉方式具有处理能力大、效率高、滤袋寿命长及维护简单等优点，已成为袋式过滤器的一种主要除粉方式。

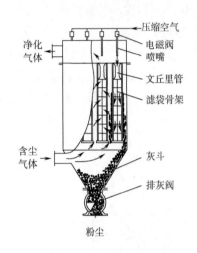

图 4-85　脉冲式袋滤器

如图 4-85 所示为一脉冲式袋滤器。含尘气体自下部进入袋滤器，气体由外向内穿过支撑于骨架上的滤袋，洁净气体汇集于上部出口管排出，颗粒被截留于滤袋外表面上。除粉操作时，开动压缩空气反吹系统，脉冲气流从布袋内向外吹出，使尘粒落入灰斗。按规格组成的若干排滤袋，每排用一个电磁阀控制喷吹除粉，各排循序轮流进行。每次除粉时间很短（约 0.1s），每分钟内便有多排滤袋受到喷吹。

袋式过滤器的优点：①捕集效率高，即使是对微细粉尘也有很高的效率，设计及管理得当的话其捕集效率可达 99% 以上；②适应能力强，可以捕集不同性质的粉尘，即使入口含尘浓度变化很大，对其过滤性能也没有明显影响；③使用灵活，处理量可由每小时数百立方米的小型机组到每小时数十万立方米的大型过滤室；④结构简单，性能稳定，维修也较方便，便于回收干粉，造价较低。

袋式过滤器的主要缺点：①其应用范围主要受滤材的耐温、耐腐蚀等特性所限制；②不适于黏附性及吸湿性强的粉尘，而且气体温度不能低于露点温度，否则会发生结露而堵塞滤袋；③设备尺寸及占地面积较大。

本章小结

食品加工过程涉及各种分离操作，用于包括原料在内的各种固态和液态物料的分离，主要包括分选、离心分离、过滤、压榨、萃取、膜分离和粉尘分离等。

食品原料的分选可用筛分、力学、光学、电磁学等原理的设备进行。其中筛分式分级和选别机械仍然是目前应用最广泛的分选机械。

离心分离机械可以分为过滤式、沉降式和分离式三大类。各类离心分离机又可根据操作方式和结构特征进一步细分。应当根据物料体系和分离目的选择离心分离机。

过滤机械设备用于对食品液体（滤浆）进行分离。各种过滤设备借助于过滤介质将滤浆分成滤渣和滤液。过滤介质可为粒状、织物或多孔性固体。过滤机的推动力均为过滤介质两侧的压差。过滤设备可分为重力式、加压式和真空式三类，食品工业应用最多的是加压式和真空式。

压榨设备主要用于从动植物原料中榨取有用液体成分或排除多余的水分，按操作方式有间歇式和连续式两类。

利用溶剂对食品中的成分进行分离的设备可以分为液 – 液萃取、浸取和超临界萃取设备三类。食品工业应用最广泛的是从固体物料中提取可溶性成分的浸取设备。

膜分离设备可以分为压力驱动式和电位驱动式（即电渗析）两大类。前者又可进一步分为反渗透、纳米滤、超滤和微滤设备，它们依次可以将无机盐、低分子糖类、蛋白质和微生物细胞从主体料液中分离出来。电渗析膜分离设备适用于含离子状态成分的分离。

将颗粒或粉末状物质从气流中分离回收所用的设备有干式、湿式和静电式三大类。其中以干式粉尘回收设备应用最为广泛，典型的干式粉尘分离设备有旋风分离器和袋式过滤器等。

🔍 思考题

1. 简述各种分选机械设备的原理、特点及自动化程度。
2. 简述不同类型离心分离机的结构特点及应用场合。
3. 列举不同类型的过滤设备在食品工业中的应用。
4. 布赫榨汁机、螺旋压榨机和带式压榨机的结构特点、工作原理与适用场合有何不同？
5. 图示说明利用膜分离回收乳清中乳糖和浓缩乳清蛋白的系统流程。
6. 举两个在一条食品加工线上包含三种不同类型分离设备的食品加工过程的例子。

自测题

一、判断题

（　　）1. 植物性食品原料一般采用筛分原理分级机械设备。

（　　）2. 滚筒式分级机的进料端的筛孔最小。

（　　）3. 杠杆式重量分级机分级每只料盘分级时可装多个食品单体。

（　　）4. 皮带式重量分级机的分级速度比杠杆式的快。

（　　）5. 并非所有色选机每一通道都只有正常物和异常物两个出料口。

（　　）6. 三足式离心机可自动不能连续卸滤饼层。

（　　）7. 分离式离心机可用于分离悬浮液和乳化液。

（　　）8. 卧式螺旋离心机的螺旋与转鼓有相同转速。

（　　）9. 碟式离心机可用于分离含有较多大粒度固形物的悬浮液。

（　　）10. 澄清用的碟式离心分离机的碟片无孔。

（　　）11. 固形物含量大且粒度较大的悬浮液，可以采用碟式离心机进行分离。

（　　）12. 加压式过滤机通常可以连续操作。

（　　）13. 立罐式叶滤机的滤叶不一定是垂直布置的。

（　　）14. 转鼓式真空过滤机的转鼓面外则的压力始终大于内侧的压力。

（　　）15. 某些间歇式压榨设备可用泵送方式装料。

（　　）16. 卧蓝式压榨机的滤芯是中空的。

（　　）17. 螺旋压榨机螺旋的内径相等但螺距不相等。

（　　）18. 带式压榨机两条网带的带速相等。

（　　）19. 用于固液萃取的提取罐的出渣口在罐的顶部。

（　　）20. 卧式浸泡式浸取器的原料进口与浸取物出口在同一端。

（　　）21. 在膜浓缩系统中，通常设一个浓缩（循环）环。

（　　）22. 超滤膜浓缩装置中，通常只需一台单级离心泵进料即可。

（　　）23. 平转渗滤式浸取器的主体是两个可以转动的同心圆筒体。

（　　）24. 膜分离系统的循环管道一般均需要配备冷却器。

（　　）25. 超滤设备中的膜组件更换成反渗透膜组件就可进行反渗透操作。

（　　）26. 反渗透膜系统的循环需要用多级离心泵以克服浓缩液侧的渗透压。

（　　）27. 布袋过滤器可以获得99%以上的分离效率。

（　　）28. 袋式过滤器大多采用逆气流方式除去袋中积粉。

（　　）29. 旋风分离器的工作气体流速不得低于25m/s。

（　　）30. 一台电渗析器可有多对电极。

二、填空题

1. 滚筒式分级机由_____或_____分级滚筒构成。

2. 皮带秤分级机除用于_____以外，还可用于在线检验终产品重量和集装包装产品_____。

3. 基于光电式测量分级原理可分为：_____式、_____式、水平屏障式和垂直屏障式等。

4. 金属探测器可探测_____和_____金属。

5. 金属探测器检出金属异物的难易程度与金属的_____和_____有关。

6. 金属探测器检出金属异物的难易程度还与金属大小、_____和_____有关。

7. 离心分离机按分离原理可以分为_____式 、_____式和分离式三种。

8. 碟式离心机的进液管口设在_____。出液管口设在_____。

9. 过滤机按操作方式可分为_____式过滤机和_____式过滤机等。

10. 过滤机按推动力可分为：重力过滤机、_____过滤机和_____过滤机。

11. 食品工业常用的三种连续压榨机型式是：_____式、_____式和辊式。

12. 压榨过程主要包括平加料、_____和_____等工序。

13. 卧篮式压榨机，即_____榨汁机的关键部件是_____组合体。

14. 压榨设备按操作方式有_____式和_____式两类。

15. 膜分离系统中的泵起两方面作用：_____供料，为料液在膜表面流动提供_____。

16. 压力式膜分离按膜孔大小可分为_____、超滤 、_____和反渗透四种类型。

17. 压力式膜分离组件常见形式有平板式、_____式、_____式和中空纤维式。

18. 影响旋风分离器分离效率的因素有：粉尘_____、气流_____和分离器的气密性。

19. 袋式过滤器对滤袋除灰（粉）方式有三种：_____式、逆气流式和_____式。

三、选择题

1. 对内外相密度相差较小乳状液分离，宜采用的离心机型式是_____。

A. 过滤式　　　　　　B. 碟式　　　　　　C. 沉淀式　　　　　　D. B 和 C

2. 对生淀粉悬浮液脱水，宜采用的离心机型式是_____。

A. 过滤式　　　　　　B. 碟式　　　　　　C. 沉淀　　　　　　D. A 和 C

3. 果蔬原料机械，最常采用的物理指标是_____。

A. 重量　　　　　　B. 密度　　　　　　C. 尺寸　　　　　　D. 颜色

4. 用滚筒分级机将一批蘑菇分成 5 级，多孔滚筒的数量为_____。

A.1　　　　　　B. 4　　　　　　C. A 或 B　　　　　　D. 5

5. 探测食品是否存在异杂物的 X 光选别机，所用的识别参数物理量是_____。

A. 密度　　　　　　B. 大小　　　　　　C. 质量　　　　　　D. 颜色

6. 光电式果蔬分级原理中，与输送速度无关的是_____。

A. 遮断式　　　　　　B. 脉冲式　　　　　　C. 水平屏障式　　　　　　D. 垂直屏障式

7. 金属探测器探测以下金属，最不容易的是_____。

A. 铁　　　　　　B. 铜　　　　　　C. 铝　　　　　　D. 不锈钢

8. 以下物质用 X 射线异物探测器探测，检测敏感度最小是_____。

A. 骨骼　　　　　　B. 金属粒子　　　　　　C. 塑料　　　　　　D. 玻璃

9. 以下过滤机形式中，可作连续操作是_____。

A. 板框　　　　　　B. 真空　　　　　　C. 离心　　　　　　D. B 和 C

10. 板框式过滤机的优点不包括_____。

A. 过滤速率较大　　　B. 结构紧凑　　　C. 适用范围广　　　D. 可以连续操作

11. 真空过滤机的优点不包括_____。

A. 可观察过滤情况　　B. 可过滤低沸点料液　　C. 便于检查　　　D. 可以连续操作

12. 以下压榨机型式中，只能间歇操作的是_____。

A. 螺旋　　　　　　B. 辊式　　　　　　C. 布赫　　　　　　D. 带式

13. 油料籽榨取植物油，可选用的压榨机形式是_____。

A. 螺旋　　　　　　B. 辊式　　　　　　C. 板式　　　　　　D. 带式

14. 带式压榨机使用的压榨网带数为_____。

A.1　　　　　　B. 2　　　　　　C. 3　　　　　　D. 4

15. 平转式浸取器_____。

A. 是渗滤式　　　　　B. 是浸泡式　　　　　C. 呈 U 形结构　　　　　D. A 和 B

16. 为了除去果汁中的部分有机酸可采用的膜分离设备是_____。

A. 反渗透　　　　　　B. 超滤　　　　　　C. 电渗析　　　　　　D. 微孔过滤

17. 将原料牛乳中的杂质除去，可选用的离心机型式是_____。

A. 沉降式　　　　　B. 三足式　　　　　C. 过滤式　　　　　D. 碟式

18. 以下有关膜分离说明法中与实际不符的是_____。

A. 分离介质为半透膜　B. 常温操作　　　C. 分离动力为压差　　D. 不能分离气体

19. 与旋风分离器分离效率关系最小的是 _____。

A. 粉尘粒度　　　　　B. 气流速度　　　　C. 分离器大小　　　D. 分离器气密性

四、对应题

1. 找出以下有关分级机械的对应关系，并将第二列的字母填入第一列对应的括号中。

（1）色选机（　　　）　　　　　　A. 升降辊

（2）金属探测器（　　　）　　　　B. 在两条输送带上完成称重分级用

（3）三辊式分级机（　　　）　　　C. 滑道

（4）杠杆式重量分级机（　　　）　D. 三个线圈

（5）自动检重秤（　　　）　　　　E. 果盘

2. 找出以下有关离心分离机械对应关系，并将第二列的字母填入第一列对应的括号中。

（1）三足式离心机（　　　）　　　　A. 螺旋

（2）奶油分离机（　　　）　　　　　B. 两股输出液，带孔碟片

（3）卧式螺旋离心分离机（　　　）　C. 分离式

（4）连续卸渣过滤离心机（　　　）　D. 带滤孔转鼓

（5）碟式离心机（　　　）　　　　　E. 沉降式

3. 找出以下有关过滤和压榨机械对应关系，并将第二列的字母填入第一列对应的括号中。

（1）板框式压滤机（　　　）　　　A. 压辊

（2）叶滤机（　　　）　　　　　　B. 助滤芯

（3）卧篮式压榨机（　　　）　　　C. 耐压密闭罐

（4）螺旋压榨机（　　　）　　　　D. 圆筒筛

（5）带式压榨机（　　　）　　　　E. 滤布

4. 找出以下有关固液萃取设备的应关系，并将第二列的字母填入第一列对应的括号中。

（1）提取罐（　　　）　　　　　　A. 扇形隔室

（2）立式渗沥浸取器（　　　）　　B. 多个提取罐

（3）卧式浸泡浸取器（　　　）　　C. 螺旋输送

（4）平转渗滤浸取器（　　　）　　D. 带孔料斗

（5）半连续提取系统（　　　）　　E. 间歇浸取器

5. 找出以下有关膜分离应用的对应关系，并将第二列的字母填入第一列对应的括号中。

（1）反渗透（　　　）　　　　　　A. 低聚糖浓缩

（2）超滤（　　　）　　　　　　　B. 纯净水脱盐

（3）纳滤（　　　）　　　　　　　C. 从乳清中分离乳糖

（4）微滤（　　）　　　　　　　D. 牛乳加钙

（5）电渗析（　　）　　　　　　E. 黄酒冷杀菌

第五章

粉碎切割机械

食品加工中，涉及大量将原料或中间产品尺寸减小的操作，这类操作需要应用各种粉碎或切割机械设备。物料经过粉碎或切割等处理后，可以获得所需的加工物性或产品形状。

粉碎是利用机械力克服固体物料内部凝聚力实现破碎目的的单元操作。粉碎操作在食品工业中占有非常重要的地位，主要表现在：①适应某些食品消费和生产的需要，例如，小麦以面粉形式食用，巧克力配料粉粒需碾碎至足够细小才能保证最终产品的品质；②增加表面积以便顺利进行后道工序，例如果蔬干燥前需将大块物料粉碎成小块物料；③工程化和功能性食品的生产需要，各种配料粉碎后才能混合均匀，粉碎对终产品品质影响很大。

切割是利用切割器具（如切刀等）与物料的相对运动时产生的剪切力实现切断、切碎目的的单元操作。食品切割目的主要有：①获得一定形状的产品单体，如切丝、切丁、切片；②获得质地组成均一化的产品，如通过斩拌和擂溃等操作，得到组成均一、质地细腻的产品。

第一节　粉碎机

粉碎机可以根据成品粒度分为普通粉碎机（成品粒度≤80目）、微粉碎机（80%成品粒度≥80目）和超微粉碎机（成品平均粒度≥200目）。从粉碎作用形式看，最常用的粉碎机包括冲击式和研磨式粉碎机等。

一、冲击式粉碎机

冲击式粉碎机按冲击力产生的方式可分为机械式和气流式两类。机械冲击式粉碎机依靠高速旋转的棒或锤等部件的冲击或打击作用，使颗粒粉碎；气流式粉碎机利用高速空气或过热蒸汽流，使颗粒加速产生相互冲击、碰撞或与器壁发生冲击碰撞作用而被粉碎。

（一）机械冲击式粉碎机

这类粉碎机主要有锤击式和盘击式两种类型。与其他形式粉碎机相比，机械冲击式粉碎机具有单位功率粉碎能力大，粉碎粒度易于调节，应用范围广，占地面积小，易实现连续化闭路粉碎等优点。但是，由于部件的高速旋转及与颗粒的冲击或碰撞作用，不可避免地会产生磨损问题，因而不适宜用来处理硬度太大的物料。

1. 锤击式粉碎机

锤击式粉碎机利用高速旋转的锤头或锤片产生的作用力使物料粉碎，既适用于脆性物料粉碎，也可用于部分韧性物料甚至纤维性物料的粉碎，所以常被称为万能粉碎机。

锤击式粉碎机按进料方式可以分为切向喂入式、轴向喂入式和径向喂入式三种。其结构如图5-1所示，主要由进料斗、转子、销连在转子上的锤片、筛板及机壳等组成，其中，锤片和筛板（筛网）为主要工作元件。

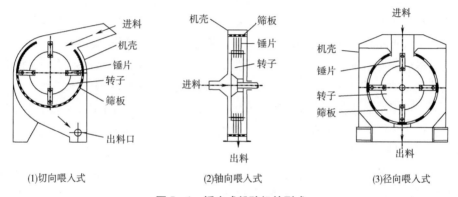

(1)切向喂入式　　　(2)轴向喂入式　　　(3)径向喂入式

图5-1　锤击式粉碎机的型式

锤片是锤击式粉碎机的主要易损件，一般寿命为200~500h。锤片的形状很多，其基本类型如图5-2所示，其中以图5-2（1）所示的矩形锤片使用最多。为了提高锤片的粉碎能力或耐磨性，一般要对锤片进行适当的热处理，或将锤片做成适当的形状，或在工作部位使用耐磨合金材料。

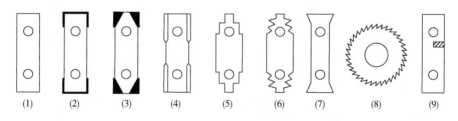

(1)　　(2)　　(3)　　(4)　　(5)　　(6)　　(7)　　(8)　　(9)

图5-2　锤片的种类和形状

（1）矩形　　（2）~（4）焊耐磨合金　　（5）阶梯形　　（6）多尖角　　（7）尖角　　（8）环形　　（9）复合钢矩形

筛板材料通常为冷轧钢板。筛板对转子的包角 α 随进料方式不同而异，切向喂入式粉碎机的 $\alpha \leqslant 180°$，轴向喂入式的 $\alpha = 360°$ 径向喂入式的 $\alpha < 360°$。物料粉碎的粒度取决于筛板孔径的大小。

锤击式粉碎机的工作过程为：物料从进料口进入粉碎室后，便受到随转子高速回转的锤片打击，进而飞向固定在机体上的筛板而发生碰撞。落入筛面与锤片之间的物料则受到强烈的冲击、挤压和摩擦作用，逐渐被粉碎。当粉粒体的粒径小于筛孔直径时便被排出粉碎室，较大碎粒继续粉碎，直至全部排出机外。

锤击式粉碎机具有构造简单、用途广泛、生产率高、易于控制产品粒度、无空转损伤等优点。但粉碎过程基本上没有选择性，粉碎粒度不能严格控制。

锤击式粉碎机在食品工业中的应用十分广泛。许多食品原料及其中间产品（例如，薯干、玉米、大豆、咖啡、可可、蔗糖、大米、麦类以及各种饲料等）的加工过程均可使用锤击式粉碎机。

2. 盘击式粉碎机

盘击式粉碎机也称为齿爪式粉碎机，其基本结构形式如图 5-3 所示，工作元件由两个互相靠近的圆盘组成，每个圆盘上有很多依同心圆排列的指爪。而且一个圆盘上的每层指爪伸入到另一圆盘的两层指爪之间。盘击式粉碎机一般沿整个机壳周边安装有筛网。

盘击式粉碎机的工作原理与锤击式粉碎机有相似之处。从轴向进入的物料在两个运动的圆盘间，受到盘间旋转指爪的冲击、分割或拉碎作用而得到粉碎。

盘击式粉碎机有多种形式，不同形式机型的差异主要表现在指爪的形状、在盘上的排列，以及两盘转动方式等方面。指爪形式有短、长圆柱状，还有的类似于刀齿。有的盘击式粉碎机的内层指爪形状及其相互距离与外层的不同，目的是为了使物料因离心力作用在向外周移动过程中产生逐级粉碎的作用。一般齿爪式粉碎机的两个圆盘，一个盘转动（图 5-3），另一盘固定。

为了获得更大的相对速度，也可以使两个盘同时相向转动。图 5-4 所示为一种两个盘相向转动的盘击式粉碎机，常称为鼠笼式碎解机。除两个转动盘以外，其主要结构特点还体现在，每个转动件有一圈同心指爪，一侧固定在金属板，另一侧固定在圆环上，呈笼状。两个转动件转动方向相反，相对速度约 60m/s。这种设备具有强烈的撕碎作用，较适于韧性较强的纤维质食品的粉碎。

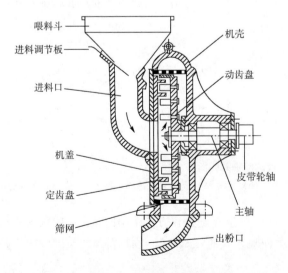

图 5-3　齿爪式粉碎机

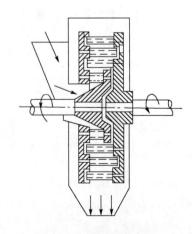

图 5-4　鼠笼式碎解机

盘击式粉碎机的特点：粉碎作用强度高，产品粒度小且均匀，适用于谷物的粉碎，但作业噪声较大，物料温升较高，产品中含铁量较大。因磨齿与磨盘间为刚性连接，过载能力差，使用时必须对进料进行除铁处理，避免金属异物进入粉碎室，造成设备的损坏。

（二）气流式粉碎机

气流式粉碎机是比较成熟的超微粉碎设备。它利用压缩空气、过热蒸汽或其他工作气体由喷嘴喷射出的高能气流，使物料颗粒在悬浮输送状态下相互之间发生剧烈的冲击、碰撞和摩擦等作用，再加上高速喷射气流对颗粒的剪切冲击作用，使物料得到充分研磨而成超微粒子。

由于压缩空气在粉碎室内膨胀时产生的冷效应，能与粉碎时产生的热效应相互抵消，因此对于熔点大多较低或不耐热的食品物料，通常使用空气作为工作气体。

气流粉碎机的特点：①能获得 $50\mu m$ 以下粒度的粉体；②粗细粉粒可自动分级，且产品粒度分布较窄；③由于喷嘴处气体膨胀而造成较低温度，加之大量气流导入产生的快速散热作用，因而适用于低熔点和热敏性材料的粉碎；④由于主要采用物料自磨原理，所以产品不易受金属或其他粉碎介质的污染；⑤可以实现不同形式的联合作业，例如，用热压缩空气实现粉碎和干燥联合作业，在粉碎的同时可与别的外加粉体或溶液进行混合等；⑥可在无菌情况下操作；⑦结构紧凑，构造简单，没有传动件，故磨损低，可节约大量金属材料，维修也较方便。

气流粉碎机有不同形式，常见的有立式环形喷射式、对冲式和超音速气流喷射式粉碎机等。

1. 立式环形喷射气流粉碎机

如图 5-5 所示，该机主要由立式环形粉碎室、分级器和文丘里加料器等组成。

其工作过程：从若干个喷嘴喷出的高速压缩空气流将喂入的物料加速并形成紊流状，致使物料在粉碎室中相互高速冲撞、摩擦而得到粉碎。粉碎后的粉粒体随气流经环形轨道上升，由于环形轨道的离心力作用，使粗粉粒靠向轨道外侧运动，细粉粒则被挤往内侧。回转至分级器入口处时，由于内吸气流旋涡的作用，细粉粒被吸入分级器中分离而排出机外，粗粉粒则继续沿环形轨道外侧远离分级器入口处通过而被送回粉碎室中，再度与新输入物料一起进行粉碎。

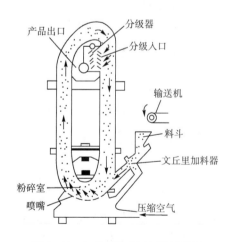

图 5-5 立式环形喷射气流粉碎机

2. 对冲式气流粉碎机

这种粉碎机的构成如图 5-6 所示，主要工作部件有冲击室、分级室、喷管、喷嘴等。

对冲式气流粉碎机的工作过程为：左右两喷嘴同时向冲击室喷射高压气流。其中左喷嘴喷出的高压气流将料斗中的物料逐渐吸入，送入左喷管，物料在此得到加速。加速后的物料一进入冲击室，便受到右喷嘴喷射来的高速气流阻止，物料犹如冲击在粉碎板上而破碎。粉碎后转而随气流经上导管进入分级室后作回转运动。在分级室中，因离心力的作用而分级，细粉粒所受离心力较小，处于中央而从排出口被排出机外；粗粉粒较大，沿分级室周壁运行至下导管入口处，并经下导管送至右喷嘴前，被喷嘴的高速气流送至右喷管中加速后进入冲击室，与对面新输入的物粒相互碰撞、摩擦而再次粉碎，如此循环达到粉碎目的。

3. 超音速气流喷射式粉碎机

图 5-7 为该机结构原理图，粉碎室周壁上安装有喷嘴，物料经料斗入机后，先与压缩空气混合形成气固混合流，之后以超音速由喷嘴喷入粉碎室，使物料在粉碎室内发生强烈的对冲冲击、碰撞、摩擦等作用而被粉碎。其粒度可达 $1\mu m$ 的超微粉。粉碎机内设有粒度分级机构，微粒排出后，粗粒返回粉碎室内继续粉碎。

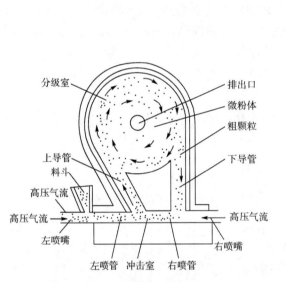

图 5-6 对冲式气流粉碎机

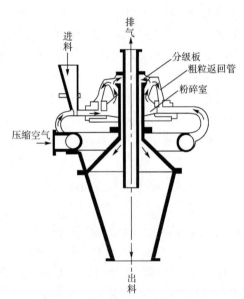

图 5-7 超音速气流喷射式粉碎机

二、 转辊式粉碎机

转辊式粉碎机利用转动的辊子产生摩擦、挤压或剪切等作用力，达到粉碎物料的目的。根据物料与转辊的相对位置，转辊式粉碎机可分为盘磨机和辊磨机两类专用设备。

（一）盘磨机

盘磨机的工作主体是辊子和圆盘，辊子与圆盘的相对快速旋转使圆盘中的物料粉碎。根据圆盘是否转动分为圆盘固定式和圆盘转动式两种。根据辊子施力方式的不同可分为悬辊式和弹簧辊式两种。食品工业常用的碾辊盘磨机如图 5-8 所示，由两个碾辊和一个磨盘组成。当碾绕着立轴和其本身的横轴转动时，物料就在碾辊与磨盘之间受挤压和研磨力作用而被碾碎。

（二）辊式磨粉机

辊式磨粉机是食品工业广泛使用的粉碎机械，它是用小麦制造面粉的关键设备，其他方面应用这类粉碎机的场合包括：啤酒麦芽粉碎、油料轧坯、巧克力精磨、糖粉加工、麦片和米片加工等。

辊式磨粉机的主要工作机构是磨辊，一般有一对或两对磨辊，分别称为单式和复式辊式磨粉机。在复式磨粉机中，每一对磨辊组成一个独立的工作单元。

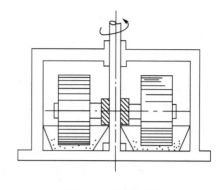

图5-8　碾辊盘磨机

图5-9所示为复式对辊式磨粉机的外形和结构。这种磨粉机主要由六个部分组成：磨辊、喂料机构、轧距调节机构、传动机械、磨辊清理装置和吸风管等。

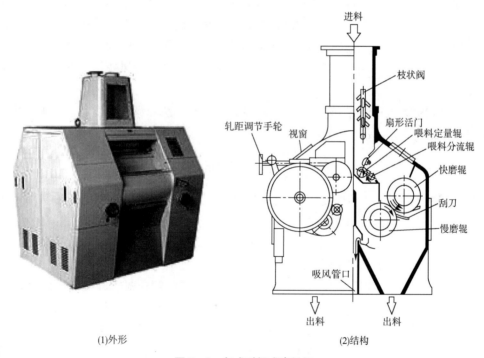

(1)外形　　　　　　　　　　　　　　(2)结构

图5-9　复式对辊式磨粉机

磨辊是辊式磨粉机的主要工作部件。物料从两磨辊间通过时，受到磨辊的研磨作用而被破碎。磨辊在单式磨粉机内呈水平排列，在复式磨粉机内，有水平排列的（如美国的磨粉机），也有倾斜排列的（如欧洲和我国使用的大、中型磨粉机）。

传动部分主要给磨辊提供工作动力，使两磨辊作相对方向的转动，其中一个为快辊，另一个为慢辊。因为以同一速度相向旋转的磨辊对小麦只能起到轧扁、挤压作用，得不到良好的研磨效果；只有当两磨辊以不同速度相向旋转时，才能对小麦起到研磨作用。传动部分的作用就在于保证磨辊按照一定的速度转动，而且快慢辊之间要保持一定的转速比。

轧距调节机构是用来调节两磨辊距离（轧距）的机构。缺少这一机构，磨粉机就不能与各种粒度的研磨物相适应，也不能根据工艺要求随时改变磨粉机的研磨强度。改变两辊间的轧距以达到一定的研磨效果，是轧距调节机构的主要作用。

喂料机构设在磨辊的上方，由储料筒、料斗、喂料辊及喂料活门等组成。喂料辊有两个，一个为定量辊，一个为分流辊。定量辊直径较大而转速较慢，主要起拨料及向两端分散物料的作用，并通过扇形活门形成的间隙完成喂料定量控制。分流喂料辊直径较小，转速较高，其表面线速度为定量辊的 3~4 倍，其作用是将物料呈薄层状抛掷于磨辊研磨区。

磨辊的清理机构用于清除其所黏附的粉层，保证其运转平稳。清理磨辊粉层常用刷帚或刮刀，它们一般安装在磨辊的下方。刷帚以鹅翎或猪鬃、鬃毛制成，用弹簧压紧在辊面上用以清理齿辊表面。刮刀用于清理光辊表面，它安装在铰支的杠杆上，靠配重压在辊面上，当磨粉机停车时有一金属链将配重拉起，刮刀离开辊面以避免辊和刀接触处的磨蚀。

磨粉机的吸风管口与吸风装置通过管道联接。吸风有三个作用：①吸去磨辊工作时产生的热量和水蒸气，降低磨下物的温度，提高研磨物料的筛理性能；②冷却磨辊、降低料温；③避免磨粉机内粉尘向外飞扬。需要指出的是，如果研磨后的物料采用气力输送，则将气力输送系统提升管通过溜管与磨粉机出料口相接，可产生吸风作用，所以不需再单独安装吸风管。

各种型式磨粉机具体的结构形式会有所变化，操作方法和精密程度也会有所不同，但以上六部分结构的作用是不可缺少的。

三、 磨介式粉碎机

磨介式粉碎机是一类研磨粉碎机，它们借助于处于运动状态、具有一定形状和尺寸的研磨介质所产生的冲击、摩擦、剪切、研磨等作用力使物料颗粒破碎。

这类粉碎机的主要部件是同时装载研磨介质和被粉碎物料的运动或固定容器。磨介式粉碎机可以根据驱动研磨介质运动的方式，分为滚筒式、振动式和搅拌式三类。

滚筒磨介式粉碎机包括球磨机和棒磨机，两者分别采用球状和棒状研磨介质，均装在能够绕轴转动的圆筒内。工作原理如图 5-10 所示，当筒体转动时，磨介随筒壁上升至一定高度后，开始泻落下滑或呈抛物线抛落。物料受到磨介的冲击、研磨而逐渐粉碎。这类研磨机可对干固物料进行干法研磨，也可对液体物料进行湿法研磨。粉碎效果受磨介尺寸、形状、配比及运动形式、物料充满系数，以及原料粒度的影响。

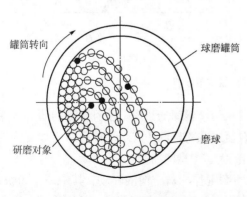

图 5-10 球磨机工作原理

滚筒磨介式粉碎机在历史上出现较早，主要用于采矿、建材等行业，食品行业中应用很少。一般来说，使用的磨介尺寸越小，粉碎得到的最终成品平均粒度也越小。但磨介尺寸的减小有一定限度，当磨介小到一定程度时，由于相对较大的液体浆料黏着力的作用，会使磨介失去相对于浆料的翻动作用，从而失去对于浆料的研磨作用。

利用振动力或搅拌力，则可以使较小磨介仍然能够在浆料内部运动，因此可以进行更有效的研磨作用，下面介绍的振动磨和搅拌磨正是因此而出现的磨介式粉碎机。

振动磨是带振动源装置的磨介式粉碎机。如图 5 - 11 所示为一种振动式球磨机的结构，其研磨容器与振子联在一起，机架下方为减振器。电机驱动的振子振动频率范围为 1000 ~ 1500Hz，振幅范围为 3 ~ 20mm。振动磨的原理是：振动装置使球磨筒体产生振动，从而使筒内的磨介（球或棒）也以相同频率振动，这种磨介振动产生的冲击、摩擦和剪切作用力，可实现对物料颗粒的超微粉碎，同时还能起到混合分散的作用。

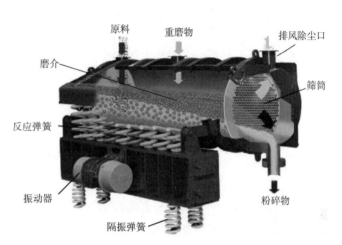

图 5 - 11　振动磨结构

振动磨的特点是：采用小尺寸磨介，研磨效率比滚筒式高数倍至十几倍；成品粒度小，平均粒径可达 2 ~ 3μm；充填系数大（60% ~ 80%），生产能力强，约为滚筒式的 10 倍；可封闭式作业，操作环境好；但噪声大，对机械结构强度要求高。振动磨在干法和湿法状态下均可工作。

搅拌磨也是在球磨机基础上发展起来的，它增添的搅拌机构，使磨介与物料产生翻动，成为搅拌磨的主要特征。搅拌磨的筒体（容器）不转动，既可用于湿法粉碎也可用于干法粉碎，但多用于湿法超微粉碎。

图 5 - 12　搅拌磨设备工作原理

搅拌磨的主体如图 5 - 12 所示，由搅拌器（也称为分散器）、带冷却夹套的容器和装在容器内的磨介等构成。搅拌磨超微粉碎原理是，研磨介质与被研磨物（通常为浆料）混合在一起，装在容器内，在分散器高速旋转产生的离心力作用下，研磨介质和液体浆料颗粒冲向容器内壁，产生强烈的剪切、摩擦冲击和挤压等作用力（主要是剪切力）将浆料颗粒粉碎。达到研磨要求后，通过适当手段将被研磨浆料与研磨介质分离。

搅拌磨能满足成品粒子的超微化、均匀化要求，成品的平均粒度最小可达到微米级。实际应用的搅拌磨，外围设备包括（用于磨介与研磨料分离的）分离器和输料泵等。

搅拌磨常用球形磨介，可用于食品的磨介材料有玻璃珠、钢珠、氧化铝珠等，由于最初使用的是天然玻璃砂，故搅拌磨又经常称为砂磨机。

研磨介质粒径要根据成品粒径要求进行选择。成品粒径一般与研磨介质粒径成正比。磨介的粒径必须大于浆料原始平均颗粒粒径的 10 倍。要求得到粒度小于 $1 \sim 5\mu m$ 和 $5 \sim 25\mu m$ 的成品时，可分别选用粒度范围在 $0.6 \sim 1.5mm$ 和 $2 \sim 3mm$ 的磨介。但应注意，磨介过小反而会影响研磨效率。如果对成品粒径要求不高时，使用较大的研磨介质，可以缩短研磨时间并提高成品产量。

振动式和搅拌式磨介式粉碎机在食品工业超微粉碎方面有一定应用潜力。

第二节 切割碎解机械

切割碎解机械是一类用于加工高水分含量食品原料的食品机械，它们大多利用刀刃切割所产生的局部冲击力和剪切力对物料进行切割或碎解。由于所处理的原料来源和种类不同，并且要求得到的产品也不同，因此，这类设备机械种类繁多。

常见的切割机械有切片机、切丝机、切丁机、切段机和切端机等。

常见碎解机械设备有用于果蔬物料的破碎机、打浆机，用于肉类制品的绞肉机和斩拌机等。

一、 切片机

切片机械是将物料切割成厚度均匀一致片状产品的机械。切片机可有不同形式，有些对原料的适应性较强，如离心式切片机，有些则专用于某种物料，如蘑菇定向切片机。

（一） 离心式切片机

离心式切片机的外形及结构如图 5 - 13 （1）、（2） 所示，主要由圆筒机壳、回转叶轮、刀片和机架等组成。圆筒机壳固定在机架上，切割刀片装入刀架后固定在机壳侧壁的刀座上。回转叶轮上固定有数个叶片。

工作原理如图 5 - 13 （3） 所示：以一定速度（约 260r/min） 回转的叶轮带动料块作圆周运动，使得料块在离心力作用下被抛向机壳内壁，此离心力可达到其自身重量的 7 倍，使物料紧压在机壳内壁并与固定刀片作相对运动，此相对运动将料块切成厚度均匀的薄片，切下的薄片从排料槽卸出。

调节定刀片和机壳内壁之间的相对间隙，即可获得所需的切片厚度。更换不同形状的刀片，即可切出平片、波纹片、V 形丝、条和椭圆形丝。因此，离心式切片机也称为离心式切割机。

这种切片机的结构简单，生产能力较大，具有良好的通用性。切割时的滑切作用不明显，切割阻力大，物料受到较大的挤压作用，所以适用于有一定刚度、能够保持稳定形状

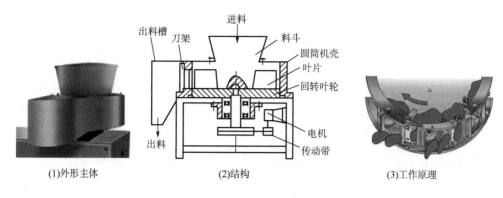

图 5 – 13 离心式切片机

的块状物料，如苹果、土豆、萝卜等球形果蔬。它的不足之处是它不能定向切片。

（二）蘑菇定向切片机

蘑菇定向切片机一般用于片装蘑菇罐头的蘑菇切片。它可以满足厚薄均匀、切向一致，并且将边片分开的切片要求。

蘑菇定向切片机的结构如图 5 – 14 所示，主要由定向供料装置、切割装置和卸料装置等构成。定向供料装置包括曲柄连杆机构、料斗、滑槽、供水管等，滑槽的横截面为弧形，其曲率半径略大于菇盖的半径，整体呈下倾布置。供水管提供的水流用于减少蘑菇在滑槽内滑动的阻力。切割装置包括一组按一定间距组装的圆盘刀和橡胶垫辊，两者均主动旋转，圆盘刀的间距可调，以适应不同的切割厚度要求；淋水管提

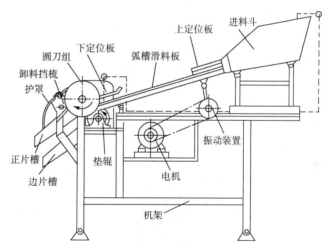

图 5 – 14 蘑菇定向切片机

供的淋水用于降低切割过程中的摩擦阻力。卸料挡梳固定安装于圆盘刀之间。圆刀、挡梳和垫辊之间的装配关系如图 5 – 15 所示。

其工作过程为：蘑菇被提升机送入料斗，料斗下方的上压板控制蘑菇定量地进入滑槽，形成单层单列队式，因曲柄连杆机构的作用，滑槽作轻微振动。供水管连续向滑槽供水。由于蘑菇的重心靠近菇盖一端，在滑槽振动、滑槽形状和水流等的共同作用下，使得蘑菇呈菇盖朝下的稳定状态向下滑动，从而定向进入圆盘刀组被定向切割成数片（如图 5 – 16 所示），刀片间切成的菇片最后由卸料装置推出，并将正片和边片分开后，分别落入相应的料斗。

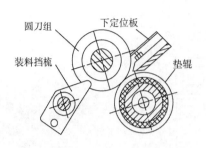

图 5-15 圆刀、挡梳和垫辊之间的关系

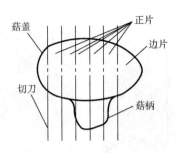
图 5-16 蘑菇定向切片示意

这种切片机圆盘刀的刃口锋利，滑切作用强，切割时的正压力小，物料不易破碎；切片厚度均匀，断面质量好；钳住性能差。

对于刚度较大的物料，使用这种数片同时切割的刀组，刀片对于片料的正压力较大，切割的摩擦阻力大，强制卸出的片料易破碎。

二、 切丁机

切丁机一般是指将果蔬和肉等切成正立方体或长方体几何形状的设备，其对物料的切割必须在三个方向上完成。

（一）果蔬切丁机

果蔬切丁机用于将各种瓜果、蔬菜（如蜜瓜、萝卜和番茄等）切成立方体、块状或条状。

果蔬切丁机外形及结构如图 5-17 所示，主要由机壳、叶轮、定刀片、圆盘刀、横切刀和挡梳等组成。其中定刀片、圆盘刀和横切刀分别起切片、切条和切丁的作用。

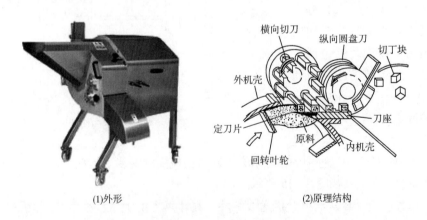

(1)外形   (2)原理结构

图 5-17 果蔬切丁机

切片装置为离心式切片机构，其结构与前述的离心式切片机相仿，工作原理相同。主要部件为回转叶轮和定刀片。

切条装置中的横切刀驱动装置内设有平行四杆机构，用来控制切刀在整个工作中不因刀架旋转而改变其方向，从而保证两断面间垂直，切条的宽度由刀架转速确定。

切丁机圆盘刀组中的圆盘刀片按一定间隔安装在转轴上，刀片间隔决定着丁的长度。

其工作过程为：原料经喂料斗进入离心切片室内，在回转叶片的驱动下，因离心力作用，迫使原料靠紧机壳的内表面，同时回转叶轮的叶片带动原料在通过定刀片处时被切成片料。片料经机壳顶部出口通过定刀刃口向外移动。片料的厚度取决于定刀刃口和相对应的机壳内壁之间的距离，通过调整定刀片伸入切片室的深度，可调整定刀片刃口和相对应的机壳内壁之间的距离，从而实现对于片料厚度的调整。片料在露出切片室机壳外后，随即被横切刀切成条料，并被推向纵切圆盘刀，切成立方体或长方体，并由梳状卸料板卸出。

在使用这种切丁机时，为保证最终产品形状的整齐一致，需要被切割物料能够在整个切割过程中保持稳定的形状。这种切丁机与离心式切片机相同，一般只适宜于果蔬。

（二）肉用切丁机

非冻结肉块属于质地柔软、刚度差、韧性强的物料，为高效切制出几何形状整齐规范的肉丁，需要采用专门的切丁机。

图 5－18（1）所示为 Treif 肉用切丁机外形，可一次完成肉块的切丁。该切丁机的进料装置由进料槽、盖板和推料杆构成，其中进料槽与盖板可形成封闭筒状结构。进料口为方形，设置有分别作往复运动的纵向和横向刀栅。刀栅由刀架和刀片构成 [图 5－18（2）]，根据加工要求可选择不同的刀片及间距挂接在刀架下，刀

(1)外形　　　　　　(2)切割部件结构

图 5－18　Treif 肉用切丁切片机

架分别由各自的曲柄驱动，一起构成曲柄滑块机构。为避免刀片的横向变形，设置有刀片限位架，其端面开设有纵横刀槽，工作时刀片在各自的刀槽内滑动。切断盘刀为具有良好滑切性能的凸刃口结构，可降低切断阻力，同时避免在切断过程中因压力过大使得肉块变形而造成产品切断面不齐。各切割构件均为快速拆装结构，便于作业后的清洗。工作时，原料肉块由活塞以稳定的速度强制压向进料口，顺序受到纵横刀栅的切割而成条束，最后由切断刀片切制出肉丁。

三、绞肉机

绞肉机是一种将肉料切割成保持原有组织结构细小肉粒的设备。它广泛应用于香肠、火腿、鱼丸、鱼酱等的肉料加工，还可用于混合切碎蔬菜和配料等操作。

绞肉机外形及基本构成如图 5－19 所示，主要由料斗、供料螺旋、螺套、绞刀、格板和紧固螺帽等构成。料斗断面一般为梯形或 U 形结构，为防止起拱架空现象出现，有些机械设置有破拱的搅拌装置。供料螺旋为变螺距结构，用来将肉料逐渐压实并压入刀孔，有

些机型在前段外缘增设抓取带以增强其抓取能力。螺套内加工有防止肉料随螺杆同速转动的螺旋形膛线，为便于制造和清洗，有些机型的膛线为可拆卸的分体结构。

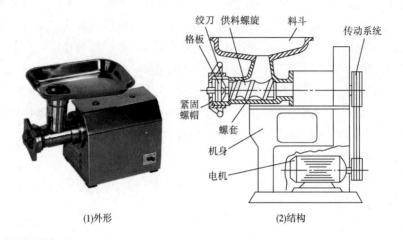

(1)外形 　　　　　　　　　　　(2)结构

图 5 – 19　绞肉机

供料螺旋的螺距向着出料口方向（即从右向左）逐渐减小，而其内径向着出料口逐渐增大（即为变节距螺旋）。由于供料器的这种结构特点，当其旋转时，就会对物料产生一定的压力，这种压力从进料口起逐渐对肉料加压，迫使肉料进入格板孔眼以便切割。螺旋末端有方形榫头，用于配装绞刀，绞刀与多孔格板紧贴，刀口顺着绞刀转向安装，当螺旋转动时，带动绞刀紧贴着格板旋转进行切割。格板由螺帽压紧，以防格板沿轴向移动。

格板也称为孔板或筛板（图 5 – 20），厚度一般为 10 ~ 12mm，其上面布满一定直径的轴向圆孔或其他形状的孔，在切割过程中固定不动，起定刀作用。其规格可根据产品要求进行更换，孔径为 $\phi 8 ~ 10mm$ 的孔板通常用于脂肪的最终绞碎或瘦肉的粗绞碎，孔径为 $\phi 3 ~ 5mm$ 的孔板用于细绞碎工序。孔板的孔型除了轴向圆柱孔外，还有进口端孔径较小的圆锥形孔，这种孔形具有较好的通过性能。

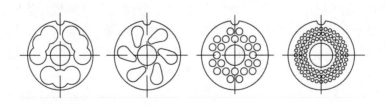

图 5 – 20　格板形式

绞刀（图 5 – 21）一般为十字形，也有双翼或三翼形的，还有的采用刚度和强度较高的辐轮结构，随螺杆一同转动，起动刀作用。绞刀刃角较大，属于钝型刀，其刃口为光刃，由工具钢制造；为保证切割过程的钳住性能，大中型绞肉机上的绞刀为前倾直刃口或凹刃口。绞刀的结构形式有整体结构和组合结构两种，其中组合结构的切割刀片安装在十字刀架上，为可拆换刀片，因此刀片可采用更好的材料制造。切刀与孔板间依靠锁紧螺母压紧。

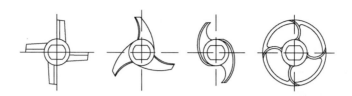

图 5-21 绞刀形式

普通绞肉机中，一般只配一块格板和一件绞刀，但也有将一块以上不同粗细孔的孔板与一件或一件以上的绞刀组合在一起的。图 5-22 所示为一种五件刀具（三个孔板和两把绞刀）的装配关系。

绞肉的工作过程如下：机器启动正常后，将块状物料加入料斗内，在重力作用下落到变节距推送螺旋内。在螺旋作用下迫使肉料变形而进入格板孔眼，进入孔眼中的肉料由紧贴格板的旋转切刀切断。被切断的肉料在后面肉料的推挤下从格板孔眼中排出。

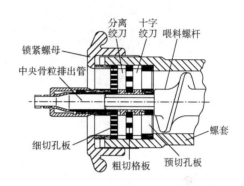

图 5-22 绞肉机刀具组装图

切刀与格板的间隙对切割效率和切割质量影响较大。当切刀和格板的工作面较平，接触良好，刀刃锋利，且刀刃刃口角正确时，所切物料粒度规则均匀；当刀刃与格板的接触面不平，接触不良时，就不是完全切碎，会产生磨碎现象，影响产品质量。

绞肉机的生产能力不由螺旋供料器决定，而由切刀的切割能力来决定。因为只有将物料切割后从格板孔眼中排出，供料器才能继续送料，否则继续送料反而会产生物料堵塞和磨碎现象。粗绞时，螺旋转速可比细绞时快些，但转速不能过高，因为格板上的孔眼总面积一定，即排料量一定，当供料螺旋转速太快时，会使物料在切刀附近堵塞，造成负荷增加，对电动机不利。另外，使用时刀具要锋利，使用一段时间后刀具会变钝，应调换新刀或修磨，否则将影响切割效率，甚至使有些物料不是切碎后从格板孔眼中排出，而是由挤压、磨碎后成浆状排出，直接影响成品质量。

四、斩拌机

斩拌机用于肉（鱼）制品的加工，其功能是将原料肉切割剁碎成肉（鱼）糜，并同时将剁碎的原料肉（鱼）与添加的各种辅料相混合，使之成为达到工艺要求的物料。它是加工乳化灌肠制品和午餐肉罐头的关键设备之一。斩拌机分为常压斩拌机和真空斩拌机两种。

（一）常压斩拌机

常压斩拌机主要由电气控制部分、传动系统、旋转刀、斩刀轴、旋转料盘、刀盖、出料转盘，及出料槽等部件组成，其外形结构如图 5-23 所示。旋转料盘、旋转刀和出料盘等三个运动部件分别由各自配置的电机驱动。旋转料盘呈环形凹槽结构，由电机通过传动变速机构的单向离合器驱动。

旋转刀的刀片数量为 3～6 片，按一定规律装在刀轴上，其刀轴座为固定支撑。刀片与旋转料盘内壁不能接触，但也不能相距太大，间隙一般约为 5mm（图 5 - 24）。

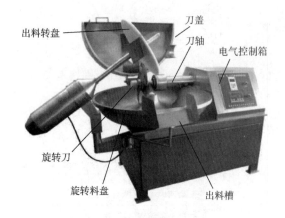

图 5 - 23 常压斩拌机　　　　　　　　　图 5 - 24 斩肉刀与料盘的配合

为了保证安全工作，斩肉时用刀盖将刀片组件盖起来，同时也防止物料飞溅，刀盖与斩刀轴驱动电动机互锁，只有当盖子盖上时，刀轴电动机才能启动工作。

出料转盘（图 5 - 23），可以上下摆动，斩拌时向上抬起静置，欲出料时回位（即放下摆进旋转料盘的凹槽）。

斩拌机的工作过程为，需斩拌的物料盛放在旋转料盘内，随着料盘的旋转（料盘转速一般在 5～20r/min），肉料受到高速旋转刀斩拌（转速 2000～4000r/min），斩拌完成后，放下出料转盘，随着料盘和出料器的旋转，料盘中的肉糜产品即可被卸出。斩拌机有不同大小规格，但一般斩拌一次时间均较短，只需几分钟。

常压斩拌机的特点是结构简单，但在斩拌过程中不可避免地会将空气带入到肉糜中。因此，这种设备在一些肉糜制品生产线上常与真空搅拌器配合，几批斩拌完成的肉糜转移到容量较大的真空搅拌机中，在真空条件下进行搅拌，驱除其中的空气，以满足工艺要求。

（二）真空斩拌机

真空斩拌机可以避免斩拌过程空气进入肉糜，从而可以防止脂肪氧化，保证产品风味。真空斩拌还具有以下好处：有助于释放出更多的盐溶性蛋白质，得到最佳的乳化效果；减少产品中的细菌数量，延长产品贮藏期，稳定肌红蛋白的颜色，保证产品的最佳色泽；保证肉糜的结构致密，避免产品出现气孔缺陷。

图 5 - 25 真空斩拌机

真空斩拌机的主要工作部件（组刀与旋转料盘）与普通斩拌机相同，但外部设置有密封罩，与下部机体共同形成密封腔，在真空环境下进行斩拌作业。图 5 - 25 所示为一种真空斩拌机。

五、 果蔬破碎机

果蔬破碎机通常作为果蔬榨汁操作的前处理设备，将果蔬破碎成不规则碎块。常见果蔬破碎机有锤式、鱼鳞孔刀式和齿刀式等。

（一）锤式破碎机

锤式破碎机实际上是一种特殊形式的锤式粉碎机。图 5-26 所示为一种锤式破碎机的外形及内部结构，该机主要由机架、机壳、电机、主轴、飞刀、筛网、进料斗和出料斜槽等组成。所谓飞刀，其实是随主轴转动的锤片组合体。锤片形式和筛网专门为新鲜果蔬物料设计。筛网的格栅孔径较大，约为 10mm，且呈长条形。

(1)外形　　　　　　　　　(2)内部结构

图 5-26　锤式水果破碎机

工作时，电机经一对皮带轮等速驱动主轴旋转，主轴上所装的飞刀随之高速旋转。由适当形式升运机（如刮板输送机，倾斜式斗提机）将待破碎物料提升到进料斗上方自由落入进料斗中，被高速旋转的飞刀打碎，由于离心力的作用，物料由筛网落入出料斜槽中排出。通常，破碎的物料由出料斜槽下方设的输送泵（如螺杆泵）输入下道工序。

这种破碎机，适用于各类果蔬的破碎，如苹果、梨、柚子等，也能对核果类果蔬进行破碎，如红枣等。根据需要，可以选用适当孔径大小的筛网，以获得所需的破碎料的粒度。这种破碎机的生产能力大，并且有不同的规格，可适用不同规模的生产需要。

（二）鱼鳞孔刀式破碎机

鱼鳞孔刀式破碎机是一种以切割作用为主的破碎机。其结构如图 5-27 所示，主要由进料斗、破碎刀筒、驱动叶轮、排料口和机壳等构成。由于整体呈立式桶形结构，所以通常称为立式水果破碎机。破碎刀筒用薄不锈钢板制成，筒壁上冲制有鱼鳞孔，形成孔刀，筒内为破碎室；驱动叶轮

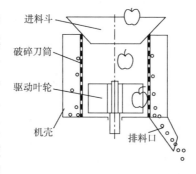
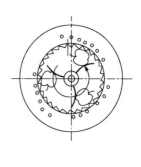

进料斗
破碎刀筒
驱动叶轮
机壳
排料口

图 5-27　鱼鳞孔刀式破碎机

的上表面设有辐射状凸起，其主轴为铅垂方向布置，一般由电机直接驱动。

物料由上部喂入口进入破碎室后，在驱动叶轮的驱动下做圆周运动，因离心力作用而压紧于固定的刀筒内壁上，受到切割和折断从而得到破碎。破碎后的物料随之穿过鱼鳞刀孔眼，在刀筒外侧通过排料口排出。

这种破碎机的特点是，孔刀均匀一致可得到粒度均匀的碎块；但刀筒壁薄易变形，不耐冲击，寿命短；排料有死角；生产能力低，适于小型厂使用。

一般用于苹果、梨的破碎，不适于过硬物料（如红薯、马铃薯）；在使用时需要注意清理物料，以免硬杂质进入破碎室而损坏刀筒。

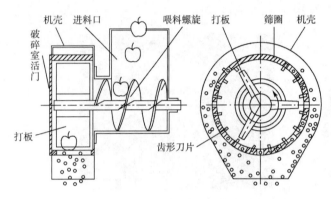

图 5 - 28　齿刀式破碎机

齿形刀片（如图 5 - 29 所示）用厚的不锈钢板制成，呈矩形结构，其两侧长边开有三角形刀齿，刀齿规格依碎块粒度要求选用，刀片插入筛圈壁的长槽内固定。刀片为对称结构，刀齿磨损后可翻转使用，从而可提高刀片材料的利用率。

（三）齿刀式破碎机

这种破碎机有立式和卧式两种，但以卧式的为常见。

卧式齿刀式破碎机结构式如图 5 - 28 所示，主要由机壳、筛圈、齿刀、喂料螺旋、打板、破碎室活门等构成。

筛圈设置于机壳内部，用不锈钢铸造而成，筛圈壁下270°开有轴向排料长孔和固定刀片的长槽，筛圈内为破碎室。

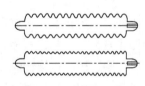

图 5 - 29　齿形刀片

其工作过程：物料由料斗进入喂入口后，在喂料螺旋的强制推动下进入破碎室，在螺旋及打板的驱动下压紧在筛圈内壁上做圆周运动，因受到其内壁上固定的齿条刀的刮剥、折断作用而形成碎块，所得到的碎块随后由筛圈上的长孔排出破碎室外，经机壳收集到其下方的料斗内。

这类破碎机特点：齿条刀片齿形一致，所得碎块均匀；齿条刀片刚度好，耐冲击，寿命长；采用强制喂入，破碎、排料能力强；生产率高，适于大型果汁厂使用。

六、打浆机

打浆机主要用于浆果、番茄等原料的打浆，使果肉、果汁等与果皮、果核等分离，便于果汁的浓缩和其他后续工序的完成。

（一）单道打浆机

单道打浆机的外形及结构如图 5 - 30 所示，主要由进料斗、螺旋推进器、破碎浆叶、圆筒筛、刮板、夹持器、轴、机架及传动系统等构成。

圆筒筛是一个两端开口的渣汁分离装置，水平安装在机壳内并固定在机架上。它用 0.35~1mm 厚的不锈钢板制造，孔径范围在 0.4~1.5mm，开孔率约为 50%。

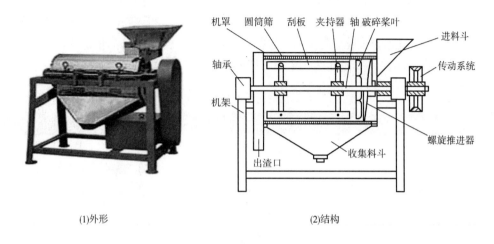

(1)外形   (2)结构

图 5-30 单道打浆机

螺旋推进器、破碎桨叶和刮板自右向左依次安装在轴上。刮板实际上是长方形的不锈钢板，它由夹持器固定在轴上，一般刮板数为两块，也有三块的（此时在圆筒的径向夹解呈 120°）。每一刮板与轴线有一称为导程角的夹角（导程角范围在 5°左右）。刮板与圆筒筛内壁之间距离可通过螺栓调节。为了保护圆筒筛不被刮板碰破，有时还在刮板上装有无毒耐酸橡胶板。

单道打浆机的工作过程为，物料从进料斗进入筛筒，电动机通过传动系统，带动刮板转动，由于刮板转动和导程角的存在，使物料在刮板和筛筒之间，沿着筒壁向出口端移动，移动轨迹为一条螺旋线。物料在移动过程中由于受离心力作用，汁液和已成浆状的肉质从圆筒筛的孔眼中流出，在收集料斗的下端流入贮液桶。物料的皮和籽等下脚料则从圆筒筛左端的出渣口卸下，从而达到分离目的。

打浆机对物料的打碎程度及生产能力主要与物料成熟度、刮板导程角及刮板与筛网的间距有关。成熟度高的，易打碎。通过调节刮板导程角及与筛网的间距，就可以改变打浆机的生产能力，但同时也会影响所排废渣的含汁率。一般，刮板导程角与废渣中含汁率呈正相关性。含汁率高的物料，导程角与间距都应小些，含汁率低的则可大些。有些情况下，导程角与间距不必同时去调整，只调整其中一个，也可达到良好的效果。

（二）多道打浆机

多道打浆机也称为打浆机组，由两个或两个以上单道打浆机筒部件安装在一同机架上构成。

如图 5-31 所示为一种双道打浆机。操作过程为，

图 5-31 双道打浆机

原料从上层头道打浆机料斗进入，经过打浆，包括皮、籽（核）在内的果渣从头道排渣管排出，从筛面出来的粗浆料则汇集一起在重力作用下通过管道进入二道打浆机构，在此，进入的浆料进一步被分成果浆和果渣。

多道打浆机的各道打浆部件一般只由一台电机带动，构成打浆机联动。多道打浆机各机筒直径可以相同，也可以变化。打浆机各圆筒筛筛网孔径一般从前向后依次降低，而打浆件的转速则依次提高。表5-1所示为用于番茄打浆的三道打浆机的转速与筛孔分配情形。

表5-1 三道打浆机的转速与筛孔孔径

打浆机序号	转速/（r/min）	筛网孔径/mm
I	840	1.1
II	970	0.8
III	970	0.6

本章小结

食品工业应用各种设备对物料进行粉碎、切割和碎解处理。这类设备包括各种粉碎机、切割机、破碎机、绞肉机、斩拌机和打浆机等。

粉碎机中最常用的是冲击式和研磨式粉碎机两大类。前者又分机械冲出式和气流冲出式两种；后者可分为转辊式粉碎机和各种磨介式粉碎机。这些粉碎机适用于不同性状形态的物料，可以获得从粗到超微不同程度的粉碎效果。

切割机可分为切片机、切丁机等。切片机有定向式和非定向式两类。离心式切片机为非定向式，蘑菇切片机为定向式。切丁机分果蔬用和肉用两种。

斩拌机用于将肉（鱼）等动物原料切割剁碎成肉（鱼）糜，并同时具有混合各种辅料的作用。斩拌机分为常压斩拌机和真空斩拌机两种。

破碎机主要用于果蔬原料的碎解，常的有锤式、鱼鳞孔刀式和齿刀式等型式。

打浆机具有果蔬原料打碎并将其肉、汁与其他部分分离的作用。它分为单道式和多道式。

🔍 思考题

1. 讨论各种粉碎机所适用的处理对象，要求的原料粒度及可得到的出料粒度范围。
2. 简述磨粉机的主要构成部分，并说明单式磨粉机与复式磨粉机有什么区别。
3. 讨论不同盘磨机的结构及工作原理，以及它们的原料和成品粒度范围。
4. 比较讨论普通球（棒）磨机、振动磨及搅拌磨三者在结构及作用原理方面的异同。
5. 讨论各种切割机所用刀片的形式及切片原理。
6. 简述果蔬切丁机与肉用切丁机的工作原理。
7. 查阅相关资料，了解绞肉机与斩拌机在肉类加工中的应用场合。
8. 举例说明各种破碎机和打浆机在不同果蔬加工中的使用情况。

自测题

一、判断题

（　　）1. 气流磨属于冲击式粉碎机。

（　　）2. 盘击式粉碎机可切向进料。

（　　）3. 机械冲击式粉碎机适用于处理具有很大硬度的物料。

（　　）4. 机械冲击式粉碎机易实现连续化的闭路粉碎。

（　　）5. 盘击式粉碎机有一个高速转动的齿爪圆盘和一个固定齿爪圆盘。

（　　）6. 气流式粉碎机的工作介质空气，可产生抵消粉碎发热的效应。

（　　）7. 复式磨粉机有一对磨辊。

（　　）8. 振动磨是所有介磨式粉碎机中能够获得最小成品粒径的粉碎机。

（　　）9. 振动磨在干法和湿法状态下均可工作。

（　　）10. 离心式果蔬切片机的刀片固定在回转叶轮上。

（　　）11. 蘑菇定向切片机采用圆形的刀片。

（　　）12. 绞肉机工作时只能使用一块格板和一件绞刀。

（　　）13. 绞肉机的生产能力不取决于螺旋供料器。

（　　）14. 斩拌机旋转刴刀的半径相同。

（　　）15. 斩拌机出料转盘既可以上下摆动，也可左右摆动。

（　　）16. 鱼鳞孔刀式破碎机适用于土豆破碎，但不适用于苹果破碎。

（　　）17. 齿刀式破碎机生产能力大，适合大型果汁厂使用。

（　　）18. 打浆机只能将水果打成浆，而不能去除其中的果皮果核。

（　　）19. 三道打浆机组从第 I 道到第 III 道打浆机的筛网孔径逐步减小。

二、填充题

1. 粉碎是利用＿＿＿＿力克服固体物料内部＿＿＿＿力，从而使物料破碎的单元操作。

2. 切割是利用切割器具对物料进行＿＿＿＿和＿＿＿＿的单元操作。

3. 最常用的粉碎机包括＿＿＿＿式和＿＿＿＿式粉碎机等。

4. 冲击式粉碎机可分为＿＿＿＿式和＿＿＿＿式两类。

5. 机械冲击式粉碎机的两种主要型式是＿＿＿＿式和＿＿＿＿式。

6. 锤击式粉碎机按进料方式可以分为＿＿＿＿喂入式、＿＿＿＿喂入式和径向喂入式三种。

7. 锤击式粉碎机的主要易损件是＿＿＿＿，一般寿命为＿＿＿＿～500h。

8. 气流粉碎机常见型式有：立式环形喷射式、＿＿＿＿式和气流喷射式等。

9. 转辊式粉碎机有＿＿＿＿机和＿＿＿＿机等专用设备。

10. 磨介式粉碎机按驱动磨介质运动的方式可分为滚筒式、＿＿＿＿式和＿＿＿＿式三类。

11. 滚筒磨介式粉碎机包括＿＿＿＿机和＿＿＿＿机，两者的磨介分别为球状和棒状。

12. 食品工业超微粉碎方面有应用潜力是＿＿＿＿式和＿＿＿＿式两类磨介式粉碎机。

13. 切割碎解机械大多利用刀刃切割所产生的局部＿＿＿＿力和＿＿＿＿力对物料进行切

割或碎解。

14. 用于果蔬物料的两类常见碎解机械设备是_____机和_____机。

15. 用于肉类物料的两类常见碎解机械设备是_____机和_____机。

16. 斩拌机分为_____斩拌机和_____斩拌机两种。

三、选择题

1. 锤击式粉碎机的进料方向为_____。

A. 切向　　　　　　B. 轴向　　　　　　C. 径向　　　　　　D. A、B 和 C

2. 盘击式粉碎机的特点不包括_____。

A. 粉碎作用强度高　B. 噪音低　　　　　C. 物料温升较高　　D. 产品粒度均匀

3. 盘击式粉碎机的进料方向为_____。

A. 切向　　　　　　B. 轴向　　　　　　C. 径向　　　　　　D. 筛面

4. 盘击式粉碎机的筛网对转子的包角_____。

A. ≤180°　　　　　 B. <360°　　　　　 C. =360°　　　　　 D. <270°

5. 气流式粉碎机能获得的最小粉体粒度为_____。

A. 50μm　　　　　　B. 30μm　　　　　　C. 1μm　　　　　　 D. 20μm

6. 与气流式粉碎机特点不符的是_____。

A. 不易受金属污染　　　　　　　　B. 粒度分布较窄

C. 粉粒不能自动分级　　　　　　　D. 可在无菌条件下工作

7. 搅拌磨的成品平均粒径可达。

A. 2～3mm　　　　　B. 2～3μm　　　　　C. 3～4mm　　　　　D. 3～4μm

8. 果蔬切丁机的片料厚度可以通过调整_____加以调控。

A. 定刀片　　　　　B. 横切刀　　　　　C. 圆盘刀　　　　　D. A 和 B

9. 单道打浆机的不锈钢圆筒筛孔径范围在_____。

A. 0.8～2.0mm　　　B. 1～1.5mm　　　　C. 0.4～1.5mm　　　D. 0.8～2.0mm

10. 单道打浆机的不锈钢圆筒筛开孔率约为_____。

A. 60%　　　　　　 B. 70%　　　　　　 C. 50%　　　　　　 D. 40%

11. 与打浆机对物料的打碎程度关系最小的因素是_____。

A. 物料的成熟度　　B. 刮板的导程角　　C. 刮板宽度　　　　D. 刮板与筛网的间距

四、对应题

1. 找出以下有关粉碎机械的对应关系，并将第二列的字母填入第一列对应的括号中。

(1) 锤击式粉碎机（　　　）　　　　　A. 搅拌磨

(2) 盘击式粉碎机（　　　）　　　　　B. 盘磨机

(3) 气流式粉碎机（　　　）　　　　　C. 主要利用自磨原使物料粉碎

(4) 磨介式粉碎机（　　　）　　　　　D. 鼠笼式碎解机

(5) 转辊式粉碎机（　　　）　　　　　E. 可有三个方向型式

2. 找出以下有关粉切割碎解机械的对应关系，并将第二列的字母填入第一列对应的括号中。

(1) 离心切片机（　　　）　　　　　　A. 圆筒筛

（2）果蔬切丁机（　　）　　　　　B. 飞刀

（3）蘑菇定向切片机（　　）　　　C. 滑槽

（4）绞肉机（　　）　　　　　　　D. 真空

（5）斩拌机（　　）　　　　　　　E. 切刀与格板

（6）打浆机（　　）　　　　　　　F. 纵向圆盘刀

（7）破碎机（　　）　　　　　　　G. 回转叶轮

第六章

混合均质机械与设备

在食品工业中，混合是指使两种或两种以上不同物料互相混合，成分浓度达到一定程度均匀性的单元操作。

混合操作所采用的操作设备因物料状态不同而异。对于低黏度液体，采用的是液体搅拌与混合机械设备；对于粉料，所用的设备为混合器。介于两种状态之间的物料，既可用搅拌器，也可用混合器，但更经常使用的是捏合机。

均质，也称匀浆，是使液体分散体系（悬浮液或乳化液）中的分散物（构成分散相的固体颗粒或液滴）微粒化、均匀化的处理过程。高压均质机是最典型的均质设备，此外，还有胶体磨和高剪切均质乳化机械等。

第一节　液体搅拌与混合机械设备

制备均匀液体物料，除可采用间歇式搅拌设备以外，还可利用水粉混合机及静态混合器等连续或半连续式混合机械。

一、　液体搅拌机

在食品加工中，液体搅拌机主要应用目的有：促进物料的传热，使物料温度均匀化；促进物料中各成分混合均匀；促进溶解、结晶、浸出、凝聚、吸附等过程；促进酶反应等生化反应和化学反应过程。

食品工业中典型的带搅拌器的设备有配料罐、发酵罐、酶解罐、冷热缸、溶糖锅、沉淀罐等。这些设备虽然名称不同，但基本构造均属于液体搅拌机。

（一）基本结构

搅拌设备的种类较多，但其基本结构大致相似。典型搅拌设备结构如图6-1所示，主要由搅拌装置（电机、减速器、搅拌轴和搅拌器）、搅拌容器及附件（进出口接管口、夹

套、人孔、温度计插套以及挡板等）和轴封
等部分组成。

（二）搅拌器

1. 搅拌器的类型和安装形式

搅拌器是搅拌设备的主要工作部件。通
常搅拌器可分成两大类型：①小面积叶片高
转速运转的搅拌器，属于这种类型的搅拌器
有涡轮式、旋桨式等，多用于低黏度的物料；
②大面积叶片低转速运转的搅拌器，属于此
类型的搅拌器有框式、垂直螺旋式等，多用
于高黏度的物料。搅拌器的结构因搅拌操作
的多样性而有多种形式。各种形式的搅拌器
配合相应的附件装置，使物料在搅拌过程中
的流场出现多种状态，以满足不同加工工艺
的要求。图 6-2 所示为典型搅拌器型式。

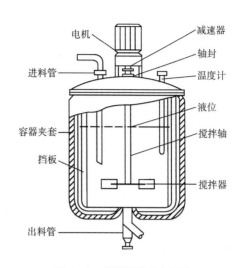

图 6-1　典型搅拌设备结构

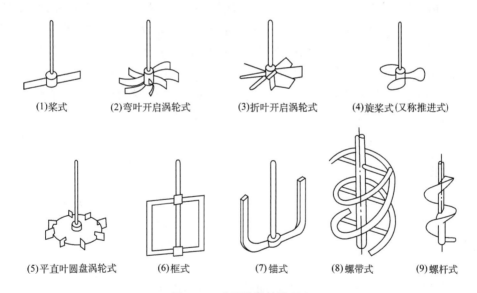

图 6-2　典型的搅拌器形式

搅拌器的轴相对于搅拌容器可有不同的安装形式，产生不同的流场及差异明显的搅拌
效果。常见搅拌轴相对于容器的安装方式如图 6-3 所示有五种方式，即：中心立式、偏心
立式、倾斜式、底部式和旁入式。

（1）中心立式 [图 6-3（1）]　搅拌轴与搅拌器配置在搅拌罐的中心线上，呈对称
布局，驱动方式一般为带传动或齿轮传动，或者通过减速传动，也有用电动机直接驱动。
这种安装形式可以将桨叶组合成多种结构形式，以适应多种用途。搅拌器功率从 0.1kW 至
数百千瓦。为了防止在搅拌器附近产生涡流回转区域，可在立式容器的侧壁上装挡板，但
很少用于食品料液搅拌场合，原因是清洗上的不方便。

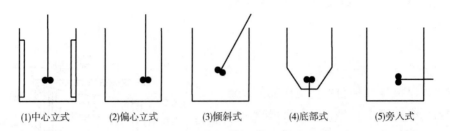

(1)中心立式　　(2)偏心立式　　(3)倾斜式　　(4)底部式　　(5)旁入式

图6-3　搅拌器安装方式

（2）偏心立式［图6-3（2）］　将搅拌器安装在立式容器的偏心位置，其效果与安装挡板相近似，能防止液体的打漩。偏心搅拌容易引起设备在工作过程中的振动，一般此类安装形式只用于小型设备上。

（3）倾斜式［图6-3（3）］　搅拌轴安装形式是将搅拌器直接安装在罐体上部边缘处，搅拌轴斜插入容器内进行搅拌。对搅拌容器比较简单的圆筒形或方形敞开立式搅拌设备，可用夹板或卡盘与筒体边缘夹持固定。这种安装形式的搅拌设备比较机动灵活，使用维修方便，结构简单、轻便，一般用于小型设备上，可以防止打漩效应。

（4）底部式［图6-3（4）］　将搅拌器安装在容器的底部。它具有轴短而细的特点，无需用中间轴承，可用机械密封结构，有使用维修方便、寿命长等优点。此外，搅拌器安装在下封头处，有利于上部封头处附件的排列与安装，特别是上封头带夹套、冷却构件及接管等附件的情况下，更有利于整体合理布局。由于底部出料口能得到充分的搅动，使输料管路畅通无阻，有利于排出物料。此类搅拌设备的缺点是，桨叶叶轮下部至轴封处常有固体物料黏积，容易变成小团物料混入产品中影响产品质量。

（5）旁入式［图6-3（5）］　将搅拌器安装在容器罐体的侧壁上。在消耗同等功率的情况下，能得到最好的搅拌效果。这种搅拌器的转速一般在360~450r/min，驱动方式有齿轮传动与带传动两种。设备主要缺点是，轴封比较困难。

除了以上五种形式的搅拌器外，还有其他安装形式的搅拌器。如卧式容器搅拌器，是将搅拌器安装在卧式容器的上方。此类布局可以降低整台设备的安装高度，提高设备的抗振动能力，改善悬浮液的状态，如充气搅拌就是采用卧式容器的搅拌设备。

2. 搅拌器桨叶与流型

尽管某种合适的流动状态与搅拌容器的结构及其附件有一定关系，但是，搅拌器桨叶的结构形状与运转情况可以说是决定容器内液体流动状态最重要的因素。一般说来，搅拌器件周围流体的运动方向有三种，即径向流、轴向流和环流，但普通的搅拌器一般只产生以一种为主的流向，形成所谓的轴向流型或径向流型。

（1）轴向流型　液体由轴向进入叶片，从轴向流出，称为轴向流型［图6-4（1）］。如旋桨式叶片，当桨叶旋转时，产生的流动状态不但有水平环流、径向流，而且也有轴向流动，其中以轴向流量最大。此类桨叶称为轴流型桨叶。图6-2所示的搅拌器中，折叶开启涡轮式和旋桨式可以产生明显的轴向流。值得一提的是，轴向流式搅拌产生的流动方向（朝容器底或是朝容器口）与搅拌轴的转向有关，所以在安装使用时有必要注意。

（2）径向流型　流体由轴向进入叶轮，从径向流出，称为径向流型［图6-4（2）］。

如平直叶的桨叶式、涡轮式叶片，这种高速旋转的小面积桨叶搅拌器所产生的液流方向主要为垂直于罐壁的径向流动，此类桨叶称为径向流型桨叶。由于平直叶的运动与液流相对速度方向垂直，当低速运转时，液体主要流动为环向流，当转速增大时，液体的径向流动就逐渐增大，桨叶转速越高，由平直叶排出的径向流动越强烈，打漩效应也随之增强，严重时会造成液体外溢。

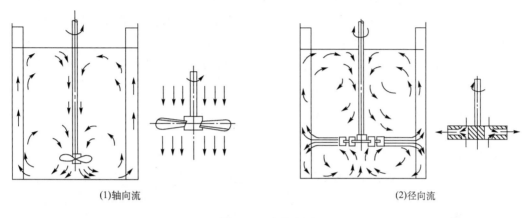

(1)轴向流　　　　　　　　　　　　　　　　　(2)径向流

图6-4　液体流型

3. 搅拌器的选择

搅拌器型式一般可根据介质黏度和应用目的选取。

（1）根据介质黏度选型　搅拌桨型式可根据图6-5所示的曲线图进行选择。由图可以看出，随着黏度增高，各种搅拌器选用的顺序为旋桨式、涡轮式、桨式、锚式和螺带式等。在低黏度范围，该图还指出了涡轮式和旋桨式的转速与容量大小的对应关系，由图可见，大容量液体时用宜低转速，小容量液体时宜用高转速。

各类搅拌器型式根据黏度大小选用时可有一定重叠性。例如，桨式搅拌器由于其结构简单，用挡板后可以改善流型，所以，在低黏度时也应用得较普遍。而涡轮式由于其对流循环能力、湍流扩散和剪切都较强，几乎是应用最广泛的一种桨型。

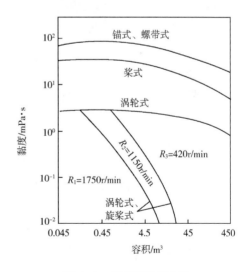

图6-5　搅拌器选择曲线

（2）根据搅拌过程目的选型　低黏度均相液-液混合，搅拌难度小，因此，宜选用循环能力强，运动消耗少的平桨式搅拌器。

对于分散操作过程，宜选用具有高剪切力和较大循环能力涡轮式搅拌器。其中平直叶涡轮剪切作用大于折叶和后弯叶的剪力作用，因此应优先选用。为了加强剪切效果，容器内可设置挡板。

对于悬浮液操作，涡轮式使用范围大，其中以弯叶开启涡轮式最好。它无中间圆盘，上下液体流动畅通，排出性能好，桨叶不易磨损。而桨式速度低，只用于固体粒度小，固液相对密度差小、固相浓度较高、沉降速度低的悬浮液。旋桨式使用范围窄，只适用于固液相对密度差小或固液比在5%以下的悬浮液。对于有轴向流的搅拌器，可不加挡板。因固体颗粒会沉积在挡板死角内，所以只在固液比很低的情况下才使用挡板。

若搅拌过程中有气体吸收，则用圆盘式涡轮最合适。它剪切力强，圆盘下可存在一些气体，使气体的分散更平衡。开启式涡轮不适用。平桨式及旋桨式只在少量易吸收的气体要求分散度不高的场合中使用。

对结晶过程的搅拌操作，小直径的快速搅拌如涡轮式，适用于微粒结晶；而大直径的慢速搅拌如桨式，用于大晶体的结晶。

（三）搅拌容器及附件

搅拌容器由罐体与焊装在其上的各种附件构成。

1. 罐体

罐体在常压或规定的温度及压力下，为物料完成其搅拌过程提供一定的空间。

低黏度物料搅拌用罐体一般为立式圆筒形，图6－6所示为常见食品搅拌罐形式。用于食品料液的罐底一般为碟形或锥形，锥形底的锥角通常有60°、90°、120°和150°等，也有一些采用平底，但有一定倾斜度，以方便排尽积液。罐顶形式通常有锥形、碟形或平盖式等。罐体通常用支脚直接置于地坪上，也可通过耳座安装在平台上。

(1)锥顶锥底　　　　(2)平盖平底　　　　(3)碟形封头

图6－6　典型食品搅拌罐体形式

罐体容积由装料量决定。圆筒形罐体需要确定高径比。根据实践经验，当罐内物料为液－固相或液－液相物料时，搅拌罐的高径比范围一般在1～1.3，当罐内物料为气－液相物料时，高径比的范围在1～2。罐体的高径比还需考虑传热性能和功率消耗等因素。从夹套传热角度考虑，一般希望高径比取大些。在固定的搅拌轴转速下，搅拌功率与搅拌器桨叶直径的5次方成正比，所以罐体直径大，搅拌功率增加。另外，如需要有足够的液位高度，可考虑取较大的高径比。

需要进行加热或冷却操作的搅拌罐，通常为夹层式的。用于蒸汽加热的夹套应当耐压，此时的搅拌罐是压力容器，必须由具备生产压力容器厂商提供。搅拌罐器也可采用其他形式的换热器，如盘管式等。

2. 附件

搅拌罐体或罐盖上可根据需要接装各种需要的附件。用户在设备选用或订购时，可根据工艺或操作特点提出具体要求。

搅拌罐体或罐盖上的常见附件有：各种进出料和工作介质的管接口、各种传感器（如温度计、液位计、压力表、真空表、pH 计）的接插件管口、视镜、灯孔、安全阀、内置式加热（冷却）盘管等。

进料管一般设在搅拌罐顶部，也有设在罐体侧面的。出料管一般装在罐底中心或侧面，具体位置要能将所有液体排尽。各种进、出料管的接口形式有螺纹、法兰、快接活接头或软管等几种。需要在搅拌过程中加入固体物料的，可以在罐盖适当位置设置投料口，如搅拌罐为负压，可利用真空吸料原理从下面进料。

温度计插孔管的位置、长度及数量要视罐体大小而定。容积较小的罐体，一般只在盖上装一根垂直于液面的长管；高、大的罐体，则往往在罐体侧面的不同位置安装数个温度计插管，如果是夹套式，在温度计的插管位置必须避开夹套。

（四）搅拌器的传动装置与轴封

搅拌器传动装置的基本组成有电动机、变速传动装置和传动装置支架等。变速传动装置分为齿轮变速器和带轮变速两种型式。而齿轮变速器又可分为行星齿轮变速器和普通齿轮变速器两种。行星齿轮变速方法可使电机、变速器和搅拌轴呈直线状排列，传动装置支架也较为简洁，但较高。为了降低高度，可采用带轮变速或普通齿轮变速器，使电机与搅拌轴呈现水平或垂直排列。

轴封是搅拌轴与罐体之间密封装置，是否需要，与搅拌容器的压力状态及搅拌轴的安装位置有关。以下情形均应有适当形式的轴封装置：真空搅拌设备、加压搅拌设备、卫生要求高的带顶（盖）常压搅拌容器、搅拌轴位于容器底部或侧面等。对于食品加工用的搅拌设备，轴封应满足密封和卫生两方面的要求。常见的轴封有两种形式，填料密封和机械密封，卫生要求高的宜采用机械式轴封。

二、水粉混合机

水粉混合机是一种将可溶性粉体溶解分散于水或液体中的混合设备。这种设备又称水粉混合器、水粉混合泵、液料混合机、液料混料泵、混合机等。水粉混合机外形及结构如图 6 - 7 所示，主要由机壳、叶轮、粉料斗及电机构成。

水粉混合机的工作原理是利用叶轮的高速旋转剪切作用，将（装在料斗中的）粉状物料和（从进液口进入的）液体进行充分拌和，输送出所需的混合物。

实际上，通过料斗加入的参与混合的物料，既可以是流动性良好的粉料，也可以是流动性较好的浓度较高的溶液或浆体。料斗下方的

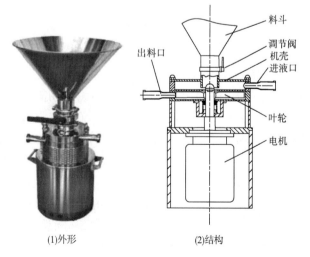

(1)外形　　　　(2)结构

图 6 - 7　水粉混合机

调节阀［见图6-7（2）］主要是为了得到不同添加物含量的混合液体。根据工艺需要，可以将混合机串接在加工管路中进行连续混合操作，也可与一台罐器相连接进行间歇式混合操作。水粉混合机特别适用于再制乳制品生产，例如，用于乳粉、乳清粉、钙奶、糊精粉等与液体的混合，也可用于果汁和其他饮料的生产。

三、 静态混合器

静态混合器也称管道混合器，是20世纪70年代初开始发展的一种先进混合器。20世纪80年代我国也开始研究生产，已经在环保和化工领域得到很好应用，并且也已经在食品行业得到应用。

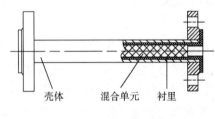

图6-8　静态混合器

静态混合器是一种没有运动部件的高效混合装置。它的基本构成十分简单（图6-8），主要由带管道接口的混合器壳体和混合单元构成。

所谓"静态"是指起主要混合作用的混合单元在壳体中是固定不动的，这种混合器也由此取名。虽然混合单元是静止的，但所有静态混合器的主输入料液均需要有足够的压头才能正常工作，因此它常常需要与输送泵配合使用。

混合器的壳体通常为直管，根据需要可在直管的不同位置接支管，供各种需要混合的物料进入。

混合单元是静态混合器的关键，其形式有多种，供不同物性料液和流动条件场合的应用。如图6-9所示为适合于食品工业的SK和SD型的混合单元外形。当然，在食品业应用中，也可根据需要选用或设计其他型式的混合单元。

图6-9　两种适用于食品行业的混合单元

静态混合器的工作原理如下：
通过固定在管内的混合单元件，将流体分层切割、剪切或折向和重新混合，流体不断改变流动方向，不仅将中心液流推向周边，而且将周边流体推向中心，达到流体之间三维空间良好分散和充分混合的目的。与此同时，流体自身的旋转作用在相邻元件连接处的界面上亦会发生。这种完善的径向环流混合作用，使流体在管子截面上的温度梯度、速度梯度和质量梯度明显降低。

静态混合器可用于各种形态物料的混合、萃取、气体吸收、热交换、溶解、分散等操作，食品加工中已经应用的方面有不同组分液体的混合、悬浮液的分散化、浓浆的稀释以及换热等。使初步混合的水粉混合物进一步分散化，以及对用于将发酵生产的浓糖蜜进行连续稀释等。

静态混合器用来对各种料液进行混合时，不同的进料必须经过计量，因此一般用定容积泵（如转子泵等）为进入静态混合器的物料提供输送动力。图 6-10 所示为利用静态混合器对将两种料液进行比例混合的系统组合。这种系统可用以将果味成分添加混合到搅拌型酸乳中。

如果上面介绍的水粉混合机的混合效果达不到所需要的粉体分散要求，可在后面管路上串接一个静态混合器，以使其中的固体粉粒进一步分散化。此时的静

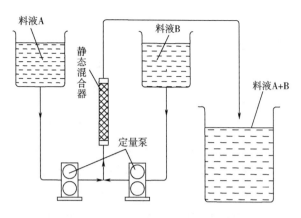

图 6-10　用于两种料液混合的静态混合器系统流程

态混合器实际上起均质作用。这种均质作用依靠液体在混合器内产生的流速变化实现。用以进行分散作用的静态混合器，不必用定量泵进料。图 6-11 所示的系统正好利用水分混合机的输出压头作为分散作用的动力源。这种系统可用以乳粉的加水混合。如果有必要，还可在静态混合器后面再串接高压均质机，以获得更为稳定的再生乳。

静态混合器也可用作间接式换热器（图 6-12），对料液进行加热或冷却。用作间接式换热器的静态混合器，在结构上与一般的混合器有所不同，或者在混合元件外装夹套，或者直接利用管线绕制成混合元件，这样可以进一步提高换热的效率和均匀性。

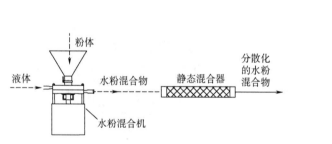

图 6-11　水粉混合机-静态混合器流程

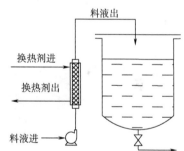

图 6-12　用作换热器的静态混合器

静态换热器的特点：①流程简单，结构紧凑；②设备小、投资少、能耗小，操作弹性大，安装维修简便、混合性能好；③应用灵活性大等。

第二节　粉体混合机械

食品工业中，混合机应用于谷物和粉料混合，用于主体粉料添加各种粉体辅料和添加剂。

大部分混合机的混合操作都同时存在对流、扩散和剪切三种混合方式，但由于机型结构和混合料物性方面的不同，往往是以某种混合方式为主。

混合机有多种型式，一般均须有混合容器。根据运行时混合容器是否运动，混合机通常可分为两类，即容器回转型和容器固定型。

一、 容器回转型混合机

这种混合机工作时，其容器围绕一水平轴旋转，其物料会在离心力和摩擦力作用下随容器旋转而向上运动，当物料向上达到一定高度时，物料所受的重力作用大于上述两种力，从而迫使物料下向流动，达到混合目的。

容器的形状有多种，并常以容器形状命名混合机，例如，V 形混合机、对锥式混合机和倾筒式混合机等。容器的回转速度不能太高，否则会因离心力过大，物料紧贴容器内壁固定不动，无法进行混合。这种混合机可以达到很高的混合均匀度，没有残留现象，但所需的混合时间较长。容器内一般没有搅拌工作部件，如果安装搅拌器件，则可以缩短混合时间。容器的物料装填率因容器形状不同而异，但一般不得超过容器有效容积的 60%。

容器回转型混合机是间歇式混合机，装卸物料时需要停机。间歇式混合机易控制混合质量，可适应粉粒物料配比经常改变的操作要求，因此适用于小批量多品种的混合操作。

（一） V 形混合机

V 形混合机如图 6 - 13 所示，其容器由两个圆筒呈 V 形焊合而成，夹角范围在 60° ~ 90°。工作时要求主轴平衡回转，装料量为容器体积的 20% ~ 30%。其转速很低，为 6 ~ 25r/min。

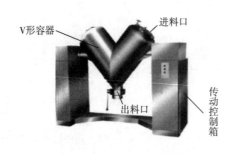

图 6 - 13 V 形混合机

图 6 - 14 带搅拌件 V 形混合机

图 6 - 15 对锥式混合机

V 形混合机常用来混合多种粉料以构成混合物，若在筒内安装搅拌叶轮，可用来混合凝聚性高的食品。

（二） 对锥式混合机

对锥式混合机（图 6 - 15）的容器由两个对称的圆锥形壳体焊接而成，圆锥角呈 60°角和 90°角两种形式，它取决于粉料的休止角大小。驱动轴固定在锥底部分，转速为 5 ~ 20r/min。圆锥体的两端设有进出料口，以保证卸料后机内无残留料。一般混合时间为 5 ~ 20min；若容器内安装叶轮，混合时间可缩短到 2min 左右。

二、 容器固定型混合机

容器固定式混合机的结构特点是工作时容器固定不动，内部安装有旋转混合部件。旋转件大多为螺旋结构。混合过程以对流作用为主，适用于物理性质差别及配比差别较大的散料混合。固定容器式混合机的操作方式有间歇与连续两种。

（一）卧式螺旋环带混合机

卧式螺旋环带混合机通常简称为卧式混合机，是最为常见的间歇式固定容器混合机。大中型混合机多为此种机型。

卧式螺旋环带混合机的结构如图 6 - 16 （1）所示，主要由机槽、螺带转子和传动部分等组成。机槽截面呈 U 形，上有盖板，槽底开有长条形料门，可迅速卸料。主要工作部件由两条不同回转半径带状螺旋带构成的螺带转子搅拌器，转速一般为 30 ~ 50r/min。外层螺旋环带与槽底之间的间隙一般为 2 ~ 5mm。为加快转轴附近物料的流动，有些机型在转轴处安装有小直径实体螺旋叶片。对于残留量要求极为严格的混合作业，有些机型采用可倾翻槽体结构。其工作原理如图 6 - 16 （2）所示，两条螺旋环带的旋向在对应轴向位置的方向相反，输送能力相等，因此运行时可以起到搅拌混合的作用。

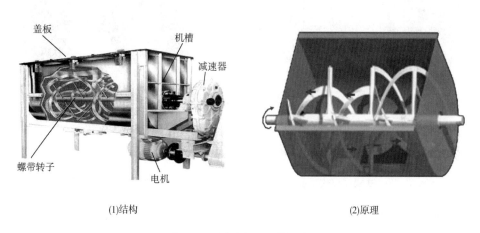

(1)结构 　　　　　　　　　　　　　　　　(2)原理

图 6 - 16　卧式螺旋环带混合机

卧式螺旋环带混合机的特点是混合时间短，混合质量高，排料迅速，腔内物料残留量少，但配套动力和占地面积较大。

（二）立式螺旋式混合机

立式螺旋式混合机的外形和结构如图 6 - 17 所示，主体料筒为圆柱形，内置一垂直螺旋。料筒高 H 与直径 D 之比范围为 2 ~ 5，螺旋直径 d 与 D 之比范围在 0.25 ~ 0.3，螺距范围在 180 ~ 200mm，螺旋叶片和内套筒内表面之间的间隙为 10mm，主轴转速为 200 ~ 300r/min。

工作时，各种物料组分别计量后，加入进料斗中，由垂直螺旋向上提升到内套筒上部出口外，被甩料板向四周抛撒，物料下落到锥形筒内壁表面和内套筒之间的环隙间，又被垂直螺旋向上提升，如此循环，直到混合均匀为止，然后打开卸料门从出料口排料。混合时间一般为 10~15min。

该混合机的特点是配用动力小，占地面积少，混合时间较长，料筒内物料残留量较多。多用于混合质量和残留量要求较低的场合，为小型混合机。

（三）行星锥形混合机

行星锥形混合机的外形和结构如图6-18所示，由圆锥形筒体、电动机、减速机构、倾斜安置的混合螺旋进料口和出料口等组成。工作时，从进料口将配制好的一批物料加入机内，启动电动机，通过减速机构驱动摇臂，摇臂带动混合螺旋以 2~6r/min 速度绕混合机中心轴线旋转。与此同时，混合螺旋又以 60~100r/min 的速度自转。必要时，锥形筒体可做成夹套式，通水加热或冷却，以控制腔内物料温度。当一批料混合均匀后，打开出料口卸料。混合需用时间为：小容量混合机 2~4min，大容量混合机 8~10min。

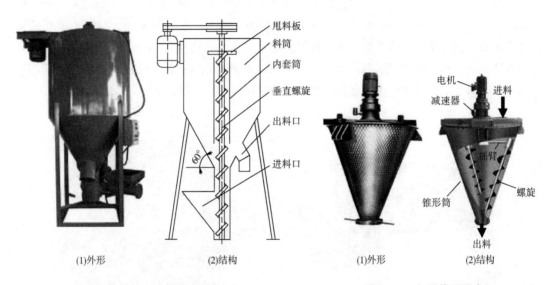

图6-17　立式螺旋式混合机　　　　图6-18　行星锥形混合机

（四）倾斜螺带连续混合机

倾斜螺带连续混合机结构如图6-19所示，整体呈倾斜状，进料口设置于混合机的低端，而出料口设在高端。主轴在进料口端设置螺杆，其余部分设置螺带及沿螺旋线布置的桨叶。

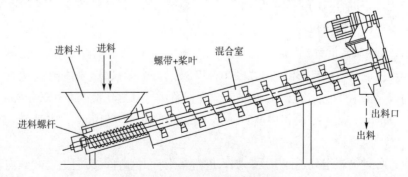

图6-19　倾斜螺带连续混合机

工作时，由进料口连续送入的物料，在进料段被螺杆强制送入混合段，在混合段内被螺带及桨叶向前推动形成翻滚的径向混合，同时在物料自身重力作用下经螺带空隙下滑形成返混的轴向混合，这两种方式共同构成对于物料的连续混合，混合后的物料连续地从出料口排出。调整主轴转速可调节这种返混的程度，即可控制物料在机内停留时间及混合效果。

这种混合机的特点是，因返混形成的轴向混合作用区域较小，同时物料停留时间不尽一致，混合质量较差，并要求各组分均连续计量喂料，适用于混合度要求不高的场合。

第三节　混合捏合机械设备

捏合是指将含液量较少的粉体或高黏度物质和胶体物质与微量细粉末的混合物加工成可塑性物质或胶状物质的操作。这类操作的典型例子包括面团、蛋糕糊及口香糖糕的制备等。捏合操作的实质是固体与液体的混合操作，所以，捏合操作有时也称为固液混合或调和操作。

捏合操作多用专门的捏合设备完成。由于捏合操作所处理的是流动性差的粉体或胶体物性的原料，并且要求得到的是均一的塑性体或高黏度浆体和胶体物，因此，捏合机的搅拌叶片要格外坚固，能承受巨大的作用力，容器的壳体也要具有足够的强度和刚度。

捏合设备大多数是容器固定的间歇式搅拌设备。根据搅拌器件转轴取向，这类设备可分为卧式和立式两种形式。按轴的数量可分单轴式和双轴式两种形式。

一、卧式混合捏合设备

（一）单轴卧式和面机

典型单轴卧式和面机外形如图6－20所示，主要由和面槽、机座、搅拌件、传统系统等构成。这类设备的混合槽截面一般呈U形，体积一般不大，适用于中小规模生产。混合槽多为可倾式，以方便出料。传统系统主要有驱动搅拌件转动的主电机和变速系统，通常还有一副电机及传统系统供混合槽倾倒和复位。

这种和面机的搅拌器件因用途不同而异。用于制备韧性面团的搅拌器如图6－21所示，大致可分为螺旋和滚笼两种型式。这些搅拌器件结构使形成的面团受到以折叠和拉伸为主的操作。图6－21（1）、（2）所示的搅拌器与和面槽配合，工作时面团受到两个旋向相反的螺旋搅拌叶作用主要朝和面槽端面运动，再从端面折回，如此反复受到拉

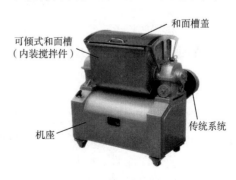

图6－20　典型单轴卧式和面机

伸折叠作用。第（2）种型式因无轴，所以不会有面团抱轴现象。

图 6-21（3）所示的搅拌器件为滚笼式（也称为行星式），它主要由一对夹辊件、数个直辊及中轴组成。夹辊件规定了直辊相对于中轴的分布形状，常见形式有 Y 形、X 形和 S 形等。直辊分为带活动套管和不带活动套管两种形式。带活动套管的在和面时可自由转动，减少直辊与面团间的摩擦及硬挤压，从而可以降低功率消耗，减少对面筋的破坏。直辊可平行于或倾斜于（倾角为 5°左右）搅拌轴线安装。后者直辊相对于中轴回转半径不同，作用是促进面团的轴向流动。有的搅拌器两夹辊件间无中心轴，可避免面团抱轴或中间调粉不均匀的现象。

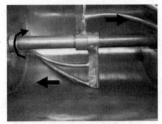

(1)带轴螺旋搅拌器　　　　　　(2)无轴螺旋搅拌器　　　　　　(3)滚笼状搅拌器

图 6-21　各种韧性面团搅拌器

滚笼式搅拌器和面时，对面团有举、打、折、揉、压、拉等操作（图 6-22），有助于面团的捏合，如果搅拌器结构参数选择合适，还可利用搅拌的反转将捏合好的面团自动抛出容器，可省去一套容器翻转机构，降低设备成本。

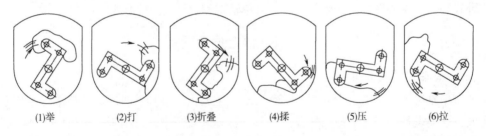

(1)举　　　(2)打　　　(3)折叠　　　(4)揉　　　(5)压　　　(6)拉

图 6-22　滚笼式搅拌器调和面团过程示意

滚笼式搅拌器的特点：结构简单、制造方便、机械切割作用弱，有利于面筋网络的生成。但操作时间长，面团形成慢。滚笼式搅拌器适用于调和水面团、韧性面团等经过发酵或不发酵的面团。

用于酥性面团制备的和面槽和搅拌器如图 6-23 所示。这种类型和面机的搅拌件一般为直桨叶，搅拌轴垂直、沿轴呈辐射状排列，而和面槽内壁装有固定的横切桨。当主轴进行回转时，轴上的桨叶和槽壁上的横切桨叶会对物料产生压缩、剪切、捏合与对流混合等作用，物料在上述四种动作的协同作用下，很快便能混合均匀。这类和面机对物料的剪切作用很强，但拉伸作用弱，对面筋的形成具有一定破坏作用。另外，由于搅拌轴装在容器中心，近轴处物料运动速度低，若投粉量少或操作不当易造成抱轴及搅拌不匀的现象。这种桨叶式搅拌器结构简单，成本低，适用于揉制酥性面团。

（二）双轴卧式捏合设备

1. 双臂式捏合机

双臂式捏合机是一种用于可塑物捏合作业的典型双轴式捏合设备，其处理的对象范围广，食品加工中用得很多。此机广泛用于面包、饼干制造业中面粉、水、酵母和其他原辅料的均匀混合与捏合。在巧克力制造工业中，用于可可液浆、糖粉和乳粉等的捏合混合。

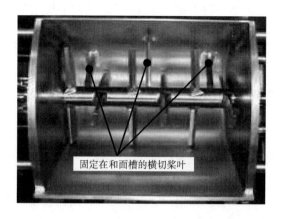

图6-23　用于酥性面团的搅拌件及和面槽

双臂式捏合机如图6-24所示，主要由一对转子、混合室及驱动装置等组成。由于通常使用的两根搅拌转子呈Z字形，因此这种捏合机也常称为Z形捏合机。转子形式有多种（见图6-25），但以Z形最常见。小型捏合机的转子多为实心体，大型捏合机转子设计成空腔形式，可在转子内通入加热或冷却介质。

图6-24　双臂式捏合机

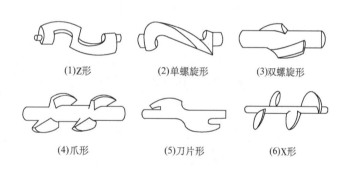

(1)Z形　　(2)单螺旋形　　(3)双螺旋形

(4)爪形　　(5)刀片形　　(6)X形

图6-25　捏合机转子形式

混合槽底部呈W形或鞍形（图6-26）。混合槽也可做成夹套式，通入加热或冷却介质。可带盖或不带盖，带盖的捏合机与槽体具有很好的密封性能，可使混合室在真空或加压的条件下进行操作。混合槽一般为可倾式，由人工或电机驱动将槽体的一侧竖起可供出料或清洗。小型设备人工操纵即可，中型或大型设备则在支承轴上装齿轮，由电动或手动手柄进行操作。有些混合槽底部开设有排料口，打开排料口阀门或闸门即可进行排料。

转子在混合室槽的安装如图6-26所示，有相切式和相交式两种形式。

相切式安装时，两转子外缘运动迹线是相切的；转子可以同向旋转，也可相向旋转，常用转子间速比为1.5∶1、2∶1和3∶1。相切式安

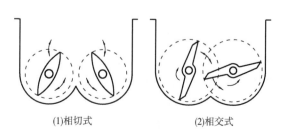

(1)相切式　　(2)相交式

图6-26　转子安装形式

装的捏合机的转子旋转时，物料在两转子相切处受到强烈剪切。同向旋转的转子或转速比大的转子间的剪切力可能达到很大的数值。此外，转子外缘与混合室壁的间隙内，物料也受到强烈剪切。除剪切作用以外，转子的旋转翻转作用能有效地促进物料各组分混合。由于转子相切式安装具有上述特点，故此类捏合机特别适用于初始状态为片状、条状或块状物料的混合。

相交式安装时，两转子外缘运动轨迹线是相交的。相交式安装的转子，只能相向旋转，由于运动迹线相交，为避免搅拌臂相碰，两臂的转速比只能用 $1:2$ 和 $1:1$。相交式安装的转子外缘与混合室壁间隙很小，一般在 1mm 左右，在这样小的间隙中，物料将受到强烈剪切、挤压作用，不仅可以增加混合（或捏合）效果，同时可以有效地除掉混合室壁上的滞料，有自洁作用。适用于粉状、糊状或黏稠液态物料的混合。

2. 双轴式和面机

这是专门用于和面的双轴式搅拌混合捏合设备。这类设备基本构成与双臂式捏合机类似，和面槽也呈 W 形，有一对搅拌轴，搅拌桨叶也分酥性面团和韧性面团用的两类，基本形状与单轴式的相似，但每台有一对搅拌器件。用于酥性面团制备的搅拌器采用的也是呈辐射状排列的直桨叶。与双臂捏合机一样，两个搅拌器桨叶外缘轨迹既可相切，也可相叠。图 6-27 所示为曲桨式和直桨式双轴搅拌件在和面槽内的排列情形。值得一提的是，曲桨式搅拌器两轴的转速也受搅拌器安装方式制约，但对于直桨式搅拌器，如两轴桨叶错开排列，则转速没有限制。

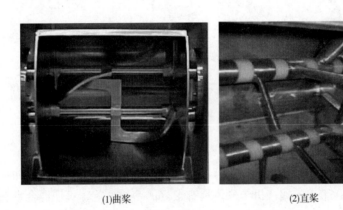

(1)曲桨　　　　　　　　　　　　　(2)直桨

图 6-27　相交方式排列的双轴和面机搅拌器

二、 立式混合捏合设备

（一） 单轴立式混合捏合设备

单轴立式混合捏合设备常称为混合锅，其主体由搅拌器与不带盖的容器构成。根据搅拌器与容器的运动状态分为两种形式（图 6-28），一种是容器固定式，典型代表设备是立式打蛋机，另一种是容器转动式，典型代表机种是立式和面机。两种情形下，搅拌器件在自转轴均可相对于容器轴心作圆周运动，从而可对容器内各部位的物料产生周期性的搅拌作用。

1. 立式打蛋机

立式打蛋机外形如图 6 – 29 所示，主要由锅体（容器）、搅拌器、传动装置及容器升降机构等组成。

打蛋机锅体由一段短圆筒和一个半球形器底制成，扣装在可以升降的锅体耳座上，通过人工操纵手柄升降。

搅拌器有多种形式，使用较多的有如图 6 – 30 所示的 3 种形式。搅拌器在锅体内作行星运动，主轴转速范围为 20 ~ 80r/min，其搅拌器自身转速范围为 70 ~ 270r/min。由于搅拌器转速

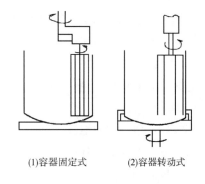

(1)容器固定式　　(2)容器转动式

图 6 – 28　混合锅结构原理图

高，所以打蛋机也常称为高速调和机。搅拌器与锅壁间隙很小，搅拌作用可遍及锅内全部物料。

图 6 – 29　立式打蛋机

(1)筐形　　(2)拍形　　(3)钩形

图 6 – 30　打蛋机搅拌器件形式

打蛋机的工作原理为：通过自身搅拌器的高速旋转，强制搅打，使得被搅拌物料充分接触与剧烈摩擦，以实现对物料的混合、乳化、充气及排除部分水分的作用，从而满足某些食品加工工艺的特殊要求。

打蛋机在食品生产中有较多应用。主要加工对象是黏稠性浆体，常被用来搅打软糖制造中的蛋白液、半软糖的糖浆、生产蛋糕、杏元饼的面浆，以及花式糕点上的装饰乳酪等。生产砂型奶糖时，通过搅拌可使蔗糖分子形成微小结晶体，俗称"打砂"操作；在生产充气糖果时，将浸泡的干蛋白、蛋白发泡粉、明胶溶液及浓糖浆等混合搅拌后，可得到洁白、多孔性的充气蛋白糖浆体。

2. 单轴立式和面机

如图 6 – 31 所示为一种单轴立式和面机外形，主要由锅体、搅拌器、机架及传动装置等构成。锅体固定在转动盘上，因而工作时可以转动。

搅拌器（即混合元件）偏心安装于靠近锅壁处作固定的转动。混合元件形式主要以钩形为主，并在锅中心处立有一根固定棒，以防止面团抱住搅拌器。

立式和面机的工作过程是，转盘带动锅体作圆周运动，使锅内所有物料反复循环受到

混合元件的混合作用。

这种和面机在食品工业中应用较广，特别适用于高黏度食品配料混合和捏合，如调制面包面团，糕点糖果的原料混合也经常采用这种设备。

（二）双轴立式和面机

双轴立式和面机如图6-32所示，主要由传动装置、机架、搅拌器、控制箱、和面桶及升降器等构成。这种和面机的传动装置位于顶部梁架，驱动一对搅拌器件以不同速度转动。搅拌器件可以方便地进行更换，以适应不同性状面团的制备需要。和面桶是由两个圆筒相叠成俯视呈∞形的容器，下部带有可移动的小轮和在机架升降器定位的结构，容积较大，每次可制备500kg面团。操作时，由升降器将和面桶升到适当位置，完成制备后再降下。

图6-31　立式和面机

图6-32　双轴立式和面机

第四节　均质机械设备

均质（也称匀浆）是一种使液体分散体系（悬浮液或乳化液）中的分散物（构成分散相的固体颗粒或液滴）微粒化、均匀化的处理过程，其目的是降低分散物的尺寸，提高分散物悬浮稳定性及分布均匀性。

狭义的均质设备仅指高压均质机。然而，凡对分散体系统液料内相物有较明显剪切或破碎作用的设备（如胶体磨、高速剪切乳化器等），均可认为属于均质化设备。

均质设备可根据使用的能量类型及机构特点分为压力式和旋转式两大类。压力式均质设备首先使料液获得高压能，再使其在机内将高压能转化为动能，同时使分散物受到流体力学上的剪切、空穴[*]和撞击作用而破碎。常见压力式均质设备有高压均质机和超声波乳

---

[*] 空穴理论认为，流体受高速旋转体作用或流体流动在有突然压降变化的场合会产生空穴小泡，当这些小泡破裂时会在流体中释放出很强的冲击波，当这种冲击波发生在粒子附近时，会造成粒子的破裂。

化器等。旋转均质设备由转子与定子系统构成，直接将机械动能传递给受处理的介质，使其在定子转子间受到高速剪切作用。胶体磨和高剪切均质头是典型的旋转式均质设备。

均质在现代食品加工业中的作用越来越重要，非均相液态食品的分散相物质在连续相中的悬浮稳定性，与分散相的粒度大小及其分布均匀性密切相关，粒度越小，分布越均匀，其稳定性越大。包括乳和饮料在内的绝大多数液态食品的分散物悬浮（或沉降）稳定性，都可以通过均质处理加以提高。均质过程的本质是一种破碎过程，因此在生物技术中，也可采用均质破碎生物细胞，提高细胞提取物得率。

一、 高压均质机

典型高压均质机外形如图6-33所示，其工作主体由柱塞式高压泵和均质阀两部分构成。总体上，它只是比高压泵多了起均质作用的均质阀而已，所以有时也将高压均质机称为高压均质泵。

高压均质机有多种形式。不同高压均质机的基本组成相同，差异主要表现在柱塞泵的柱塞数、均质阀级数，以及压强控制方式等方面。

（一）高压柱塞泵

高压均质机因使用的是单柱塞泵或多柱塞泵而有区别。由于单柱塞泵的输出具有波动性且流量小，因而只用于实验型均质机。生产规模的均质机使用的是多柱塞泵，目前以三柱塞泵用得最多。

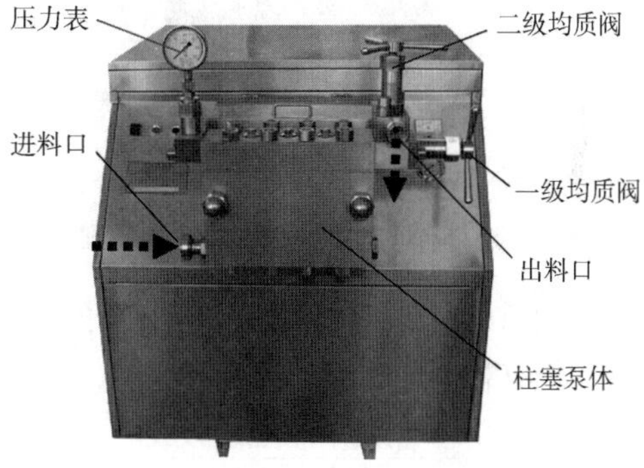

高压均质机的最大工作压强是其重要性能，它主要由均质机结构强度及所配电机功率所规定。不同均质机的最大工作压强可有很大差异，一般在7~104MPa。

图6-33　高压均质机

（二）均质阀

均质阀与高压柱塞泵的输出端相连，是对料液产生均质作用、对压强进行调节的部件。

均质阀如图6-34所示，有单级和双级两种。单级均质阀只用于实验型均质机。现代工业用均质机大多采用双级均质阀。双级均质阀实际上是由两个单级均质阀串联而成。

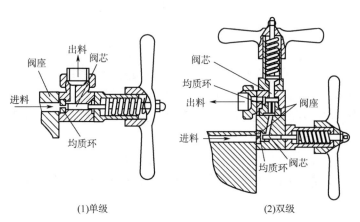

(1)单级　　　　　(2)双级

图6-34　均质阀

不论是单级还是双级均质阀，其主要阀件包括阀座、阀芯和均质环，图 6-35 所示为三者的结构及料液在均质阀内均质化情形。

均质阀的组合看似简单，但发生的流体力学行为相当复杂。流体经过均质阀的压强变化情形如图 6-36 所示。阀座内受压流体并冲向阀芯，通过由阀座与芯构成的环形窄缝时，流体会由高压低流速迅速转化为低压高流速状态，除受到巨大剪切作用以外，还受到空穴作用。自缝隙出来的高速流体最后撞在外面的均质环（也称撞击环）上，使已经碎裂的粒子进一步得到分散作用。

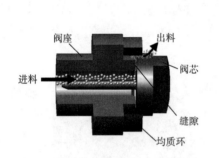

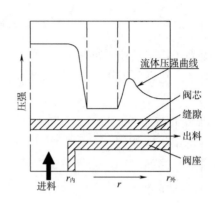

图 6-35　均质阀主要阀件及工作原理　　　　图 6-36　均质阀中流体压强变化

一级均质阀往往仅使大乳滴破裂成小乳滴，这些小乳滴尚未得到大分子乳化物质的完全覆盖，仍有相互合并成大乳滴的可能，因此需要经第二道均质阀的进一步处理，才能使大分子乳化物质均匀地分布在新形成的两液相的界面上。采用双级均质处理的场合，一般将总压降的 85% ~90% 分配给第一级，而将余下的 10% ~15% 分配给第二级。

均质压强大小的调整，一般由操作人员通过转动手柄调整阀芯弹簧的压缩程度实现。弹簧压力作用下的阀芯，只有在受到大于弹簧压力的流体压力时，才能被顶开，并让流体通过缝隙而产生均质作用。

（三）其他组成部分

尽管总体上高压均质机与一般的柱塞泵相比只是多了一个均质阀，但完整的高压均质机还须配上诸如冷却水机构、压力表和过滤器等部件。

由于高速流体产生的摩擦作用会使泵体（从而也使料液）的温度升高。因此，为了使泵体能在较稳定的温度条件下运行，一般工业化高压均质机都配有冷却水系统。冷却水主要是对往复运动的柱塞进行冷却。有些无菌化生产流程中，高压均质机串接高温灭菌工序之后，这种场合为均质机配接的冷却水必须是无菌的（例如，经冷却的开水），这样才能保证料液在均质工段不受到二次污染。

高压均质机都配有高压压力表，以为操作人员进行压力调整提供压力指示。均质机的进料口一般都装有阻隔杂质进入均质机的过滤器件，以防止均质阀受到意外损伤，并延长其使用寿命。

（四）高压均质机的应用与使用

高压均质机可用来加工许多食品。不同产品应用均质机进行处理，最重要的是选择适当均质工作压力。均质压力应根据产品配方、所需产品货架寿命以及其他指标确定。表6-1所示为一些产品所应用的均质压力范围。有些产品经过一次均质处理还达不到要求，需要重复均质。

表6-1 应用不同均质压力的产品举例

均质压力范围	制 品
3~21MPa	乳、稀奶油、冰淇淋、软干酪、干酪酱、酸乳、液蛋、杏汁、番茄制品、热带果茶、咖啡伴侣、巧克力糖浆和软糖、奶油司考奇浆、稀奶油替代品、用肉及蔬菜制备的婴儿食品等
21~35MPa	橙汁、果茶、风味油乳化液、花生酱、用肉和蔬菜制备的婴儿食品、酱、淀粉、鸡肉制品、肉制涂布料、芥末、豆奶等
35~55MPa	冷冻搅打甜食的装饰物、酵母、花生酱、鸡肉制品等

高压均质机的出料口仍然有较高压头，但它的吸程有限，一般供料容器的出口位置应高于均质机进料口，否则需使用离心泵供料。另外高压均质机应避免出现中途断料现象，否则会出现不稳定的高压冲击载荷，使均质设备受到很大的损伤。另外，物料夹入过多空气也会引起同样的冲击载荷效应，因此有些产品均质前需要进行脱气处理。

二、 胶体磨

胶体磨是以剪切作用为主的均质设备，其均质部件由一高速旋转的磨盘（转动件）与一固定的磨盘（固定件）构成。胶体磨主要用于黏度较高料液的均质处理。

胶体磨按转动轴的方向分为卧式和立式两种，后者又分联轴式和分体式两种。图6-37所示为三种形式胶体磨的外形图。胶体磨磨体结构如图6-38所示，主要由机壳、磨盘、进料斗、调节盘、叶轮等构成。

(1)卧式　　　　　(2)立式　　　　　(3)分体立式

图6-37 胶体磨外形图

胶体磨的关键部件是由定盘与动盘组成的磨盘。动盘与传动轴相连，定盘固定在调节盘上，通过转动调节盘手柄，可以调整定盘与动盘之间的工作面间距，从而也可以调节胶体磨均质效果及产量。固定件与转动件之间的间隙范围为 $50 \sim 150\mu m$。磨盘工作面一般为锥台面状，但在锥角大小及磨齿形状方面不同的机型会有差异（图6-39）。胶体磨的磨面通常为不锈钢光面，但也有金刚砂毛面型的，以此对固体粒子磨碎并促进均质效果。

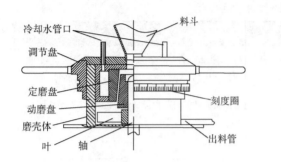

图6-38   胶体磨结构

图6-39   胶体磨的磨盘

动磨盘的传动轴可直接与电机相连（如卧式和轴联立式），也可通过皮带轮与电机相连（如分体式）。轴的转速与磨盘的直径有关，一般直径小的磨盘要求高的转速，这样才能获得与较低转速下大直径磨盘相同的均质效果。

胶体磨的工作过程为，物料在磨盘间隙中通过时，高速旋转的动盘使附在旋转面上的物料速度最大，附于定子表面上的物料速度最小，因此产生很大的速度梯度，使物料受到强烈的剪切作用而发生湍动，从而使物料均质化。

与高压均质机一样，料液从胶体磨获得的能量，也只有部分用于微粒化，而大部分转化成了摩擦热。为了防止料温（尤其是循环操作时）升高过度对料液和设备产生影响，也要用冷却水对胶体磨进行冷却。

经过胶体磨处理后的分散相粒度最低可达 $1 \sim 2\mu m$ 以下。胶体磨与高压均质机有时可以通用，但一般说来，在表6-2所示的产品中，只有所用均质压力大于20MPa的产品（或相类似的产品）才适合用胶体磨进行处理。也就是说，胶体磨通常适用于处理较黏稠的物料。表6-2所示为胶体磨与高压均质机的性能参数比较。

表6-2   均质机与胶体磨性能参数比较

参数	均质机	胶体磨
最小粒度/μm	0.03	$1 \sim 2.5$
最大粒度/μm	20	$50 \sim 100$
最小黏度/mPa·s	1	$1 \sim 1000$
最大黏度/mPa·s	2000	$5000 \sim 50000$
最大剪切应力	69MPa	与压力 $10 \sim 14$MPa 范围的均质机相当
加工时的温度升高	$2 \sim 2.5$℃/10MPa	$1 \sim 50$℃不等，取决于磨片间隙的大小
最大操作温度/℃	140	只有特殊的胶体磨才可在140℃的温度下工作
连续处理	可以	可以

续表

参数	均质机	胶体磨
出料液压头	较大	一般没有
无菌操作	可以	一般不行
黏度大小的影响	不影响处理量	黏度增大，处理量下降
剪切力大小	不影响处理量	剪切力加大，处理量下降

三、高剪切均质机械设备

高剪切均质机械设备是一类旋转式均质设备，其关键均质部件是转子－定子对。典型转子定子对组合如图6－40所示。图6－40（1）所示的转子和定子分别有两圈齿牙，运行时，转子定子形成三个同心圆剪切面。转子里圈齿牙只有三个"齿"，且呈尖弧形结构，它既起剪切作用，也起离心泵叶轮的作用，可将均质头两端的料液吸入。图6－40（2）所示的转子的齿垂直于一块圆板，与定子配合运转时，料液只能从一端进料。另外，还可以看出，定子可以取多孔圈状形式。

转子定子对组合的形式有多种，主要差异在于齿形、齿圈数、多孔圈的孔形，以及转子定子偶合的方式等。基于转子－定子原理的均质乳化机械设备有多种形式，如涡轮均质机、涡轮乳化机、高剪切均质机、管线式乳化机、高剪切均质泵、搅拌乳化罐等。尽管名称不同，但均质原理基本相同。其工作原理是利用转子与定子间高相对速度旋转时产生的剪切作用使料液得以乳化，或使悬浮液进一步微粒化、分散化。

如图6－41所示为一种利用高速转子均质头的搅拌分散罐结构，主要由罐体与高速剪切均质头构成。

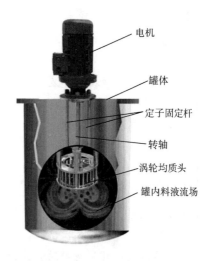

电机

罐体

定子固定杆

转轴

涡轮均质头

罐内料液流场

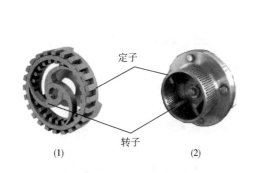

定子

转子

(1)　　　　　　　　(2)

图6－40　典型高剪切转子与定子　　　　**图6－41　搅拌分散罐结构示意**

将多对高速剪切均质器的转子对装于泵形外壳中，就构成了所谓的管线式乳化均质机，也称为高剪切均质泵。图6－42所示为高剪切均质泵的外形和一种由三对转子定子构成的管线式乳化均质机工作原理，物料从轴向进入，经过转子定子对的剪切作用后，最后由另一端的径向流出。

(1) 外形　　　　　　　　　　　(2) 原理

图 6 −42　管线式乳化均质机

除了将高速剪切均质器头安装在罐体内或泵体内以外，也有的设备将高速剪切均质器装在可移动升降的台架上。因此，可以将这种均质设备灵活地应用于不同的场合，如夹层锅、无搅拌器件的桶状容器等。事实上，实验室规模的高速剪切均质头就是可移动的。

高速剪切均质器的工作原理与胶体磨的相似，因此它们处理的料液性状与胶体磨的相似，总体上适合于处理较黏稠的物料。高速剪切均质头的转子与定子在结构上与胶体磨的转子与定子有明显区别，前者呈圆柱面状，而后者呈圆锥台面状；前者的齿壁开槽口，而后者是不开口的。在配合上也有区别，胶体磨的两盘片（定子与转子）间的间距是可调的，而高速剪切均质设备的转定子之间的间隙一般是固定不变的。

本章小结

食品工业中，为了使不同组成的配料混合均匀，或者促使同一物料的状态均匀，可以采用液体搅拌机、水粉混合机、静态混合器、粉体混合器、捏合机等机械设备。为了使分散系物料稳定可以采用各种形式的均质设备。

食品工业中典型的液体搅拌设备有发酵罐、酶解罐、冷热缸、溶糖锅、沉淀罐等。它们之间的差异主要体现在搅拌装置、轴封和搅拌容器等方面。搅拌装置中的搅拌桨形式选用，主要取决于液体的黏度。

水粉混合设备用于将粉体物料配制成悬浮液，而静态混合器则用于两种以上料液的在线连续混合。

粉体物料可用容器回转型和容器固定型两大类的设备进行混合。其中前者为间歇式操作设备，而后者既可间歇操作也可连续操作。

高稠度的浆体、塑性体和黏弹性体物料的制备需要采用搅拌混合捏合设备。典型的搅拌混合与捏合设备有双臂式捏合机、打蛋机以及和面机等。

为了使悬浮液或乳化液中的分散物微粒化、均匀化，进而获得较为稳定的状态或者改善品质，可以采用各种均质乳化设备。典型均质化设备有高压均质机、胶体磨和高速剪切均质乳化设备等。

🔍 **思考题**

1. 分别举例说明液体搅拌设备、粉体混合设备、捏合设备在食品工业中的应用。
2. 举例说明均质设备在食品工业中的应用。
3. 如何选择液体搅拌器的形式？
4. 对比讨论高压均质机与胶体磨的特点及适用对象。
5. 可利用哪些设备提高水粉混合料的混合均匀度？

自测题

一、判断题

（　　）1. 对稀液体物料进行搅拌的主要目的是为了获得均质的液体。

（　　）2. 搅拌器的直径越小，一般搅拌轴的转速也越小。

（　　）3. 高压均质机的均质压力通常用手动方式进行调节。

（　　）4. 容器回转型粉料混合器多为间歇式操作。

（　　）5. 容器回转型粉料混合器的容器内不可设任何搅拌器件。

（　　）6. 高压均质机全由三柱塞泵提供均质所需压力。

（　　）7. 高压均质机的均质阀有单级和多级之分。

（　　）8. Z 型捏合机的料槽通常可翻转。

（　　）9. 揉制面团只能用卧式捏合机。

（　　）10. 双轴立式和面机的搅拌器可以根据操作需要升降。

（　　）11. 胶体磨是旋转动式均质设备，其出料口有一定的压头。

（　　）12. 高压均质机均质进料一般由离心泵提供。

（　　）13. 物料经过高压均质机均质阀节流作用后，出料一般没有压头。

（　　）14. 物料每经高剪切均质乳化器一次，就受到一次高速剪切作用。

（　　）15. 低黏度液体可选用旋桨式搅拌器。

（　　）16. 高黏度液体搅拌器可选用涡轮式搅拌器。

二、填充题

1. 按操作时容器状态，粉体物料混合设备可分为容器_____型和容器_____型两大类。

2. 停机状态才能进行_____和卸物料的粉料混合设备属于容器_____型。

3. 容器_____型混合机可有间歇与_____式两种操作方式。

4. 固定容器式混合机适用于_____性质差别及_____差别较大的散料混合。

5. 按搅拌主轴的安装方向，各种和面机可分为_____和_____两大类。

6. 用于韧性面团的单轴卧式和面机的搅拌器件有_____和_____两种形式。

7. 用于酥性面团的单轴卧式和面机的搅拌器件一般为_____桨，和面槽内壁装有_____桨。

8. 双臂卧式捏合机通常使用的搅拌转呈_____形，因此常称为_____捏合机。

9. 双臂卧式捏合机的混合室底部呈_____形或_____形。

10. Z 型捏合机有一对转子，它们可按_____和_____两种方式安装。

11. 单轴立式混合捏合设备常称为_____，其主体由_____与不带盖的容器构成。

12. 搅拌器件在锅体内作快速_____运动的立式打蛋机，常称为高速_____机。

13. 单轴立式和面机的_____和_____同时在各自固定位置以不同速度转动。

14. 均质设备可根据使用能量类型和均质机构特点分为_____式和_____式两大类。

15. 高压均质机主要由_____高压泵和_____阀两部分构成。

16. 高压均匀机使用_____泵和_____泵。

17. 高压均匀机的均质阀分为_____和_____两种型式。

18. 均质机的均质压力大小通常一般由_____调节均质阀的_____压缩程度来调节。

19. 胶体磨按转动轴的方向可分为_____和_____两种形式。

20. 立式胶体磨分可为_____式和_____式两种形式。

三、选择题

1. 罐壁上装挡板的圆柱形液体搅拌罐，出现在罐的轴线与搅拌器轴_____。

A. 重合时　　　　　B. 垂直进　　　　　C. 平行进　　　　　D. 斜交进

2. 液体搅拌器型式一般可根据_____。

A. 料液黏度　　　　B. 容器大小　　　　C. A 和 B　　　　　D. 容器的高度

3. 最不可能用于打蛋机的搅拌器形式是_____。

A. 筐形　　　　　　B. 拍形　　　　　　C. 钩形　　　　　　D. 直桨形

4. 容器固定型粉体物料混合器最常用的混合器件形式为_____ 。

A. 螺带式　　　　　B. 涡轮式　　　　　C. 锚式　　　　　　D. 框式

5. 容器回转式粉体物料混合器_____。

A. 混合均匀度易控制　B. 只能间歇操作　　C. A、B 和 D　　　　D. 可用真空进料

6. 工业用高压均质机常用 _____。

A. 双级均质阀　　　　B. 三柱塞泵　　　　C. 罗茨泵提供均质压力　　　D. A 和 B

7. 胶体磨与高压均匀机相比，可处理的料液 _____ 。

A. B、C 和 D　　　　B. 黏度较大　　　　C. 可带一定纤维　　D. 稠度较大

8. 下列设备中不带运动部件的是 _____。

A 胶体磨　　　　　　　　　　　　　　　B. 管道混合器

C. 均质机　　　　　　　　　　　　　　　D. 高剪切质均乳化器

9. 下列设备中，不带搅拌器的是_____。

A. 发酵罐　　　　　B. 冷热缸　　　　　C. 杀菌锅　　　　　D. 酶解罐

10. 液体混合设备的必备部件是_____。

A. 夹套　　　　　　B. 搅拌桨　　　　　C. 人孔　　　　　　D. 温度计插套

11. 高度 1m 的用于液 – 固物料的圆筒形搅拌罐，适宜的罐体直径范围为_____。

A. 0.5 ~ 0.8m　　　B. 0.6 ~ 0.9m　　　C. 0.8 ~ 1.0m　　　D. 1.0 ~ 1.3m

12. 静态混合器一般不用于_____。

A. 过滤　　　　　　　B. 溶解　　　　　　　　C. 分散　　　　　　　D. 萃取

13. 工业用高压均质机较少配用_____。

A. 多柱塞泵　　　　　B. 单级均质阀　　　　C. 双级均质阀　　　　D. 三柱塞泵

四、对应题

1. 找出以下设备功能的对应关系，并将第二列的字母填入第一列对应项的括号中。

（1）混合（　　）　　　　　　A. 用于半固体均匀化操作

（2）搅拌（　　）　　　　　　B. 固体或半固体料之间的混合操作

（3）捏合（　　）　　　　　　C. 分散系统内相物的微粒化

（4）乳化（　　）　　　　　　D. 目的在于强化传热，少量固体在液体中溶化

（5）均质（　　）　　　　　　E. 不相溶液体的混合均质化

2. 找出以下设备结构件的对应关系，并将第二列的字母填入第一列对应项的括号中。

（1）打蛋机（　　）　　　　　A. 悬臂螺旋混合器

（2）卧式捏合机（　　）　　　B. 拍形搅拌桨

（3）搅拌罐（　　）　　　　　C. Z 形搅拌桨

（4）行星锥形混合机（　　）　D. 涡轮搅拌桨

（5）对锥形混合机（　　）　　E. 器内部可无搅拌器件

3. 找出以下设备功能的对应关系，并将第二列的字母填入第一列对应项的括号中。

（1）高压均质机（　　）　　　A. 转子与定子间有缝隙可调的锥形剪切面

（2）胶体磨（　　）　　　　　B. 柱塞泵泵，均质阀

（3）水粉混合机（　　）　　　C. 无运动器件

（4）高剪切均质乳化器（　　）D. 物料在转子与定子间受多次剪切作用

（5）管道静态混合器（　　）　E. 配制悬浮液

第七章

热交换、 热处理机械与设备

食品加工过程中，物料进行加热或冷却处理（即热交换）是一项普遍而重要的单元操作。从原料到内包装半成品的各种状态的物料都有可能涉及热交换操作。与其他物料一样，食品物料也通过对流、传导和辐射三种方式传热。

食品物料状态有液体、固体两大类。可利用通用或专用热交换设备对食品物料进行加热或冷却操作。例如，对于液体物料可用各种间接或直接式热交换器，对于未包装固体物料，一般可采用专用热处理设备，如挤压机、油炸机、热烫机等。各种换热设备及其换热形式如表7-1所示。

表7-1 食品加工的热交换、热处理设备类型

物料状态	设备类型	换热形式
流体	蛇管、列管、套管、翅片管、板式、刮板式、夹层式、螺旋板式热交换器等	间接式
	蒸汽喷射式加热器、蒸汽注入式加热器、混合冷凝器等	直接式
固体	油炸设备、热烫处理设备	直接式
	螺旋挤压机、微波加热器、红外线加热器	其他

表中，流体类热交换器在浓缩、干燥、（未包装品）杀菌和冷冻等单元操作中有广泛应用。这些单元操作由本教科书其他章节专门介绍。包装食品热杀菌设备本质上也是一类换热设备，在第十二章专门介绍。

第一节 热交换器

热交换器主要指的是用于对流体食品或流体加工介质进行加热或冷却处理的设备。按传热方式，热交换器可分为两大类：间壁式热交换器、混合式热交换器。

一、间壁式热交换器

间壁式热交换器的特点是换热介质和换热物料被金属材料隔开，两者不相混合，通过间壁进行热量的交换，这种加热方式符合食品卫生要求，在食品工业中应用最为广泛。间壁式热交换器按其传热面的形状和结构可分为管壁传热和板壁传热两种形式。

（一）管式热交换器

管式热交换器的结构特征是其传热面由金属管构成。这类热交换器的主要形式有盘管式、套管式、列管式和翅片管式等。

1. 盘管式热交换器

盘管式热交换器也称蛇管式热交换器。盘管热交换器在食品冷加工方面有较广泛应用，例如，冷库中的冷排管和盘管式冷凝器；某些大型搅拌反应罐内的盘管式热交换器；用于奶油、炼乳等高黏度乳制品的加热或冷却；用作流体食品等超高温灭菌机的加热器。

根据管外换热液体与盘管的接触形式，盘管式热交换器可以分为沉浸式和喷淋式两种型式。

（1）沉浸式盘管热交换器　这种热交换器盘管浸没在装有流体的容器中，管内和容器内的两种流体通过盘管进行热交换。盘管可以做成各种形状。如图7-1（1）所示，可将若干段直管上下并列安排构成所谓的排管，也有将长管弯曲成如图7-1（2）所示的螺旋形（称为盘香管）。此外，也可根据容器特点做成其他形状的盘管。如图7-2所示的盘管式热交换器是一种超高温灭菌机中的加热器，管外通以蒸汽，可以保证杀菌介质温度的恒定。

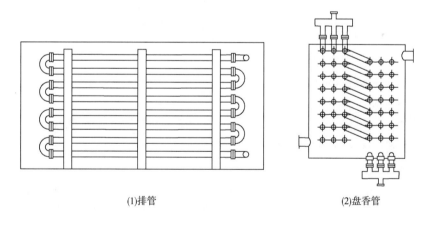

(1)排管　　　　　　　　　　　(2)盘香管

图7-1　沉浸式蛇管热交换器

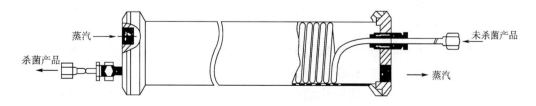

图7-2　超高温灭菌用的盘管式加热器

这种热交换器管外空间较大，因而管外流体流速较小，表面传热系数不高，热交换器传热效率低，是较古老的一种设备。其优点是结构简单，制造维修方便，造价低，能承受较高压强。由于管外为大量流体，所以对操作条件的改变并不敏感。

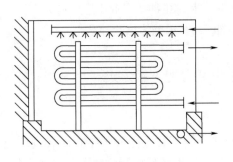

图7-3 喷淋式盘管热交换器

（2）喷淋式盘管热交换器 这种热交换器结构如图7-3所示，管外的流体通过喷淋散成液滴通过盘管外表面与管内流体进行换热。有的制冷系统采用这种形式的换热器作制冷剂冷凝器（参见第十三章内容）。

与沉浸式相比，喷淋式盘管换热器的管外表面传热系数有所提高，因此所需传热面积、材料消耗和制造成本都较低。此外，作为卫生式设备，清洗消毒也较方便。同时，冷却水消耗量只有沉浸式的一半。但这种设备占地面积大，操作时管外有水汽发生，对环境不利，所以常安装在室外；另外，管子氧化快、寿命短，喷淋的液体量有变化时，温度响应极为敏感。

2. 套管式热交换器

套管式热交换器有普通套管式和新型套管式两种型式。换热原理上两者无本质区别，但材料和结构方式，后者作了较大改进，因而目前广泛用于不同黏稠度流体的加热。

（1）普通套管式热交换器这种热交换器结构如图7-4所示，由两根口径不同的管子相套成同心套管，再将多段套管的内管用U形弯头连接起来、外管则用支管相连接。每一段套管称为一程。这种热交换器的程数较多，一般都是上下排列，固定于支架上。若所需传热面积较大，则可将套管热交换器组成平行的几排，各排都与总管相通。

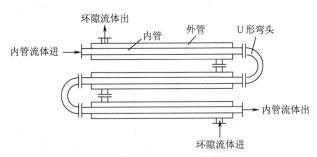

图7-4 普通套管式热交换器

操作时，一种流体在内管流动，另一流体在套管环隙内流动。利用蒸汽加热内管中的液体时，液体从下方进入套管的内管，顺序流过各程内管由上方流出。蒸汽则由上方套管进入环隙中，冷凝水由最下面的套管排出。

套管式热交换器每程的有效长度不能太长，否则管子易向下弯曲从而引起环隙中的流体分布不均。通常采用的长度为4~6m。

这种热交换器的特点是结构简单，能耐高压，可保证逆流操作，排数和程数可任意添加或拆除，伸缩性很大。它特别适用于载热体用量小或物料有腐蚀性时的换热。但其缺点是管子接头多，易泄漏，单位体积所具有的换热面积小，且单位传热面的金属材料消耗量是各种热交换器中最大的，可达150kg/m²，而列管式热交换器只有30kg/m²。因此，传统套管式热交换器仅适合于需要传热面不大的情况。

（2）新型套管式热交换器　随着材料科学、金属加工技术的发展，以及对已有种类热交换器分析研究，套管式的热交换器的性能得到了很大的改善，出现了新型套管式热交换器。

新型套管式热交换器的特点是：所用材料为薄壁无缝不锈钢管，弯管的弯曲半径较小，并可在一个外管内套装多个内管；直管部分的内外管均为波纹状管子，大大提高了传热膜系数；大多采用螺旋式快装接头；单位体积换热面积较传统套管式热交换器有很大的提高。

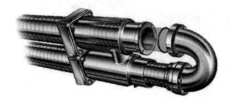

图7-5　双管同心套管式换热器结构

现代新型套管式热交换器有双管同心套管式、多管列管式和多管同心套管式三种形式。

①双管同心套管式：这种热交换器的结构如图7-5所示。由一根被夹套包围的内管构成，为完全焊接结构，无需密封件，耐高压，操作温度范围广，入口与产品管道一致，产品易于流动，适于处理含有大颗粒的液态产品。

②多管列管式：其结构如图7-6所示。外壳管内部设有由数根加热管构成的管束，每一管组的加热管数量及直径可以变化。为避免热应力，管组在外壳管内浮动安装，通过双密封结构消除了污染的危险，并便于拆卸维修。这种结构的热交换器有较大的单位体积换热面积。

③多管同心套管式：图7-7所示为这种换热器结构。它由数根直径不等的圆管同心配置组成，形成相应数量环形管状通道，产品及介质被包围在具有高热效的紧凑空间内，两者均呈薄层流动，传热系数大。整体有直管和螺旋盘管两种结构。由于采用无缝不锈钢管制造，因而可以承受较高的压力。

图7-6　多管列管式结构示意

图7-7　多管同心套管式结构示意

以上三种结构形式的热交换器单元均可以根据需要组合成如图7-8所示的热交换器组合体。

3. 列管式热交换器

列管式热交换器也称壳管式热交换器，基本结构如图7-9所示，主要由管束、管板、外壳、封头、折流板、分配隔板等组成。管束两端为固定管板上，管子可以胀接或焊接在管板上。管束置于管壳之内，两端加封头并用法兰固定。这样，一种流体（管程流体）从管内流过，另一种流体（壳程流体）从管外流过。两封头和管板之间的空间即作为分配或汇集管内流体之用。两种流体互不混合，只通过管壁相互换热。

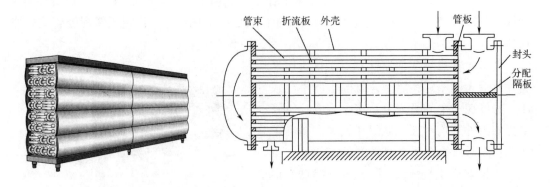

图 7 - 8　新型套管式热交换器组合体　　　　图 7 - 9　列管式热交换器的结构

列管式热交换器换热流体因在管内、外流动而分别称为管程和壳程流体。管程有单程式和多程式之分。如果流体自一端进入后，一次通过全部管子而到达另一端排出，则称为单程式列管热交换器。为了提高流体在管内流速，从而提高管内传热膜系数，可将管束分为若干组，并在封头内加装隔板，使之成为多程式换热器。图 7 - 9 所示热交换器为两程式。通过对多程式分析可知，偶数多程的管内流体进出接管头设在一侧封头，而奇数多程的换热器由两侧封头分别设置进料和出料的管内流体接管头。

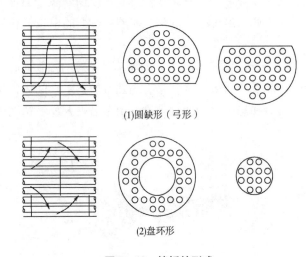

(1)圆缺形（弓形）

(2)盘环形

图 7 - 10　挡板的形式

对于管外壳间的流体，为了提高管外传热膜系数，则在管外装设折流板（或称挡板）。折流板形式常用的有弓形和盘环形两种，如图 7 - 10 所示。折流板同时起中间支架的作用。

热交换器内管内外流体温度差异会使管壁和壳壁具有不同温度，从而致使管束与壳体的热膨胀程度不同。这种热胀冷缩差异所产生的应力往往使管子发生弯曲，或从管板上脱落，甚至还会使热交换器毁坏。所以当管壁和壳壁的温度差大于50℃时，应考虑补偿措施以消除这种应力。常用的热补偿方法有浮头补偿、补偿圈补偿和 U 形管补偿。

列管式热交换器是目前使用最广的热交换器。其优点是易于制造，生产成本低，适应性强，可以选用的材料较广，维修、清洗都较方便，特别是对高压流体更为适用。食品工业应用列管式换热器场合有：液体物料预热、冷却、蒸发加热器、二次蒸汽间接式冷却器等。在冷冻系统中可以用作冷凝器和蒸发器。用蒸汽加热时，蒸汽一般在管外流动。在考虑食品的卫生要求时，与食品物料直接接触的部分应采用不锈钢作材料。其缺点是结合面较多，易造成泄漏。

4. 翅片管式热交换器

在生产上常常遇到一种情况，热交换器间壁两侧流体的表面传热系数相差颇为悬殊。例如，食品工业常见的干燥和采暖装置中用水蒸气加热空气时，管内的表面传热系数要比管外的大几百倍，成为传热过程的主要阻力。这时宜采用翅片管式热交换器。一般来说，当两种流体表面传热系数相差 3 倍以上时，宜采用翅片管式热交换器。

翅片管式热交换器既可用来加热空气，也可利用空气来冷却管内流体，此时这种换热器称为空气冷却器。采用空气冷却比用水冷却经济，而且还可避免污水处理和水源不足等问题，所以翅片式空气冷却器的应用广泛。

翅片的形式很多，常见的有纵向翅片、横向翅片和螺旋翅片三种，如图 7 – 11 所示。

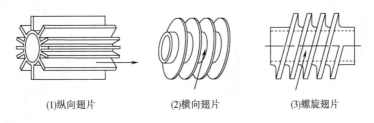

(1)纵向翅片　　　　(2)横向翅片　　　　(3)螺旋翅片

图 7 – 11　翅片管的形式

翅片管式热交换器的安装，务必使空气能从两翅片之间的深处穿过，否则翅片间的气体会形成死角区，使传热效果恶化。

（二）板式热交换器

板式热交换器的特征是采用板壁作为换热壁，常见的有板式、螺旋板式、旋转刮板式以及夹套式热交换器等。

1. 板式热交换器

（1）结构　板式热交换器的结构如图 7 – 12 所示，主要构件有：许多平行排列带密封圈的传热板、分界板、前后支架、上下导杆、压紧板、螺杆和接管等。悬挂于导杆上的传热板，夹在前支架板与压紧板之间，由螺杆压紧。分界板供热交换器分段用。进出热交换器的接管可同时设在前支架板或设在压紧板上，或分别设在此二板上，但分段板侧面一定设有供流体进料的接管。

（2）传热板　传热板如图 7 – 13 所示，是由壁厚 0.5 ~ 2mm 的不锈钢薄板冲压而成 ［长宽比在 （3 ~ 4）:1］ 的矩形板。每片板四角开 4 个流体通道圆孔。每块板一侧沿四周及圆孔嵌有耐高温密封圈。如图所示，流体通过一端的分布汇集区进入传热区，再经另一端分布汇集区流出进入流体通道。每块板一侧通过密封圈结构安排成同时只有上下两孔与传热区相通。板的上下两端中部开有相同的导轨槽口，因此根据需要可将传热板颠倒安排。两板相叠构成的板间距取决于密封圈的厚度、传热区波纹形式和加工精度，一般在 3 ~ 8mm。

换热区的板纹有多种形式，常见的有平行波纹板、交叉波纹板和半球板（或称网流板）等。每种又可分成不同纹路密度形式。金属板的波纹使得流体在板间的流动方向和流速多次变动，形成强烈湍流，从而提高了表面传热膜系数。其传热系数可比管式设备大 4 倍。流体在传热板间的平均流速与传热板间距、传热板波纹形式有关，其范围在 0.25 ~ 0.8m/s。

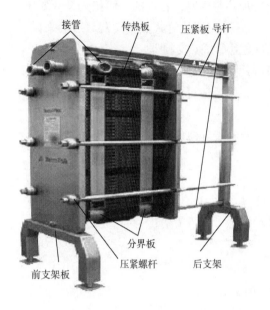

图 7 - 12　板式热交换器结构　　　　　　　图 7 - 13　传热板结构

　　（3）板式热交换器的分段　利用分界板可以将一台板式热交换器分成若干段。这种分段可使流体食品的预热杀菌和冷却在一台板式热交换器上完成，并可利用冷热流体之间的温差进行余热回收。如图 7 - 14 所示的热交换器为三段结构，有两块分界板。原料产品首先由左边的分界板进入，经与杀菌保温的热流体进行逆流换热得到预热，然后进入逆流热水加热杀菌段。经过杀菌段并保温的流体由右边分界板引入，受到原料产品的预冷却，然后再由冷却段进一步冷却到预定的出料温度。可见中间段是一个余热回收段，既节约了预热所需的加热能量，又节省了冷却所需的冷却水量。

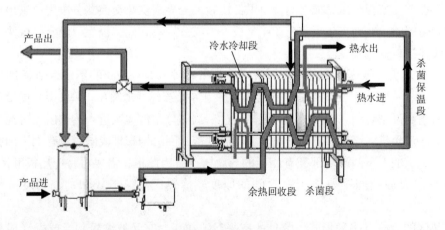

图 7 - 14　带余热回收的板式热交换器巴氏杀菌系统

（4）流体在传热板段内的流程　两种换热流体在板式换热器的段内，根据需要可构成如图 7 - 15 所示的串联、并联和混联等流程。不同流程可使两种流体在段内获得不同的流速和滞留（换热）时间，段内的换热板传热系数也会因流程不同而异。因而可以方便地对冷热流体的换热条件进行优化。

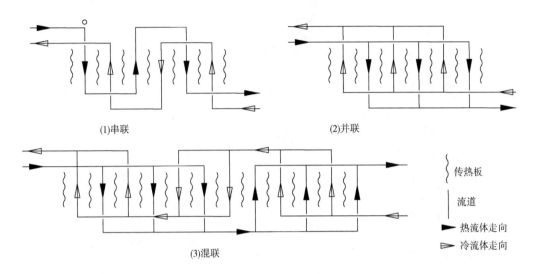

(1)串联　　　　　　　　　　　　　　　　(2)并联

(3)混联

传热板

流道

▶热流体走向

▷冷流体走向

图 7 - 15　板式热交换器段内流程组合

（5）板式热交换器的特点　板式热交换器的主要优点是：

①传热效率高。由于板间空隙小，冷、热流体均能获得较高的流速，且由于板上的凹凸沟纹，流体形成急剧湍流，故其传热系数较高。板间流动的临界雷诺数为 180 ~ 200。一般使用的线速度为 0.5m/s，及雷诺数约 5000 时，表面传热系数可达到 5800W/（m^2 · K）左右，所以适于快速加热或冷却。

②结构紧凑。单位体积具有的换热面积大，其范围在 250 ~ 1500m^2/m^3，这是板式热交换器的显著优点之一。其他换热器的这种指标均较低，例如，列管式只有 40 ~ 150m^2/m^3。

③操作灵活。当生产上要求改变工艺条件或生产量时，可任意增加或减少板数目，以满足生产的要求。

④适用于热敏物料。热敏食品快速通过时，不致有过热的现象。

⑤卫生条件可靠。由于密封结构保证两流体不相混合，同时拆卸清洗均方便，可保证良好的食品卫生条件。

板式热交换器最主要的缺点是：密封周边长，需要较多的密封垫圈，且垫圈需要经常检修清洗，所以易于损坏。另外，板式热交换器不耐高压，且流体流动的阻力损失较大。由于板间空隙小，故不适用于含颗粒物料及高黏度物料的换热。

板式热交换器在食品工业应用极为广泛，特别适用于乳品和蛋白的高温短时杀菌和超高温杀菌。果汁加热、杀菌和冷却、麦芽汁和啤酒的冷却，以及啤酒杀菌也均可采用板式热交换器。

2. 旋转刮板式热交换器

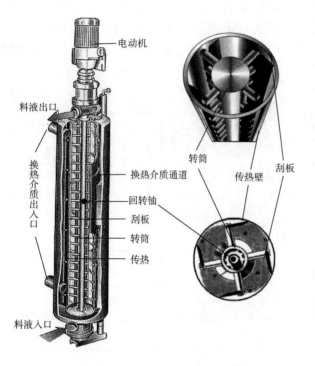

图 7 – 16　旋转刮板式热交换器

这种热交换器靠近传热面处有刮板连续不断的刮扫运动，使料液成薄膜状流动，因此也称为刮板薄膜式热交换器，或称为刮面式热交换器。旋转刮板式热交换器的结构如图 7 – 16 所示，主要由夹套换热圆筒、刮板转子、密封机构和驱动装置等组成。

夹套换热圆筒内壁是换热介质与物料之间的传热面，也是刮板的刮扫面，因此有较高的同心度和表面处理要求。夹套内通换热介质，如蒸汽、热水、冷冻盐水等。为了防止换热剂在夹套内短路，一般可在其内设置导流螺旋，也有的将夹层分成若干段，分别引入和排出换热介质。换热介质进出的方向可以根据需要确定。

刮板转子由刮板、转筒和转轴等组合而成。刮板与转筒可以活动铰链也可以固定方式连接。刮板的材料可为金属，也可是无毒耐热的塑料。转筒与夹套换热圆筒内壁之间的环形空间即为被处理料液的通道。根据不同用途，转筒半径，也即它与夹套圆筒内壁之环形面积可有不同的规格。一般转子的转速范围为 300 ~ 800r/min，刮板线速度范围在 2.5 ~ 9.6m/s。密封采用机械密封或填料函密封。刮板的作用不仅在于提高热交换器的传热系数，而且还可以形成乳化、混合和增塑等作用。

驱动转子转动的电机，通常与变速机构、筒体和转子以轴联方式连接，也可以通过带轮驱动变速器和转子。

旋转刮板式热交换器可以竖立安装，也可水平安装，取何种安装方向，应视具体情况而定。

这种热交换器的优点是传热系数较高，适用于高黏度物料。缺点是安装精度要求高，功率消耗大，生产能力小。

旋转刮板式热交换器在食品工业中适用于黏稠、带颗粒、热敏性的物料加工，如人造奶油、冰淇淋等的生产，因为这些制品要求快速冷却的同时，又要求强烈的搅拌。另外这种热交换器也可以用作黏稠物料蒸发浓缩时的加热器，也可用作黏稠物料的超高温短时杀菌的加热器。

二、　直接式热交换器

用于液体物料的直接式热交换器也称为混合式热交换器，其特点是冷、热流体直接混合进行换热，从而在热交换的同时，还发生物质交换。直接式与间接式相比，省去了传热间壁，因而结构简单、传热效率高、操作成本低。但采用这种设备只限于允许两种流体混合的场合。

食品加工中常见的直接式热交换器有直接式蒸汽加热器和混合式蒸汽冷凝器。

（一）直接式蒸汽加热器

直接式蒸汽加热器是蒸汽直接与液体产品混合的热交换器。它有两种形式：蒸汽喷射式和蒸汽注入式。这两种加热器目前仅限用于质地均匀和黏度较低的产品。

蒸汽喷射加热器是通过喷射室将蒸汽喷射入产品的加热器，如图 7-17 所示。蒸汽可以通过两种形式喷射入流体管道中，或者通过许多小孔，或者通过环状的蒸汽帘。

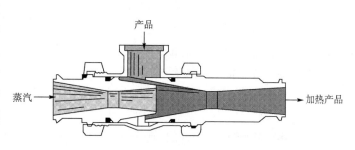

图 7-17　蒸汽喷射式加热器

蒸汽注入式加热器是在充满蒸汽的室内注入产品的加热器，如料液以液滴或液膜的方式进入充满高压蒸汽的容器中，加热后的液体从底部排出。

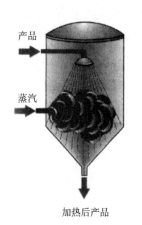

图 7-18　蒸汽注入式加热器

如图 7-18 所示，料液以液滴或液膜的方式进入充满高压蒸汽的容器中，加热后的液体从底部排出。

直接加热的优点是加热非常迅速，产品感官质量的变化很小，而且大大地降低了（间接加热通常遇到的）结垢和产品灼伤问题。其缺点是：产品因蒸汽冷凝水的加入而体积增大，从而在保温管中的流速会受影响。因此，这种流速的改变在制订杀菌工艺规程时必须加以考虑。

根据生产要求，有时由蒸汽带入的水需要除去，以保持产品浓度不变。这通常在负压罐内通过闪蒸实现。通过控制罐内真空度可控制产品最终水分含量。

就蒸汽质量而言，直接加热所用的水蒸气必须是纯净、卫生、高质量的，而且必须不含不凝结气体，因此必须严格控制锅炉用水添加剂的使用。

（二）混合式蒸汽冷凝器

混合式冷凝器一般用于真空浓缩系统中产生的二次蒸汽冷凝。它们都是在负压状态下利用冷却水直接与二次蒸汽混合，使二次蒸汽冷凝成水。由于是负压状态，因此混合式冷凝器必须自身能产生真空，否则需要与真空系统相连接。

常见的混合式蒸汽冷凝器有喷射式、填料式和孔板式三种。喷射式冷凝器即所谓的水

力喷射泵（参见第二章相关内容），它既
有冷凝二次蒸汽的作用，也有抽吸不凝
气体的能力，即产生真空的能力。图7-
19所示的填料式和孔板式冷凝器只对二
次蒸汽进行冷凝，因此需要与真空系统
相配合。

填料式冷凝器如图7-19（1）所示，
冷却水从上部喷淋而下与上升的蒸汽在
填料层内接触。填料层由许多空心圆环
形的填料环或其他填料充填而成，组成
两种流体的接触面。混合冷凝后的冷却
冷凝水由底部引出，不凝性气体则由顶
部排出。

孔板式冷凝器如图7-19（2）所示，
它装有若干块多孔淋水板。淋水板的形

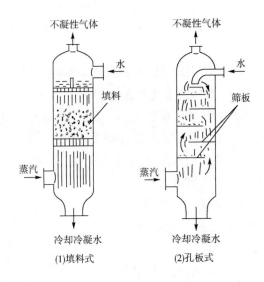

图7-19 混合式冷凝器

式有交替安置的弓形式和圆盘-圆环式两种。冷却水自上而下顺次通过小孔流经各层淋水
板，部分水也经淋水板边缘泛流而下。蒸汽则自下方引入，以逆流方式与冷水接触而被冷
凝。少量不凝结气体和水汽混合物自上方排出，换热后的冷却冷凝水从下方尾管排出。

上面已经提到，不论是孔板式或填料式直接冷凝器，当被冷凝的水蒸气来自真空系统
时，冷凝器必须处于负压状态。因此，除需要为冷凝器提供真空以外，也需要用适当措施
将冷凝器中的冷却冷凝水排出。根据冷却冷凝水排除方式，直接式冷凝器如图7-20所示，
又可分为低位式和高位式两种安装形式。

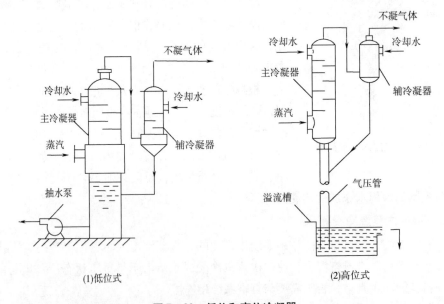

图7-20 低位和高位冷凝器

低位式冷凝器直接用泵将冷却冷凝水从冷凝器内抽出，可以简单地安装在地面上，因而称为低位式冷凝器。

高位式冷凝器不用抽水泵，而是将冷凝器置于10m以上高度的位置，利用其下部长尾气压管（俗称大气腿）中液体静压头作用，在平衡冷凝器真空度的同时排出冷却冷凝水。为了保证外部空气不致进入真空设备，气压管出口应淹没于地面的溢流槽中。

不论是低位式还是高位式冷凝器，大部分二次蒸汽已在主冷凝器凝成冷凝水，从下方排除，部分仍未冷凝的二次蒸汽由后面的辅冷凝器进一步冷凝。不凝性气体从辅冷凝器顶部引出，由干式或湿式真空泵抽走，从而确保系统的真空度要求。

第二节　热处理机械设备

食品加工中，许多清洗过的果蔬原料，往往必须及时进行热处理。所谓热处理，就是用热水或蒸汽对果蔬物料进行短时加热并及时冷却。一些中式熟肉制品，在调味烧煮以前，也往往需要用热水进行加热，以去除其中血沫。这些处理常称为预煮、热烫，烫漂、漂烫及焯水等。

热处理设备分间歇式和连续式两类。间歇式热处理设备中，使用最为普遍的是夹层锅。连续式热处理设备有多种类型，主要差异体现在加热介质种类、输送方式和是否带冷却操作段等方面。

一、夹层锅

夹层锅又称为二重锅、双重釜等。夹层锅的锅体由下部呈半球形的夹层部分和上部直筒段焊接而成。按直筒段长短，夹层锅可分为浅型、半深型和深型三种。锅体既可焊接固定在支脚上成为固定式夹层锅（图7-21），也可支承在支架上成为可倾式夹层锅（图7-22），这两种型式的夹层锅均有大小不同的规格。

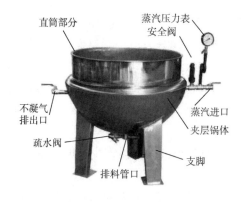

图7-21　固定式夹层锅

图7-22　可倾式夹层锅

夹层锅的夹层分别设有进汽口、不凝气排出口和冷凝水排出口。固定式夹层锅的锅底往往设有排液口（如图 7-21 所示）。可倾式夹层锅的整个锅体用空心轴颈伸接于支架两边的轴承上，用于接蒸汽进气管、压力表和安全阀或不凝气排出管。倾覆装置为手轮及蜗轮蜗杆机构，摇动手轮可使锅体倾倒，用于卸料。可倾式夹层锅底一般不设排料口，因为锅体本身可倾，设排料口反而增加清洗负担。

不论是固定式还是可倾式夹层锅，当锅体容积较大（＞500L）或用于黏稠物料时，宜配置搅拌装置，搅拌桨可视应用需要取锚式或桨式，转速范围在 10~20r/min。

夹层锅的优点是结构和操作简单，适用于多品种处理等，其缺点是生产能力有限，操作劳动强度较大。另外，夹层锅操作区常会出现大量水汽。因此，夹层锅操作区域应有适当的排汽通风措施。

夹层锅在食品加工业中仍有其重要地位，广泛用于各种物料的漂烫处理。此外，也适合于调味品配制、溶糖化糖及一些肉类制品熬煮等操作。

二、 连续式热烫设备

连续式热处理设备可以分为三类。第一类是物料浸在热水中进行处理的设备，常称为预煮机；第二类是利用蒸汽直接对物料进行处理的设备，常称为蒸汽热烫设备；第三类是利用热水对物料进行喷淋处理的设备，称为喷淋式热烫设备。本质上这三类设备对物料的预处理目的是相同的，只不过所用的加热介质状态或处理方式不同而已。

预煮也称烫漂或漂烫，通常指利用接近沸点的热水对果蔬进行短时间加热的操作，是果蔬保藏加工（如罐藏、冻藏、脱水加工）中的一项重要操作工序。预煮的主要目的是钝化酶或软化组织。处理的时间与物料的大小和热穿透性有关，例如，豌豆只需加热 1~2min，而整玉米需要处理 11min。

预煮可以在上面所介绍的夹层锅内进行，但大批量生产时多用连续式预煮设备。根据物料运送方式不同，连续式预煮设备可以分为链带式和螺旋式两种。链带式预煮机又可根据物料需要加装刮板或多孔板料斗，其中以刮板式较为常用。

（一）刮板式连续预煮机

刮板式连续预煮机如图 7-23 所示，主要由煮槽、蒸汽吹泡管、刮板输送装置和传动装置等组成。刮板上开有小孔，用以降低移动阻力。包括水平和倾斜在内的链带行进轨迹由压轮规定。水平段内压轮和刮板均淹没于贮槽热水面以下。蒸汽吹泡管管壁开有小孔，进料端喷孔较密，出料端喷孔较稀，目的在于使进料迅速升温至预煮温度。一般将孔开在管子的两侧，这样既避免蒸汽直接冲击物料，又可使水温趋于均匀。

刮板式连续预煮机的工作过程为，通过吹泡管喷出的蒸汽将槽内水加热并维持所需温度。由升送机送入的物料，在刮板链带的推动下从进料端随链带移动到出料端，同时受到加热预煮。链带速度可根据预煮时间要求进行调整。

这种设备的优点是物料形态及密度对操作影响较小，机械损伤少。但设备占地面积大，清洗、维护困难。

刮板式连续预煮机可适应（如蘑菇等）多种物料的预煮。如将链带刮板换成多孔板斗槽，则可以适应某些（如青刀豆等）物料的预煮操作要求。

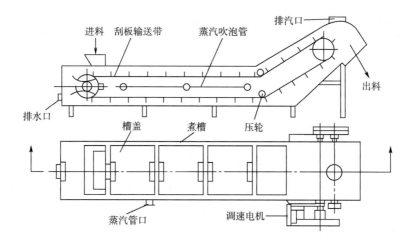

图 7 - 23　刮板式连续顶煮机

（二）螺旋式连续预煮机

　　螺旋式连续预煮机的结构如图 7 - 24 所示，主要由壳体、筛筒、螺旋、进料口、卸料装置和传动装置等组成。蒸汽从进气管分几路从壳体底部进入直接对水进行加热。筛筒安装在壳体内，并浸没在水中，以使物料完全浸没在热水中；螺旋安装于筛筒内，其轴由电动机通过传动装置驱动。通过调节螺旋转速，可获得不同的预煮时间。出料转斗与螺旋同轴安装并同步转动，转斗上设置有 6 ~ 12 个打捞料斗，用于预煮后物料的打捞与卸出。

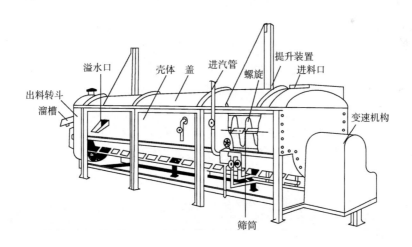

图 7 - 24　螺旋式连续预煮机

　　作业时，物料经升送机输送到螺旋预煮机的进料斗，然后落入筛筒内，在螺旋作用下缓慢移至出料转斗端，其间受到加热预煮，出料转斗将物料从水中打捞出来，并于高处倾倒至出料溜槽。从溢流口溢出的水由泵送到贮存槽内，再回流到预煮机内。

这种预煮制设备结构紧凑、占地面积小、运动部件少且结构简单，运行平稳，水质、进料、预煮温度和时间均可自动控制，在大中型罐头厂得到广泛应用，如蘑菇罐头加工中的预煮。它的缺点是物料的形态和密度的适应能力较差。

第三节　挤压机械与设备

食品挤压加工技术属于高温高压食品加工技术，它利用螺杆挤压产生的压力、剪切力、摩擦力及适当辅助加热作用，实现对固体食品原料破碎、捏合、混炼、熟化、杀菌、预干燥、成型等加工处理。利用挤压机可以生产膨化、组织化或其他成型产品。

一、挤压机的类型

目前应用于食品工业的螺杆挤压机，主要构件类似于螺杆泵，由变螺距长螺杆及出口处带节流孔的螺杆套筒构成。螺杆挤压机种类较多，可根据挤压过程热量来源、剪切力大小及挤压机螺杆数量等因素分类。

（一）内热式和外热式挤压机

按物料发热类型，挤压机可分为内（自）热式和外热式两种型式。

内热式挤压机是高剪切挤压机。挤压过程所需的热量来全部来源于物料与螺杆、机筒之间产生的摩擦热，这种热量受生产能力、水分含量、物料黏度、环境温度、螺杆转速等多方面因素的影响，不易进行人为控制。此类设备一般转速较高，产生的剪切力较大，但产品质量稳定性差，操作控制不灵活，一般用于生产膨化小吃食品。

外热式挤压机所需的热量主要依靠设在机筒内的加热器外部加热提供。加热器可采用蒸汽、电磁能、电热丝、导热油形式加热。根据挤压过程各阶段对温度参数的不同要求，挤压机可设计成等温式和变温式两种。等温式挤压机的筒体温度一致，变温式挤压机沿机筒分成前后几段，分别进行温度控制。外热式挤压机的剪切力大小通常可调。外热式挤压机生产适应性强、设备灵活性大，操作控制简单方便，产品质量稳定。

表7-2给出了内热式挤压机和外热式挤压机的主要性能特点。

表7-2　　　　　　　　内热式与外热式挤压机的主要性能特点

挤压机	进料水分/%	成品水分/%	筒体温度/℃	转速/（r/min）	剪切力	适合产品	控制
自热式	13~18	8~10	180~200	500~800	高	小吃食品	难
外热式	13~35	8~25	120~350（可调）	可调	可调	适应范围广	易

（二）高剪切力挤压机和低剪切力挤压机

根据挤压过程中的剪切力大小，挤压机可分为高剪切力挤压机和低剪切力挤压机。

高剪切力挤压机能够产生较高的剪切力和工作压力。这类挤压机的压缩比较大、螺杆转速较高且长径比较小，具有较高挤压温度。这类挤压机多为自热式，比较适合于生产简单形状的膨化产品。

低剪切力挤压机产生的剪切力较小，主要用于混合、蒸煮和成型。低剪切力挤压机的压缩比较小、螺杆长径比较大，一般多为外热式。低剪切力挤压机加工的物料水分含量一般较高，挤压过程物料黏度较低，所以操作中引起的机械能黏滞耗散较少。此类设备的产品成型率较高，可方便地生产复杂形状产品，较适合于高水分食品和湿软饲料生产。

低剪切力挤压机与高剪切力挤压机的主要性能特点见表7-3。

表7-3　　　　　　　　低剪切与高剪切挤压机的主要性能特点

项目	低剪切力	高剪切力
进料水分/%	20~35	13~20
成品水分/%	13~15	4~10
挤压温度/℃	150 左右	200 左右
转速/（r/min）	较低（60~200）	较高（250~500）
螺杆剪切率/s^{-1}	20~100	120~180
输入机械能/（kW·h/kg）	0.02~0.05	0.14
适合产品类型	湿软产品	植物组织蛋白、膨化小吃食品
产品形状	可生产形状较复杂产品	可生产形状较简单产品
成型率	高	低

（三）单螺杆挤压机和双螺杆挤压机

根据挤压机的螺杆数目不同，挤压机可分为单螺杆挤压机和双螺杆挤压机。

单螺杆挤压机的套筒内只有一根螺杆，它依靠螺杆和机筒对物料的摩擦来输送物料和形成一定压力。一般情况下，机筒与物料之间的摩擦因数会大于螺杆与物料之间的摩擦因数，这样可以避免螺杆被物料包裹一起转动而不能向前推进的现象。单螺杆挤压机结构简单、制造方便，但输送效率差，混合剪切不均匀。

双螺杆挤压机的套筒中并排安放两根螺杆，套筒横截面呈∞形。双螺杆挤压机按两根螺杆的相对位置，可以分为啮合型与非啮合型。非啮合型双螺杆挤压机的工作原理基本与单螺杆挤压机相似，实际使用少。啮合型双螺杆挤压机的工作原理与单螺杆挤压机有所不同，其两根螺杆有不同程度的啮合，在螺杆啮合处，连续的螺杆螺槽被分成相互间隔的C形小室。螺杆旋转时，随着啮合部位轴向移动，C形小室同时作轴向移动。螺杆每转一圈，C形小室向前移动一个导程的距离。C形小室中的物料，由于啮合螺纹的推力作用而向前移动。双螺杆挤压机输送效率高、混合均匀、剪切力大、具有自清洁能力，但结构较复杂、价格较昂贵，配合精度要求高。

表7-4列出了双螺杆机与单螺杆机的主要性能特点。

表7-4   双螺杆与单螺杆挤压机的主要性能特点

项目	单螺杆	双螺杆	项目	单螺杆	双螺杆
输送原理	摩擦	滑移	混合作用	小	大
加工能力	受物料水分，油脂等限制	一定范围内不受限制	自洁作用	无	有
物料允许水分/%	10～30	5～95	压延作用	小	大
物料内热分布	不均匀	均匀	制造成本	小	大
剪切力	强	弱	磨损情况	不易磨损	较易磨损
逆流产生程度	高	低	排气	难	易

二、 螺杆挤压机结构

各种螺杆挤压机虽然在功能和性能上有差异，但基本结构类似。典型螺杆挤压机外形如图7-25所示，主要由驱动装置、进料器、螺杆、机筒、成型装置和控制装置等构成。

（一）驱动装置

图7-25 典型螺杆挤压机外形

驱动装置为螺杆在机筒内转动，对物料产生各种作用提供驱动力。它主要由主传动电机、变速机构、推力轴承和联轴器等组成。为迅速、准确地调节螺杆旋转速度，常用可控硅整流器控制的直流电动机来调速，并用齿轮减速器、链条和带传动三者之一实现减速。

（二）进料系统

进料系统为挤压机定量提供所需的干料和液体，主要由带输送装置的干料斗和供液系统等构成。

输送干物料的方法有：①电磁振动送料器，可通过改变振动频率和振幅控制供料速度；②螺旋输送器，可通过调节螺旋转速来控制进料量；③称量皮带式送料器，是较精确的定量进料装置。

干料斗常带振动装置，以防物料结块架桥而中断输送。因为进料不畅或中断，将会降低产品品质或造成焦化阻塞，甚至需要停机清洗。因此，进料系统必须十分安全可靠。

供液系统通常带有若干贮液器，以便提供不同的液态配料。为混合均匀和降低黏度，一般贮液器带有搅拌器和加热器，液体原料由（定量精确的）正位移泵送到挤压机内。

（三）螺杆

典型挤压机螺杆和机筒剖面如图7-26所示。由图可见，挤压机的螺杆结构形状和功能沿机筒轴向而变化，大致可分为三个区段：进料段、压挤段和定量段。这三个区段的作用特点见表7-5。

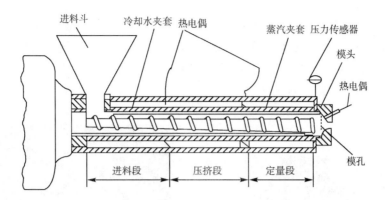

图 7 - 26　典型挤压机螺杆和机筒剖面图

表 7 - 5　　　　　　　　　　　　螺杆挤压机不同区段的结构特点与作用

螺杆区段	结构特点	作用	占螺杆总长比例
进料段	螺纹较深	使原料进入挤压机内并充满机筒	10%~25%
压挤段	螺纹的螺距逐渐变小，螺纹较浅	对物料产生压挤和剪切，使颗粒原料转变成无定形塑性面团	50%
定量段（限流段）	螺纹变浅，螺距较短，摩擦剪力和能耗最大区域	物料处于高温高压状态	25%~40%

　　挤压机的螺杆有整体式和组合式两种。整体式螺杆为一个整体。组合式螺杆由花键轴与若干节套在轴上的螺旋构成。挤压机的螺杆多为组合式，将起强化、剪切、混炼效果的不同揉搓元件依照一定组合方式套在同一轴上。组合式螺杆的优点是可以针对不同产品随意调节螺纹结构，并可对易磨损螺旋元件进行及时更换。

　　有些螺杆轴呈中空状，可以通入冷却水或循环热水，从而可以更迅速地控制挤压温度。螺杆螺纹通常设计成矩形、梯形或三角形的阿基米德螺线，可以是单头或双头。有时为了提高食品的混炼效果，可将螺纹中断或做出若干个缺口，成为缺断式螺纹。

（四）机筒

　　挤压机的机筒呈圆筒状，内壁与螺杆仅有少量间隙。多数机筒内壁为光滑面。有的机筒内壁带有若干较浅的轴向棱槽或螺旋状槽，主要是为了强化对食物的剪切效果，防止食物在机筒内打滑。机筒具有加热、保温、冷却和摩擦功能。

　　机筒可有整体式、分段组合式和分半组合式（图 7 - 27）等形式。整体式机筒的结构简单，机械强度高。分段和分半组合式机筒用螺钉连接，其优点是便于清理，对容易磨损的定量段零件可随时更换，还可按照所要加工的产品和所需之能量来确定机筒的最佳长度。有的机筒中部设有气孔，以排除物料中的空气、蒸汽和挥发气体。机筒常被制成夹套形式，可以通入蒸汽、导热油、热水或冷却水。为增加机筒的传热效果，夹套内带有翅片。有的挤压机用电热元件加热，常用的电热元件有电热环、电热棒和电磁线圈。机筒上还有感温元件和压力传感器，以控制或显示机内温度和压力（图 7 - 26）。

（五）成型装置

成型装置又称挤压成型模头，它由成型模孔元件及固定部件构成，物料从挤压机挤出时通过成型模孔元件的模孔成型。图 7-28 所示为各种模孔元件，模孔横断面有圆孔、圆环、十字、窄槽等各种形状，决定着产品的横断面形状。为了改进所挤压产品的均匀性，模孔进料端通常加工成流线型开口。

图 7-27　分半组合式机筒结构

图 7-28　各种模孔元件

（六）切割装置

挤压机通过成型模孔挤出的是连续的条状物料，为了得到各种形状的个体产品，常在模头后配置盘刀式切割器，刀具刃口旋转平面与模板端面平行。挤压产品的长度可根据产品挤出速度通过调整切割刀具旋转速度加以控制。

（七）控制装置

挤压机控制装置主要由微电脑、电器、传感器、显示器、仪表和执行机构等组成，其主要作用是控制各电机转速并保证各部分运行协调，控制操作温度与压力以保证产品质量。

第四节　油炸设备

油炸是指将食物浸在油面下方进行加热的深层油炸操作，这种油炸方式相对于食物直接与加热体表面接触的油煎而取名。油炸在食品和餐饮业有着重要的地位。包括肉类和鱼类罐头、果蔬脆片、炸面食、炸薯片（条）等许多产品的工艺流程中，均有油炸工序。

一、油炸设备的类型

油炸设备型式多种多样，可按不同方式分类。

按操作方式与生产规模，油炸设备大体可分为小型间歇式和大型连续式两种。小型间歇式有时也称为非机械化式，其特点是由人工将产品装在网篮中进出油槽，完成油炸过程，其优点是灵活性强，适用于零售、餐饮等服务业。连续式油炸设备使用输送链传送产品进出油槽，并且可对油炸时间进行很好的控制，适用于规模化生产。

油炸设备可按油槽内所用油分的比例分为纯油式和油水混合（或称油水分离）式两种。纯油式油炸槽内全为油。油水混合式油炸设备是一种采用较新油炸工艺的设备，其好处是可以方便地将油炸产生的碎渣从炸油层及时分离（沉降）到水层中。小型间歇式和大型连续式均可采用全油式和油水混合式。

油炸设备按锅内压力状态可以分为常压式和真空式两种。常压式用于需要油温较高（如140℃以上）的物料炸制。真空式油炸设备适用于油炸温度不能太高的物料，如水果蔬菜物料的炸制。

油炸设备还可根据炸油加热方式，分为燃气加热式、电热式、导热油加热式及煤加热式等。

二、 常压油炸设备

（一）间歇式油水混合油炸机

如图7-29所示为一种无烟型多功能水油混合式油炸装置，主要由油炸槽、加热系统、冷却系统、滤油装置、排烟气系统、蒸笼、控制与显示系统等构成。

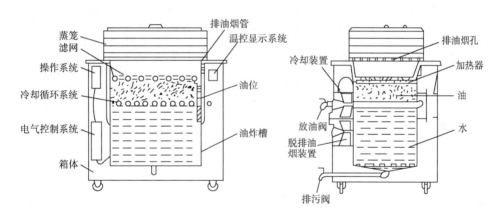

图7-29　无烟型多功能水油混合式油炸机

炸制食品时，滤网置于加热器上方，在油炸锅内先加入水至规定位置，再加入炸用油至高出加热器60mm的位置。油温由电气控制系统自动控制在之间。炸制过程产生的食品沉渣从滤网漏下，经水油界面进入下部冷水中，积存于槽底，定期由排污阀排出。所产生的油烟经排油烟管通过脱排油烟装置排出。水平圆柱形加热器只在表面240°范围发热，油炸槽外侧有高效保温材料，使得这种油炸槽有较高的热效率。水层温度在通风管循环冷却空气作用下可自动控制在55℃以下。油炸机上的蒸笼利用油炸生产的水汽加热，从而提高了这种设备的能量效率。

这种设备具有限位控制、分区控温、自动过滤、自我洁净等功能，具有油耗量小、产品质量好等优点。

图7-30 连续式油炸机外形

（二）连续式油炸机

典型连续式油炸机有如图7-30所示的结构外形。结构如图7-31所示，至少有五个独立单元：①油炸槽，它是盛装炸油和提供油炸空间的容器；②带恒温控制的加热系统，为油炸提供所需要热能；③产品输送系统；④炸油过滤系统；⑤排汽系统，排除油炸产品产生水蒸气。可见，一台连续式油炸设备实际上是一个组合设备系统。组成单元型式方面的差异，导致出现了多种型式的连续油炸设备。

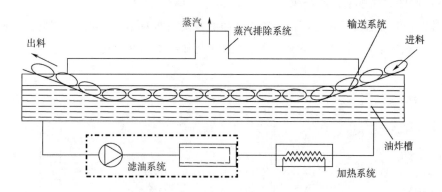

图7-31 连续式油炸机的基本构成

1. 油炸槽

油炸槽是油炸机的主体，一般呈平底船形（如图7-31所示），也有设计成其他形状的，如圆底的、进料端平头的等。它的大小由多项因素决定，包括生产能力、油炸物在槽内的滞留时间、链宽、加热方式、滤油方式和除渣方式等。

油炸槽的形状结构和大小与油炸机的产量和性能有很大关系。油炸工艺上一般要求周转时间尽量短。所谓周转时间，是指生产过程不断添加的新鲜炸油的累积数量达到开机时一次投放到油炸设备之中的炸油数量时所需要的时间。周转时间与油炸对象有关，所以便用来衡量油炸系统性能。尽管如此，我们仍可用另一个与周转时间相关的指标——单位食品占用油量（=油炸机内装油量/滞留在油炸机内的食品量）进行比较，同样条件下单位食品占用油量与周转时间成正比。所以，要求油炸槽的单位食品占用油量尽量少。

油炸槽是装高温油的容器，因此，必须整体采用优质不锈钢厚板焊接而成，底部及两侧用槽钢加强，以防在高温条件和起吊搬运过程中箱体和整机变形。另外，从节能和操作防护角度考虑，槽壁和槽底均应有适当的绝热层，并用磨砂板或镜面板包敷。

2. 加热系统

油炸机既可用一级能源（电、煤、燃气和燃油）也可用二级能源（蒸汽、导热油）进行加热。加热单元是油炸机获取热量的热交换器。这个热交换器既可直接装在油炸槽内，也可装在油炸槽外，利用泵送方式使炸油在油炸槽与热交换器之间循环。各种能源对油炸机的加热方式如图 7－32 所示。我们可以将这些加热方式分直接式和间接式两种。蒸汽、电能（通过热元件发热）可以直接引入油槽内对炸油进行加热，控制也很方便。煤、燃气和燃油虽然理论上也可直接加热，但从操作、控制和安全卫生的角度看，不宜用于大型的连续式油炸设备。直接式油炸机的热能效率比较高，但间接式油炸机有利于获得质量稳定的油炸产品。

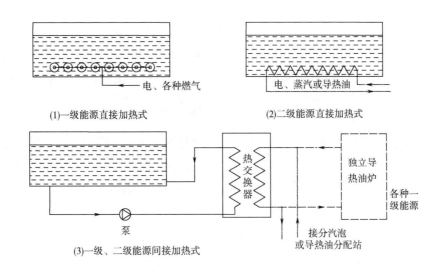

图 7－32 各种能源对油炸机加热的方式

3. 产品输送系统

连续式油炸机一般用链带式输送机输送油炸产品。由于物性差异，油炸过程中发生变化不同，因此，不同类型的产品需要配置不同数量和构型的输送带。如图 7－33 所示为常见油炸食品类所用的输送带构型与配置。

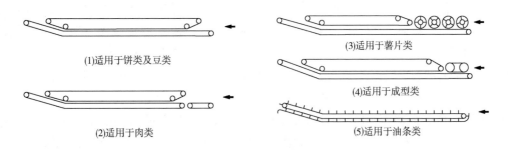

图 7－33 用于不同食品的油炸机输送带组成与构型

对一些产量较大的产品，还可以根据专门的工艺要求，制作成特殊的链带形式，如用不锈钢网（或孔板）冲制成一定形状的篮器，以保持油炸坯料得到完整的形状。另外，输送链的网带应不会对油炸的物料有黏滞作用。

4. 炸油过滤和碎渣排除装置

油炸过程中会随时产生来自被炸食品的碎渣，这些碎渣若长期留在热的炸油中，会产生一系列的不良影响，如降低油的使用周期、影响食品的外观和安全性等。因此，必要时要对热油进行过滤，及时将碎渣从热油中滤掉。油水混合式型机，由于大量的碎渣已经进入水中，并有从下层水中排除碎渣的装置，因此，一般多不设热油过滤系统。如果非油水混合型油炸机的炸油采用槽外循环加热方式，则过滤器往往串联在加热循环油路上（图7-31）。

5. 水蒸气排除系统

油炸过程也是一种脱水操作过程，会有相当量物料水分汽化，从整个油炸槽的油面上外逸。因此，油炸设备均有覆盖整个油炸槽面的罩子，在其顶上开有一个或多个与风机相连接的排汽管。一般，这种排汽罩子可以方便升降，从而可对槽内其他机构进行维护。

三、 真空油炸设备

真空油炸是利用减压条件下使食品中水分汽化温度降低，在较低温条件下对食品油炸的技术。真空油炸既降低所需炸油温度，也减小氧化对产品的影响，尤其适用于含水量较高的果蔬物料炸制。真空油炸设备也可分为间歇式和连续式两种。

（一） 间歇式真空油炸设备

间歇式真空油炸设备通常由油炸罐、真空系统、贮油罐、加热器、油过滤器等主要部件，及相关管路与阀门构成。图7-34所示为一种典型的间歇式真空油炸机外形，其流程如图7-35所示。该设备的油炸罐叠在下层贮油罐之上，悬于罐中的油炸筐，由中轴与罐顶的升降气缸相连，同时也与脱油电机相连，其罐底的放油阀可将油放入贮油罐。油炸筐是一组合结构，它有三只（60°）或四只（90°）扇形筐，它们围绕中轴由上下夹具固定。该油炸设备操作如下：油炸筐通过气缸升降开闭的侧门进出。新鲜湿料装好筐、固定，并在罐内降至适当位置后，关闭罐门及阀V1、V3和V5，开启增压泵、前级真空泵，及阀门V2、V4和V6，对油炸罐抽真空，利用压差将油从贮油罐抽至油炸罐，同时对其进行过滤，待油炸罐的油位达到规定位置时，关闭阀门V2和V6，同时开启油炸罐的加热器，使油温升至指定温度，对物料进行真空油炸。油炸结束后，打开阀门V3、V1和V5，将油炸锅油放入贮油罐，然后，开启脱油电机，使油炸筐中物料在离心力作用下脱油，然后，提升油炸筐，再提升油炸罐门，出筐。再装筐，如此完成一个油炸周期的操作。贮油罐中的加热器用于保持油温稳定，从而提高系统运行效率。

间歇式真空油炸罐除在侧向开门的以外，还有设计成顶盖可开启的油炸罐，利用电葫芦升降油炸筐，并将脱油电机安装在罐底。因此，这种油炸系统的贮油罐要单独设置，但炸油在油炸罐和贮油罐之间转移原理与图7-35所示的相似，也依靠阀门切换在两罐之间形成压差实现。

图 7 - 34　间歇式真空油炸设备

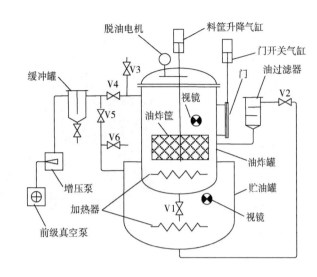

图 7 - 35　间歇式真空油炸设备流程

（二）连续式真空油炸设备

连续式真空油炸设备的关键是要在保持油炸室真空不受影响的前提下实现连续进出料。图 7 - 36 所示为一台连续式真空油炸设备的结构示意，其主体为一卧式筒体，筒体设有真空接口，内部设有输送装置，进出料口均采用闭风器结构。筒体内的油可经过由出油口在筒外经过滤和热交换器加热后再经油管循环回到筒内。其工作过程为，筒内保持真空状态，待炸物料经进料闭风器连续分批进入，落至充有一定油位的筒内进行油炸，物料由油区（因物料趋于上浮）由输送带压住带着向前，其速度可依产品要求进行调节。炸好的产品由无油区的两个方向垂直的输送带输送，经沥油后由出料闭风器连续（分批）排出。此油炸系统使用的闭风器为双闸门式，两门不同时开启，可保证物料进出，但不会使油炸室真空受影响。

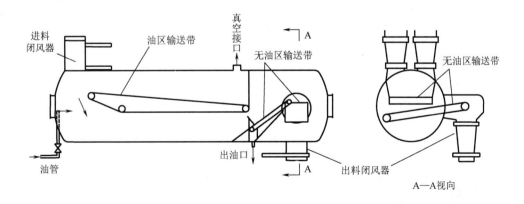

图 7 - 36　连续式低温真空油炸设备

闭风器如图 7 - 36 所示的双闸门式的以外，也可用图 7 - 37 所示的转鼓阀。连续式真空油炸设备的油炸槽也可制成船形真空容器形式，并可与离心式脱油机组合在一起，构成如图7-38所示的连续式真空油炸脱油设备。

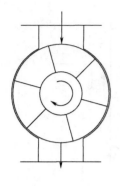

图7-37 转鼓阀

图7-38 连续式低温真空油炸脱油设备

第五节 红外线与微波加热设备

除了前面提到加热或热处理方法以外，食品工业还可利用红外线、微波、电阻加热等原理对食品进行加热处理。其中远红外加热的应用最广，它的主要设备形式是用于焙烤行业的烤炉。目前，微波加热设备应用最多的是家用微波炉，但由于其独特的介电加热优点，工业化规模的微波设备具有很大的发展前景。

一、远红外加热设备

远红外加热原理如图7-39所示，当被加热物体中的固有振动频率和射入该物体的远红外线频率（波长在5.6μm附近）一致时，就会产生强烈的共振，使物体中的分子运动加剧，因而温度迅速升高。多数食品成分，尤其是其中的水分，具有良好的吸收远红外线的能力。

目前，红外线加热设备主要用于烘烤工艺，此外也可用于干燥、杀菌和解冻等操作。由于食品物料的形态各异，且加热要求也不同，因此，远红外加热设备也有不同形式。总体上，远红外加热设备可分为两大类，即箱式远红外烤炉和隧道式远红外炉。不论是箱式的还是隧道式的加热设备，其关键部件是远红外辐射元件。

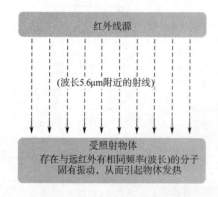

图7-39 远红外加热原理

（一）远红外辐射元件

远红外辐射元件，是远红外加热设备中利用其他能源（如电能、燃烧能）转换成远红外辐射热能的关键元件。目前，食品行业应用的远红外辐射元件主要用电源加热。

电加热的远红外辐射元件主要由通过发热元件（电阻丝）、辐射材料依附的结构件、紧固件等构成，如加上适当的反射装置，便成为所谓的远红外加热器或远红外辐射器。

食品远红外烤炉中常用的远红外辐射元件主要有板状与管状两种；按辐射体材料依附的结构件材料，有金属管、碳化硅元件和 SHQ 元件等。

1. 碳化硅远红外辐射元件

碳化硅是一种良好的远红外辐射材料。碳化硅的辐射光谱特性曲线如图 7 - 40 所示。在远红外波段及中红外波段，碳化硅具有很高的辐射率。碳化硅的远红外辐射特性和糕点的主要成分（如面粉、糖、食用油、水等）的远红外吸收光谱特性相匹配，加热效果好。

如图 7 - 41 所示，碳化硅材料的红外辐射元件可以做成管状。主要由电热丝及接线件、碳化硅管基体及辐射涂层等构成。因碳化硅不导电，因此不需充填绝缘介质。碳化硅红外元件也可以做成板状，如图 7 - 42 所示。其基体为碳化硅，表面再涂远红外辐射涂料。

碳化硅辐射元件具有辐射效率高、使用寿命长、制造工艺简单、成本低、涂层不易脱落等优点。它的缺点是抗机械振动性能差，且热惯性大，升温时间长。

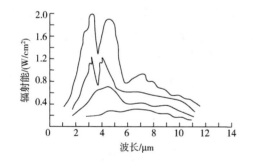

图 7 - 40 碳化硅辐射光谱特性曲线

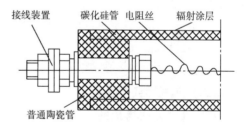

图 7 - 41 碳化硅管远红外辐射元件结构

2. 金属管远红外辐射元件

这种远红外辐射加热元件的基体为钢管，管壁外涂覆一层远红外加热辐射涂料。不同远红外辐射涂料的光谱不同，可以根据需要选择不同的涂料，或选择由某种涂料涂覆的管状元件。管子可以有不同的直径和长度。直径较小的管子可以弯曲成不同形状。

图 7 - 43 所示为金属氧化镁远红外辐射管，其机械强度高，使用寿命长，密封性好。这种结构的元件可在烤炉外抽出更换，因此，在食品行业有广泛应用。但该元件表面温度高于 600℃时，则会发出可见光，使远红外辐射率有所下降。另外，过高的温度还会使金属管外的远红外涂层脱落，长期作用下金属管会产生下垂变形，从而影响烘烤质量。

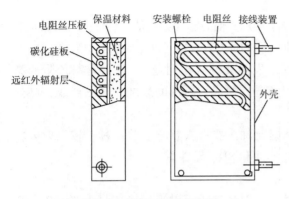

图 7-42 碳化硅板式辐射器

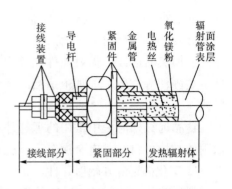

图 7-43 金属氧化镁远红外辐射管结构

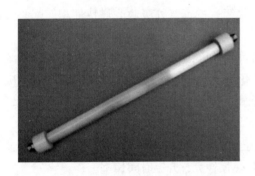

图 7-44 乳白石英远红外辐射加热元件

3. SHQ 乳白石英远红外辐射加热元件

SHQ 乳白石英远红外辐射加热元件实物如图 7-44 所示，它由发热丝、乳白石英玻璃管及引出端组成。乳白石英玻璃管直径通常为 18~25mm，同时起辐射、支承和绝缘作用。SHQ 元件常与反射罩配套使用，反射罩通常为抛物面状的抛光铝板罩。

SHQ 元件光谱辐射率高，且稳定，波长在 3~8μm 和 11~25μm，其 $\varepsilon_\lambda = 0.92$；热惯性小，从通电到温度平衡所需时间 2~4min；电能-辐射能转换率高（$\eta' > 60\% ~ 65\%$）。由于不需要涂覆远红外涂料。所以没有涂层脱落问题，符合食品加工卫生要求。

这种红外加热元件可在 150~850℃下长期使用，能满足 300~700℃的加热场合，因此可用于焙烤、杀菌和干燥等作业。

（二）箱式远红外线烤炉

箱式远红外线烤炉的一般结构如图 7-45 所示，主要由箱体和电热红外加热元件等组成。箱体外壁为钢板，内壁为抛光不锈钢板，可增加折射能力、提高热效率，中间夹有保温层，顶部开有排气孔，用于排除烘烤过程中产生的水蒸气。炉膛内壁固定安装有若干层支架，每层支架上可放置若干烤盘。电热管与烤盘相间布置，分为各层烤盘的底火和面火。烤炉设有温控元件，可将炉内温度控制在一定范围内。

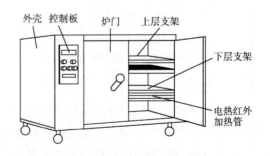

图 7-45 箱式远红外线烤炉

这种烤炉结构简单、占地面积小、造价低，但电热管与烤盘相对位置固定，易造成烘烤产品成色不均匀。

（三）隧道式远红外线烤炉

隧道式远红外线烤炉是一种连续式烘烤设备，烘烤室为一狭长的隧道，由一条穿其而过的带式输送机将食品连续送入和输出烤炉。根据输送装置不同可分为钢带隧道炉、网带隧道炉、烤盘链条隧道炉和手推烤盘隧道炉等。

1. 钢带隧道炉

钢带隧道炉是指食品以钢带作为载体，并沿隧道运动的烤炉，简称钢带炉。钢带靠分别设在炉体两端，直径为 500 ~ 1000mm 的空心辊筒驱动。烘烤后的产品从烤炉末端输出并落入后道工序的冷却输送带上。钢带炉外形如图 7 - 46 所示。由于钢带只在炉内循环运转，所以热损失少。通常钢带炉采用调速电机与食品成型机械同步运行，可生产面包、饼干、小甜饼和点心等食品。其缺点是钢带制造较困难，调偏装置较复杂。

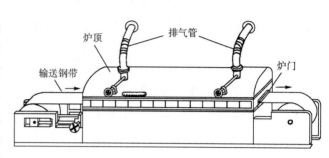

图 7 - 46　钢带炉外形图

2. 网带隧道炉

网带隧道炉简称网带炉，其结构与钢带炉相似，只是传送面坯的载体采用的是钢丝网带。网带长期使用损坏后，可以补编，因此使用寿命长。由于网带网眼空隙大，在焙烤过程中制品底部水分容易蒸发，不会产生油滩和凹底。网带运转过程中不易产生打滑，跑偏现象也比钢带易于控制。网带炉焙烤产量大，热损失小，多用于烘烤饼干等食品。该炉易与食品成型机械配套组成连续的生产线。网带炉的缺点是不易清洗，网带上的污垢易于粘在食品底部，影响食品外观质量。

3. 链条隧道炉

链条隧道炉是指食品及其载体在炉内的运动靠链条传动来实现的烤炉，简称链条炉。链条炉结构如图 7 - 47 所示，其主要传动部分有电动机、减速器及链轮等。炉体进出两端各有一水平横轴，轴上分别装有主动和从动链轮。链条带动食品载体沿轨道运动。

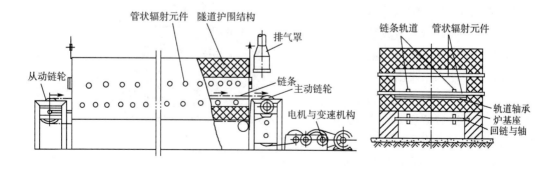

图 7 - 47　链条炉结构

根据焙烤的食品品种不同，链条炉的食品载体大致有两种，即烤盘和烤篮。烤盘用于承载饼干、糕点及花色面包，而烤篮用于听型面包的烘烤。链条隧道炉出炉端一般设有烤盘转向装置及翻盘装置，以便成品进入冷却输送带，载体由炉外传送装置送回入炉端。由于烤盘在炉外循环，因此热量损失较大，不利于工作环境，而且浪费能源。

链条炉一般与成型机械配套使用，并组成连续的生产线，其生产效率较高。因传动链的速度可调，因此适用面广，可用来烘烤多种食品。

二、 微波加热设备

微波加热属于一种内部生热的加热方式，依靠微波段电磁波将能量传播到被加热物体内部，使物料整体同时升温。目前有两个微波频率用于加热应用，即915Hz和2450Hz。

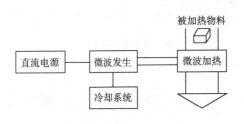

图7-48 微波加热器的构成

微波加热设备构成如图7-48所示，主要由电源、微波发生器、冷却系统、连接波导和加热器等部分构成，微波发生器利用高压直流电转换成微波能。微波能通过连接波导传输到加热器，对物料进行加热。冷却系统利用风冷或水冷对微波发生器进行冷却。

微波加热设备可按不同方式分类。根据微波场作用方式，可分为驻波场谐振腔加热器、行波场波导加热器、辐射型加热器和慢波型加热器；按微波炉的结构形式可分为箱式、隧道式、平板式、曲波导式和直波导式等。其中箱式为间歇式，后四者为连续式。

微波加热方式具有加热速度快、加热均匀、易于瞬间控制和选择性强的特点。基于这些优点，微波加热在食品加工中的应用已经从最初的食品烹调和解冻扩展到食品杀菌、消毒、脱水、漂烫、焙烤等。

（一）箱式微波加热器

箱式微波加热器属于驻波场谐振腔加热器。食品烹调用微波炉是一种常见的箱式微波加热器，其结构如图7-49所示，主要电源、磁控管、波导、搅拌器、加热腔、转盘和屏蔽玻璃门等构成，其中转盘为使物料受热均匀的辅助装置，并非所有微波炉均设有，另外，加热腔还设有一定形式的通气孔，可使水汽排出，但不会使微波外泄。加热腔为微波加热的谐振腔。谐振腔微波加热器原理如图7-50所示，当矩形空腔每一边的长度都大于$\lambda/2$（λ为所用微波波长）时，将从不同方位形成反射，不仅使物料各个方向均受到微

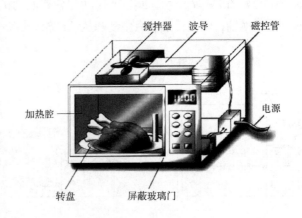

图7-49 烹调用微波炉结构

波作用，同时穿透物料的剩余微波会被腔壁反射回介质中，形成多次加热过程，从而有可能使进入加热室的微波完全用于物料加热。由于谐振腔为密闭结构，微波能量泄漏很少，不会危及操作人员的安全。这种微波加热器常用于食品的快速加热、快速烹调和快速消毒。

（二）隧道式微波加热器

在连续式微波加热装置中，隧道结构的谐振腔式较为简单，适用性也较大。图 7 - 51 所示为一种隧道式谐振腔微波加热设备外形，这种加热器功率强大，为工业生产常用，可用于多种目的，如盒装快餐盒奶糕和茶叶的加工。

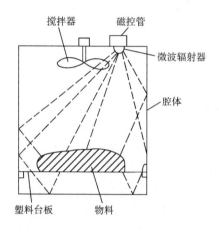

图 7 - 50　谐振腔微波加热器原理　　　　**图 7 - 51　一种谐振腔隧道微波加热设备外形**

图 7 - 52 所示为一种多谐振腔构成的隧道式微波加热器结构，主要由若干微波加热（谐振）腔、输送带、微波抑制系统及排湿系统等构成。隧道式谐振腔微波加热器的工作原理与谐振腔箱式微波加热器类似。隧道上部设置有排湿装置，用于排除加热过程中物料蒸发出的水分。输送物料的传送带可采用基本不吸收微波能，又有较大强度的聚四氟乙烯皮带。

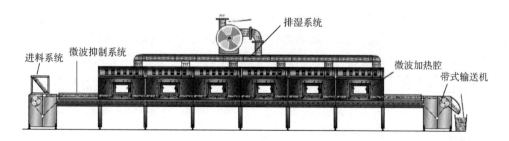

图 7 - 52　连续式多谐振腔隧道式微波加热器结构

由于物料是在连续状态下进出微波加热腔体，因此需要在隧道的物料进出口端，分别设置防止微波外泄的微波抑制系统。抑制微波外泄的方式有多种，常见方式如图 7 - 53 所示，有（1）金属挡板式、（2）金属链式和（3）水吸收式三种。由于金属不吸收微波，与微波相遇会将其反射或折射，因此挡板和金属链可将进出口处的微波反射或折射回加热腔，从而起到抑制微波外泄作用。水对微波有很大的吸收能力，因此水吸收式的吸收水载荷可在微波加热隧道的两端将进出口处的微波吸收，防止其外泄。

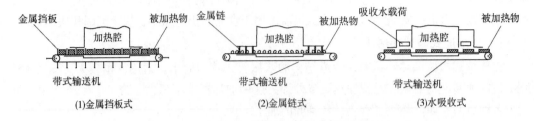

图7-53 常见微波抑制方式

本章小结

食品工业普遍涉及不同形式的热交换热处理设备。典型的设备类型包括各种形式的热交换器、油炸设备、夹层锅、热烫设备、螺旋挤压机、微波加热和红外加热设备等。

对于流体食品的加热或冷却可以用各种形式的间接或直接式热交换器。这些热交换器或以独立形式存在，或结合在各种功能的组合设备中。

工业用的油炸设备可以分为间歇式和连续式油炸设备。油炸设备可用电加热，也可用燃料直接燃烧加热，还可采用导热油方式加热。为将油炸产生的碎渣去除，可以采用油水混合工艺设备，也可采用热油循环过滤除渣的方式。连续式油炸机的性能与油槽结构有较大关系。

热烫设备主要用于果蔬加工，热介质可用热水也可用蒸汽，用热水加热的热烫设备你为预煮机。连续预煮设备的输送装置主要有螺旋式和带式两种。

螺杆挤压机集破碎、捏合、混炼、熟化、杀菌、干燥和成型等功能于一体，可用于生产膨化、组织化或其他成型产品。螺杆挤压机可按不同方式分为单螺杆型、双螺杆型、高剪切型、低剪切型、自热型和外热型等。不同应用目的可选用不同型式的螺杆挤压机。

远红外加热设备是辐射型加热设备。其结构形式有箱式和隧道式两类，相应的操作形式分别为间歇式和连续式。远红外发热元件是各种远红外加热设备的关键部件。

微波加热设备利用微波能对食品加热。其操作和结构形式也分别有间歇加热的箱式和连续加热的隧道式两种，用于加热的微波频率分别为915Hz和2450Hz。各种微波加热设备均需要具有防止微波外泄的安全设计。

🔍 思考题

1. 间接式热交换器在食品加工过程中有哪些典型应用？
2. 直接式换热器在食品加工过程中的有哪些典型应用？
3. 螺杆挤压机有哪些类型？分别适用原料状态和产品类型如何？
4. 比较讨论螺旋式与刮板式连续热烫机的特点与适用场合。
5. 比较讨论远红外加热设备与微波加热设备的特点和适用场合。

自测题

一、判断题

（　　）1. 蛇管换热器的传热膜系数不高。

（　　）2. 逆流和顺流式列管式换热器的管程为单程。

（　　）3. 套管式热交换器一般不能方便地改变换热面积。

（　　）4. 套管式热交换器可方便地进行逆流换热操作。

（　　）5. 多管套管式热交换器适用于大颗粒物料的热处理。

（　　）6. 奇数管程的列管式热交换器，管内流体的进出都在同一端封头。

（　　）7. 列管式热交换器也称壳管式热交换器。

（　　）8. 当两种流体表面传热系数相差 5 倍以上时，翅片管式热交换器宜采用。

（　　）9. 板式热交换器的进出管一定分设在传热板区两端的压紧板和支架板上。

（　　）10. 换热面积和出入口流速不变条件下可改变流体在板式热交换器中的滞留时间。

（　　）11. 板式热交换器的传热板四角有 4 个圆孔。

（　　）12. 旋转刮板式热交换器的刮板均以活动铰链方式与转筒连接。

（　　）13. 旋转刮板式热交换器只能直立安装。

（　　）14. 为了方便排料，所有的夹层锅底均设有一个排料口。

（　　）15. 蒸汽注入式加热器是将蒸汽注入产品的直接式加热器。

（　　）16. 高位式冷凝器的大气腿可以将二次蒸汽带入的不凝性气体排除。

（　　）17. 螺旋式连续预煮机对物料的适应性不如刮板式预煮机的强。

（　　）18. 某些螺杆挤压机不用外部加热也可使物料熟化。

（　　）19. 所有螺杆挤压机的机筒体是一个整体。

（　　）20. 连续油炸设备不能与水管连接。

（　　）21. 连续真空油炸机内，物料处于带式输送机的输送带下面。

（　　）22. 隧道式远红外烤炉只能用钢带输送坯料。

（　　）23. 隧道式微波加热器不可用不锈钢网带输送物料。

二、填充题

1. 按传热方式不同，热交换器分为_____式和_____式两大类型。

2. 间壁式热交换器可分为_____传热和_____传热两种形式。

3. 管式热交换器的主要形式有_____式、_____式、列管式和翅片管式等。

4. 新型套管式热交换器有_____同心套管式、_____列管式和多管同心套管式三种形式。

5. 旋转刮板式热交换器的主要优点是_____系数较高，适用于_____物料。

6. 混合式蒸汽加热器有蒸汽_____式和蒸汽_____式两种形式。

7. 混合式二次蒸汽冷凝器有_____式、_____式和孔板式三种。

8. 夹层锅按直筒部分长短深度分为_____型、_____型和深型三种形式。

9. 夹层锅按锅体活动状态分为_____式和_____式两种形式。

10. 食品加工常用连续预煮机有_____式和_____式两种形式。

11. 螺杆挤压机按螺杆数量可分为_____螺杆和_____螺杆两种挤压机形式。

12. 螺杆挤压机按热源条件可分为_____式和_____式两种挤压机形式。

13. 螺杆挤压机按剪切速率可分为_____剪切型和_____剪切型两种挤压机形式。

14. 连续油炸机按压力状态可分为_____式和_____式两种油炸机形式。

15. 微波加热器所用的两个微波频率分别为_____Hz 和_____Hz。

16. 微波加热器有两种主要形式：_____式和_____式。

三、选择题

1. 板式热交换器的优点不包括_____。

A. 传热效率高　　B. 适用于高黏度物料　　C. 操作灵活　　D. 结构紧凑

2. 刮板式连续预煮机输送装置上的刮板_____。

A. 上开有小孔　　　　　　　　　　B. 由压轮牵引

C. 直接固定在输送链上　　　　　　D. 作直线运动

3. 可行的螺旋式预煮机的预煮时间的调节参数是_____。

A. 螺旋直径　　　B. 螺旋角度　　　C. 螺旋螺距　　　D. 螺旋转速

4. 螺旋式连续煮预机的热烫介质为_____。

A. 蒸汽　　　　B. 热水　　　　C. 热空气　　　D. 过热蒸汽

5. 高位冷凝器_____。

A. 用泵抽水　　　　　　　　　　　B. 距地面至少 9m

C. 利用动压头排水　　　　　　　　D. 利用气压管排水

6. 螺旋式连续预煮机的特点中不包括_____。

A. 结构紧凑　　　　　　　　　　　B. 运动部件少

C. 预煮时间可自动控制　　　　　　D. 对物料密度适应性强

7. 适用于小批量多品种果蔬热烫处理的设备是_____。

A. 螺旋式预煮机　　B. 刮板式预煮机　　C. 夹层锅　　D. 冷热缸

8. 与夹层锅具有相同含意的名称是_____。

A. 二重锅　　　B. 冷热缸　　　C. 化糖锅　　　D. 脱气锅

9. 食品工厂中夹层锅的最大用处是_____。

A. 漂烫处理　　　B. 调味品配制　　　C. 溶糖化糖　　　D. 熬糖

10. 板式热交换器的优点不包括_____。

A. 传热效率高　　B. 结构紧凑　　　C. 操作灵活　　　D. 流程阻力小

11. 刮板式连续预煮机的蒸汽吹泡管上的小孔_____。

A. 沿管等距离分布　　　　　　　　B. 在进料端较密

C. 在出料端较密　　　　　　　　　D. 朝向物料

12. 板式热交换器中一定有流体接管口的结构件是_____。

A. 传热板　　　B. 压紧板　　　C. 导杆　　　D. 分界板

13. 列管式热交换器一般不用作_____。

A. 杀菌器　　　　B. 冷凝器　　　　　　C. 蒸发加热器　　D. 热烫器

14. 旋转刮板式热交换器不会出现在_____。

A. 蒸发过程　　　B. 干燥过程　　　　　C. 冷冻过程　　　D. 杀菌过程

15. 以下过程中，应用板式热交换器可能性最小的是_____。

A. 液体杀菌　　　B. 二次蒸汽冷凝　　　C. 番茄酱杀菌　　D. 蒸发加热

16. 以下热交换器形式中，加热面积调整最方便的_____。

A. 板式　　　　　B. 盘管式　　　　　　C. 旋转刮板式　　D. 列管式

17. 以下热交换器中，密封圈最多的是_____。

A. 板式　　　　　B. 套管式　　　　　　C. 列管式　　　　D. 盘管式

18. 下列热交换器中，最适用于黏稠物料的是_____。

A. 板式　　　　　B. 螺旋板式　　　　　C. 列管式　　　　D. 旋转刮板式

四、对应题

1. 找出下列换热器与结构之间的对应关系，并将第二列的字母填入第一列对应项的括号中。

（1）蛇管式热交换器（　　　）　　　　A. 单位换热面积重量大

（2）普通套管式热交换器（　　　）　　B. 密封周界长

（3）列管式热交换器（　　　）　　　　C. 管外传热膜系数较低

（4）多管同心套管式热交换器（　　　）　D. 转子组合件

（5）板式热交换器（　　　）　　　　　E. 管板

（6）旋转刮板式热交换器（　　　）　　F. 多根缩径波纹管

2. 找出下列挤压机与特点之间的对应关系，并将第二列的字母填入第一列对应项的括号中。

（1）双螺杆挤压机（　　　）　　　　　A. 物料输送依靠摩擦力

（2）自热式挤压机（　　　）　　　　　B. 套筒横截面呈∞形

（3）低剪切挤压机（　　　）　　　　　C. 控制较难

（4）单螺杆挤压机（　　　）　　　　　D. 螺杆转速高

（5）高剪切挤压机（　　　）　　　　　E. 可生产较复杂形状产品

第八章

真空蒸发浓缩设备

浓缩是除去食品料液中部分水分的单元操作，在食品加工中有着重要的地位。例如，鲜乳、果蔬榨取得到的原汁、植物性提取液（如咖啡、茶）、生物处理（酶解、发酵）分离液等均含有大量的水分，为便于运输、贮存、后续加工以及方便使用等，往往需要进行浓缩。

食品稀料液浓缩可通过真空蒸发、膜分离和冷冻浓缩三种物理过程实现。目前，食品工业中的浓缩多采用真空蒸发浓缩。冷冻浓缩虽然有利于热敏性和挥发性成分的保留而有很大吸引力，但其浓缩倍数有限、过程会引起浓缩物的损失，而且过程设备复杂，因此，至今应用不普遍。膜浓缩本质上是膜分离操作，随着膜材料和系统设备的技术发展，其在食品浓缩的地位正在提高。同样，膜浓缩液的浓缩倍数有限，因此，往往要在下游与真空蒸发结合，才能得到符合工艺要求的成品浓度。膜分离设备已在本书第四章介绍。因此，本章主要介绍真空蒸发浓缩设备。

真空蒸发浓缩系统由蒸发器、冷凝及真空装置，及其他辅助装置构成。具体形式较多，主要差异表现在蒸发器的形式、蒸发器的效数、二次蒸汽利用程度以及操作连续性等几方面。冷凝器与真空装置也可有不同形式。

真空蒸发浓缩设备主要特点是真空状态下料液沸点的降低，可加速水分蒸发，避免料液受高温影响，从而适合于处理热敏性物料；另外，可采用低压或废热蒸汽加热蒸发。但这种设备须有冷凝和真空系统配合，从而会增加附属机械设备及动力。

以下主要介绍蒸发器、主要附属设备及典型真空浓缩系统。

第一节　蒸发器

蒸发器是真空蒸发浓缩系统的主体，一般由加热室与分离室两部分构成，食品料液在此受到加热发生汽化，产生浓缩液和二次蒸汽。蒸发器的蒸发能力一般与加热室的加热面积成正比。

蒸发器有多种形式，按加热器结构可分为夹套式、盘管式、中央循环管式、升膜式、降膜式、板式、刮板式、离心外加热式等；按料液流程可分为单程式和循环式（又可分自然循环式与强制循环式两种）；按出料的方式可分为间歇式和连续式两类。

一、　间歇式蒸发器

间歇式真空蒸发器的一般操作过程是：待蒸发稀料液借助真空吸入蒸发器进行蒸发，产生的二次蒸汽由后面连接的真空冷凝系统抽走，浓缩液则由稀到浓积聚于蒸发器内，直到浓度上升到难以继续进行有效传热和蒸发时，便停止加热蒸发，同时破坏系统真空，便于出料。浓缩液可借助于重力或泵，通过蒸发器进料管口出料。典型的加热器有夹套式和盘管式等。

（一）夹套式蒸发器

典型的夹套式蒸发器如图 8 - 1 所示，它又称为搅拌式真空浓缩锅，属于间歇式中的小型食品浓缩设备。由图可见，它主要由带夹套的圆筒形锅体、犁刀式搅拌器和泡沫捕集器等组成。浓缩锅体可分为上下两部分，下锅体由蒸汽夹套包围，属于加热蒸发区，待浓缩料液由下方进出料口借助真空吸入锅内，由夹套内的蒸汽进行加热蒸发，在搅拌器强制翻动下，料液形成对流而受到较为均匀的加热，并蒸发释放出二次蒸汽。上锅体内部为一段空腔体，附属结构有视镜、灯、真空表及人孔等。由加热蒸发区（下锅体）上升的二次蒸汽通过时，大部分所夹带的液滴因重力作用会分离落回下面的料液中，二次蒸汽则进入泡沫捕集器。泡沫捕集器有时

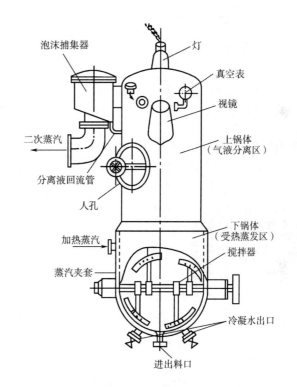

图 8 - 1　夹套式蒸发器

也称为汽液分离器，可将（有时因过度加热蒸发而在上锅体产生的）泡沫破除分离成为二次蒸汽和液体，二次蒸汽由后面的冷凝真空系统抽走，液体则通过器下部侧面与上锅体相连的分离液回流管流入蒸发器。

这种蒸发器的加热面积小，料液温度不均衡，加热时间长，料液通道宽，通过强制搅拌加强了加热器表面料液的流动，减少了加热死角，适宜于果酱、炼乳等高黏度料液的浓缩。

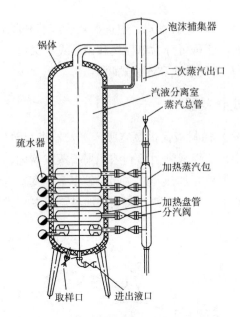

图 8-2 盘管式蒸发器

（二）盘管式蒸发器

典型盘管式真空蒸发器结构如图 8-2 所示，主要由锅体、置于锅体内的盘管加热器及与锅体相连的泡沫捕集器三部分构成。

锅体为带保温层的立式圆筒密闭结构，内部空间也可分为上下两部分，上部为汽液分离区，下部为加热蒸发区。加热区设有 3~5 层加热盘管，每层盘 1~3 圈，各层盘管分别有加热蒸汽进口及冷凝水出口。蒸汽与冷凝水的进出口布置有两种方式，如图 8-3 所示。泡沫捕集器为离心式，安装于浓缩锅的上部外侧。泡沫捕集器中心立管与冷凝真空系统连接，中心管旁的回流小管则与锅体相连。

工作时，料液通过下方的进出液口进入锅体内。料液在加热盘管径向受到的加热程度不同，外层盘管间料液受热相对较多，受

热后体积膨胀而上浮，盘管中部的料液，因受热相对较少，密度大，自然下降回流。从而形成了料液沿外层盘管间上升，又沿盘管中心下降回流的自然循环。蒸发产生的二次蒸汽从浓缩锅上部中央排出，二次蒸汽中夹带的料液雾滴在捕集器

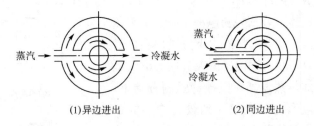

图 8-3 加热盘管的进出口布置

的作用下被分离下降流回锅中。当浓缩锅内的物料浓度经检测达到要求时，即可停止加热，打开锅底出料阀出料。

操作过程中，不得往露出液面的盘管内通蒸汽，只有液料淹没后才能通蒸汽。由于盘管结构尺寸较大，加热蒸汽压力不宜过高，一般为 0.7~1.0MPa。

盘管式蒸发器具有以下优点：结构简单、制造方便、操作稳定、易于控制；盘管为扁圆形截面，液料流动阻力小，通道大，适于黏度较高的液料；由于加热管较短，管壁温度均匀，蒸汽冷凝水能及时排除，传热面利用率较高；便于根据料液的液面高度独立控制各层盘管内加热蒸汽的通断及其压力，以满足生产或操作的需要。其主要缺点是：传热面积小，液料对流循环差，易结垢；料液受热时间长，在一定程度上对产品质量有影响。

二、连续式蒸发器

连续式蒸发器是指操作稳定时可以连续进稀料液和连续出浓缩液的蒸发器。

(一) 外加热循环蒸发器

外加热循环蒸发器的特征是加热室和分离室分开。根据物料在加热室与分离室间循环的方式，可以分为强制循环式和自然循环式两种。

强制循环外加热蒸发器如图8-4（1）所示，主要由列管式加热器、分离室和循环泵等构成。需要指出的是，这种蒸发器的加热器，除了如图中所示可水平安装以外，还可以垂直安装或倾斜安装。

自然循环外蒸发器如图8-4（2）所示。除无循环泵以外，基本构成与强制循环式相同。但加热室只能垂直安装。

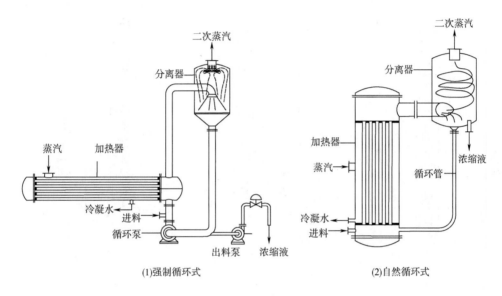

(1)强制循环式　　　　　(2)自然循环式

图8-4　外加热循环蒸发器

外加热式蒸发器主要以连续方式操作。操作时，最初的一段时间为非稳定期，这时不出料，当循环内料液浓度达到预定浓度时，通过离心泵抽吸出料。图8-4（2）所示的自然循环蒸发器，也可在浓缩液出料处接离心泵。这种蒸发器也可以间歇方式操作，但最终出料的体积不得小于加热室与分离室最少能循环的容积。

外加热式蒸发器具有以下优点：蒸发器的加热室与分离室分开后，可调节二者之间的距离和循环速度，不使料液在加热室中沸腾，而恰在高出加热管顶端处沸腾，加热管不易被析出的晶体所堵塞；分离室独立分开后，形式上可以做成离心分离式，从而有利于改善雾沫分离条件；此外，还可以由几个加热室合用一个分离室，提高操作的灵活性；自然循环外加热式蒸发器的循环速度较大，可达1.5m/s，而用泵强制循环的蒸发器，循环速度还要大；这种蒸发器的检修、清洗也较方便。其主要缺点是：溶液反复循环，在设备中平均停留时间较长，对热敏性物料不利。

这种蒸发器可用于对热敏性和风味成分保留要求不高的产品浓缩，例如，用于喷雾干燥前牛乳和蛋白水解液等的浓缩。

（二）长管式蒸发器

对热敏性成分保留有较严要求的产品，应当采用单程式蒸发器——稀料液通过加热室一次便由分离室分离排浓缩液的蒸发器。

长管式蒸发器是典型的单程式蒸发器，其结构类型如图8-5所示。这种蒸发器一般采用内径25~50mm，长径比为100~150的长管制成。因长径比大，单位体积料液受热面积较大，因而，料液进入加热器后很快汽化而使浓缩液呈膜状在管内移动，因此这种蒸发器也是典型的膜式蒸发器。根据液流方向不同，长管式蒸发器可分为升膜式、降膜式和升降膜式三种形式。

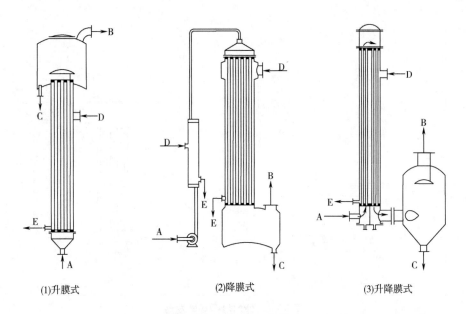

(1)升膜式　　　　　(2)降膜式　　　　　(3)升降膜式

图8-5　长管式蒸发器

A—进料　B—二次蒸汽　C—浓缩液　D—生蒸汽　E—冷凝水

1. 升膜式蒸发器

升膜式蒸发器的典型结构如图8-5（1）所示，蒸汽与料液在加热器内呈逆流，蒸汽由加热器上部引入，而料液由下部进入。由于从下面进料，因此为防止静压效应引起沸点升高，进入蒸发器的料液温度应控制在接近沸点。自下而上流动的料液，受加热和负压作用，一部分在入口处便迅速汽化，产生二次蒸汽，并以80~200m/s的速度带动浓缩液沿管内壁成膜状上升。在加热室顶部，由浓缩液与二次蒸汽构成的混合物，以较高流速进入加热室顶部的分离室，撞击在圆弧形挡板上，受惯性离心力作用发生分离，浓缩液从分离室底部排出，二次蒸汽则从顶部排出。

这种蒸发器的主要优点是，料液在加热室内停留时间很短，传热系数高，适用于热敏性料液浓缩；高速二次蒸汽具有良好的破沫作用，所以尤其适用于易起泡沫的料液。其主要缺点是：一次浓缩比不够大，因此一般组成双效或多效流程使用；由于薄膜料液的上升必须克服自身重力与管壁的摩擦阻力，所以不适用于处理高黏度、易结垢或易结晶的溶液。

值得一提的是，分离室除图8-5（1）所示位于加热室上方以外，还可以有如外加热式蒸发器（参见图8-4）那样的分离室。

2. 降膜式蒸发器

降膜式蒸发器的典型结构如图8-5（2）所示，其分离室位于加热室的下方。其工作过程为，稀料液在泵送作用下，经预热器预热后进入蒸发顶部，在重力作用下经料液布膜器沿加热管内壁呈膜状向下流动，同时受到管外并流加热蒸汽的加热而蒸发。管内形成的浓缩液与二次蒸汽进入下方的分离器。二次蒸汽从分离器B口通往冷凝真空系统，浓缩液由分离器下方C口由泵抽出。由于单位体积料液受热面积大，所以料液很快沸腾汽化，又由于向下加速，克服的流动阻力比升膜式小，产生的二次蒸汽能以很高的速度带动料液下降，所以传热效果好。

位于蒸发器加热室顶部的料液布膜器（又称料液分布器），其作用是使料液在加热管内均匀成膜，并阻止二次蒸汽上升。图8-6所示为几种常用的布膜器，图中（1）的导流管是有螺旋形沟槽的圆柱体；（2）的导流管下端锥体端面向内凹入，以免液体再向中央聚集；（3）是利用加热管上端管口的齿缝来分流液体；（4）是靠管子上端的旋液器分流液体。

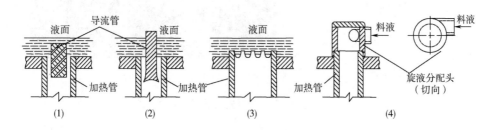

图8-6 料液布膜器

降膜式蒸发器的特点是：①加热蒸汽与料液呈并流方式；②蒸发时间短，为单流型，适用于热敏性料液浓缩；③不适于高黏度的料液浓缩；④大多以双效或多效形式组成蒸发设备，以提高浓缩比；⑤不适用于处理易结晶或易结垢的溶液。

（三）刮板式蒸发器

刮板式蒸发器也称刮板式薄膜蒸发器，是利用外加动力的膜式蒸发器，主体由刮板式加热器（参见第七章内容）与分离室构成。根据稀料液和浓缩的流向，刮板式蒸发器也可有升膜式和降膜式两种形式（图8-7）。

图8-7（1）所示为一种降膜式刮板式蒸发器，其分离室位于加热器正上方。稀料液由加热室上部引入，在随轴旋转的分布器离心力作用下，成环状分布在加热器内壁，在旋转刮板作用下呈膜状沿加热器筒内壁向下方流动，受到加热蒸发。浓缩液在下部出口由泵抽走。二次蒸汽高速向上撞击在随轴旋转的圆盘形汽液分离器上与其所夹带的液滴发生分离。液滴受分离器离心力作用被抛甩到分离室壁后，在重力作用下流入加热室筒壁区。分离后的二次蒸汽则通往真空冷凝系统。

图8-7（2）所示为一种升膜式刮板式蒸发器，其分离室也与刮板加热室分开，位于加热器侧面。浓缩液与二次蒸汽混合物一起从加热器顶部流入分离室。分离室入口处有一挡板，可使二次蒸汽和浓缩液因惯性力作用而初步分开，分离后的二次蒸汽经通过左上部

出口通往真空冷凝系统，浓缩室则在重力作用下汇集于分离室底部（可间歇出料）。

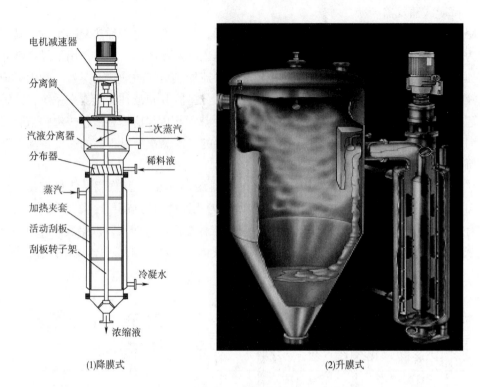

电机减速器

分离筒

汽液分离器

分布器

蒸汽

加热夹套

活动刮板

刮板转子架

二次蒸汽

稀料液

冷凝水

浓缩液

(1)降膜式　　　　　　　　　(2)升膜式

图8-7　刮板式蒸发器

刮板薄膜蒸发器的主要优点是处理黏度高达 $50 \sim 100 \mathrm{Pa \cdot s}$ 的黏性料液时仍能保持较高的传热速率。所以特别适用于浓缩糖含量高、蛋白质含量高的物料，如鸡蛋、蜂蜜和麦芽汁等料液。但设备加工精度要求高，生产能力小，因而一般用于后道浓缩。

（四）板式蒸发器

板式蒸发器主要由板式加热器与分离室组合而成。加热器的总体结构与组合方式与本书第七章介绍的板式换热器的类似，但一般直接利用蒸汽或二次蒸汽进行加热。板式蒸发器的加热板如图8-8所示，根据料液与蒸汽在加热板上的流动方向，有升膜式和降膜式两种形式。由于加热蒸汽和产品均要求均匀分布，因此，这种蒸发器换热板结构与普通板式热交换器的换热板在结构上有所不同，主要体现在供产

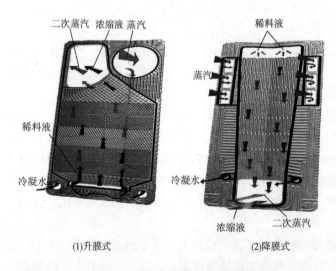

二次蒸汽　浓缩液　蒸汽

稀料液

稀料液

蒸汽

冷凝水

冷凝水

浓缩液　二次蒸汽

(1)升膜式　　　　　　(2)降膜式

图8-8　板式蒸发器的加热板

品和加热介质进出的开孔大小、数量、形状和位置不同。

板式蒸发器的加热器，如长管式蒸发器一样，也可以用相应的换热板安排成升膜式、降膜式和升降膜式结构。

图8-9所示为降膜式板式蒸发器结构示意。加热器的加热板全为降膜式。料液从加热器左上侧进入后分两路均匀地分布在各加热片上。料液流道两侧为加热蒸汽室，也从加热板上方进入，因此，与产品流向相同，为并流（情况与长管降膜式蒸发器类似）。浓缩液二次蒸汽混合物通过加热器下方的通道出来，进入分离器后二者分离，浓缩液从分离器下方引出，二次蒸汽则从上方引出。

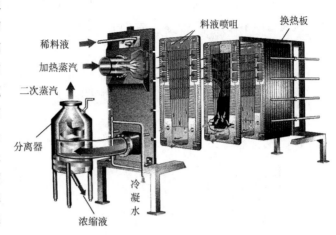

图8-9　降膜式板式蒸发器结构示意图

升膜式板式蒸发器的结构与降膜式的类似，只是所用的加热板全为升膜式，并且稀料液与加热蒸汽的走向为逆流 [参见图8-8（1）]，情形与长管升膜式蒸发器的类似。浓缩液二次蒸汽混合物通过上方的通道从加热器出来，进入分离器后二者分离。

升降膜式板式蒸发器的加热板结构较为特殊，分别由升膜板、降膜板和蒸汽板交替叠成。由蒸汽板、升膜板、蒸汽板、降膜板和蒸汽板构成一个蒸发单元，一个加热器的蒸发单元数根据产量而进行调整。这种蒸发器中，料液输入口及浓缩液二次蒸汽混合的输出口均位于加热器的下方。混合物从加热器出来后在分离器分离成浓缩液和二次蒸汽。

板式蒸发器的特点是：①传热系数高；②物料停留时间短（数秒），适用于热敏性物料；③体积小，加热面积可随意调整，易清洗；④因一次通过的浓缩比不高，因此常常构成二效或三效式蒸发系统；⑤密封垫圈易老化而泄漏，使用压力有限。

（五）离心薄膜蒸发器

离心薄膜蒸发器是一种利用锥形蒸发面高速旋转时产生的离心力使料液成膜状流动的高效蒸发设备。按离心转轴的取向，离心薄膜蒸发器分为立式和卧式两种形式（图8-10）。

立式离心薄膜蒸发器结构如图8-10（1）所示，主体由锥形空心碟片叠装而成的转鼓和壳体构成。空心碟片夹层在外圆径向开有通孔，供加热蒸汽进入和冷凝水离开。碟片间保持有一定加热蒸发空间，碟片的下外表面为工作面，所以整机具有较大的工作面，外圈开有环形凹槽和轴向通孔，定向叠装后形成浓缩液环形聚集区和连续的轴向通道。转鼓上部为浓缩液聚集槽，由插入的浓缩液管引至蒸发器壳外。

稀料液由真空壳体上管口引入分配管，该管穿过叠锥转鼓的中心部，由各分配口分别将料液注入相应旋转圆锥的下面。注入的料液很快展成厚0.1mm的液膜，在1s左右时间内流过旋转加热面，水分很快汽化。产生的二次蒸汽通过叠锥中央逸出到机壳内，然后通过壳体的管口通往真空冷凝系统。

加热蒸汽经空心轴从转鼓的下部进入，至叠锥外缘汽室，然后流经圆环上的小孔进入中空锥体夹层，蒸汽在圆锥表面冷凝，一旦形成水滴，又立即被离心力向外通过小孔甩出锥体，故夹层内不存在冷凝液膜，减小了传热热阻，传热系数可达 8000W/（m² · K）。

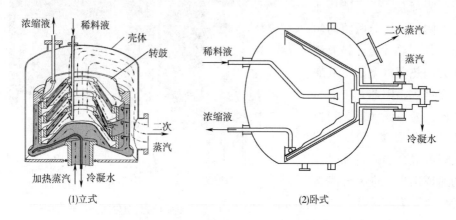

图 8 – 10　离心薄膜蒸发器结构示意图

卧式离心薄膜蒸发器结构如图 8 – 10（2）所示，主体由单个空心锥形转动件和壳体构成。加热蒸汽通过转轴套进入转动件夹层，冷凝水则通过设于夹层的管子由转轴排出。稀料液由壳体引入锥形夹层转动件顶中心面，在离心力和重力双重作用下，自锥顶部向底部成膜状流经整个锥形件内表面，同时受到夹层内的蒸汽加热而蒸发，浓缩液在锥底通过管子引出壳体外，二次蒸汽由壳体出口通往真空冷凝系统。

离心加热蒸发器的传热速率与转速有关。提高转速即增加离心力，使液膜变薄，传热系数增大。但转速也不能无限制增加，否则料液膜不连续，传热面利用率会降低。

离心式薄膜蒸发器的结构紧凑、传热效率高、蒸发面积大、料液受热时间很短、具有很强的蒸发能力，特别适合果汁和其他热敏性液体的浓缩。由于料液呈极薄的膜状流动，流动阻力大，而流动的推动力仅为离心力，所以不适用于黏度大、易结晶、易结垢物料的浓缩。设备结构比较复杂，造价较高，传动系统的密封易泄漏，影响高真空。

第二节　真空蒸发浓缩系统的辅助设备

真空蒸发浓缩系统的主体是蒸发器，必须与适当的附属设备配合，才能在真空状态下对料液进行正常的蒸发浓缩操作。

真空蒸发浓缩系统的辅助设备通常有进料缸、冷凝器、各种泵及间接式换热器等。蒸发器与这些辅助设备进行适当的配合，可以得到不同形式的真空蒸发浓缩系统。

一、进料缸

进料缸用于稀料液的缓冲暂存。稀料液通过进料管进入缸体。缸内的液位由适当机构（如浮球阀）控制维持相对稳定。蒸发浓缩系统的浓缩液输送管路一般装有支路，如果浓缩液浓度达不到要求，则通过此支路管回流到进料缸，重新与稀料液混合后再进行蒸发浓缩。另外当浓缩操作结束后，进料缸通入清水后也可作为就地清洗的清水缸用。进料缸与蒸发器之间一般利用管路连接就可进料，前提是必须克服料液流动阻力，否则需加泵，例如，对于升膜式蒸发器，系统的真空度不足将稀料液从进料缸吸入到蒸发器的顶部，因此必须由泵提供动力。

加工过程简单的生产线，尤其是产量不大的间歇式生产线，不一定设进料缸，可直接将前道工序的料罐作为进料缸用。

二、泵

真空蒸发系统中所用的泵可归为四类：物料泵、冷凝水排除泵、真空泵和蒸汽再压缩泵。

（一）物料泵

真空蒸发浓缩系统处于负压状态，因此，连续蒸发操作时，浓缩液的出料一般要用泵抽吸完成。所用的泵可以用离心泵，但多用正位移泵。除了强制循环式蒸发器中的循环泵以外，由降膜式长管蒸发器构成的多效蒸发系统，除了进料一般要用泵送以外，上一效蒸发器出来的浓缩液进入下一效蒸发器，一般也须用泵输送。

（二）冷凝水排除泵

真空蒸发系统中还有一类泵，用于排除负压状态加热器中加热蒸汽产生的冷凝水。当蒸发器的加热器与真空系统相连，进入加热器的蒸汽（生蒸汽、二次蒸汽或二者的混合物）均可通过适当形式的调节控制，成为负压状态（负压状态的蒸汽对应的温度低于100℃）。此时加热器的冷凝水也为负压，必须通过离心泵抽吸才能排出加热器。另外，低位冷凝器的冷却冷凝水也需要用离心泵抽吸（参见第七章，图7-20）。

（三）真空泵

真空泵的作用是排除系统中产生的不凝性气体，保障提供系统操作所需的真空度。系统的不凝性气体主要来自稀料液，直接式冷凝器用的冷却水也夹带有不凝性气体。不凝性气体会与水分蒸发产生的二次蒸汽共存。一般的冷凝器只能使二次蒸汽冷凝成水，而无法使不凝性气体冷凝成液。不凝性气体一般必须用与冷凝器相接的真空泵抽吸。同样，系统中利用（带有不凝性气体）二次蒸汽作加热剂的加热器，也要与真空泵相连，将不凝性气体抽走。

真空蒸发系统通常采用的真空泵形式有复往式真空泵、水环式真空泵、蒸汽喷射泵和水力喷射泵等。水力喷射泵可不用冷凝器，直接可与蒸发器相连，为系统提供真空。

（四）蒸汽压缩泵

为了提高蒸发器的热效率，可将系统产生的二次蒸汽压缩后再用作蒸发器的加热介质。用于二次蒸汽压缩的压缩泵有热压缩和机械压缩两类。

热压缩泵的结构类似于蒸汽喷射泵，它的工作动力是高压蒸汽。它的工作原理是使利用少量高压蒸汽与大量二次蒸汽混合，得到温度高于二次蒸汽的混合蒸汽，这种蒸汽可用作蒸发器的加热介质。

机械压缩泵以电力或蒸汽涡轮机为驱动力，可将较低压力（温度）的二次蒸汽压缩成较高压力（温度）的蒸汽。常见机械式蒸汽压缩泵有罗茨式和离心式两种形式。

三、 冷凝器

冷凝器在真空蒸发浓缩系统中的主要作用是将蒸发器所产生的二次蒸汽冷凝成液体，以便使后面所连接的真空泵只需抽走不凝性气体，从而大大减轻后续真空泵的抽气负荷，维持系统所要求的真空度。冷凝器的本质是一种换热器，既可以是直接式（混合式），也可以是间接式。这些换热器的结构形式可参见第七章相关内容。

用于一般水溶液（或水分散相料液）蒸发的真空蒸发系统，往往采用以水为冷却介质的直接式冷凝器。而对于需要回收芳香成分的料液，或者对于含有机溶剂的料液（如乙醇提取液），则需要采用间接式冷凝器。值得一提的是，有些企业为了将二次蒸汽冷凝水回收用于工艺用水，则也采用间接式冷凝器。

如上所述，无论是间接式还是直接式冷凝器，一般均不会使二次蒸汽所带的不凝性气体冷凝成液，因而均需在适当位置设排出口，与真空泵相连。真空度要求不高的蒸发系统，可采用水力喷射泵冷凝二次蒸汽，同时抽走不凝性气体。

四、 间接式换热器

有些真空蒸发系统，除了用于物料加热蒸发的加热器和用于二次蒸汽冷凝的冷凝器以外，还会有供稀料液进行预热或杀菌，或供浓缩液余热回收所用的间接式换热器。这些热交换器既可用生蒸汽、二次蒸汽，或者带有余热的浓缩液作加热剂进行加热。这些换热器可以为单程列管式换热器，单独用生蒸汽加热，或与蒸发器的列管式换热器并联，用相同的负压蒸汽进行加热；也可是盘管式换热器，结合在蒸发器的列管加热器内或分离器内，用蒸发器加热蒸汽或分离器产生的二次蒸汽加热。

第三节　典型真空浓缩系统

一、 单效降膜式真空浓缩系统

图 8 – 11 所示为德国 WIEGDN 公司生产的单效降膜式真空浓缩设备流程图，适用于牛乳的浓缩。这套设备主要由降膜式蒸发器、蒸汽喷射器（热泵）、料液泵（离心泵和螺杆泵）、水泵、真空泵及贮液筒等组成。降膜式蒸发器所有加热管束使用同一加热蒸汽，但

管束内部分隔为加热面积大小不同的两部分，同时冷凝器设置于加热器外侧的夹套内，结构紧凑。这套设备设置有热泵，用来将部分二次蒸汽压缩后作为加热蒸汽使用；同时，通过在进料缸内引入冷凝水管道及在分离室内设置夹套预热装置，对原料进行预热，回收了冷凝水和二次蒸汽的残留热量，提高了能量利用效率。

原料牛乳从贮料筒 9 经流量计进入分离器 10，利用二次蒸汽直接加热，蒸发部分水分；然后由料液泵 4 送至加热器顶部第一部分加热管束顶部，经分布器使其均匀地流入各加热管内，呈膜状向下流动，同时受热蒸发；经第一部分加热管束蒸发浓缩后的牛乳，由料液泵 5 送入第二部分加热管束进一步加热蒸发，达到浓度后的浓缩牛乳由螺杆泵 6 送至下道工序。

经分离器排出的二次蒸汽，一部分由蒸汽喷射器增压后送入加热器作为加热蒸汽使用，另一部分进入位于加热室外侧夹套内的冷凝器，在冷却水盘管作用下冷凝成水，并与加热器内的冷凝水汇合在一起，由冷凝水泵 7 送出。

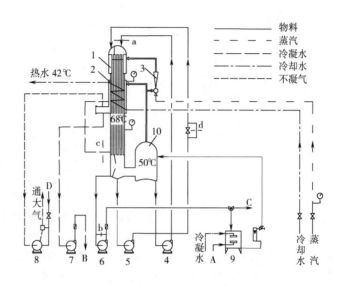

图 8 - 11　WIEGADN 单效降膜式真空浓缩设备
1—加热室　2—冷凝器　3—热泵　4、5—料液泵　6—螺杆泵　7—冷凝水泵
8—水环泵　9—贮料筒　10—分离器　a、b、c、d—节流孔板
A—原料液　B—冷凝水　C—浓缩液　D—水环泵用水

节流孔板 a、b、c、d 用于流量控制所需的在线流量检测。

本设备能量消耗少、操作稳定、清洗方便。

二、 顺流式双效真空降膜浓缩设备

图 8 - 12 所示为一顺流式双效真空浓缩设备流程图，它主要由一、二效蒸发器、热泵、杀菌器、水力喷射器、预热器、液料泵等构成。一、二效蒸发器结构相同，内部除蒸发管束外，还设有预热盘管。杀菌器为列管结构。

工作时，料液由泵 2 从平衡槽 1 抽出，通过由二效蒸发器二次蒸汽加热的预热器 14，然后依次经二效、一效蒸发器内的盘管进一步预热。预热后的料液在列管式杀菌器 5 杀菌 (86~92℃)，并在保持管 6 内保持 24s；随后相继通过一效蒸发器（加热温度 83~90℃，蒸发温度 70~75℃）、二效蒸发器（加热温度 68~74℃，蒸发温度 48~52℃），最后由出料泵 9 抽出。

生蒸汽（500kPa）经分汽包 16 分别向杀菌器、一效蒸发器和热压泵供汽。一效蒸发器产生的二次蒸汽，一部分通过热压泵作为一效蒸发器的加热蒸汽，其余的被导入二效蒸

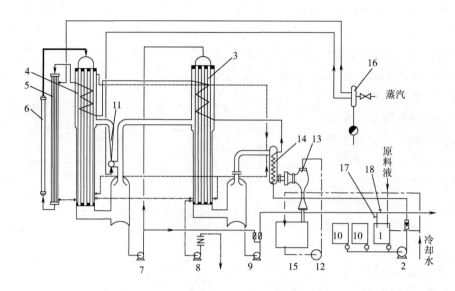

图 8-12 RP₆K₇型顺流式双效真空降膜浓缩设备流程

1—平衡槽 2—进料泵 3—二效蒸发器 4——效蒸发器 5—预热杀菌器 6—保温管
7—料液泵 8—冷凝水泵 9—出料泵 10—酸碱洗涤液贮槽 11—热泵 12—冷却水泵
13—水力喷射器 14—料液预热器 15—水箱 16—分汽包 17—回流阀 18—出料阀

发器作为加热蒸汽。二效蒸发器产生的二次蒸汽，先通过预热器 14，在对料液进行预热的同时受到冷凝，余下二次蒸汽与不凝性气体一起由水力喷射器冷凝抽出。各处加热蒸汽产生的冷凝水由泵 8 抽出。贮槽 10 内的酸碱洗涤液用于设备的就地清洗。

该设备适用于牛乳、果汁等热敏性料液的浓缩，效果好，质量高，蒸汽与冷却水的消耗量较低，并配有就地清洗装置，使用、操作方便。

三、 混流式三效降膜真空浓缩设备

图 8-13 所示，全套设备包括三个降膜式蒸发器、混合式冷凝器、料液平衡槽、热压泵、液料泵和水环式真空泵等，其中第二效蒸发器为组合蒸发器。

平衡槽 9 内（固形物含量 12%）的料液由泵 8 抽吸供料，经预热器 10 预热后，先进入第一效蒸发器 11（蒸发温度 70℃），通过降膜受热蒸发，进入第一效分离器 7 分离出的初步浓缩料液，由循环液料泵 3 送入第三效蒸发器 14（蒸发温度 57℃）。从第三效分离器 2 出来的浓缩液由循环液料泵 3 送入第二效蒸发器 13（蒸发温度 44℃），最后由出料泵 6 从第二效分离器将浓缩液（固形物含量 48%）抽吸排出，其中不合格产品送回平衡槽。

生蒸汽首先被引入第一效蒸发器 11 和与第一效蒸发器连通的预热器 10；第一效蒸发器产生的二次蒸汽，一部分通过（与生蒸汽混合的）热压泵增压后作为第一效蒸发器和预热器的加热蒸汽使用：第二效分离器所产生的二次蒸汽，被引入第三效蒸发器作为热源蒸汽；第三效分离器处的二次蒸汽导入冷凝器 15，经与冷却水混合冷凝后由冷凝水泵排出。各效产生的不凝气体均进入冷凝器，由水环式真空泵抽出。

该套设备适用于牛乳等热敏性料液的浓缩，料液受热时间短、蒸发温度低、处理量

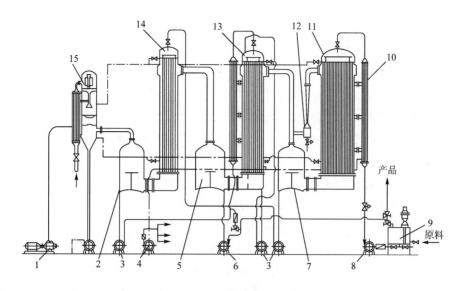

图 8 – 13　混流式三效降膜真空浓缩设备

1—双级水环式真空泵　2—第二效分离器　3—循环液料泵　4—冷凝水泵　5—第二效分离器
6—出料泵　7—第一效分离器　8—进料泵　9—料液平衡槽　10—预热器　11—第一效蒸发器
12—热压泵　13—第二效蒸发器　14—第三效蒸发器　15—冷凝器

大，蒸汽消耗量低。例如，处理鲜乳 3600 ~ 4000kg/h，每蒸发 1kg 水仅需 0.267kg 生蒸汽，比单效蒸发节约生蒸汽 76%，比双效蒸发节约 46%。

本章小结

食品料液可用蒸发、冷冻浓缩和膜浓缩等方式进行浓缩。目前，食品工业使用最广泛的浓缩设备是各种形式的真空蒸发浓缩设备。

真空蒸发浓缩设备主要由蒸发器、冷凝器及真空系统等构成。蒸发器的型式有夹套式、盘管式、外加热式、长管式、板式和离心薄膜式等，其中，以长管式的升降膜蒸发器应用最为普遍。冷凝器多采用高位或低位式混合式冷凝器。真空设备可采用湿式或干式机械真空泵、蒸汽喷射泵和水力喷射泵等。

先进的真空蒸发浓缩设备多为多效式，并且常容预热、杀菌、热能回收、芳香成分回收、物料冷却和 CIP 清洗等功能于一体。

🔍 思考题

1. 液体食品物料可用哪些类型的设备浓缩？最常用的是哪种类型？
2. 真空蒸发浓缩设备一般由几部分构成？各部起什么作用？常有哪些具体形式？
3. 需回收溶液中的芳香成分，真空蒸发浓缩设备的冷凝器应采用什么形式？

自测题

一、判断题

（　　）1. 间歇式真空蒸发器操作稀料液不必一次性进料。

（　　）2. 自然循环管式蒸发器的加热器可以水平安装。

（　　）3. 夹套式真空浓缩锅的内浓缩液的液位可高于加热蒸汽进口管。

（　　）4. 多个外加热式真空蒸发器可共用一个分离器。

（　　）5. 升膜式蒸发器适于易起泡料液的蒸发浓缩。

（　　）6. 单效长管膜式蒸发器可得到高浓缩比浓缩液。

（　　）7. 升膜式蒸发器液料与加热器蒸汽呈逆流走向。

（　　）8. 降膜式蒸发器物料与加热器蒸汽呈并流走向。

（　　）9. 刮板薄膜式蒸发器适用于高黏度料液的浓缩。

（　　）10. 料液在离心式薄膜蒸发器内的停留时间很短，只有十几秒钟。

（　　）11. 管式加热外循环蒸发器的分离器可装在加热器的正上方。

（　　）12. 虽然湿式往复式真空泵可以抽水汽，但在食品工业中使用不多。

（　　）13. 用于蒸汽喷射泵的蒸汽压力较高，且要求压力稳定。

（　　）14. 自然循环管式蒸发器的加热器可以水平安装。

（　　）15. 各类蒸发器中，只有板式蒸发器的加热面积可变。

（　　）16. 使用水力喷射泵的真空蒸发系统一般不再专门设二次蒸汽冷凝器。

（　　）17. 如果需要回收被浓缩液的香气成分，则可采用混合式冷凝器。

（　　）18. 真空蒸发系统的不凝性气体主要来自料液。

（　　）19. 水力喷射泵既起冷凝也起抽真空作用。

二、填充题

1. 食品料液可用真空＿＿＿＿＿＿、＿＿＿＿＿＿或冷冻浓缩方式实现浓缩。

2. 真空蒸发浓缩系统主要＿＿＿＿＿＿、＿＿＿＿＿＿及真空装置，及其他辅助装置构成。

3. 蒸发器是真空浓缩系统的主体，一般由＿＿＿＿＿室及＿＿＿＿＿室两部分构成。

4. 食品用间歇蒸发器加热室的典型型式有＿＿＿＿＿式和＿＿＿＿＿式。

5. 外加热式循环蒸发器中，料液在＿＿＿＿＿室与＿＿＿＿＿室之间循环。

6. 长管式蒸发器是典型的＿＿＿＿＿式蒸发器，也是典型的＿＿＿＿＿式蒸发器。

7. 长管式蒸发器的三种流程形式为：＿＿＿＿＿式、＿＿＿＿＿式和升降膜式。

8. 板式蒸发器的两种流程形式为：＿＿＿＿＿式和＿＿＿＿＿式。

9. 离心膜膜蒸发器按轴的取向有＿＿＿＿＿和＿＿＿＿＿两种形式。

10. 真空蒸发浓缩系统的辅助设备通常有进料缸、＿＿＿＿＿、＿＿＿＿＿及间接式换热器等。

11. 真空蒸发系统涉及的四类泵为：＿＿＿＿＿泵、冷凝水＿＿＿＿＿泵、真空泵和泵。

12. 真空蒸发系统的不凝性气体主要来自＿＿＿＿＿及二次蒸发直接冷凝用的＿＿＿＿＿。

13. 真空蒸发系统通常采用的真空泵形式有：往复式、＿＿＿＿＿式、蒸汽喷射式和＿＿＿＿＿喷射式。

14. 真空蒸发系统中两类二次蒸发压缩泵型式为：_____压缩泵和_____压缩泵。

15. 真空蒸发系统中的冷凝器有_____式和_____式两种形式。

三、选择题

1. 真空蒸发浓缩设备的优点不包括_____。
A. 加速水分蒸发　　B. 适合热敏性物料　　C. 热能消耗低　　D. 热损失少

2. 真空蒸发系统中不可能出现_____。
A. 冷凝器　　　　B. 蒸汽喷射泵　　　　C. 换热器　　　　D. 热风分配器

3. 真空度最易受季节影响的真空装置是_____。
A. 蒸汽喷射泵　　B. 水力喷射泵　　C. 干式真空泵　　D. 水环真空泵

4. 升膜式蒸发器中加热料管中二次蒸汽流速最有可能是_____。
A. 10m/s　　　　B. 50m/s　　　　C. 150m/s　　　　D. 300m/s

5. 升膜式蒸发器加热室中料液与加热蒸汽呈_____。
A. 顺流　　　　　B. 逆流　　　　　C. 混流　　　　　D. 错流

6. 升膜式蒸发器_____。
A. 适用于易起泡膜的料液　　　　B. 料液在加热室停留时间长
C. 一次浓缩比大　　　　　　　　D. 适用于处理高黏度料液

7. 降膜式蒸发器_____。
A. 蒸汽与料液呈逆流　　　　　　B. 需用进料泵
C. 适用于高黏度料液　　　　　　D. 适用于易结晶料液

8. 降膜式蒸发器的特点不包括_____。
A. 蒸汽与料液呈顺流　　　　　　B. 蒸发时间短
C. 适用于高黏度料液　　　　　　D. 适用热敏性料液

9. 真空蒸发浓缩系统设备可不包括_____。
A. 蒸发器　　　　B. 冷凝器　　　　C. 真空系统　　　　D. 进料泵

10. 降膜式蒸发器的加热管内径为40mm，其高度至少有_____。
A. 4m　　　　　　B. 6m　　　　　　C. 8m　　　　　　D. 20m

11. 需要预热到接近沸点进料的蒸发器有_____。
A. 降膜式　　　　B. 升膜式　　　　C. 强制循环式　　　D. A 和 B

12. 真空蒸发系统中的不凝性气体来自于_____。
A. 料液　　　　　B. 加热蒸汽　　　　C. 冷却水　　　　D. A 和 C

13. 需要用进料泵进料的真空蒸发器有_____。
A. 降膜式　　　　B. 升膜式　　　　C. 强制循环式　　　D. 带搅拌夹层式

14. 料液在蒸发器中滞留时间最短的蒸发器是_____。
A. 离心薄膜式　　B. 升膜式　　　　C. 降膜式　　　　D. 外加热强制循环式

15. 料液在蒸发器中滞留时间最长的蒸发器型式是_____。
A. 降膜式　　　　B. 升膜式　　　　C. 外加热循式　　　D. 板式

16. 以下真空泵中，一般可直接与蒸发器分离室相连接的是_____。
A. 蒸汽喷射泵　　B. 水力喷射泵　　C. 水环式真空泵　　D. 往复式真空泵

17. 真空蒸发系统中的间接式换热器_____。

A. 不用于料液杀菌　　　　　　　　B. 不用二次蒸汽加热

C. 换热面两侧均为负压　　　　　　D. 换热器两侧可同时为料液

18. 真空蒸发系统中的冷凝器_____。

A. 可回收有机溶剂　　　　　　　　B. 内无不凝性气体

C. 很少用水作冷却介质　　　　　　D. 多为间壁式换热器

四、对应题

1. 找出以下蒸发设备与其特点的对应关系，并将第二列的字母填入第一列对应项的括号中。

(1) 自然循环外加热蒸发器(　　)　　A. 加热蒸汽与料液呈并流

(2) 带搅拌真空浓缩锅(　　)　　　　B. 加热蒸汽与料液呈逆流

(3) 强制循环外加热蒸发器(　　)　　C. 黏度大时循环效果差

(4) 升膜式蒸发器(　　)　　　　　　D. 不能连续生产

(5) 降膜式蒸发器(　　)　　　　　　E. 循环速度可调

2. 找出以下蒸发设备与其特点的对应关系，并将第二列的字母填入第一列对应项的括号中。

(1) 刮板薄膜式蒸发器(　　)　　　　A. 进料需要泵

(2) 离心式薄膜蒸发器(　　)　　　　B. 近沸点进料

(3) 板式蒸发器(　　)　　　　　　　C. 料液停留时间极短

(4) 长管升膜式蒸发器(　　)　　　　D. 蒸发器加热面积可方便增减

(5) 降膜式蒸发器(　　)　　　　　　E. 加热器为夹套式

3. 找出以下辅助装置与其特点对应关系，并将第二列的字母填入第一列对应项的括号中。

(1) 水力喷射泵(　　)　　　　　　　A. 普通真空蒸发浓缩系统

(2) 蒸汽喷射泵(　　)　　　　　　　B. 与低位冷凝器配

(3) 混合式冷凝器(　　)　　　　　　C. 连续排出浓缩液

(4) 螺杆泵(　　)　　　　　　　　　D. 不需专门设冷凝器

(5) 离心泵(　　)　　　　　　　　　E. 要求较高的蒸汽压力

CHAPTER

9

第九章

干燥机械与设备

干燥在食品工业中有着很重要的地位。干燥可以起到减小食品体积和重量，从而降低贮运成本、提高食品保藏稳定性，以及改善和提高食品风味和食用方便性等作用。从液态到固态的各种食品物料均可以干燥成适当的干制品。例如，牛乳、蛋液、豆乳通过喷雾干燥可以得到乳粉、蛋粉和豆乳粉；新鲜蔬菜通过热风干燥可以得到脱水蔬菜。

干燥是同时发生传热和传质的单元操作。完成干燥任务的机械设备通常是由多台装置构成的系统，但往往仍称为干燥机或干燥器。例如，喷雾干燥系统称为喷雾干燥机或喷雾干燥器，冷冻干燥设备系统称为冷冻干燥机或冷冻干燥器等。

由于原料种类和各种干制品要求方面存在的差异，因此，食品干燥机种类繁多。各种干燥机，可根据热量传递方式分成对流式、传导式和辐射式三类（表9-1），可按操作压强分成常压式和真空式两类，也可按操作方式分为连续式和间歇式两类。

表9-1 常见干燥机的分类

类型	干燥机形式
对流型	厢式干燥器、洞道式干燥机、网带式干燥机、气流干燥机、沸腾干燥机、转筒干燥机、喷雾干燥机
传导型	滚筒干燥机、真空干燥机，冷冻干燥机
辐射型	远红外干燥机、微波干燥机

需要指出的是，归类为传导形的真空干燥机和冷冻干燥机，虽然主要以传导方式提供干燥热量，但也可以结合辐射方式提供干燥热能。

由于辐射型干燥设备中的远红外干燥机和微波干燥机在本质上分别属于远红外和微波加热器，已经在第五章介绍，本章不再介绍。以下主要介绍对流型和传导型各式主要干燥设备。

第一节 对流型干燥设备

对流式干燥设备将流体状（通常为热空气）干燥介质的热量传递给食品，使其水分升温汽化，并将汽化的水分带出干燥室。干燥介质的从高温低湿状态变为低温高湿状态。

对流型干燥设备主要型式见表9-1。除了厢式干燥器以外，各种对流式干燥装置均为连续式或半连续式。

对流型连续干燥机还可按干燥介质和物料的相对运动方式分为并流、逆流、混流和横流式。

一、厢式干燥器

厢式干燥器是一种常压间歇式干燥器，小型的称为烘箱，大型的称为烘房。

厢式干燥器外壁用绝热材料构成，以减少热损失。厢内有供物料盘搁置、固定或可移动的多层盘架，因此，这种干燥器又称为盘架式干燥器。厢式干燥器内设有空气加热器和使空气循环和进出的风机和风道，空气加热器可采用蒸汽、燃气或电加热。在适当位置引入厢内的新鲜空气，温度和湿度较低，在干燥器内与循环热空气混合并经过加热升温并降低湿度后，与其所流经的物料发生传热和传质过程，成为温度有所降低而湿度有提高的湿空气。这种状态的空气，部分通过排气通道排出厢外，其余部分再循环并与新空气混合，如此不断地对物料进行干燥。

厢式干燥器可布置成不同构型，典型厢式干燥器构造如图9-1所示。热空气流过物料的方式有横流和穿流两种。横流式如图9-1（1）所示，热空气在物料上方掠过，与物料进行湿交换和热交换。若框架层数较多，为了使空气仍以较高流速经过料盘，可将料盘可分成若干组，空气先后横流经过各组料盘，再排出部分废气和引入部分新鲜空气，成为如图9-1（2）所示的串联横流式干燥器。穿流式干燥器结构原理如图9-1（3）所示，粒状、纤维状等物料在框架的网板上铺成一薄层，空气以0.3~1.2m/s的速度垂直流过物料层，可获得较大的干燥速率。

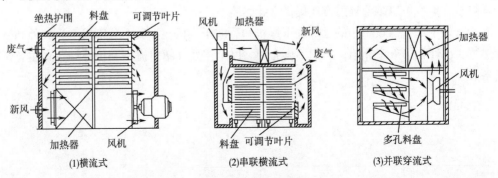

图9-1 厢式干燥器

厢式干燥器的主要优点是制造和维修方便，使用灵活性大。其主要缺点是干燥不均匀，不易抑制微生物活动，物料装卸劳动强度大，热能利用不经济（每汽化 1kg 水分，约需 2.5kg 以上的蒸汽）。食品工业中，厢式干燥器常用于需长时间干燥、数量不多及需要特殊条件干燥的物料，如水果、蔬菜和香料等。

二、 洞道式干燥机

洞道式干燥器如图 9 - 2 所示，有一段长度为 20 ~ 40m 的洞道。物料通常装在沿轨道行进的小轮料盘车中，随小车通过洞道而得到干燥。料盘之间留有间隙供热风通过。小车进出洞道为半连续式，即在一车湿料从洞道一端进入的同时，另有一车干料从洞道另一端出来。洞道的门只有在进、出料车时才开启，其余时间都是关闭的。轨道沿小车出口方向通常呈 1/200 斜度。小车可由人工或绞车等机械装置操纵移动。

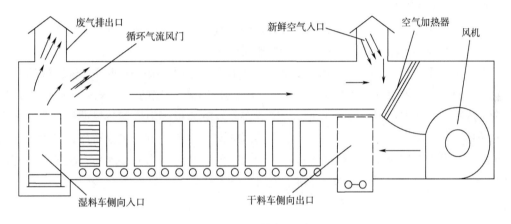

图 9 - 2 洞道式干燥器

热空气可与物料在洞道内可分别以并流、逆流和混流三种方式安排。图 9 - 2 所示为逆流形式，空气在加热器、风机和小车之间以循环方式流动，流速范围在 2.5 ~ 6.0m/s 的空气流以逆流方式平行掠过各小车料盘间，使物料得到干燥。空气循环过程中，同时有部分新鲜空气进入和部分废气排出。如将图 9 - 2 所示的空

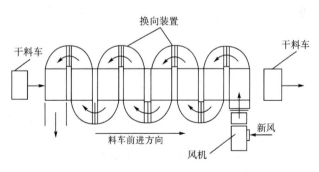

图 9 - 3 空气流向与料车移动方向垂直

气循环的方向反过来便成了并流（顺流）形式。混流式洞道干燥机的洞道分为两段，第一段为并流，干燥速率大，对应于物料第一干燥阶段；第二阶段为逆流，可满足物料的最终干燥要求，对应于物料第二干燥阶段。因为第二阶段的干燥时间较长，所以一般洞道的第二段也比第一段长。混流式综合了并、逆流形式的优点，可在整个干燥周期不同阶段较灵活地控制干燥条件。以上三种形式中，热空气流方向与物料移动方向均呈平行取向。为了

提高干燥的均匀性，还可通过风道安排，使空气与物料移动方向呈水平垂直方向流动（图9-3），但这会增加干燥装置结构和操作控制的复杂性，也会增加装置的占地面积。

洞道式干燥机在食品工业中多用于蘑菇、葱头和叶菜之类果蔬产品的大批量干燥。

三、 网带式干燥设备

网带式干燥机是一类利用网带输送物料与穿流热风接触的连续式干燥设备。它们主要由干燥机护围结构、网带输送机、风机、加热器，以及装卸料机构等组成。输送带一般为不锈钢丝网带，可根据物料选用适当大小网眼的网带。

网带式干燥机适用于谷物、脱水蔬菜、中药材等产品的干燥。适用的物料形状可有片状、条状、颗粒、棒状、滤饼类等。

网带式干燥机可分为单层式和多层式两大类型。

（一）单层带式干燥机

单层带式干燥机主要特点是，物料有较好的透气性，容易与热空气接触，可利用干燥空气循环回路控制不同区的蒸发强度，但占地面积较大。

单层带式干燥机可分为单段式和多段式两种形式，分别采用一条和多条输送网带。

一种单层单段网带式干燥机结构如图9-4所示。全机分成两个干燥区和一个冷却区。每个干燥区由空气加热器、循环风机、热风分布器及隔离板等组成加热风循环。第一干燥区的循环空气自下而上穿过物料层，第二干燥区的空气自上而下穿过物料层，最后一个是冷却区，不设空气加热器。干燥区内循环的干燥空气，经过与物料接触后，湿度会提高而温度会降低，因此，需要排出部分高湿度空气，同时将等量的低湿度空气引入，以保持连续操作应有的稳定干燥空气状态。

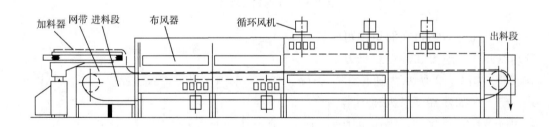

图9-4　单层单段网带式干燥机

这类干燥机的主要特点是，结构较简单，物料在机内的停留时间可以根据需要进行调节，物料无剧烈运动，不易破碎。

多段带式干燥机有时也称为复合型带式干燥机，由于采用多条输送带（多至4条）输送物料，可使不同干燥阶段的物料有不同的滞留时间，因此，与单段式干燥机相比，可提高生产效率。

图9-5所示为一种两段带式干燥机。整个干燥机也分成干燥段（第一条输送带）和吹风冷却段（第二条输送带）。经过干燥的物料，由第一条输送带末端自动落入（其间受到拨料器作用而发生翻动）第二条输送带，通过冷却区，最后由终端卸出产品。

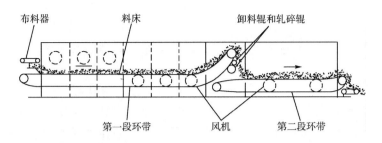

图9-5 两段带式干燥机示意图

多段式带式干燥机的主要特点是：物料在带间转移受到的松动翻转作用，可增加物料的蒸发面积，改善透气性和干燥均匀性；不同输送带的速度可独立控制，便于优化干燥过程。

（二）多层带式干燥机

多层网带式干燥机的基本构成部件与单层式的类似。多条输送带上下相叠架设在相通的干燥室内。输送带层数可达15层，但以3~5层最为常用。层间有隔板控制干燥介质定向流动，使物料干燥均匀。各输送带的速度独立可调，一般最后一层或几层的速度较低而料层较厚，这样可使大部分干燥介质能与不同干燥阶段的物料进行合理的接触，从而提高总的干燥效率。

一种三层网带式干燥机如图9-6所示。工作时湿物料从进料口落至输送带上，随最上层输送带自左向右运动至末端，物料落在输送方向相反的第二层输送带，随带向左运动，到末端后物料落在最下层输送带上，再次随带自左向右运动，最后落入卸料口排出机外。可以看出，为了使进料和出料分别在干燥机的两端，干燥机的输送带数量必然成单。

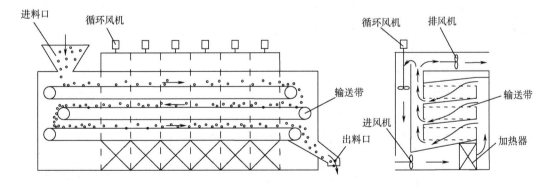

图9-6 三层穿流带式干燥机

多层带式干燥机结构简单，常用于温度不能太高，需要较长时间干燥的物料（如谷物），由于多次翻料，因此不适于黏性物料及易碎物料的干燥。

四、流化床干燥机

流化床干燥机使物料呈沸腾状态并对其进行干燥，因此又称为沸腾床干燥机。

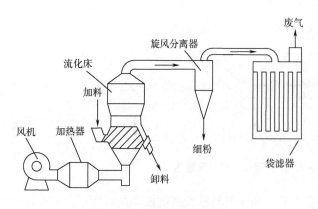

图9－7　流化床干燥机系统

典型的流化床干燥机系统如图9－7所示。风机驱使热空气以适当的速度通过床层，与颗粒状的湿物料接触，使物料颗粒保持悬浮状态。热空气既是流化介质，又是干燥介质。被干燥的物料颗粒在热气流中上下翻动，互相混合与碰撞，进行传热和传质，达到干燥的目的。当床层膨胀至一定高度时，因床层空隙率的增大而使气流速度下降，颗粒回落而不致被气流带走。经干燥后的颗粒由床侧面的出料口卸出。流化床的废气由顶部排出，并经旋风分离器及布袋过滤器回收所夹带的粉尘后，排入大气。

流化床干燥机适宜于处理粉状且不易结块的物料，物料粒度通常为30μm～6mm。物料颗粒直径小于30μm时，极易在床层产生局部沟流；颗粒直径大于6mm时，需要较高的流化速度，动力消耗及物料磨损随之增大。流化床干燥机对于粉状物料和颗粒物料，适宜的含水范围分别在2%～5%和10%～15%。因此，气流干燥或喷雾干燥得到的物料，若仍含有需要经过较长时间降速干燥方能去除的结合水分，则更适于采用流化床干燥。

流化床是流化床干燥机系统的主体，有多种形式，主要有单层圆筒型、多层圆筒型、卧式多室型、振动型、脉冲型、惰性粒子型等。

（一）单层圆筒型流化床干燥机

单层圆筒型流化床干燥机结构如图9－8所示。湿物料通过加料口（必要时经适当抛料机构辅助）进入干燥机腔内。热空气进入流化床底后由分布板控制流向，对湿物料进行干燥。物料在分布板上方形成流化床。干燥后的物料经溢流口由卸料管排出，夹带细粉的空气经分离器分离后由抽风机排出。

空气分布板是流化床干燥机的关键部件之一，其作用是支持物料，均匀分配气体，以创造良好的流化条件。由于分布板在操作时处于受热受力的状态，所以要求所用材料耐热且不变形，实用上多采用金属或陶瓷材料制作。各种形式的气体分布板如图9－9所示。

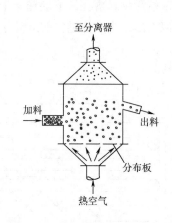

图9－8　单层圆筒流化床干燥机

为使气流能在较低阻力下较均匀地到达分布板，可在分布板下方设置气流预分布器。图9－10所示为两种结构形式的气流预分布器。

这类干燥机的最大特点是结构简单，操作方便。但它们存在两大不足之处：首先由于颗粒在床内与空气高度混合，自由度很大，为限止颗粒过早从出料口出来，保证物料干燥均匀，必须有较高的流化床层，使所有颗粒在床内停留足够的时间，从而造成气流压降增大；其次，由于湿物料与已干物料处于同一干燥室内，因此，较难保证排出物料的水分含量均匀。

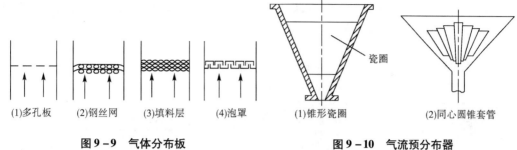

| (1)多孔板 | (2)钢丝网 | (3)填料层 | (4)泡罩 | (1)锥形瓷圈 | (2)同心圆锥套管 |

　　图9-9　气体分布板　　　　　　　**图9-10　气流预分布器**

　　单层流化干燥机主要适用于床层颗粒静止高度低（300~400mm）、容易干燥、处理量较大，且对干燥均匀度要求不高的产品。

（二）多层圆筒型流化床干燥机

　　对于要求干燥较均匀或干燥时间较长的产品，可采用多层圆筒型流化床干燥机。这类干燥机主体为塔形结构，内设多层孔板。湿物料通常由干燥塔上部加入，通过适当方式自上而下转移，干燥物料最后从底层或塔底排出。因此，干燥机内的物料与加热空气走向总体呈逆流。多层流化床干燥机中，物料从上一层进入下一层的方法有多种，如图9-11所示。根据物料在层间转移方式，多层流化床干燥机大致可分为溢流式和穿流式两种形式，图9-12所示为这两种型式干燥机的例子。

　　图9-12（1）所示的溢流式干燥机，由于颗粒在层与层之间没有混合作用，仅在各层内流态化互相混合，且停留时间较长，因而可以使终产品含水量较低且较为均匀，热量利用率也显著提高。

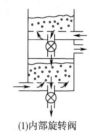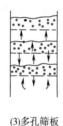

　　(1)内部旋转阀　　(2)溢流管　　(3)多孔筛板　　(4)反转床

　　图9-11　物料多层流化床层间转移机构示意图

　　穿流式流化床干燥机［图9-12（2）］，各层经过干燥的物料，在重力作用下直接通过筛板孔自上而下流动，故结构简单，生产能力强，但控制操作要求较高。这种干燥机适用于粒径范围在0.8~5mm间的物料。为使物料顺利流下，筛板孔径应为物料粒径的5~30倍，筛板开孔率30%~40%。向上流动的气流对物料下落有一定阻碍作用，因此物料下落速度不会太快。大多数情况下，空塔气速与流化速度之比的范围在1:（1.2~2）。

　　多层圆筒形流化床干燥机要求风机提供足够高的风压，以克服各流化层的压强降。

（三）卧式多室式流化床干燥机

　　为了在较低压强降下保证产品均匀干燥，并降低干燥器高度，可采用如图9-13所示的卧式多室式流化床干燥机。这种干燥机主体的水平横截面为长方形，用一定高度的垂直挡板分隔成多室，挡板下端与多孔板之间留有一定间隙，使物料能从下面由一室流入另一室。物料由第一室进入，从最后一室排出，在每一室与热空气接触，气、固两相总体上呈错流流动。不同小室中的热空气流量可以分别控制，其中前段物料湿度大，可以通入较多热空气，最后一到两个小室可通入冷空气对产品进行冷却。

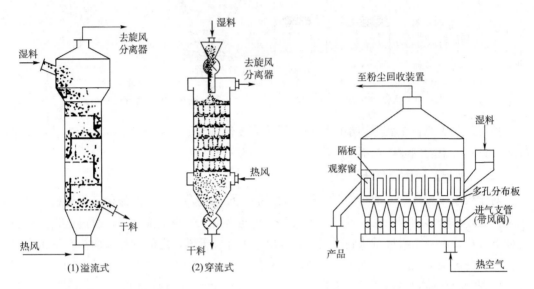

图 9-12　多层流化床干燥器　　　　　图 9-13　卧式多室式流化床干燥机

这种形式的流化床干燥机结构简单、制造方便、容易操作、干燥速度快，适用于各种难以干燥的颗粒状、片状和热敏性物料。但热效率较低，对于多品种小产量物料的适应性较差。

食品工业中，这种形式的干燥机被用于干燥砂糖、干酪素、葡萄糖酸钙及固体饮料等。

（四）其他型式的流化床干燥机

传统流化床干燥机虽然具有传热强度高，干燥速率快等优点，但并非适用于所有状态的物料。例如，对于细小结晶体、浆状、膏浆体就不能用普通的流化床干燥机干燥。另外，对于具有一定黏结性的物料，利用普通流化床也较难得到均匀的干燥效果。

因此，人们开发了一些特殊型式的流化床干燥机，具有代表性的有：振动流化床干燥机、脉冲式流化床干燥机、惰性粒子流化床干燥机等。

1. 振动流化床干燥机

一种振动流化床干燥机的外形结构如图 9-14 所示，它的机壳安装在弹簧上，由振动电机驱动。

整台干燥机从进料到出料前后分为分配、沸腾和分选三个段，各段下面均为热空气腔体。从喂料器进入流化床的物料在分配段受到振动和气流作用，被均匀地供送到沸腾段进行干燥，最后进入分选段经不同规格筛网分筛及冷却后从出料口排出，带粉尘的废气经集尘器回收细粉后排出。

振动流化床干燥机适合于干燥颗粒过粗或过细、易黏结、不易流化的物料及对产品质

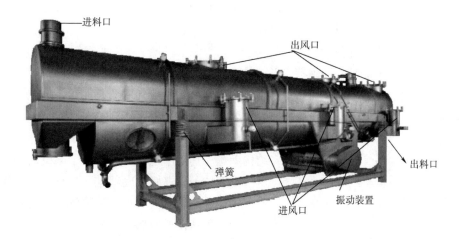

图9-14 振动流化床干燥机

量有特殊要求的物料。如砂糖干燥要求晶形完整、晶体光亮、颗粒大小均匀等。含水范围在4%~6%的湿砂糖,在振动流化床沸腾段停留约十几秒钟,水分含量就可降到0.02%~0.04%程度,再经过筛选,就可得到合格砂糖产品。这种形式的干燥机也被用于干燥鸡精类混合调料,含水量8%左右的湿料造粒后可很快干燥成含水2%左右的产品。

2. 脉冲流化床干燥机

这种干燥机利用脉冲气流对一般条件下不易流态化的物料以流态化方式进行干燥机。图9-15所示为一种脉冲流化床干燥机。干燥机下部周向均布有若干带快开阀门的热风管,阀门按一定顺序和频率(如4~16Hz)启闭,使流化气体周期性地进入流化床。气阀打开时,气体对物料床层产生脉冲,并迅速在物料颗粒间传递能量,形成剧烈的局部流化状态。这种流化状态又在床内扩散和向上移动,从而使得气体和物料间有强烈的传热传质作用。当气体阀门关闭时,相应方向的流化状态逐步消失,物料又回到堆积状态。如此,流化床内的脉冲式循环一直维持到物料干燥到所需终点状态为止。

脉冲式流化床干燥机是一种间歇式设备,床高0.1~0.4m,适用于不易干燥或有特殊要求、粒度范围在10μm~0.4mm的物料。阀门开启持续时间与床层的

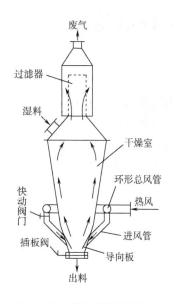

图9-15 脉冲流化床干燥机

物料厚度和物料特性有关,一般为0.08~0.2s。阀门的关闭时间应满足以下要求:供入气体完全通过整个床层,物料完全处于静止状态,以使下一次脉冲能在床层中有效传递。进风管一般按圆周方向均匀排列5根,按1、3、5、2、4顺序轮流开启,使每次进风点与上次的距离较远。

脉冲流化床干燥机与常规流化床干燥机相比,具有如下优点:传热系数高,干燥时间

短，空气耗量减少，电能耗量低。脉冲流化床能有效克服沟流、死区和局部过热等传统流化床常见的弊端，因而可用于处理黏性强、易结团和热敏性物料。

3. 惰性粒子流化床干燥机

惰性粒子流化干燥是一种用特殊形式的流态化干燥方式，适用于溶液、悬浮液、黏性浆状物料等液状物料的干燥。其技术原理是利用惰性粒子均匀吸附待干燥液状物料，并在流化床内进行流化干燥，最后设法使干燥料层脱离惰性粒子，并与之分开。

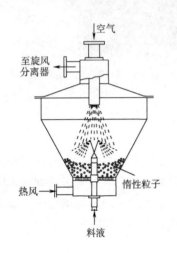

图 9 – 16　惰性粒子流化床干燥机

图 9 – 16 所示为一种惰性粒子流化床干燥机的结构示意。其工作过程是，先在干燥机内加入一定量的惰性粒子，它们在底部进入的热气流作用下呈流态化并受热。喷雾头将料液喷洒在流态化粒子表面，瞬时受到粒子内部传来的储存热量作用而实现部分质热传递过程。表面附着液料的粒子在床层中随热气流一起流化，气流与物料之间产生热交换，水分转移，使物料得以干燥。当物料干燥到一定程度以后，在粒子翻滚碰撞外力的作用下，从粒子表面剥落，随气流离开流化床。当干燥物料从粒子表面剥离，惰性粒子表面得以更新，准备再吸附新的物料，以此完成一个干燥周期。

惰性粒子是这种干燥设备的关键。干燥过程中惰性粒子是热载体，应具有干燥表面和碰撞研磨的作用。惰性粒子的形状、大小、分布、密度及其流动性对流态化质量有较大影响。粒子形状以球形为佳，这有利于物料在其表面形成均匀的薄膜，减少操作时粒子本身的磨损。同时，球形可提供较大的碰撞应力和剪切应力，有利于干粉的脱落。较常使用的球形惰性颗粒材料有玻璃、陶瓷和尼龙等。

这种干燥机可用于干燥膏糊状料液，例如，鸡蛋清、蛋黄、动物血、酪蛋白、酵母、大豆蛋白及肉骨汤等；但不宜用来干燥会形成坚硬、高附着性膜层的液料，例如某些胶液。

五、 气流干燥设备

气流干燥机利用高速热气流输送潮湿粉状或块粒状物料，并对其进行干燥。气流干燥机适用于潮湿状态仍能在气体中自由流动的粉状、颗粒状和丁状物料，例如面粉、谷物、葡萄糖、食盐、味精、离子交换树脂、水杨酸、马铃薯丁和肉丁等。

气流干燥通常能将粒度 0.7mm 以下的不同含湿量物料，干燥到 0.3% ~ 0.5% 的含水量。因此，乳品和蛋品行业中，有时也利用气流干燥机对喷雾干燥机得到的粉末作进一步的干燥。如要获得更低的含水量，则还可在气流干燥机之后再设置一套流化床干燥装置。

气流干燥机有多种形式，主要有直管式、多级式、脉冲式、套管式、旋风式、环管式等。

（一）直管式气流干燥机

到目前为止，直管式气流干燥机应用最普遍，如图 9 – 17 所示。潮湿物料经加料器送入干燥管，被来自加热器的热空气吹起。气体与固体物料在流动过程中因剧烈的相对运动而充分接触，进行传热和传质，达到干燥的目的。随气流干燥后的产品由干燥管顶部进入分离器，与废气分离。干料由分离器底部排出，废气由分离器顶部经排风机排入大气。

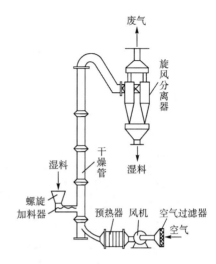

图9-17 直管气流干燥器

直管式气流干燥机的优点如下：①干燥强度大。由于物料在热风中呈悬浮状态，能最大限度地与热空气接触，且由于气速较高（一般达20~40m/s），空气涡流的高速搅动，使气-固边界层的气膜不断受冲刷，减小了传热和传质的阻力，容积传热系数可达2300~7000W/（m³·K）；②干燥时间短，对于大多数的物料只需0.5~2s，最长不超过5s，因为是并流操作，所以特别适宜于热敏性物料的干燥；③占地面积小，由于容积传热系数大，所以所需的干燥机体积可大为减小；④热效率高，由于干燥机散热面积小，所以热损失小，最多不超过5%，因而干燥非结合水和结合水时的热效率可分别约达60%和20%；⑤无需专用的输送装置，气流干燥机的活动部件少，结构简单，易建造，易维修，成本低；⑥操作连续稳定，可以一次性完成干燥、粉碎、输送、包装等工序，整个过程可在密闭条件下进行，减少物料飞扬，防止杂质污染，既改善了产品质量又提高了回收率；⑦适用性广，可应用于各种粉状和粒状物料，粒径最大可达10mm，湿含量可达10%~40%。

直管式气流干燥机的缺点如下：①全部产品由气流带出，因而分离器的负荷大；②气速较高，对物料颗粒有一定的磨损，所以不适用于对晶形有一定要求的物料，也不适宜用于需要在临界湿含量以下干燥的物料以及对管壁黏附性强的物料；③由于气速大，全系统阻力大，因而动力消耗大；④干燥管较长，一般≥10m。

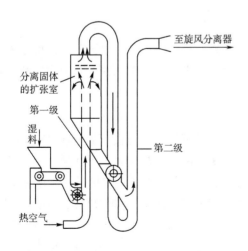

图9-18 二级气流干燥机

（二）其他型式的气流干燥机

为了降低气流干燥机的高度，国内外陆续开发出了一些新型气流干燥设备，其中最典型的是多级式气流干燥机。

目前国内较多采用的是二级或三级气流干燥机，多用于含水量较高的物料，如口服葡萄糖、硬脂酸盐等。

图9-18所示为一种二级气流干燥机，显然，它降低了干燥管的高度。第一级的扩张部分对物料颗粒起分级作用，使小颗粒物料继续随气流向上移动再直接进入第二级干燥管，大颗粒物料则由旁路通过星形阀进入第二级，这样可以避免较大颗粒聚积在底部

转弯处将管道堵塞。

除了上述多级气流干燥机以外，对气流干燥进行强化和改进的还有脉冲式、套管式、旋风式和环形管式等，它们的原理如图9-19所示。

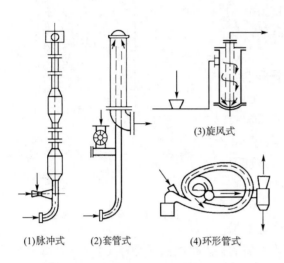

（1）脉冲式气流干燥机［图9-19（1）］ 由大小管径交替的脉冲管构成。物料在小管径因气流速度大而受到加速，而在大管径则受到减速。颗粒物料随管径变化而反复受到加速和减速，没有等速运动阶段，从而强化了传热和传质速率。传热传质效率的提高可以缩短干燥时间，从而可以降低干燥管总高度。

（2）套管式气流干燥机［图9-19（2）］ 气流干燥管由内管和外管组成，物料和气流同时由内管的下部进入。颗粒在管内加速运动至终了时，由顶部导入内外管间的环隙内，以较小的速度下

图9-19　几种新型气流干燥机原理示意图

（1）脉冲式　（2）套管式　（3）旋风式　（4）环形管式

降并排出。这种形式可以节约热量。

（3）旋风式气流干燥机［图9-19（3）］ 物料与热空气一起以切线方向进入干燥机内，在内、外管间做螺旋运动。颗粒处于悬浮旋转运动的状态，所产生的离心加速作用可使物料在很短的时间内（几秒）达到干燥的目的。这种干燥机的特点是体积小，结构简单，适用于干燥那些允许磨损的热敏性物料；但不适用于干燥含水量高、黏性大、熔点低、易升华爆炸、易产生静电效应的物料。

（4）环形管式气流干燥机　将气流干燥管设计成如图9-19（4）所示的环形，主要目的是延长颗粒在干燥管内的停留时间。

六、　喷雾干燥机

喷雾干燥机是一种通过雾化方式将液状物料干燥成粉体的设备。喷雾干燥机可用于生产许多粉状制品，如乳粉、蛋粉、豆乳粉、低聚糖粉、蛋白质水解物粉、微生物发酵物粉等。喷雾干燥机也是主要的微胶囊造粒设备之一。

（一）工作原理及特点

喷雾干燥机的工作原理如图9-20所示。料液通过雾化器得到直径范围在$10 \sim 100\mu m$之间的雾滴，具有巨大表面积的这些雾滴与导入干燥室的热气流接触，可在瞬间（$0.01 \sim 0.04s$）发生强烈的热交换和质交换，使其中绝大部分水分迅速蒸发汽化并被干燥介质带走。由于水分蒸发会从液滴吸收汽化潜热，因而雾滴的表面温度一般为空气的湿球温度。包括雾滴预热、恒速干燥和降速干燥等三个阶段的整个过程，只需$10 \sim 30s$便可得到符合要求的干燥产品。产品干燥后由于重力作用，大部分沉降于干燥室底部，少量微细粉末随尾气进入粉尘回收装置得以回收。

喷雾干燥的主要优点是：①干燥速度快；②产品质量好，所得产品是松脆的空心颗粒，具有良好的流动性、分散性和溶解性，并能很好地保持食品原有的色、香、味；③营养损失少，由于干燥速度快，大大减少了营养物质的损失，如牛乳粉加工中热敏性维生素 C 只损失 5% 左右，因此特别适合于易分解、变性的热敏性食品加工；④产品纯度高，由于喷雾干燥是在封闭的干燥室中进行，干燥室具有一定负压，既保证了卫生条件，又避免了粉尘飞扬，从而提高了产品纯度；⑤工艺较简单，料液经喷雾干燥后，可直接获得粉末状或微细的颗粒状产品；⑥生产率高，便于实现机械化、自动化生产，操作控制方便，适于连续化大规模生产，且操作人员少，劳动强度低。

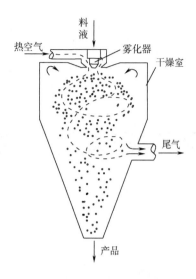

图 9 - 20　喷雾干燥原理

喷雾干燥的主要缺点是：①投资大，由于一般干燥室的水分蒸发强度仅能达到 2.5 ~ 4.0kg/（m³·h），故设备体积庞大，且雾化器、粉尘回收以及清洗装置等较复杂；②能耗大，热效率不高；一般情况下，热效率为 30% ~ 40%，若要提高热效率，可在不影响产品质量的前提下，尽量提高进风温度以及利用排风的余热来预热进风；③因废气中湿含量较高，为降低产品中的水分含量，需耗用较多的空气，从而增加了鼓风机的电能消耗与粉尘回收装置的负担。

（二）喷雾干燥机的基本构成与类型

喷雾干燥机系统的基本构成如图 9 - 21 所示，主要由雾化器、干燥室、粉尘回收装置、进风机、空气加热器、排风机等构成。

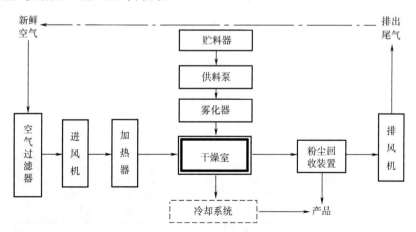

图 9 - 21　喷雾干燥机系统构成

干燥室是喷雾干燥机的核心，在此经雾化器雾化的料液滴与（由进风机送经过加热器的）热空气接触，迅速受热使水分气化成为固体粒子，一部分大的落入器底，另一部分则随湿热空气进入粉尘回收装置分离成湿空气与粉尘。离开分离器的湿空气一般由排风机直接排入大气，也可部分进行余热回收，以提高干燥机的热效率。干燥室底部出来的干燥产品由于温度较高，一般需要冷却以后再进行包装。

喷雾干燥机的形式较多，大体分类如表9-2所示。不同形式喷雾干燥机的主要区别在于雾化器、干燥室和加热介质回收利用程度等方面。

表9-2   喷雾干燥机的类型

分类依据	型式
干燥介质利用	开放式、封闭循环式、半闭循环式
雾化器	压力式、离心式、气流式
干燥室	立式、卧式

干燥介质利用情形如表9-2所示有三种形式。开放式是指粉尘回收装置分离出来的废气直接通过排风机直接排入环境的干燥系统，食品工业一般采用这种方式；封闭式是指从粉尘回收装置分离出来的废气经去湿处理后循环使用的干燥系统，用于湿料中含有不可排向环境的溶剂成分的物料的干燥，或者热风采用惰性气体的情况。半封闭式是指部分利用湿热空气进行循环的干燥系统，这种系统可以提高热能效率，但同时增加了设备投资和操作的复杂性。此外还有对干燥介质进行灭菌处理的无菌喷雾干燥系统。

下面对表9-2中所列的雾化器和干燥室型式及在食品工业中的使用作简单介绍。

（三）雾化器

雾化器也称喷雾器。常见的雾化器形式有三种，即压力式、离心式和气流式，食品工业中，规模化生产主要应用前两种形式。

1. 压力式雾化器

压力式雾化器实际上是一种喷雾头，装在一段直管上以后便构成所谓的喷枪。喷枪需要与高压泵配合才能工作。一般使用的高压泵为三柱塞泵。

压力式雾化器的工作原理是高压泵使料液获得（7~20MPa的）高压能，以很大流速经过喷雾头（孔径约0.5~1.5mm）喷嘴时，即雾化成雾滴。料液的雾化分散度取决于所受的压力大小、喷嘴的结构及料液的物理性质（表面张力、黏度、密度等）。

压力式雾化器的结构有多种形式，常见的有M型和S型等，如图9-22所示。M型雾化器中有一个可更换的喷嘴是易磨件，它的材料可用不锈钢也可用耐磨性材料（如红宝石）制成，两者的使用期分别为1周和1年左右。

(1)M型   (2)S型

图9-22 两种常见压力式雾化器结构

图9-23 离心雾化情形

由于单个压力式喷雾头的流量（生产能力）有限，因此，大型压力式喷雾干燥机通常由多支喷枪一起并联工作。

2. 离心式雾化器

离心式雾化的机理是借助高速转盘产生的离心力，将料液高速甩出成薄膜、细丝，并受到腔体空气的摩擦和撕裂作用而雾化。转盘是离心雾化器的关键部件，形式有多种，图9－24所示为两种离心喷雾转盘的结构。

离心式雾化器的转盘可采用电机与变速机构结合的方式驱动，也可采用压缩空气驱动，工业化生产一般采用前一种驱动方式，而后者多用于小型和实验喷雾干燥装置。图9－25所示为一种电机驱动的离心雾化器的外形与结构。

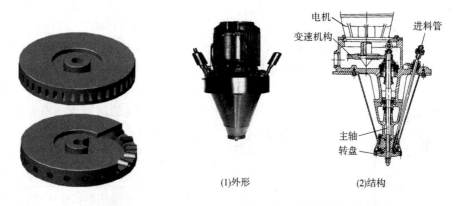

<table>
<tr><td>图9－24　离心喷雾转盘</td><td>图9－25　电机驱动离心雾化器</td></tr>
</table>

3. 雾化器比较

压力式和离心式雾化器各有特点，见表9－3。选择具体形式时，需考虑生产要求、待处理物料的性质、工厂条件以及雾化器特点等。另外，最好能够了解行业内针对类似产品所用雾化器的形式。

表9－3　　　　　　　　　　压力式和离心式雾化器比较

参数	压力式	离心式
处理量的调节	范围小，可用多喷嘴	范围大
供料速率 <3m³/h	适合	适合
供料速率 >3m³/h	要有条件	适合
产品粒度	粗粒	微粒
产品均匀性	较均匀	均匀
黏壁现象	可防止	易黏附
动力消耗	小	大
保养	喷嘴易磨损，高压泵需维护保养	动平衡要求高，相应的保养要求高

（四）干燥室

喷雾干燥室按几何外形可分为塔式和厢式两大类。目前在食品工业中应用最多的是塔式干燥室。

塔式干燥室常称为干燥塔。干燥塔的底部有锥形底、平底和斜底三种，目前食品工业常采用锥形底。干燥塔主体是由内层不锈钢板、中间层保温材料和（通常也用不锈钢板制成的）外层防护板材构成的壳体。壳体中的保温材料层是为了节能和防止（带有雾滴和粉末的）热湿空气在器壁内结露。为了避免附于内壁的粉末过度受热，一般干燥室壳体上还会安装使黏粉抖落的振动装置。对于吸湿性较强且有热塑性的物料，往往会造成干粉黏壁成团的现象，且不易回收，因此，用于这类物料的干燥塔壁，需采取适当冷却措施。

干燥塔顶配置雾化器、热风分配器及进料管口；尾气一般由柱体下端引出；干粉由锥底排出。干燥塔的其他附设结构包括人工扫粉用的小门、适当位置安装的视孔和灯孔等。另外有些干燥塔壳体上还安装有使黏粉抖落的振动装置。

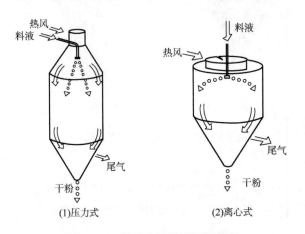

图9-26 喷雾干燥塔的并流情形

(1)压力式　　(2)离心式

各型喷雾干燥设备中热气流与雾滴的流动方向有并流、逆流及混流三类。目前在食品工业中，如乳粉、蛋粉、果汁粉等的生产，大多数均采用并流操作，其他两种流向操作则较少采用。图9-26所示分别为压力式和离心式喷雾干燥塔内料液与热风的并流情形，热风与料液均自干燥室顶部进入，粉末沉降于底部，而夹带粉末的尾气则从靠近底部的风管排至粉末分离回收装置。

（五）喷雾干燥装置系统举例

上面图9-21中给出的喷雾干燥系统的基本构成可以有多种具体形式。以下分别介绍食品行业中典型压力式和离心式喷雾干燥装置系统。

1. 压力喷雾干燥机系统

图9-27所示为一种立式压力喷雾干燥机系统，主要由空气过滤器、进风机、空气加热器、热风分配器、压力喷雾器、干燥塔、布袋过滤器和排风机等组成。该系统的进风机、空气加热器和排风机安排在一个层面。干燥塔体的上部为圆柱形，下部为圆锥形。塔体上下有两个扫粉门供操作人员进入塔内清扫塔壁积粉。布袋过滤器紧靠在干燥室侧面。

该系统采用单喷嘴喷雾，装于塔顶。喷嘴的孔径较大（一般在2mm以上），可得到较大粒度的干燥粉粒。与该干燥机配套的供料泵应为三柱塞式高压泵。

经空气过滤器过滤的洁净空气，由进风机吸送入空气加热器加热至预定高温，通过塔顶的热风分配器进入塔体。热风分配器由呈锥形的均风器和调风管组成，它可使热风均匀地呈并流状以一定速度在喷嘴周围与雾化液滴进行热质交换。

布袋过滤器内部分为三组，每组风管与排风机相连，各组可轮流在关断排风管的同时振动布袋，以振落袋内积粉。布袋过滤器下方有一螺旋输送器，将布袋振动下来的粉末回送至塔体圆锥部分与塔内主体粉粒混合。通过布袋过滤器回收夹带粉尘后的废气，经由排风机排入大气。

经干燥后的粉粒落到塔体下部的粉体，与布袋过滤器下螺旋输送器送来的细粉混合，不断由塔下转鼓阀卸出。塔体下部装有空气振荡器，可定时轮流敲击塔壁，使积粉松动而顺利沿壁滑下。

2. 离心喷雾干燥机系统

一种并流式离心喷雾干燥机系统如图9-28 所示，其组成及工作原理基本上与上述压力式喷雾干燥机相似。

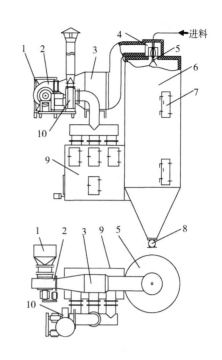

图9-27 压力喷雾干燥装置系统

1—布袋过滤器 2—进风机 3—空气加热器
4—热风分配器 5—压力喷雾器 6—干燥室
7—扫粉门 8—出粉阀 9—空气过滤器 10—排风机

离心喷雾干燥机与压力喷雾干燥机的最大区别在于雾化器形式不同，由于离心喷雾器的雾化能量来自离心喷雾头的离心力，因此，不必用高压泵为干燥机雾化器供料。

除了雾化器区别以外，本机与压力喷雾干燥机系统还存在以下方面的差异：首先，本系统的热风分配器为蜗旋状；其次，干燥塔的圆柱体部分径高比较大（这主要因离心喷雾有较大雾化半径，从而要求有较大的塔径）；最后，本干燥器的布袋过滤器装在干燥塔内，它分成两组，可轮流进行清粉和工作。布袋落下的细粉直接进入干燥室锥体。

需要指出的是，不论是压力式还是离心式喷雾干燥机系统，直接从干燥室出来的粉体一般温度较高，因此需要采取一定措施使之冷却下来。普通的做法是使干燥室出来的粉料在一凉粉室内先进行冷却，再进行包装。先进的喷雾干燥系统则通常结合流化床技术，

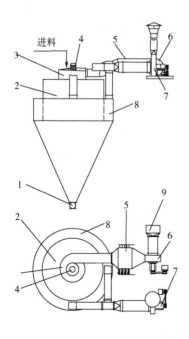

图9-28 离心喷雾干燥机装置系统

1—出粉阀 2—干燥室 3—热风分配器
4—离心喷雾器 5—空气加热器 6—进风机
7—排风机 8—布袋过滤器 9—空气过滤器

使干燥塔出来的粉进一步得到流态化干燥和冷却。

第二节　传导型干燥设备

传导型干燥机主要通过传导方式为物料提供干燥热能，这要求被干燥物料与加热面间有尽可能紧密的接触。故传导干燥机较适用于溶液、悬浮液和膏糊状固 – 液混合物的干燥。

传导型干燥机的主要优点：首先是热能利用的经济性，因不需要加热大量的空气，单位产品的热能耗用量远低于热风干燥机；其次，可在真空下进行，特别适用于易氧化食品的干燥。

传导型干燥机可根据操作连续性分为连续式和间歇式，也可根据操作压强分为常压式和真空式。

食品工业中最常见传导型干燥机有真空干燥箱、滚筒干燥机和带式真空干燥机等。

一、滚筒干燥机

滚筒干燥机的主体是称为滚筒的中空金属圆筒，按滚筒数可分为单滚筒和双滚筒两种型式。两者又可分为常压式和真空式两种形式。

图 9 – 29 所示为常压单滚筒和双滚筒干燥机。圆筒随水平轴转动，其内部可由蒸汽、热水或其他载热体加热，圆筒壁即为传热面。物料在滚筒上的布料方式有从滚筒下方布料的浸没式和从滚筒上方布料的喷洒式。

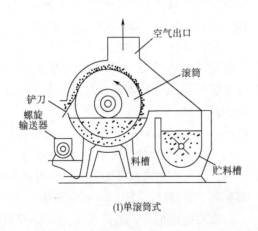
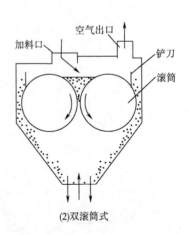

图 9 – 29　常压滚筒干燥机

图 9 – 29（1）所示的单滚筒干燥机采用浸没式加料方式，滚筒部分浸没在稠厚的悬浮液中，因滚筒的缓慢转动使料液成薄膜状附着于滚筒的外表面而进行干燥。当滚筒回转 3/4 ~ 7/8 转时，物料已干燥到预期的程度，即被刮刀刮下，由螺旋输送器送走。

滚筒的转速因料液性质及滚筒的大小而异，一般为 2 ~ 8r/min。滚筒上的薄膜厚度为 0.1 ~ 1.0mm。干燥产生的水汽被壳内流过滚筒面的空气带走，并在上方通过适当排风装置排走。

浸没式加料时，料液可能会因热滚筒长时间浸没而过热，为避免这一缺点，可采用喷洒式，即通过多孔管，将料液喷在液筒面上。

图 9 - 29（2）所示的双滚筒干燥机，采用的是由上面加料液的方法，干物料层的厚度可用调节两滚筒间隙的方法来控制。

将滚筒密闭在真空室内，便可成为真空滚筒干燥机。由于在真空下进行干燥，进料及卸料刮刀等须在真空干燥室外部来操纵调节，所以这类干燥机较复杂，通常成本较高，一般只用来干燥极为热敏的物料。

滚筒干燥机的优点是干燥速度快，热能利用经济。但这类干燥机仅限于液状、胶状或膏糊状的物料的干燥，而不适用于含水量低的非流动性物料干燥。

滚筒干燥机常用于各种汤粉、淀粉、酵母、婴儿食品、速溶麦片等食品的生产。

二、真空干燥箱

真空干燥箱是一种间歇式干燥设备，适用于热敏性、氧敏性液体或固体物料。真空干燥箱的主体是真空密封的干燥室，结构如图 9 - 30 所示，室内装有通加热剂的加热管、加热板、夹套或蛇管等，其间壁则形成盘架。被干燥的物料均布于活动干燥托盘中，托盘置于盘架上。蒸汽等加热剂进入加热元件后，热量以传导方式经加热元件壁和托盘传给物料。盘架和干燥盘应有尽可能良好的热接触。从传热原理来说，只要两物体间存在温差，就会发生辐射传热，因此，料盘中物料上表面同时受到上层加热管和托盘底温度的辐射传热。由于存在辐射传热，因此，也可以对某些固体物料进行真空干燥。

真空干燥箱的壳体可以为方形，也可以为圆筒形，这两种形式真空干燥机的外形如图 9 - 31 所示。

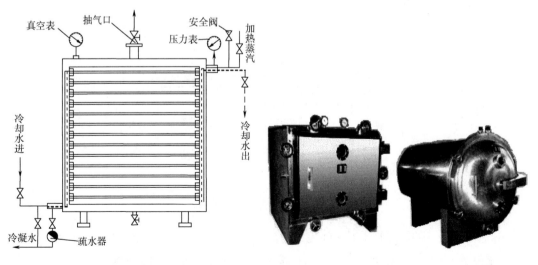

图 9 - 30　真空干燥箱结构　　　　图 9 - 31　方形和圆筒形真空干燥箱外形

真空干燥箱初期干燥速度会很快，但当物料脱水收缩后，由于物料与干燥盘的接触会逐渐变差，传热速率也逐渐下降。操作过程中，加热面温度需要严格控制，以免与干燥盘接触的物料局部过热。

三、带式真空干燥机

带式真空干燥机是一类连续式干燥设备，主要用于液状与浆状物料的干燥。干燥室一般为卧式封闭圆筒，内装带式输送机械。带式真空干燥机有单层和多层两种形式。真空干燥室内产生的二次蒸汽和不凝性气体通过排气口，由冷凝和真空系统排除。

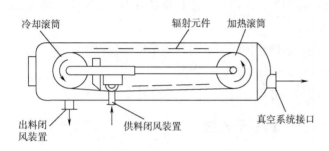

图9-32 单层式真空干燥机

图9-32所示为单层带式真空干燥机，它由封闭圆筒、钢带、加热滚筒、冷却滚筒、辐射元件、供料和出料机构等组成。供料口位于钢带下方，由一供料辊不断将浆料涂布在钢带的表面。涂在钢带上的浆料随钢带前移进行干燥器下方的红外线加热区。受热的料层因内部产生的水蒸气而蓬松成多孔状态，与加热滚筒接触前已具有蓬松骨架。料层随后经过滚筒加热，再进入干燥上方的红外线区进行干燥。干燥至符合水分含量要求的物料在绕过冷却滚筒时受到骤冷作用，料层变脆，再由刮刀刮下，通过闭风装置排出。

图9-33所示为一种多层带式真空干燥机，它有并联工作的三层输送带（通常为特氟龙高温输送带），沿输送方向采用夹套式换热板，设置了两个加热区和一个冷却区域，分别用蒸汽、热水和冷水进行加热和冷却。根据原料性质和干燥工艺要求，各段的加热温度可以调节。原料在输送带上边移动边蒸发水分，干燥成为泡沫片状物品，冷却后，经粉碎机粉碎成为颗粒状制品，最后由排出装置卸出。

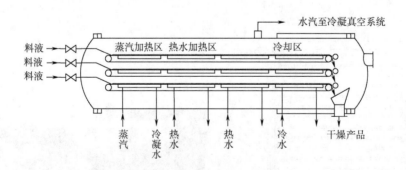

图9-33 多层式真空干燥机

这种干燥设备的特点是干燥时间短，约5~25min，能形成多孔状制品，物料在干燥过程中能避免混入异物，防止污染，可以直接干燥高浓度、高黏度的物料，并可简化工序，节约热量。

第三节 冷冻干燥机

冷冻干燥是湿物料冻结后在真空条件下完成升华脱水的操作过程。冷冻干燥又称为冷冻升华干燥。

一、冷冻干燥原理

冷冻干燥原理可用图9-34所示说明。水与任何物质一样，在一定压强和温度下以固（冰）、液（水）和气（蒸汽）三相之一状态存在。由图可见，水的相图被AB、AC和AD三条曲线分为BAC、CAD和DAB三个单相区，它们分别表示固相（冰）、液相（水）和气相区。AB、AC和AD三条曲线分别是冰和蒸汽、冰和水、水和蒸汽的平衡共存曲线，分别称为冰的升华曲线、冰的融解曲线和水的蒸发曲线。三条曲线的交点A处，固、液和气三相平衡共存，称为水的三相点，此点对应的温度为0.01℃，压强为613Pa。

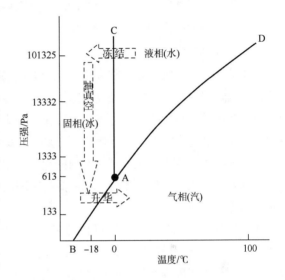

图9-34 水的相平衡图

升华是水从固态（冰）直接转变为气态（蒸汽）的现象。显然，食品冷冻干燥，首先要使食品中的水变成冰，因此，首先要使食品冻结。另外，由图可见，当压强高于三相点对应压强时，固态（冰）不可能直接转变为气态，只有当压强在三相点以下时，升华才有可能发生。因此，冷冻干燥的食品物料环境必须处于负压（真空）状态。冷冻升华干燥即基于以上原理。

物质的相态转变都需要放出或吸收相变潜热。冷冻升华过程要经过两次相变，首先是液相变固相，然后是固相变气相。冷冻是放热过程，需要外界提供冷量（制冷），冰升华过程为吸热变相过程，需要外界为冰提供升华热。另外，为使物料能够保持在升华所需的负压状态，还要提供能量对系统抽真空。由此可见，冷冻干燥是一种高能耗的干燥方法。因此，适用于高比价产品，例如，冻干保健食品、某些冻干果蔬等。

二、冷冻干燥设备的系统构成

根据冷冻干燥原理不难看出，各种型式的冷冻干燥装置系统均应包括如图9-35所示的预冻、干燥、加热、真空和制冷等部分。

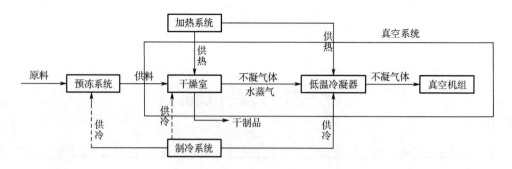

图 9-35　冷冻干燥设备组成示意图

冷冻干燥装置的构成部分以干燥室为核心联系在一起，有些部分直接装在冷冻干燥室内，如提供升华热的加热板，有些部分既可装在干燥室内，也可装在干燥室外，如物料预冻系统和低温冷凝器等。真空系统为冷冻干燥室内物料升华提供必要的真空度，或直接与干燥相接，或与装在干燥室外的冷凝相接。

（一）预冷冻系统

一般来说，本书第十三章将介绍的冻结方法均可用于冷冻干燥物料预冻，但应用最多的为鼓风式和接触式冻结法。鼓风式冻结一般在冷冻干燥主机外的速冻装置中完成，而接触式冻装置既可设在冷冻干燥室内，也可在干燥室外的接触冻结装置中完成。实际上，无论是实验型，还是生产型冷冻干燥机，多采用干燥室外预冻结的方式。

某些实验型冷冻干燥机，利用专门的起干燥室作用的细颈干燥瓶，用于液体料液冷冻干燥。这种瓶装入一定量液体后，先在低温冷冻液槽上由旋转装置驱动旋转，使瓶内的液体呈壳状冻结。

生产规模冻干机，往往利用可移动多层料盘架车，在冷库中冻结物料。物料冻结后，可整车从冷库推出，通过适当方式，一次性转移到冻干室内。这样可以提高冷冻干燥机的效率，也有利于实现冷冻干燥操作的连续化程度。

（二）干燥室

干燥室是冻结成固体的物料在真空条件下进行水汽升华的场所。干燥室是一个在真空条件下可承受内外压差的真空容器，必须有与真空系统相连的接口。最简单的干燥室是上面所述的实验型冻干机的干燥瓶。冻结后的细颈瓶接到冻干机真空接管上便成为冻干系统的干燥室，借助于环境温度（通过传导和辐射）供热，便可开始进行升华干操。

工业用的冷冻干燥室外形类似于前述的真空干燥机，有箱形和圆筒形两种形式。一般，大型冻干机往往取圆筒形结构。工业用的冷冻干燥机，多采用浅料盘装载物料，并且利用加热板为装在料盘中的物料提供升华热。因此，这类干燥室有固定设置的加热板，料盘则通过适当的悬挂输送机构插在这些加热板之间。此外，有些大型冻干机会将冷阱（下面介绍）设在干燥室内。图 9-36 所示为一种冻干机干燥室的结构。

（三）供热系统

上面已经提到，冷冻干燥过程需要为冰的升华提供热量。为使连续或半连续的大型冻干设备正常运行，也要为其低温冷凝器提供化霜所需的热量。

目前，冷冻干燥系统主要通过传导和辐射两种方式为冻干物料供热升华热。微波加热对于冷冻干燥虽然具有某些优点，但由于系统的复杂性及微波加热均匀性较差，并且过程难于控制，因此，至今尚未出现实用的微波加热工业化冻干设备。

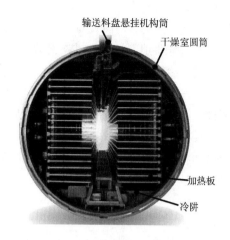

图9-36 圆筒状干燥室结构

传导加热法以料盘与冻结物料之间的温差作为传热动力，为物料冻干过程提供升华热。料盘本身热量则可由加热盘板提供。加热板的热源既可是直接加热的电热器，也可是在板内循环的载热剂。所用载热剂类型有水、蒸汽、矿物油、乙二醇和三氯乙烯等。

实际上，冷冻干燥机往往同时利用传导和辐射两种机制，为被冻干物料提供升华热。辐射传热发生在有温差的物体间。因此，在装有多层固定加热板的冷冻干燥箱内，上一层物料盘底接触的加热板，对下层料盘的物料而言，实际上就是一个辐射加热器。利用输送带在干燥箱内输送物料（盘）的连续型冷冻干燥机，采用的辐射加热器，同样会对于料盘中的物料产生辐射和传导两种传热机制。

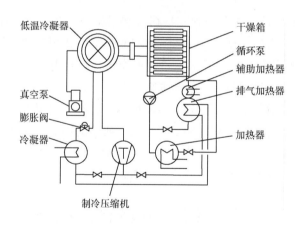

图9-37 具有热回收系统的冻干机流程示意图

不论是可预冻的还是不可预冻的冻干设备，均需要为低温冷凝器供制冷剂。根据制冷原理，制冷循环中压缩机出来的高温高压制冷剂气体，要经过冷凝器才能膨胀成为低温制冷剂进入低温冷凝器进入吸热，使外面的水汽凝结成霜。因此，可以利用制冷压缩机排气作为部分冻干升华热源，构成如图9-37所示为的冻干系统。可见这种安排既可节省升华热能耗，也降低了制冷系统的冷凝器负荷。有关制冷系统的构成可参见本书第十三章相关内容。

（四）真空系统和低温冷凝器（冷阱）

由冷冻干燥原理可知，使系统维持一定真空度是实现正常冷冻干燥操作的必要条件。因此，所有冻干机均需配备真空设备。升华产生的水蒸气比热容极大，例如，在13.3Pa压力下，1g冰升华可产生$100m^3$的水蒸气。由于机械式真空泵的抽气量有限，因此一般冻干燥设备，均在真空泵前设置除去升华水汽的低温冷凝器，以降低真空泵的抽气量。理论上，可不设冷凝器，而利用多级蒸汽喷射系统实现冷冻干燥所需的负压效果，但由于各种原因，这种真空系统配置不多见。

低温冷凝器也称为冷阱，本质上是一种位于物料与真空泵之间的间接式热交换器。低温冷凝器的冷却介质通常通过制冷系统的低温低压制冷液，吸收水汽冷凝热后，成为低温制冷剂蒸气。因此，冷阱相对于制冷机来说是蒸发器。

冷冻干燥机可以外置式（装在干燥室外）和内置式（装在干燥室内）两种方式配置冷阱。

外置式冷阱独立于干燥室安置，其工作原理可用图9-38说明。大部分来自干燥室的升华水蒸气，经过装在冷阱内的低温（约-50℃）排管时，会因为降温骤降而凝结成霜，不凝性气体，则通过冷阱另一个出口由后面的真空泵抽吸。

需要指出的是，图9-38所示的冷凝排管只是一种示意，实际冷阱中冷凝排管（图9-39）的密度要高得多。另外，冷凝管还可有其他形式，如盘管式，而实验型冻干机的冷阱常常是一个简单的低温圆筒。

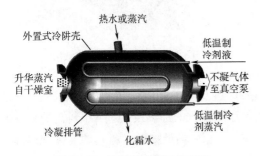

图9-38　外置式冷阱工作原理

图9-39　外置冷阱内的冷凝排管

内置式冷阱安装在干燥室内，其好处是可避免外置式冷阱连接管道所带来的流导损失。内置冷阱一般安装在干燥室料盘区下方（如图9-36和图9-40所示），也可安装在料盘区的侧面（单侧或双侧），还可将圆筒沿轴向分为干燥、冷阱两个区，中间用（可使升华蒸汽通过的）适当材料隔断，在冷阱区的圆筒端用接管与真空泵连接。

经过一段时间操作，凝结冷阱低温液管外的霜层达到一定厚度以后，其干燥速率会下降。所以，大型连续和半连续冷冻干燥系统往往要求能够及时熔化冷阱中的霜层。这种霜层可用热水或蒸汽化除。值得一提的是，化霜时冷阱不能参与正常冻干过程。对于外置式冷阱，为了连续操作，一个干燥室需要配备两个或多个外置式冷阱，以在便在工作和除霜状态间进行切换。

内置式冷阱也需要除霜。如图9-41所示，冷冻干燥室下方安装有可以交替冷凝和除霜的冷阱。

图9-40　料盘下方的内置式冷阱

图9-41　内置式冷阱交替除霜

三、 常见冷冻干燥装置

冷冻干燥装置按操作的连续性可分为间歇式、连续式和半连续式三类。目前，食品工业中应用最多的是间歇式和半连续式冷冻干燥装置。

（一）间歇式冷冻干燥机

间歇式冷冻干燥装置中的干燥箱与一般的真空干燥箱相似，属盘架式。干燥箱有各种形状，多数为圆筒形。料盘搁板通常就是加热板，通常以一定方式固定在干燥室内，操作时，可由人工逐一将预冻好的料盘推入各层加热板，也可集多层料盘于悬挂盘架，装在小车上，由预冻库转移到冻干机，再通过悬挂对接，将整架料盘推送插入干燥室内加热板间。冻干结束后，按相反顺序出料。

间歇式冷冻干燥机主要有以下优点：①适应多品种小批量的生产，特别是季节性强的食品生产；②单机操作，一台设备发生故障，不会影响其他设备的正常运行；③便于维修保养；④便于在不同的阶段按照冷冻干燥的工艺要求控制加热温度和真空度。因此，绝大多数的食品冷冻干燥装置均采用这类装置。间歇式冷冻干燥机的主要缺点是，设备利用率较低，因为装料、卸料、启动等预备操作占用的时间长；另外，由于单机设备往往产量较低，因此如要满足一定产量要求，往往需要多台单机，并要配备相应的附属系统，从而导致设备的投资费用增加。

（二）半连续式冷冻干燥系统

针对间歇式设备生产能力低，设备利用率不高等的缺点，出现了多箱式及隧道式等半连续式系统设备。

多箱式冷冻干燥系统设备构成包括一组干燥箱、若干外置式冷阱、为各箱提供加热剂的共用加热器、为各低温冷凝器提供制冷剂的共用制冷机，以及为各箱和冷阱提供真空的真空系统。但每箱的加热、冷阱和真空可单独控制。这种装置系统可用同品种产品的半连续化生产，也可供不同品种产品的同时干燥，具有较大的设备操作灵活性。

半连续隧道式冷冻干燥机如图9-42所示。升华干燥过程在大型隧道式真空箱内进行的，料盘以间歇方式通过隧道一端的大型真空密封门进入箱内，以同样的方式从另一端卸出。这样，隧道式干燥机就具有设备利用率高的优点，但不能同时生产不同的品种，且转换生产另一品种的灵活性小。

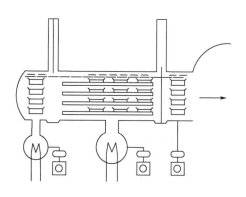

图9-42 隧道式半连续冷冻干燥装置

（三）连续式冷冻干燥系统

实现连续冷冻干燥操作的关键是在维持干燥室真空环境条件下连续地进出物料。冷冻干燥装置有多种实现连续的方式。

图9-43所示为一种使用浅盘输送装置的连续冻干系统。预冻好的原料装在浅盘上，

通过空气锁*连续地送入冻干室内，冻干好的物料也通过空气锁连续地将料盘送出。干燥室内物料经过的大致过程为：由空气锁进入干燥室的料盘，由进料升盘器托升，每进入一盘，料盘就向上提升一层。等进入的料盘填满升降器盘架后，由水平向推送机构将料盘一次性向前移动一个盘位，同时推动加热板间其他料盘向前移动一个盘位。位于干燥室内另一端的升盘器将收到的一批料盘逐一托升，通过出口空气锁送出室外。装有干燥产品的料盘由输送链送至卸料机卸料，空盘再通过水平和垂直输送装置送到装料工位。如此周而复始，实现连续生产。

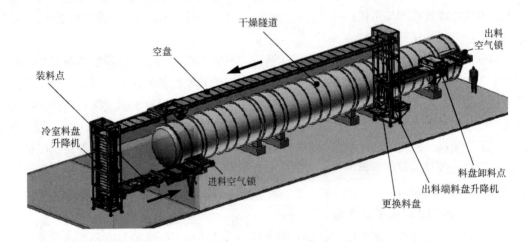

图 9 - 43　一种连续式冷冻干燥系统

连续冻干装置主要优点：①处理能力大，适合单品种生产；②设备利用率高；③便于实现生产的自动化；④劳动强度低。其主要缺点：①不适合多品种小批量的生产；②在干燥的不同阶段，虽可控制不同的温度，但不能控制不同真空度；③设备复杂、庞大、制造精度要求高，投资费用大。

本章小结

不同状态的食品物料可采用不同型式的干燥设备进行干燥。常见的食品干燥设备可以分为对流型、传导型和辐射型三大类。其中以对流型干燥设备种类最多，对物料状态的适应性也最大。

常见的对流型干燥设备有厢式干燥器、洞道式干燥机、气流干燥机、流化床干燥机、喷雾干燥机等。前面四种类型的干燥机适用于固体或颗粒状态湿物料的干燥，喷雾干燥机用于液态物料的干燥，得到的成品为粉末。食品工业均利用洁净的干热空气作为对流型干燥设备的干燥介质。

---

　* 空气锁：一种前后有两道不同时开闭门的过渡室。物料通过此室可以保证干燥室内的压力不改变，从而可以连续地进出料。

传导型干燥机有滚筒式和带式干燥和厢式三种。均适用于浆体物料的干燥，可有真空式和常压式两种形式。

冷冻干燥机适用于固体和液体物料的干燥。它使冻结物料中的冰直接升华为水汽，是所有干燥机中结构最复杂和耗能最大的干燥设备。因此通常用于高比价物料的干燥。冷冻干燥机由制冷系统、加热系统和真空系统三大部分组成，其操作方式可有间歇式、半连续式和连续式三种。

🔍 思考题

1. 请举3例对流式干燥机在食品工业中应用的例子。
2. 高黏度浆状物料的可用哪些类型的设备干燥？
3. 喷雾干燥设备如何节能？
4. 可有哪些措施避免或缓和流化床干燥设备内已干物料与湿物料的混合碰撞？
5. 试比较方形与圆筒形真空干燥箱箱体的特点。
6. 讨论滚筒式干燥设备中对产品品质有影响的机构形式。
7. 试分析间歇式冷冻干燥机可采用的进料方式。

自测题

一、判断题

（　　）1. 气流式干燥器适用于干燥湿粉物料。

（　　）2. 压力喷雾用的雾化压力范围在 0.2～2MPa。

（　　）3. 布袋过滤器可以装在干燥塔（箱）内。

（　　）4. 所有喷雾干燥机中，只有气流干燥雾化器才需要压缩空气。

（　　）5. 离心喷雾干燥机处理量调节范围较压力式的小。

（　　）6. 离心喷雾式干燥室不易在壁上产生焦粉结垢。

（　　）7. 流化床干燥器不需要喷雾干燥系统所用的粉尘回收装置。

（　　）8. 食品工业用的喷雾干燥机大多为的开放式。

（　　）9. 冷冻真空干燥系统的冷阱装在干燥室外的最大好处是可以连续除霜。

（　　）10. 真空干燥箱适用于固体或热敏性液体食品物料的干燥。

（　　）11. 带式真空干燥机主要用于液状与浆状物料的干燥。

（　　）12. 压力式喷雾干燥机一般不易出现粘壁现象。

二、填充题

1. 用于果蔬原料的对流型干燥机型式有：＿＿＿＿式、＿＿＿＿式和网带式等。

2. 湿颗粒和湿粉物料可用＿＿＿＿干燥机和＿＿＿＿干燥机进行连续对流干燥。

3. 厢式干燥器是一种间歇式干燥器，常用于需要长＿＿＿＿干燥、产量＿＿＿＿物料的干燥。

4. 洞道式干燥机常用＿＿＿＿载送物料，适用于＿＿＿＿果蔬干燥。

5. 洞道式干燥机按热风流动方向，可分为＿＿＿＿、＿＿＿＿和混流三种形式。

6. 网带式干燥机可分为＿＿＿＿式和＿＿＿＿式两类。

7. 单层带式干燥机可分＿＿＿＿式和＿＿＿＿式两类。

8. 圆筒型流化床干燥机分有＿＿＿＿和＿＿＿＿两种形式。

9. 喷雾干燥机的雾化器有＿＿＿＿式、＿＿＿＿式和气流式三种形式。

10. 喷雾干燥机的干燥室分为＿＿＿＿式和＿＿＿＿式两种形式。

11. 传导型干燥机较适用于＿＿＿＿、＿＿＿＿和膏糊状固－液混合物的干燥。

12. 尾气需要经分离器分离的干燥机形式有流化床式、＿＿＿＿式和＿＿＿＿式。

三、选择题

1. 不能用于生产乳粉的干燥机为＿＿＿＿。

A. 滚筒式　　　　B. 喷雾式　　　　C. 网带式　　　　D. 气流

2. 可用于生产脱水蔬菜的干燥机为＿＿＿＿。

A. 网带　　　　B. 喷雾　　　　C. 滚筒　　　　D. 气流

3. 适用于大批量片状物料的干燥器为＿＿＿＿。

A. 洞道式　　　　B. 网带式　　　　C. A 和 B　　　　D. 气流

4. 多层网带式干燥机＿＿＿＿。

A. 输送带层数可达 18 层　　　　B. 以 6～8 层最常用

C. 各输送带速度独立可调　　　　D. 各层干燥室上下不相通

5. 多层网带式干燥机＿＿＿＿。

A. 输送带层数通常为偶数　　　　B. 以 3～5 层最常用

C. 各输送须有相同速度　　　　D. 上层带速一般较下层的慢

6. 热效率最低的流化床干燥机为＿＿＿＿。

A. 单层式　　　　B. 溢流多层式　　　　C. 穿流多层式　　　　D. 卧式多室式

7. 流化床干燥机＿＿＿＿。

A. 适用于不易结块物料　　　　B. 通常适用于粒度为 20～60μm 的物料

C. 适用于恒速阶段干燥　　　　D. 操作控制简单

8. 为使湿料在流化床中获得良好的分散性，可利用的措施有＿＿＿＿。

A. 机械搅拌　　　　B. 脉冲进气　　　　C. 提高空气流量　　　　D. A 和 B

9. 惰性粒子流化床干燥器最有可能不适用于＿＿＿＿。

A. 果胶溶液　　　　B. 酵母　　　　C. 动物血液　　　　D. 蛋黄

10. 直管式气流干燥机的干燥管长度一般在＿＿＿＿。

A. 5m 以上　　　　B. 7m 以上　　　　C. 8m 以上　　　　D. 10m 以上

11. 用于湿淀粉干燥的适宜对流干燥机为＿＿＿＿。

A. 滚筒式　　　　B. 喷雾式　　　　C. 气流式　　　　D. 真空式

12. 食品工业喷雾干燥机的热空气与物料常呈＿＿＿＿。

A. 逆流　　　　B. 并流　　　　C. 混流　　　　D. 错流

13. 喷雾干燥机＿＿＿＿。

A. 雾化器类型有 4 种　　　　　　　　　　B. 雾化液滴的粒径范围 1 ~ 10μm

C. 液滴表面温度与热空气温度相同　　　　D. 进料经过 10 ~ 30s 便可得到干燥产品

14. 压力式喷雾干燥机_____。

A. 产量可调性好　　　　　　　　　　　　B. 只能装一支喷枪

C. 干燥室可为立式或卧式　　　　　　　　D. 干燥室只能为卧式

15. 喷雾干燥器蒸发强度范围在_____。

A. 1 ~ 2kg/(m³·h)　　　　　　　　　　　B. 1.5 ~ 2.5kg/(m³·h)

C. 2.5 ~ 4kg/(m³·h)　　　　　　　　　　D. 4 ~ 5kg/(m³·h)

16. 喷雾干燥器的热效率范围在_____。

A. 10% ~ 20%　　　B. 20% ~ 30%　　　C. 30% ~ 40%　　　D. 40% ~ 50%

17. 需要配备压缩空气的喷雾干燥设备型式为_____。

A. 气流式　　　　　B. 离心式　　　　　C. 压力式　　　　　D. A 和 B

18. 离心式喷雾干燥机_____。

A. 产量可调性好　　　　　　　　　　　　B. 不易粘壁

C. 干燥室可为立式或卧式　　　　　　　　D. 干燥室只能为卧式

19. 压力式喷雾干燥器的雾化器喷孔大小范围在_____。

A. 0.5 ~ 1.5μm　　　B. 500 ~ 1500μm　　　C. 50 ~ 150μm　　　D. 5 ~ 15μm

20. 压力式喷雾干燥机_____。

A. 产量调节性差　　　　　　　　　　　　B. 只能装一支喷枪

C. 只能用立式干燥箱　　　　　　　　　　D. 只能用卧式干燥器

21. 食品工业压力式喷雾干燥的雾化器正常压力可为_____。

A. 1 MPa　　　　　B. 10 MPa　　　　　C. 50 MPa　　　　　D. 100 MPa

22. 滚筒式干燥机的滚筒加热介质一般不会采用_____。

A. 蒸汽　　　　　　B. 过热蒸汽　　　　C. 热空气　　　　　D. 过热水

23. 滚筒式干燥机_____。

A. 可用一个滚筒工作　　　　　　　　　　B. 只能用两个滚筒

C. 可有三个滚筒　　　　　　　　　　　　D. 只能在真空下工作

24. 滚筒式干燥机_____。

A. 只能用蒸汽加热　　　　　　　　　　　B. 也可用热水加热

C. 只能用两个滚筒　　　　　　　　　　　D. 只能在常压下工作

25. 滚筒式干燥机_____。

A. 可用两把刮刀　　　　　　　　　　　　B. 只能用两个滚筒

C. 只能用一把刮刀　　　　　　　　　　　D. 只能在常压下工作

26. 滚筒式干燥机_____。

A. 只有一个滚筒　　　　　　　　　　　　B. 只能在常压下工作

C. 只有两个滚筒　　　　　　　　　　　　D. 既可有一个也可有两个滚筒

27. 工业化生产用的传导型干燥机_____。

A. 适用于溶液干燥　　　　　　　　　　　B. 不可在真空下干燥

C. 不可连续操作　　　　　　　　　　　　D. 常用网带输送物料

28. 工业用冷冻干燥机的干燥室内一般均设有_____。

A. 冷冻板　　　　　　B. 冷阱　　　　　　C. 水汽凝结器　　　　D. 加热器

29. 冷冻干燥系统中的加热的位置为_____。

A. 干燥室　　　　　　B. 冷阱　　　　　　C. A 和 B　　　　　　D. 真空装置

30. 冷冻干燥系统中需要低温的场所有_____。

A. B 和 C　　　　　　B. 物料冻结　　　　C. 冷阱　　　　　　　D. 真空泵冷却

31. 冷冻干燥机的冷阱_____。

A. 只能装在干燥室外　　　　　　　　　　B. 只能装在干燥室内

C. 实际上是一个制冷蒸发器　　　　　　　D. 一种套管式热交换器

32. 冷冻干燥机的冷阱除霜_____。

A. 可在干燥中途进行　　　　　　　　　　B. 只能在干燥结束后进行

C. 不能在干燥过程中进行　　　　　　　　D. 只能用电加热方式实现

四、对应题

1. 请找出以下干燥机与辅助装置之间的对应关系，并将第二列的字母填入第一列对应项括号中。

（1）喷雾干燥机（　　　）　　　　　　　A. 水环式真空泵

（2）滚筒干燥机（　　　）　　　　　　　B. 冷阱

（3）流化床干燥机（　　　）　　　　　　C. 离心转盘

（4）冷冻干燥机（　　　）　　　　　　　D. 铲刀

（5）真空干燥机（　　　）　　　　　　　E. 一定压头的鼓风机

2. 请找出以下干燥机与适用性之间的对应关系，并将第二列的字母填入第一列对应项括号中。

（1）喷雾干燥机（　　　）　　　　　　　A. 预糊化淀粉

（2）网带式干燥机（　　　）　　　　　　B. 固体饮料

（3）流化床干燥机（　　　）　　　　　　C. 脱水蔬菜

（4）冷冻干燥机（　　　）　　　　　　　D. 乳粉

（5）滚筒式干燥机（　　　）　　　　　　E. 高比价食品

第十章

成型机械设备

食品成型是赋予食品能独立保持三维空间形状的操作。可塑性半成品往往需要采用成型工序加工成定型食品。例如，可塑性面糖中间产品，经过成型操作成为各种各样形状的最终制品。由传统面糖制造业发展起来的成型技术业已成熟，这方面的设备也相对成熟。

现代食品加工技术的发展以及人们对食品多样化的追求，使得成型技术得到了同步发展，比较突出的进展表现在直接以粉体原料（或颗粒体原料）和液体原料加工成型技术的出现，前者如挤压成型技术，后者如人造仿生食品成型技术。

食品成型机械种类繁多，按成型原理大致可分为压模、挤模、浇模、制片、造粒、制膜、夹心、包衣等类型。本章主要介绍一些有代表性的成型机械设备。

第一节　压模成型设备

压模成型设备利用模具对可塑性物料进行成型操作。制造饼干的面团是典型的可塑性物料。这类设备按成型原理分可为冲压型、辊压型、辊切型和塑压制粒型等。

一、冲压成型设备

制造饼干生坯用的冲印饼干成型机是典型的冲压成型设备。它主要由压片机构、冲印成型机构、拣分机构及输送带机构等构成。图 10 - 1 为冲印饼干机的外形图。

（一）压片机构

压片是饼干冲印成型的前道工序。压片机构用于将面团压延成致密连续、厚度均匀稳定、表面光滑整齐、无多余内应力的面带。此机构一般由通常称作头道辊、二道辊及三道辊的三对压辊组成。压辊直径和辊间间隙依次减小，各辊转速则依次增大。表 10 - 1 是国产冲印饼干机压辊的基本参数。

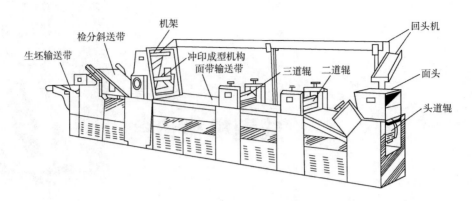

图 10-1 冲印饼干机外形图

表 10-1　　　　　　　　　　　　　国产冲印饼干机压辊参数

压辊名称	直径/mm	转速/（r/min）	间隙/mm
头道辊	160~300	0.8~8	20~30
二道辊	120~220	2~15	5~15
三道辊	120~220	4~30	2.05

压辊参数变化反映了面带压制的工艺要求。面团进入辊压时的摩擦角必须大于导入角，故头道辊的直径较大。为了增加摩擦和减小压辊直径，一些饼干机的头道辊表面沿轴向开有沟槽。为减缓面带由于急剧变形而产生内应力的情况，辊压操作应逐级完成，所以压辊间隙需依次减小。为保证冲印成型机构得到连续均匀稳定的面带，要求面带在辊压过程中各处的流量相等，为此要求速度匹配恰当，否则会引起面带拉长或起皱。

（二）冲印成型机构

冲印成型机构主要由动作执行机构与印模等组成，是保证饼干外观质量和提高饼干机生产率的关键环节。

1. 动作执行机构

动作执行机构可以分为间歇式与连续式两种。

间歇式机构是一套使印模实现直线冲印动作的曲柄滑块机构。冲印时，面坯输送带处于间歇停顿状态。配置这种机构的饼干机冲印速度较低，因而生产能力较小，否则会产生较大的惯性冲击和振动，造成面带厚薄不匀、边缘破裂等现象。

连续式机构即在冲印饼干时，印模随面坯输送带同步运动，完成同步摇摆冲印的动作，故也称摇摆式。采用这种机构的饼干机运行平稳，生产能力较高，饼干生坯的成型质量较好，便于与连续式烤炉配套组成饼干生产自动线。

2. 印模机构

印模机构是饼干成型机的主要机构。有两种印模可供不同品种的饼干生产选用。一种是生产凹花有针孔韧性饼干的轻型印模；另一种是生产凸花无针孔酥性饼干的重型印模。苏打饼干印模属于轻型，不过通常只有针柱而无花纹。两种印模的结构基本相同，都是由若干组冲头、套筒、切刀、弹簧及推板等组成。图 10-2 为单组印模结构简图。

（三）拣分机构

冲印成型完成后，必须将饼坯与余料（或称头子）在面坯输送带的尾端分离开来。这种操作称为拣分，或称为头子分离。这种分离主要由余料输送带完成，即在成型后，由另一帆布输送带将余料面带拉开。该输送带都是倾斜设置的，倾角由面带的特性而定。韧性与苏打饼干面带结合力强，分离操作容易实现，其倾角可在 40°以内。结合力很弱的酥性饼干面带，输送余料时极易断裂，因此倾角不能过大。通常仅为 20°左右。为使两输送带在余料分离部位有一定距离，余料帆布带在此部位由不致使输送帆布损伤的扁铁刀口张紧。图 10-3 为余料分离部分的示意图。

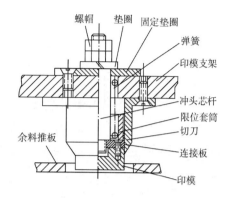

图 10-2 单组印模结构简图

图 10-3 余料分离部分示意图

二、 辊压成型设备

辊印式饼干成型机（简称辊印饼干机）主要适用于加工高油脂酥性饼干，该机更换印模辊后，通常还可以加工桃酥类糕点。

此类机型的印花成型、脱胚等操作，由执行成型脱模的辊筒通过转动一次完成，不产生边角余料，机构工作连续平稳，无冲击，振动噪声小，并省去了余料输送带，使得整机结构简单、紧凑、操作方便、成本较低。

辊印饼干机结构如图 10-4 所示，主要由成型脱模机构、生坯输送带、面屑接盘、传动系统及机架等组成。这种饼干成型机由于印模规格不同，体积变化较大，但主要构件及工作原理基本相同。

成型脱模机构是辊印饼干机的关键部件，它由喂料辊、印模辊、分离刮刀、帆布脱模带及橡胶脱模辊等组成。喂料辊与印模辊由齿轮驱动，作相向回转运动。橡胶脱模辊则借助于紧夹在两辊之间的帆布脱模带所产生的摩擦力而与脱模带同步运动。

喂料辊与印模辊尺寸相同，直径一般在 200~300mm，长度由相匹配的烤炉宽度系列而定。饼干模在印模辊圆周表面的位置是交错排布的，这样，分离刮刀与其轴向接触面积比较均匀，可减少辊表面的磨损。橡胶脱模辊（又称底辊）表面的橡胶应有适当的弹性及硬度。钢质分离刮刀必须具有良好的刚度，刃口锋利，以免与印模辊产生接触变形，影响面屑的清理。帆布脱模带的两侧应保证周长相等，接口缝合处平整光滑，不得有明显的厚度变化，避免脱模带工作时跑偏，或产生阻滞现象。

图 10-5 为辊压成型原理图，喂料辊与印模在齿轮的驱动下相对运动，料斗内的酥性面料依靠自重以及辊子的楔紧力落入两辊表面的凹模之中，分离刮刀将凹模外多余的面料沿印模辊切线方向刮落到面屑接盘中，含有饼坯的凹模随着印模辊的旋转进入脱模阶段，

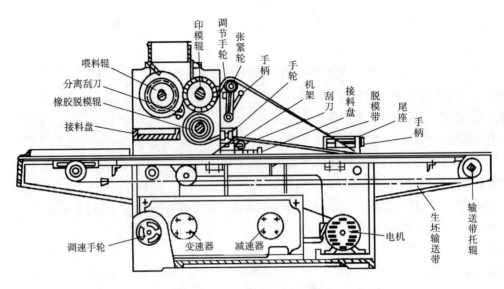

图 10 – 4　辊印饼干机结构简图

此时橡胶脱模辊依靠自身形变将粗糙的帆布脱模带紧压在饼坯底面上，并使其接触面间产生的压力大于凹模光滑内表面与饼坯间的接触结合力，因此，生坯便顺利地从凹模中脱出，并由帆布脱模带转送至生坯输送带上。

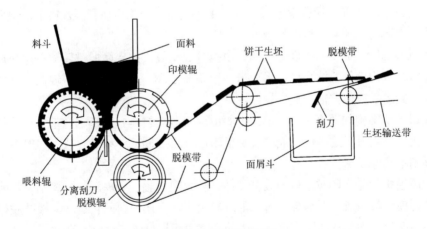

图 10 – 5　辊印成型原理

喂料辊与印模辊的间隙可以通过移动喂料辊进行调节，以适应不同加工物料的性质。加工饼干的间隙一般为 3~4mm，加工桃酥类糕点需作适当放大，以免出现反料现象。橡胶脱模辊对印模辊所施加的压力可以通过移动橡胶脱模辊进行调节，在保证能顺利脱模的前提下，应尽量减少这个压力，否则会产生成型饼坯后薄前厚的楔形现象，严重时甚至会在生坯后侧边缘产生薄片状面尾，影响产品质量。

三、辊切成型设备

辊切式饼干成型机（简称辊切饼干机）可用于加工苏打、韧性和酥性饼干等不同类型饼干。这种饼干机速度快、效率高、振动噪声低，是大型饼干厂广泛使用的高效能饼干生产机型。

辊切成型机兼有冲印和辊印成型机的特点，主要由印花辊压片机构、辊切成型机构、余料回头（拣分）机构、传动系统及机架等组成。其中压片机构、拣分机构与冲印饼干机的对应机构大致相同，只是在压片机构末道辊与辊切成型机构间设有一段缓冲输送带。辊切饼干机的操作步骤也类似于冲印饼干机，但是成型操作通过压辊回转来实现。

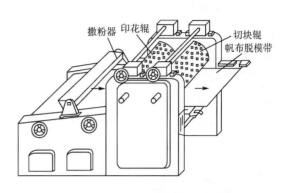

图 10 - 6　辊切成型机机构简图

辊切成型机构如图 10 - 6 所示。具体成型原理如图 10 - 7 所示。面片经压片机构压延后，形成光滑、平整连续均匀的面带。为消除面带内的残余应力，避免成型后的饼坯收缩变形，通常在成型机构前设置一段缓冲输送带，适当的过量输送可使此处的面带形成一些均匀的波纹，这样可在面带恢复变形过程中，使其松弛的张力得到吸收。这种在短时的滞留过程中，使面带内应力得到部分恢复的作用称张弛作用。面带经张弛作用之后，进入辊切成型机构。辊切成型的印花和切断是分两个工序完成的，即面带首先经印花辊压印出花，随后再经同步转动的切块辊，切出带花纹的饼干生坯。位于两辊之下的大直径橡胶脱模辊借助于帆布脱模带，在印花和切块的过程中，起着弹性垫板脱模的作用。当面带经过辊切成型机构后，成型生坯由水平输送带送至烤炉，余料则经斜帆布带提起后，由回头输送带送回压片机构前端的料斗中。这种成型技术的关键在于要严格保证印花辊与切块辊的转动相位相同，速度同步，否则切出的饼干生坯外形与图案分布不能吻合。

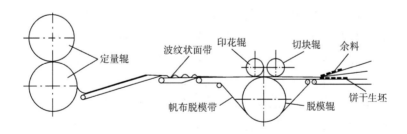

图 10 - 7　辊切成型原理示意图

四、塑压制粒机械

上述几种压模机械设备，适用于较软坯料的成型。成型物的几何形状多为平片状，因此几乎都是应用在饼干成型的场合。对于三维尺寸相对较小且匀称的成型物，可称之为"粒"，这时的成型可以称为制粒操作。因此，像硬糖等的成型可以认为是制粒成型。

图 10 - 8 所示为一种硬糖成型机的外形图，主要由糖条辊、轮转头、成型模具、传动系统及机架构成。这种成型机结构简单、操作简便。生产能力每小时可达 1t 以上。利用不同规格，不同形状的糖模，可生产圆形、方形、长方形、腰围形等形状的硬糖。

硬糖成型原理如图 10 - 9 所示。来自拉条机的连续均匀的糖条被引入进糖辊，在进糖辊驱动下，糖条进入成型轮转头（成型糖模）与压糖辊之间。随着轮转头的转动，连续的糖条在压糖辊的挤压下，被迫进入成型糖模下面的凹腔内。轮转头继续转动，冲模在成型凸轮的推动下，将压入的糖块推进凹腔侧面的糖模之中，而后进一步冲印成型。最后由长杆冲模将成型的糖块从糖模另一侧推出，经卸糖斗，落入冷却工段。

图 10 - 8　硬糖成型机外形

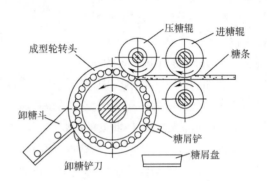

图 10 - 9　硬糖成型原理

五、 粉料直接压模成型设备

粉料体是固体粒子的集合体，有一定的空隙度，并有一定的流动性，而无一定的形状。粉料与少量液体混合，不会形成塑性体，但这种湿化了的粉体却可以借助于压缩作用，形成具有一定硬度的固体，这就是粉粒体直接压模造型的原理。

有些晶体粉粒体，在不加任何助剂的情况下，也可以通过压缩作用，形成一定形状的固形体。因此，有些食品可以不先制成软性的塑性体，而直接通过压缩作用造型。这样做具有简化工序等好处。例如，将通常的加湿混合捏合成型干燥步骤，缩短为加湿混合成型操作。显然，这种工序简化可节约场地、时间和能源。

利用这种方法造型的设备，也有冲压和辊压两种。冲压可以获得较集中的能量，因此可以获得较硬的粒子。最为典型的是制片机。辊压制粒设备，制取的粒子不如片粒那么硬，往往需要加入较多的促黏合介质。如此制成的粒子，除非在配方中加入适当的稳定剂（如降低水分活度的助剂或抑菌剂等），否则还需适当的后续干燥处理。

（一）压片机

压片机用于将颗粒物料冲压成圆形或异形的片状物，同时可在片剂的双面印制简单的文字或图案。压片机有单冲撞击式和多冲旋转式两种类型。

1. 单冲压片机

图 10 - 10 所示为一种单冲压片机，它只有一副冲头模具，主要由转动轮、加料斗、模

冲、调节（压力、片重、出片）器和喂料器等组成。最大压力约为 40kN，生产能力约为30～50 片/min。

冲模是压片机的基本部件，由上下冲头和模圈构成。冲摸的大小规定了片型的大小。冲头可以是平面加倒角的，也可以是有一定曲率的弧面，还可以在冲头上刻字或做上图纹，这样冲出的片剂也有图纹。冲头和模圈的形状可以是圆形的，也可以是方形的，不过后者的角一般都要做成弧形，以便于冲片。

压片机的工作过程可用图 10-11 加以说明。压片机周期性地依次产生下列动作：上冲上升，下冲下降，喂料器移至模圈上，将粉粒填满模孔；喂料器移开模圈，同时上冲下降加压，把颗粒压成片剂；上、下冲相继上升，下冲把片剂从模孔中顶出，至片剂下边与模圈齐平；喂料器移至模圈上面将片剂推出模台落入接收器中；同时下冲又下降，使模内又填满待压片的粉粒；如此反复压片、出片。

2. 旋转式压片机

旋转式压片机的外形如图 10-12 所示，此种压片机是在单冲压片机基础上发展起来的，常见的有 16、18、19、33、55 冲等。这类压片机构造比较复杂，总体分三部分：动力部分、传动部分和工作部分。用电动机作动力，传动的第一级是皮带轮，第二级由蜗轮蜗杆带动压片机的机台旋转。工作部分包括：装冲头模的机台、压轮、片重调节器、加料斗、刮粉器、吸尘器和保持装置等。

图 10-10 单冲压片机外形

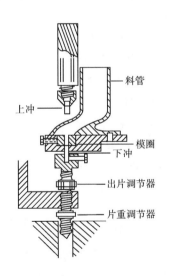

图 10-11 单冲压片机构

图 10-12 旋转式压片机外形

旋转式压片机的压片过程（图 10-13）可分为三阶段：①加料：下冲在加料斗下面时，粉粒填入模孔中，当下冲行至片重调节器的上面时略有上升，被刮粉器的最后一格刮平，将多余的粉粒推出；②压片：下冲至下压轮的上面，上冲行至上压轮的下面时，二者距离最小，这时模孔内粉粒受压成型；③推片：压片后，上下冲分别沿轨道上升，当下冲行至出片调节器的上方时，则将片推出模孔，经刮粉器推开导入盛器中，如此反复进行。

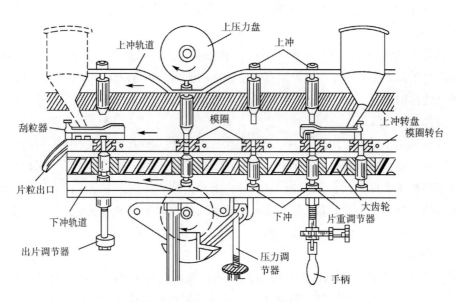

图 10 - 13　旋转式压片机压片过程示意图

（二）旋转压模机械

粉粒体除了用制片方式造粒成型以外，还可以其他产生对粉体压缩的方式进行压模制粒。以下两种都是旋转式造粒机械。

1. 对齿式制粒机

对齿式制粒机形似齿轮泵，结构如图 10 - 14 所示，主要成模机构是两个相向旋转的成模齿轮，其中一个齿轮的轮轴由弹簧顶向另一个齿轮。两齿轮的上方是锥形的带有螺旋体的进料槽。制粒时，由进料槽进入受弹簧顶压的两相对旋转齿轮间，所占的空间由大变小，粉体被压缩成粒。成型后粒子随着两齿轮的继续旋转，由下侧排出。

2. 偏心压缩制粒机

偏心压缩制粒机的模具安装在一个转筒上，

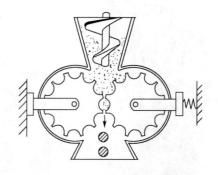

图 10 - 14　对齿式制粒示意图

模孔可以是圆形的，也可以是方形的，模孔大小按产品规格而定。图 10 - 15 所示为一方糖成型机。运行时，砂糖靠重力作用落入转筒上方的模孔内，此时模孔的容积最大。当转筒转过 90°时，由于偏心轮的作用，使模具压向模孔外，同时转筒外侧有一压紧块压住，使得模孔内的砂糖受到压缩。当再转过 90°时，偏心轮的规定轨迹使得模具将已压缩成型的糖块顶出模孔，从而完成了一个压缩制粒的过程。落下的方糖块由输送带送出进行包装。

与方糖成型机类似的转筒桃酥成型机有如图 10 - 16 所示的结构。由图可见，这种成型机的压缩力来自与模具相配的弹簧和压紧凸轮，而脱模动作是由装在圆筒内的一个脱模凸轮转动而使模具外顶来实现的。

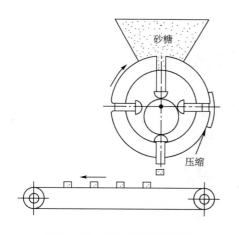

图 10 - 15　方糖成型机示意图

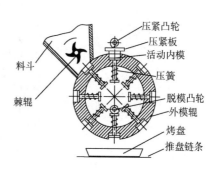

图 10 - 16　桃酥成型机工作示意图

第二节　挤模成型设备

挤模成型与压模成型一样，也可应用于多种特性材料的成型。预混合后获得塑性的物料可以用挤模成型法成型，不具塑性的干性物料也可以直接用此法成型。挤模成型与压模成型有很大区别。

挤模成型时，物料像流体通过节流元件一样通过成型模具。正如压模成型一样，物性上的差异决定了成型机械上的差异。一般塑性物料的成型比较简单，成型机几乎就是一台软塑性物料的泵，物料由吸料口进入，由成型机出料口排出，不涉及组织质构方面的变化。物料成型的方式根据其软硬程度的不同而异，可以靠出料口的截面形状成型，也可以挤入模子成型，面团、面糊之类物料的成型属这种情况。

对于干性或半干性物料的挤模成型，情况就大不一样，物料经过成型机出来后，除了形状方面的变化以外，往往还发生了质构方面（如堆积密度）的变化，而后者有时是主要的变化。如螺杆挤压成型设备就属此种情形。

一、　软料挤模成型设备

制作曲奇饼、奶油桃酥点心、奶油浪花酥等茶酥类糕点的面料，在形态、流动性等方面介于韧性、酥性、甜酥性面团及面浆之间，俗称软料。用软料制作的糕点称为软料糕点。软料糕点可以用手工制作，但生产效率低，工人劳动强度大，而且产品质量的一致性较差。因而现在多改用软料糕点机成型。软料糕点机又称曲奇饼机，其外形常有如图 10 - 17 所示的结构。这种机器不但能够生产软料糕点，而且还能供桃酥、杏元、长白糕及蛋糕类点心食品的成型。

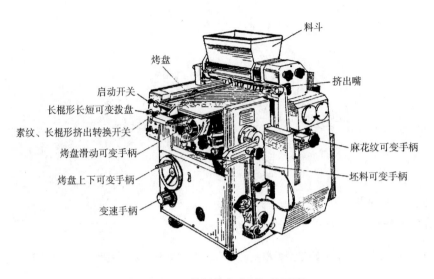

图 10 – 17　软料糕点成型机外形图

（一）成型原理

软料糕点的面团稠度差别很大，其中最硬的软料面团稠度与桃酥面团稠度相似。这种面团具有良好的塑性，但没有流动性，而且黏滞性较强，很容易黏模。同时，因为品种的需要，面团内常常含有颗粒较大的花生、核桃及果脯等配料，因此既不能模仿人工挤花（又称拉花）的方式成型，又不能采用辊印、辊切或冲印等方式成型。对于这种面团，通常采用挤

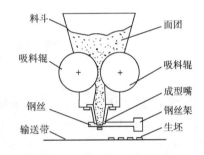

图 10 – 18　挤压钢丝切割成型原理图

压钢丝切割成型（见图 10 – 18），其产品类似桃酥，外形简单，表面无花纹。其成型嘴（又称排料嘴）一般呈圆形、方形等。

稠度较低的面团既有良好的可塑性，又能在外力作用下产生适当的流动，这种面团一般采用拉花成型，其产品的形状取决于出料口的形状及运动方式。通常出料口制成花瓣形，而且根据需要作一定角度的回转，使产品形成美丽的花纹，比如曲奇饼、奶油浪花酥等。

对于那些稠度很低，而且光滑、流动性较强的面料（称为面糊或浆体），采用钢丝切割式与拉花成型显然都是不恰当的，但可以采用浇注方式成型。通常浇注在烤盘上的型腔内，产品的最终形状将与型腔一致，因此，成型嘴的形状无关紧要，一般制成圆形且呈一定锥度，以便面浆能顺利完成浇注。

当成型机连续挤出，生产连续的条状食品时，模板常与软料挤出方向成一定角度安装，以保证条状产品尽可能平滑地落在传送带上（图 10 – 19）。条型产品的表面可有模嘴条纹（拉花）。连续的产品通常在入炉烘烤前被切成一定长度的条块，但有时也可等出炉后再行切割。

为了增加产品的花色品种，可以同时安装不同的成型模嘴，以使每排同时挤出落下的

生坯具有不同的外观形状（类似于并联）。也可以整排地更换具有不同模口的挤出模板，还可以操作模嘴旋转手柄，使挤出的产品具有不同程度的螺旋花纹。以上都是均质无馅糕点的花色变化。

为了生产夹馅软料糕点，需要将料斗分隔开来，以供同时盛装不同的物料，如图10-20所示，面料和馅料在料斗中即被隔开，在喂料辊的旋转作用下，分别进入下面的压力腔。压力腔同样被分为两部分，并保证馅料在中间，面料在周围，通过成型嘴同时被挤出。馅料可以是果酱或其他异质食品物料，但稠度应与面料的稠度相近。

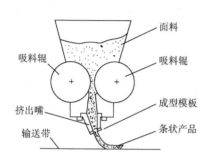
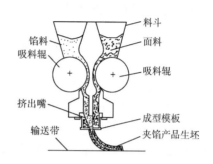

图 10-19　连续条状产品成型模板安装位置　　**图 10-20　夹馅产品挤出成型原理**

（二）定量供料装置

软糕点成型机的供料装置，基本上有两种形式：一种是槽形齿辊式；另一种是柱塞泵式。

1. 槽形辊定量供料装置

槽形辊供料装置主要由料斗、2个或3个齿形沟槽的喂料辊等组成。喂料辊的作用是将面料挤向下面的压力/平衡腔。喂料辊的运转可以是连续的，也可是间歇的，还可以进行瞬时反转，以造成排料口瞬时负压，引起面料被瞬时收回。因此，面料可以是连续或间歇地挤出。这种装置的优点是结构简单，便于制造，缺点是根据面料稠度的不同，需及时更换供料装置。图 10-21 所示的（1）和（2）分别为生产曲奇饼类和蛋糕类糕点所用的槽形辊定量供料装置的示意图。

2. 柱塞式定量供料装置

在浇注和挤出成型机中广泛采用柱塞式定量装置。这种供料装置主要由料斗、往复式柱塞和与之相连的分时截止切缺轴阀及排料嘴等部分构成，如图 10-22 所示。吸料时，切缺轴阀的缺口使料斗与柱塞泵腔连通，并且此时柱塞是背轴阀向运动的，由此造成的真空状态可使面料进入缺口和泵腔［图 10-22（1）］；吸料结束后，切缺轴转过一定角度，将吸料口关闭，使柱塞泵腔与排料嘴相连通，同时柱塞朝切缺轴阀方向运动，将腔体和缺口内的软料从排料嘴排出，如此完成一个吸排料的过程。通过调节柱塞的行程，可以生产不同规格的产品。柱塞式定量的优点是计量比较准确，既适用于稠度较大的软料供料，也适用于稀薄的蛋糕、杏元面浆等的供料。

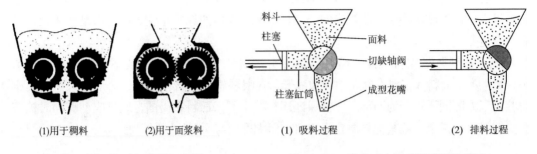

(1)用于稠料 (2)用于面浆料

图 10 - 21 槽形辊喂料装置示意图

(1) 吸料过程 (2) 排料过程

图 10 - 22 柱塞式定量喂料装置示意图

二、 螺杆挤压成型设备

螺杆挤压成型设备其实就是螺杆挤压机，它通常利用高温高压作用，使物料一次性地完成混合、压缩、熟化和成型等过程。螺杆挤压机的基本内容已经在第七章介绍过，这里仅从成型角度作简单讨论。

从螺杆挤压机出来的产品大致上可有两种状态。一种是通心面式的产品。由于这类产品通常是含湿量较高、密度较大，但有清晰的造型，因此这类螺杆挤压机常称为挤压成型机。挤压成型的产品，往往要经过后续处理，如干燥后炸制等，以得到最终的膨化产品。因此，这类产品又称为间接膨化产品。当然，像通心面一类不经过炸制的产品不称为膨化产品。另一种螺杆挤压机得到的是直接膨化的产品。这类挤压机直接以大米、小麦、玉米或其制品等为原料生产的往往是多边形低密度产品。这些产品可以不经碎化而直接食用（如干面包），但常常经过碎化处理制成膨化粉产品。生产这类产品的螺杆挤压机常称为膨化挤压机或膨化机。因此，利用螺杆挤压机制造成型食品，需要注意所用的挤压机类型，也需要注意选择适当的操作参数。

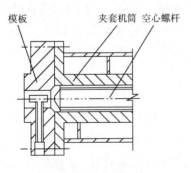

图 10 - 23 注馅模板

螺杆挤压机也可以生产夹心产品，方法是将通常的实心成型模具换成注馅成型模具。如图 10 - 23 所示的模具固定在螺杆套筒顶端，模孔中心对准套筒中心。操作时，由螺杆挤压出的物料通过模孔向外挤出的同时，馅料流体也通过注馅嘴送入模板孔中心。这样，挤压物料呈环状包住馅料，两者一起被连续挤出，形成夹馅膨化食品。需要说明，为了能正常地生产夹馅膨化食品，必须使挤压物料流速与注馅流速完全吻合相配才行，否则产生不均匀的夹心产品。馅料经注馅嘴注入模板使用的是适当形式的压力泵（如螺杆泵）。注馅模板出料孔只能做成单个，且在模板的中心位置。

这种成型机的结构和通常螺杆挤压机结构基本相同，不同之处是该机的挤压套筒是夹套式的，螺杆是空心的，可用水或油对套筒和螺杆进行冷却，带走因挤压物料而产生的热量，使物料离开模板时不致产生汽化作用，不发生明显的膨化现象，以保证物料通过模板后能形成复杂形状。

三、　挤模制粒设备

制粒也是一种成型过程。与其他常见成型方法一样，制粒成型也有压模和挤模两种方式。压模制粒在上一节已经介绍过，这里介绍应用更为普遍的挤模制粒设备。挤模制粒法常用来生产某些固体饮料、调味料、动物饲料等。

挤模制粒通常将待制粒的材料先制成一定含湿量的软材，然后在机械推动力作用下，迫使软材通过成型的模具，形成粒度均匀的粒子。这种粒子因含有水分，因此，紧接着要进行干燥处理。

常见的挤模制粒机械有旋转式制粒机、齿轮啮合制粒机和螺旋挤压式制粒机等。

（一）　旋转式制粒机

有两种形式的旋转式制粒机。一种是以圆筒状筛网为模具的制粒机（图10-24）。圆筒轴心处的轴上固定有送料刮板和四羽刮板（带弹簧压板），使软材被压出筛孔而成颗粒。所用圆筒筛子的筛孔一般在1.0~1.2mm。湿粒子形状的均匀性与多种因素有关，如用于制备软材的液体的黏性与用量、搅拌时间、过筛条件等。一般黏性大、搅拌时间长、过筛时筛网较松、加料量较多及压力较大时，形成的湿粒粘得较紧，产

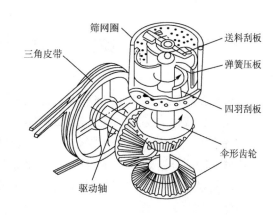

图10-24　刮板式圆筒筛制粒机

生的细粉较少。反之，形成的粒子会有较多的未完全黏合的细粉存在，从而影响产品的均匀性。

另一种旋转式制粒机称为滚轮式，因软材通过模具的推动力来自一对绕模具转动的滚轮而得名。这种滚轮式的制粒机又因模具的形状不同分为圆盘模式和环模式两种类型，其结构原理如图10-25所示。

（二）　齿轮啮合式制粒机

如图10-26所示，齿轮啮合式制粒机的工作部件为一对相互啮合、相向回转的圆柱齿

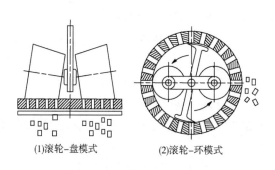

(1)滚轮-盘模式　　　(2)滚轮-环模式

图10-25　滚轮式制粒原理

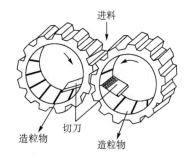

图10-26　齿轮啮合式制粒原理

轮，齿轮根部有许多小孔与内腔相通，两齿轮内腔装有切刀。当物料进入齿轮的啮合空间时，受到轮齿的挤压后经齿根部小孔进入内腔，再由切刀切割成一定长度的颗粒。

（三）螺旋挤压式制粒机

螺旋挤压式制粒机的工作原理与螺杆挤压成型的原理基本相同，只是这种形式的制粒机，可先将制粒物质预制成湿料，以在较小的功率情况下获得较大的生产能力，并且这种形式的制粒机也与其他形式的制粒机一样，须在挤出模具的外侧装一以一定频率转动的切割器，以制取所需长短的粒条。

第三节　注模成型设备

注模成型是将原具流动性的流体半成品注入具有一定形状的模具，并使这种流体在模具内发生相变化或化学变化，使流体变成固体。

应用注模方式成型的食品种类很多，液体和固体原料均可用注模方式成型。常见的应用注模成型的制品有糖果制品、冷冻制品、果冻制品、糕点制品、乳制品、豆制品、鱼肉糜制品、再制果蔬制品等。这里对具有代表性的巧克力注模成型设备和硬糖果注模成型设备作一简介。

一、巧克力注模成型设备

巧克力注模成型是把液态的巧克力浆料注入定量的型盘内，移去一定的热量，使物料温度下降至可可脂的熔点以下，使油脂中已经形成的晶型按严格规律排列，形成致密的质构状态，产生明显的体积收缩，变成固态的巧克力，最后从模型内顺利地脱落出来，这一过程也就是注模成型所要完成的工艺要求。巧克力成型可以用手工方式完成，但目前多在连续浇注成型生产线上完成。

典型的巧克力注模成型生产线如图 10 – 27 所示。整个生产线依次由烘模段、浇注机、振荡段、冷却段、脱模段等构成。巧克力生产对温度控制的要求较严，因此整条生产线各段机件均置于前后相通的、由隔热材料护围的隧道内。整条生产线各段均有各自（输送巧克力模具）的输送带，但它们均以平稳方式衔接，并以同步速度运行。

烘模段是一个利用热空气加热的模具输送隧道。浇注巧克力的模具须加热到适当温度，才能接受浇注机注入的液态巧克力。

浇注机的浇注头随着传输机上的模具运动，在其工作时，模具能够升高，紧靠浇注头，以便接受注入的熔化巧克力或糖心。生产线有两个浇注机头，可以根据巧克力品种类型单独或同时工作。这种生产线一般可生产实心、夹心、上下或左右双色巧克力和颗粒混合浇注巧克力。

浇注机头的注入动作与传输机上传来模具保持协调。当模具位于浇注机头下方位置，浇注嘴对准巧克力型盘的型腔，浇注供料机构将巧克力浆料注入型腔。每次对模具的浇注

图 10 - 27　巧克力注模成型生产线

量可通过调节机构进行调节，以满足不同大小巧克力的注模要求。图 10 - 28 所示为一种巧克力浇注机头。

浇注机后的是振动输送段，对经过此段的刚注有巧克力浆料的型盘进行机械振动，以排除浆料中可能存在的气泡，使质构紧密，形态完整。振动器的振幅不宜超过 5mm，频率约 1000 次/min。

振动整平后的型盘，随后进入冷却段，由循环冷空气迅速将巧克力凝固。在脱模前，先将模具翻转，成型的巧克力掉到传输机上，再前进至包装台。

型盘即供巧克力浇注成型用的模具，可用不同材料制作。所用的材料应具备以下特点：符合食用要求、坚固耐用、传热性好、脱模爽利、加工方便；轻巧美观、价格便宜。目前多以聚碳酸酯、尼龙、硅橡胶等材料制造。图 10 - 29 所示为一种用聚碳酸酯材料做的巧克力型盘。型盘的设计要求有一定的角度和斜度，便于脱模。生产过程中，型盘要求保持表面洁净和干燥。

图 10 - 28　巧克力浇注机头

图 10 - 29　巧克力浇注用模具

二、 糖果注模成型设备

糖果浇模成型设备用于连续生产可塑性好、透明度高的软糖或硬糖。图 10 - 30 所示的连续浇注成型装置，通常与化糖锅、真空熬糖室、香料混合室及糖浆供料泵等前置设备配套构成生产线，将传统糖果生产工艺中的混料、冷却、保温、成型、输送等工序联合完成。注模成型装置的成型模盘安装在成型输送链上，成型过程中，首先由润滑剂喷雾器向空模孔内喷涂用于脱模的润滑剂，将已经熬制并混合、仍处于流变状态的糖膏定量注入模孔后，经冷风冷却定型，在模孔移动到倒置状态的脱模工位时，利用下方冷却气流进行冷却收缩并脱模，成型产品落到下方输送带上被连续送出。

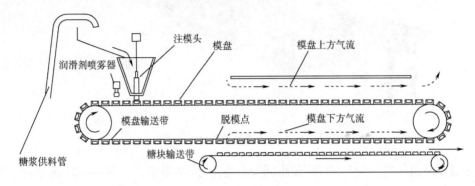

图 10 – 30　连续式糖果浇模成型机

本章小结

食品工业主要采用压模、挤模、浇模成型机械对各种食品物料进行成型操作，得到不同性状的成型食品。

压模成型设备利用容器状模具使塑性食品物料成型。它是常用的饼干成型设备，可进一步为分冲压成型、辊压成型、辊切成型设备。冲糖机、压缩造粒和制片设备也属于压模成型设备。

挤模成型设备利用节流性模具使物料成型。利用挤模原理成型的食品原料性状可有很大的差异。软料糕点成型机是典型的挤模成型设备，直接利用粉体物料的螺杆挤压机也属于挤模成型设备。

注模成型设备将流动性食品原料注入模具，进入模具的物料需要有外界条件（如温度等）配合才能固化成型。巧克力是食品工业中利用注模设备成型的典型产品。

🔍 思考题

1. 食品成型的原理有哪几种？各有何特点？
2. 影响辊压成型工作质量的主要因素有哪些？
3. 饼干辊印成型与冲印成型原理有什么不同？各有何特点？
4. 分析讨论辊切成型设备与冲压成型和辊压成型设备的相同点与不同点。
5. 分析讨论注模成型设备需要哪些前后配套的设备。

自测题

一、判断题

( ) 1. 冲压成型设备的压片机三对压辊的转速依次增大。

( ) 2. 冲印成型需要将饼坯与余料分开。

( ) 3. 辊印式饼干成型机成型时不产生边角余料。

( ) 4. 辊切式饼干成型机主要适用于高油脂性饼干。

( ) 5. 粉体物料只有制成塑性中间体后才能成型。

( ) 6. 挤模成型设备只能用于软料。

( ) 7. 软料糕点成型机又称曲奇饼机。

( ) 8. 流动性较好的面糊料不易采用拉花成型方式。

( ) 9. 注馅成型用的螺杆挤压机的套筒夹套用于冷却物料。

( ) 10. 液体和固体原料均可用注模方式成型。

二、填充题

1. 压模成型设备利用_____对_____物料进行成型操作。

2. 压模成型设备成型原理分可为_____成型、_____成型、辊切成型和塑压制粒等。

3. 冲印饼干成型机是典型的_____成型设备，成型前的面片通过_____道压面辊滚压而成。

4. 冲印饼干成型机的有轻型和重型两种印模机构，分别用于_____和_____饼干。

5. 辊印式饼干成型机，多用于_____性饼干，更换印模后，可用_____类糕点成型。

6. 辊切式饼干成型机可用于_____、韧性和_____饼干成型。

7. 辊切成型机兼有_____和_____成型优点特性。

8. 挤模成型设备可用于_____物料也可用于_____物料成型。

9. 挤模成型设备的典型机种有_____成型设备、_____成型设备和挤模制粒设备。

10. 软糕点成型机有_____式和_____式两种供料装置形式。

11. 用于成型的螺杆挤压机的挤压套筒是_____的，螺杆是_____的。

12. 挤模制粒机械有三种形式：_____式、_____式和螺旋挤压式。

13. 旋转式制粒机械有_____式圆筒筛制粒机和_____式制粒机两处机型。

14. 注模方式成型的代表性设备有_____注模成型设备和_____注模成型设备。

三、选择题

1. 冲印饼干机主要机构不包括_____。

A. 压片机构   B. 冲印成型机构   C. 拣分机构   D. 切割机构

2. 冲印饼干机压片机构的压辊有_____。

A. 一道   B. 二道   C. 三道   D. 四道

3. 冲印饼干机用于酥性面料拣分的帆布输送带角度为_____。

A. 10°   B. 20°   C. 30°   D. 40°

4. 辊印式饼干成型机_____。

A. 不适用于高油脂酥性饼干　　　　B. 也会产生边角余料

C. 无生坯输送带　　　　D. 带一个脱模辊

5. 辊切式饼干成型机不包括_____。

A. 分离刮刀　　　B. 切块辊　　　C. 脱模辊　　　D. 印花辊

6. 硬糖成型机带_____。

A. 一对压糖辊　　　B. 一个压糖辊　　　C. 一个进料辊　　　D. 一对卸糖铲

7. 单冲压片机_____。

A. 不能调节压力　　　B. 不能调节片重　　　C. 不能调节出片　　　D. 冲头也可呈方形

8. 旋转压模成型机不包括_____。

A. 对齿式制粒机　　　B. 方糖成型机　　　C. 滚轮式制粒机　　　D. 桃酥成型机

9. 巧克力注模成型生产线的浇注机_____。

A. 在烘模段之后　　　B. 在烘模段之前　　　C. 在振荡段后　　　D. 后面紧接冷却段

四、对应题

1. 找出成型机械与机构之间的对应关系，并将第二列字母填入第一列对应项括号中。

（1）冲印饼干机（　　　）　　　　A. 模圈转台

（2）辊印式饼干机（　　　）　　　　B. 上冲和下冲

（3）辊切式饼干机（　　　）　　　　C. 拣分机构

（4）单冲压片机（　　　）　　　　D. 撒粉器

（5）旋转式压片机（　　　）　　　　E. 脱模辊

2. 找出产品与成型方式之间的对应关系，并将第二列的字母填入第一列对应项括号中。

（1）杏元饼（　　　）　　　　A. 注模成型

（2）酥性饼干（　　　）　　　　B. 辊切成型

（3）苏打饼干（　　　）　　　　C. 刮板式圆筒筛制粒

（4）鸡精调料（　　　）　　　　D. 辊印成型

（5）巧克力（　　　）　　　　E. 挤模成型

第十一章

包装机械设备

包装是食品生产的重要环节。为了贮运、销售和消费，各种食品均需要得到适当形式的包装。

食品包装大体上可以分为两类，即内包装和外包装。内包装是指直接将食品装入包装容器并封口或用包装材料将食品包裹起来的操作；外包装是在完成内包装后再进行的贴标、装箱、封箱、捆扎等操作。食品包装机械设备总体上也可分为内、外包装机械两大类。

内包装机械设备可进一步分为装料、封口、装料封口机三类，还可以根据食品状态、包装材料形态以及装料封口环境进行分类；外包装机械主要有贴标机、喷码机、装箱机、捆扎机等。本章主要介绍各种典型的内包装机械与设备，并对主要外包装机械设备进行简单介绍。

第一节 液体物料装料机械设备

这类机械设备只用于对液体物料定量并将定量液体装入适当的容器，通常称为灌装机。灌装机所用的容器，一般具刚性，可独立保持自身形状，例如，玻璃瓶、塑料瓶及金属罐头等。瓶装或罐头的含气或不含气饮料，均需使用灌装机装料，一些带汁罐头的汁液，也可用灌装机装料。

一般灌装机要完成的工艺步骤有：①送进包装容器；②按工艺要求灌装产品；③将包装物送出。从灌装机出来的装有液料的容器，有待进一步利用封口机械设备封口。

一、灌装机基本构成及类型

（一）基本构成

由于存在物料性质、灌装工艺、生产规模等方面的差异，因此，食品液体灌装机的类型相当繁多。尽管如此，各类灌装机的基本构成是相似的，主要由以下几部分组成：定量机构、瓶罐升降机构（若瓶罐上下固定不动，则装料机构应有升降机构）、装料机构、瓶罐输送机构及传动、控制系统等。

（二）灌装机类型

灌装机类型很多，如表11-1所示，通常可按容器的运动方式和灌装时容器的压力环境分类。

表11-1　　　　　　　　　　　　　　　　灌装机分类

分类依据	类型
运动方式	旋转型、直线型
灌装压力	常压式、等压式和真空式

旋转型灌装机中的包装容器在灌装操作中绕机器主轴作旋转运动。灌装过程为完全连续式，生产能力大。回转体半径越大，其生产能力也越大。直线移动型灌装机中的包装容器按直线方式移动。其灌装过程通常为间歇式，即灌装时，几瓶同时静止灌装，然后再同时离开灌装工位。这种灌装机的结构简单，适合于小批量多品种的生产。

根据灌装时容器内的压力状态，灌装机可分为常压式、等压式和真空式三类。每一类又因定量方式不同还可有不同型式。

二、定量方式

根据液体性质、包装容器形状以及灌装方式，常见定量形式有液位式、量杯式和定量泵式三种，其他形式还有时控式、重量式和流量计式等。

（一）液位式

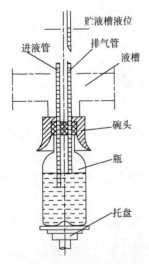

图11-1　控制液位定量示意图

液位式定量原理，是根据液体在被灌装容器内位置，确定灌装量。确定液体在容器中的位置通过传统的液体定量机构方式实现，也可通过液位传感器方式实现。两种形式均只根据液体在容器内的高度定量，故其定量精度直接受瓶子的几何精度影响。

传统液位定量机构原理如图11-1所示，它通过调节插入容器内的排气管高度控制液位，达到定量装料目的。当液体从进液管注入瓶内时，瓶内的空气由排气管排出，随着液面上升至排气管时，因瓶口被碗头压紧密封，上部气体排不出去，液体继续流入时，这部分空气被略微压缩，稍超过排气管口瓶内液面就不能再升高。根据连通器原理，液体还可从排气管上升，直到与供液槽有相同液位为止。瓶子随托盘下降，排气管内的液体立即流入瓶内，至此定量装料工作完成。所以，改变排气管插入瓶内的位置，即可改变其装料量。

这种定量方式要求灌装时容器密封，适合于常压、等压和真空状态灌装。但不适用于容器因与灌装头密封受压，或相对于环境处于正压或负压状态而会发生变形的场合。这种定量原理可以结合在不同形式的灌装头中。具体例子参见后文中滑阀式常压灌装阀结构原理图。

电子式液位传感器装在容器外面，并不要求容器密封。当容器内液体达到传感器对应位置时，传感器会发出信号给控制器，使灌装阀关闭进液。这种液位定量方式主要适用于不含气饮料的灌装。

（二）量杯式

对于装料精度要求较高、黏度低的液体，可用量杯式定量方式。定量依靠杯内细管子在灌装前或灌装结束时的相对位置实现。

定量杯机构如图 11 - 2 所示。当旋塞将供液槽与定量杯连通时，液体靠静压力（与贮液槽相连的）通过进液管进入定量杯，当杯内的液面到达细管的下端时不再升高，但细管中的液位还将上升，直至与贮液槽内液位相平，如此，使定量杯中液体得到定量。将旋塞旋转 90°，定量杯中液体由灌装嘴流入瓶、罐之中。

这种机构定量比较准确，密封性好，但不适合含汽液体的装料。

量杯定量还可以通过其上升过程实现，如图 11 - 3 所示。定量杯相对于贮液槽在定量和灌装时发生升降运动。量杯在其杯口位置低于贮液槽液面位置装满液体，然后开始上升，上升到杯口高于液面时，与定量杯相连的灌装阀开启，使液体灌入瓶子，当定量杯内的液面与杯内的定量调节管（同时也是放液管）口相平时，杯内的液体不再能够往下流动。从而完成一次定量灌装。

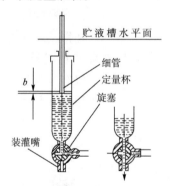

图 11 - 2　旋塞式定量杯机构示意图

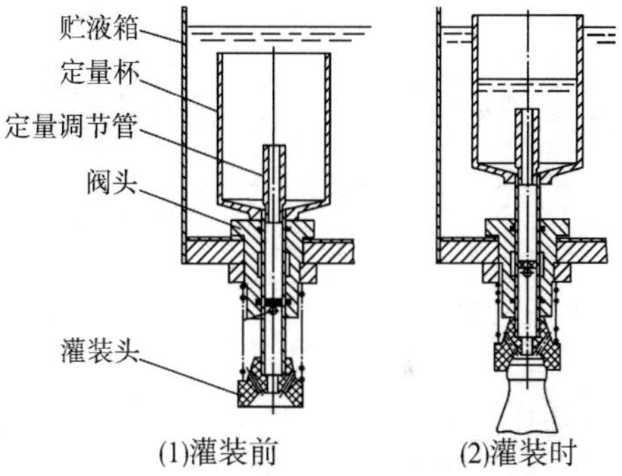

贮液箱
定量杯
定量调节管
阀头
灌装头

(1)灌装前　(2)灌装时

图 11 - 3　升降式量杯机构示意图

（三）定量泵式

这种定量机构利用活塞泵腔的恒定容积定量，灌装量的大小通过调节活塞行程实现。如图 11 - 4 所示，可将定量泵与贮液槽、进料排料阀体及灌装头紧凑地整体配合在一起。定量泵也可通过卫生软管与贮液槽及灌装头相连接，从而可以较灵活地安排灌装机构与贮液槽。

（四）其他定量方式

1. 重量式

重量式定量是在每个灌装工位设

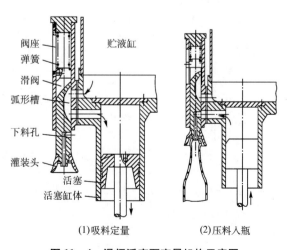

阀座
弹簧
滑阀
弧形槽
下料孔
灌装头
活塞
活塞缸体

贮液缸

(1)吸料定量　(2)压料入瓶

图 11 - 4　滑阀活塞泵定量机构示意图

称重器，当灌装液与容器的重量达到预重量时，通过适当方式截止灌装液流便达到定量灌装目的。

2. 时控式

时控式定量是设法使灌装机加液管的流量恒定，这样，灌装的液体量与加液管的开启时间成正比。因此只要控制灌装时间，便可控制灌装量。

3. 流量计式

利用一定形式的流量计，测量灌装头液体管道所流过液体量。流量计通常与电子计量控制系统结合，用于开启和停止料液的流动。此法计量精确，但价格较贵，一般仅用于较大容量（如18.6L）容器的液体定量灌装。

三、 灌装方式与装置

根据与液体灌装时各空间的压力状态，灌装方式可以分为常压灌装法、等压灌装法、真空灌装法和加压灌装法等。

（一）常压法灌装

常压法灌装是一种最简单最直接的灌装形式，也是应用最广泛的装填灌注方式之一。它的特点是，灌装时容器与大气相通。它可有两种方式，分别用于低黏度液体和黏稠物料灌装。

1. 低黏度料液的灌装

在常压式灌装中，液料箱和计量装置处于高位，包装容器置于下方，在大气压力下，液料靠自重经导液管注入容器中。这种灌装方法适用于低黏度不含气料液，如牛乳、白酒、酱油等的灌装。

常压法灌装中常用的滑块式灌装阀如图11-5所示。它是一种液位定量式弹簧灌装阀。其进液管及排气管的开闭通过瓶子的升降实现。当瓶子在低位时，由弹簧通过套筒将阀门关闭；瓶子上升将阀门打开，进行灌装，瓶内的空气通过排气管排出；完成后阀门随着瓶子的下降回到关闭状态。

2. 黏稠料液的灌装

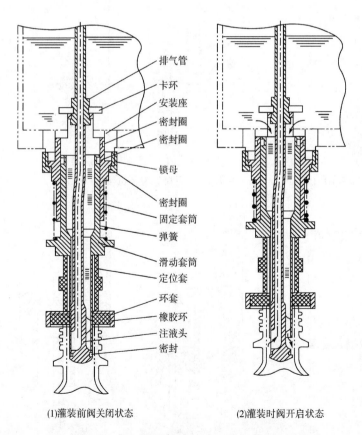

排气管
卡环
安装座
密封圈
密封圈
锁母
密封圈
固定套筒
弹簧
滑动套筒
定位套
环套
橡胶环
注液头
密封

(1)灌装前阀关闭状态　　(2)灌装时阀开启状态

图 11-5　滑阀式常压灌装阀结构原理图

由于常压法灌装并非一定要求容器口与灌装阀配合密封。因此，黏稠料液的灌装可以采用图 11-4 所示的滑阀活塞泵方式进行定量灌装。容器在灌装过程中始终与大气相通，不需要有专门的排气管。

（二）等压法灌装

含气饮料灌装前已经存在 CO_2，为避免 CO_2 在灌装过程中损失，需要采用等压灌装法。等压灌装的基本原理是先用压缩（CO_2 或无菌空气）气体给灌装容器充气，待灌装容器与灌装机贮液槽压力接近相等时，料液靠自重流入容器内。按此原理，通过贮液槽结构和供气排气方式变化，可构成不同形式的等压灌装装置。

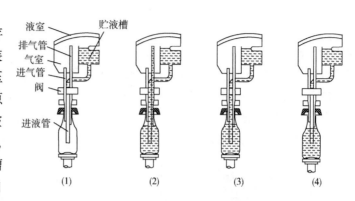

图 11-6　等压灌装过程示意图

一种单式等压灌装机如图 11-6 所示。其灌装阀有三个阀管，即供液管、供气管和排气管（定量管）。每个灌装周期可以分为四个步骤：①充气等压；②进液回气 - 完成灌装；③推气卸压和④排除余液。四个步骤中三个阀管的启闭状态见表 11-2。

表 11-2　　　　　　　　　　等压灌装过程中三个阀管的启闭状态

阀管	充气等压	进液加气	推气卸压	排除余液
进气管	开	闭	开	闭
进液管	闭	开	闭	闭
排气管	闭	开	闭	闭

这种装置在一个贮槽内同时贮液和气，结构上比较简单。但可以发现，每次灌装必然会将空瓶中的空气带入贮液槽内。

图 11-7 所示的三室式等压灌装装置的灌装过程基本与上述情形相似，但灌装时瓶内回气进入独立的回气（C）室，因此，可避免每次灌装有空气进入贮液区的现象。

（三）真空法灌装

真空法灌装原理是：先对被灌装容器抽真空，再使贮液箱的液料在一定的压差或真空状态下注入待灌装容器。这种灌装法分为两种形式：其一是灌装容器和贮液箱处于同一真空度，液料实际是在真空等压状态下以重力流动方式完成灌注；其二是灌装容器真空度大于贮液箱真空度，液料在压差状态下完成灌注。后一种形式可大大提高灌装效率。

真空法灌装应用范围很广，适用于富含维生素的果蔬汁饮料灌注，以及各类罐头的糖水、盐水、清汤等的灌注。由于灌装过程需要抽真空，因此其结构原理和常压或等压式灌装机不同，有其独特一面。

真空灌装机有多种结构形式，按其贮液箱和真空室的配置，主要分为单室式、双室式及三室式等。

1. 单室式真空灌装机构

所谓单室式，是指真空室和贮液箱合二为一，灌装机不设单独的真空室。该机型结构如图 11 - 8 所示。图中，液料由输液管进入，通过浮子控制进液阀（图中未画出）的开闭，从而维持贮液箱适当的液面高度。贮液箱顶部安装有真空管，连接真空泵，在工作时通过真空泵抽气，使贮液箱内达到一定的真空度。当待灌瓶子被托瓶台顶升压合灌装阀时，瓶内空气由灌装阀的中央气管抽入贮液箱液面上方空间。当瓶内真空度达到一定值时，贮液箱内液料靠重力流入瓶内，进行装填灌注。

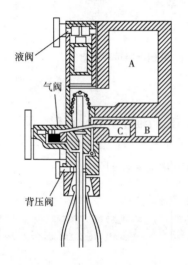

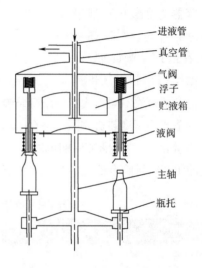

图 11 - 7　三室式等压灌装机构

A—液室　B—背压室　C—回气室

图 11 - 8　单室式真空灌装机结构

单室式真空灌装过程及所用的阀与等压灌装法类似，所不同的是，先使瓶内与贮液槽内处于相近真空度条件，然后进行液位定量的等压（等真空度）灌装。

单室式真空灌装机的优点是结构简单，清洗容易，对破损瓶子（由于无法抽气）不会造成误灌装。但由于贮液箱兼作真空室，使液料挥发面增大，对需要保持芳香气味的液料（例如，果蔬原汁等）会造成不良影响。

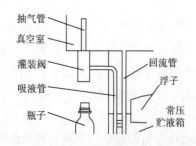

图 11 - 9　双室真空灌装机结构示意

2. 双室真空灌装机构

双室式真空灌装机构如图 11 - 9 所示，采用独立的真空室，与贮液箱分离。工作时，空瓶上升将灌装阀密封胶垫压紧，形成瓶口密封。瓶内空气随即通过抽气管排出，进入真空室内，因此，瓶内形成一定的真空度。接着，贮液箱内的液料在压差作用下，通过吸液管注入瓶中。瓶中液面在升至抽气管下端时，液料开始沿抽气管上升，直至与回流管的液柱等压为止，灌注完成。随后，关闭灌装阀，瓶子下降脱离灌装阀。抽气管内的余液在下一次灌装开始时先被吸入真空室内，再经回流管流入贮液箱。

显而易见，双室式真空灌装机比单室式的灌装速度要快，而且液料挥发量较少，但其结构较单室式要复杂，清洗也没有单室式方便。另外，由于真空室和贮液箱分离，而贮液箱是处于常压状态的，当回流管与真空室连通时，在工作中难免会产生液气波动，状态欠稳定。

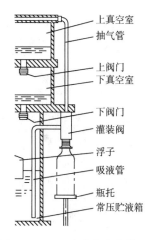

图 11 – 10　三室式真空灌装机构

3. 三室真空灌装机构

三室式真空灌装机如图 11 – 10 所示，可避免双室式真空灌装机产生的液气波动问题。在三室式机型中，有两个真空室，其中下真空室为过渡性真空室，它与贮液箱连通，可以保证稳定的灌装工作状态和良好的气液密封性。

三室式真空灌装机的真空度较前两种机型大幅度提高，而且液流状态也较稳定，但结构更复杂，密封性要求更高。

四、容器升降机构

容器升降机构主要出现在回转型灌装机，其作用通常有两个方面：一是使阀管进出容器内；二是利用容器升降机构控制阀管的开闭。直线型灌装机一般没有容器升降机构，相反其灌装用的阀管是可升降的。

灌装机的容器升降机构有三种形式，即机械式、气动式和气动 – 机械混合式。

（一）机械升降机构

机械式升降机构也称为滑道式升降机构，是采用（固定）圆柱形凸轮机构与偏置直动从动杆机构相结合方式，对瓶罐高度进行控制的机构。图 11 – 11 所示为圆柱凸轮导轨展开图，装在灌装回转体偏置直动从动杆上的容器托（其上放置容器）随回转体旋转时，从基线位沿导角为 α 的斜坡上升到 h 高度，在此 h 高度水平位置保持一段时间后，又沿导角为 β 的斜坡下降到基线位置。因此，容器在灌装过程中同时产生回转和上下复合运动。

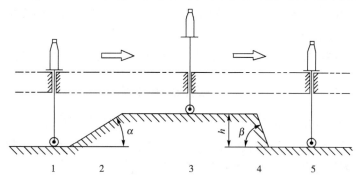

图 11 – 11　凸轮导轨展开图

1、5—最低位区段　2—上升行程区段　3—最高位区段　4—下降行程区段这种升降机构结构简单，但机械磨损大，压缩弹簧易失效，可靠性较差，同时对瓶罐的质量要求较高，主要用于灌装不含气液料的中小型灌装机。

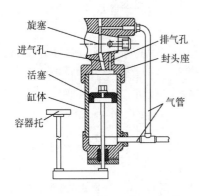

旋塞
进气孔
活塞
缸体
容器托
排气孔
封头座
气管

图 11 – 12　气动式容器升降机构

（二）气动式升降机构

气动式升降机构如图 11 – 12 所示，容器托与活塞气缸的活塞相连；活塞气缸固定在灌装回转体上，随回转体一起转动。容器升降由气缸活塞两侧气压差控制，此气压差随回转相位而发生变化。

这种升降机构克服了机械式升降机构的缺点（当发生故障时，瓶罐被卡住），当发生故障时，压缩空气室如弹簧一样被压缩，瓶托不再上升而不会挤坏瓶罐。但下降时冲击力较大，并要求气源压力稳定。该机构适用于灌装含气饮料的灌装机。

（三）气动 – 机械混合式升降机构

这种升降机构如图 11 – 13 所示，它结合了机械和气动升降机构的优点。气筒内压缩空气始终如弹簧一样托住气缸（活塞为固定），气缸升降轨迹则由朝下的凸轮机构规定。所以这是一种由凸轮推杆机构完成瓶罐升降，由气动机构保证瓶罐与灌装阀件柔性接触的组合型升降机构。

这种机构使瓶罐在上升的最后阶段依赖于压缩空气作用，由于空气的可压缩性，当调整好的机构出现距离增大的误差时依然能够保证瓶子与灌

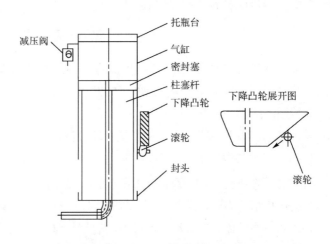

减压阀
托瓶台
气缸
密封塞
柱塞杆
下降凸轮
滚轮
封头
下降凸轮展开图
滚轮

图 11 – 13　气动 – 机械式升降机构示意图

装阀紧密接触；而出现距离减小误差，瓶子也不会被压坏。下降时，凸轮将使瓶托运动平稳，速度可得到良好控制。

这种升降机构结构较为复杂，但整个升降过程稳定可靠，因而得到广泛应用。

五、 容器输送机构

容器输送机构主要用于将外围瓶罐输入灌装机和将灌装后的瓶罐从机中输出。一般瓶罐通过链板式输送带将瓶子传递给灌装机，又将灌装后的产品传递给输送带，送往下道包装工序。链带与灌装机之间一般通过螺旋、拨轮机构进行衔接。

（一）圆盘输送机构

图 11 – 14 所示的圆盘输送机构是一种常用的集中式瓶罐供送装置。瓶罐存放在回转的

圆盘上，借惯性及离心力作用，移向圆盘边缘，在边缘有挡板挡住瓶罐以免掉落，在圆盘一侧，装置有弧形导板，它与挡板组成导槽，经螺旋分隔器整理，进行等距离排列，再由爪式拨轮拨进装料机构进行装料。

（二）链板、拨轮输送机构

链板、拨轮输送机构如图 11 – 15 所示，经过清洗机洗净检验合格的瓶罐，由链板输送机送入，由（右侧）四爪拨轮分隔整理排列，沿定位板进入装料机构进行装料，经由（左侧）四爪拨轮拨出，由（左侧）链板式输送机带走，完成输送瓶罐工作。

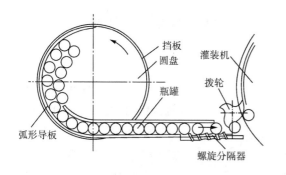

图 11 – 14　圆盘输送机构示意图

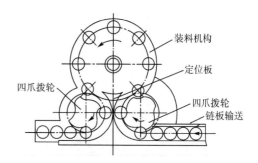

图 11 – 15　链板、拨轮输送机构示意图

第二节　固体物料的充填机械与设备

固体食品装入包装容器的操作过程通常称为充填。由于性质比较复杂和形状（一般有颗粒状、块状、粉状、片状等几何形状）的多样性，所以总体上固体物料的充填远比液体物料灌装困难，并且其充填装置多属专一性，形式较多，不易普遍推广使用。尽管如此，仍然可以将固体装料机按定量方式分为容积定量、称量定量和计数定量三种类型。

一、容积式充填机

容积式充填机是按预定容量将物料充填到包装容器的设备。容积充填设备结构简单，速度快，生产率高，成本低，但计量精度较低。容积法定量形式有：容杯式、转鼓式、柱塞式和螺杆挤出式等。

（一）容杯式充填机

容杯式充填机利用容杯对固体物料进行定量充填。图 11 – 16 所示为一种容杯式充填机构，主要由装料斗、平面回转圆盘、圆筒状计量容杯及活门底板等组成。回转圆盘平面上装有粉罩及刮板，粉料从供料斗送入粉罩内，物料靠自重装入计量容杯内，回转圆盘运转时，刮板刮去多余的粉料。已装好粉料的定量杯，随圆盘回转到卸料工位时，顶杆推开定量杯底部的活门底板，粉料在重力作用下，从定量杯下面落入漏斗，进入瓶罐内。

该机的计量容杯是固定不变的，但可以更换。因此，若需要改变填充量，可更换另一种不同容积的定量杯。尽管如此，这种设备只能用于视密度非常稳定的粉料装罐。

对于视密度易发生变化而定量精度要求较高的物料，可采用如图11－17所示的可调式定容杯机构。

可调容杯由直径不同的上、下两节杯筒构成，通过调整上、下杯筒的轴向相对位置，可实现定量容

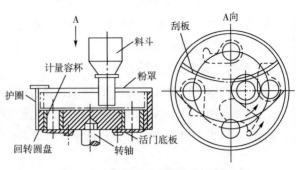

图11－16　容杯式定量填充机构示意图

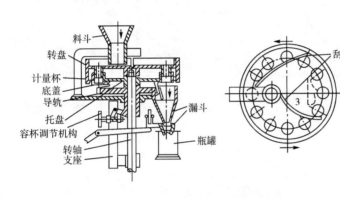

图11－17　可调容杯定量机构示意图

积的调节。这种容杯的容积调整幅度不大，主要用于同批物料的视密度随生产或环境条件发生变化时的调整。

容杯调整有手动及自动两种方法。手动调整方法是根据装罐过程检测其重量波动情况，用人工转动调节螺杆的手轮，使下（或上）杯筒升降来实现。自动调整方法是利用物料视密度的在线检测电讯号作为容杯调节系统的输入信号，根据此信号，自动调节机构完成相应的调整动作。

（二）螺杆式定量填充机

螺杆式定量填充的基本原理是，螺杆每圈螺旋槽都有一定的理论容积，在物料视密度恒定的前提下，控制螺杆转数就能同时完成计量和填充操作。由于螺杆转数是时间的函数，因此，实际控制中螺杆转数可通过控制转动时间实现。为了提高控制精度，还可以在螺杆上装设转数计数系统。

螺杆式定量填充机如图11－18所示。用作定量的螺杆螺旋必须精确加工。螺杆螺旋的截面常为单头矩形截面。定量螺杆通常垂直安装，粉料充满全螺旋断面中。要恰当选择螺旋外径与导管间配合的间隙。导管内的螺杆螺旋圈数一般大于5个为宜。

螺杆式定量填充机适用于装填流动性良好的颗粒状、粉状、稠状物料，但不宜用于易碎的片状物料或密度较大的物料。

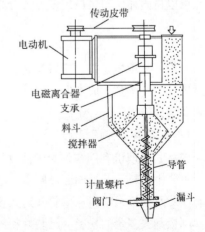

图11－18　螺杆式定量填充机

（三）转鼓式计量设备

转鼓形状有圆柱形、菱柱形等，定量容腔在转鼓外缘。容腔形状有槽形、扇形和轮叶形，容腔容积有定容和可调的两种，图 11 – 19 所示是一种可调容腔的槽形截面转鼓式定量装置。通过调节螺丝改变定量容腔中柱塞板的位置，可对其容量进行调整。

（四）柱塞式计量设备

柱塞式充填机通过柱塞的往复运动进行计量（图 11 – 20），其容量为柱塞两极限位置间形成的空间大小。通过调节柱塞行程可改变单行程取料量，柱塞缸的充填系数 K 需由试验确定，一般可取 $K = 0.8 \sim 1.0$。

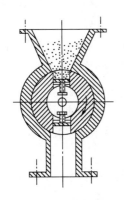

图11 – 19　转鼓式定量装置示意

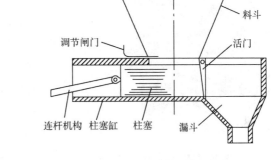

图 11 – 20　柱塞式充填机简图

柱塞式充填机的应用比较广泛，粉、粒状固体物料及稠状物料均可应用。

二、重量式定量充填机械

重量式定量充填机是按重量对物料进行定量和充填的机械，常用于松密度不均匀、不稳定和形体不规则的块状、颗粒状、粉体枝状物料定量充填。重量式定量的精度主要取决于称量装置的精度，一般可达 0.1%。因此，对于价值高的物品多用重量式定量。

目前，重量式充填机械一般采用净重法称量，即先称取预定重量的物料，再将称好的物料排入包装容器。这种称量方法可以避开容器重量的影响。因此，重量式充填机械总体上可以分为定量和容器输送两部分，其中定量部分是关键，它决定了填充设备的生产能力和精度等。

称重定量可以有间歇式、多头秤式和连续式三种方式。

（一）间歇式重量定量充填机

间歇式重量充填机的称重操作如图 11 – 21 所示，料斗中的物料通过供料器将输送到计量容器中，并由（机械或电子）秤连续称量容器中的物料，当称量值达到预定重量时，供料器即停止供料，同时将计量容器中的物料排入包装容器。

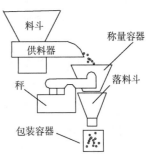

图 11 – 21　间歇式称重定量原理

目前间歇式称重定量装置的供料器有两种型式，一种是振动式，另一种是螺旋式。供料部分是整个定量装置的关键部分，其供料速度决定了称量系统的精度和工作效率。有时为了提高充填计量精度并缩短计量时间，可采用分级进料方法，即大部分物料采用高速喂料，剩余小部分物料微量喂料。采用电脑控制，可分别对粗供料和精供料进行称量、记录、控制。尽管如此，间歇式重量定量充填机因供料速度不快，总体工作效率不太高。

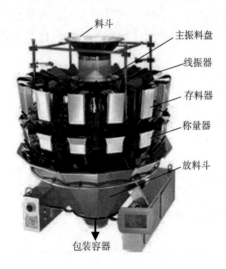

图 11 - 22　多头秤

（二）多头秤式定量装置

多头秤也称为组合秤、电子多头秤、组合包装秤等。图 11 - 22 所示为一台多头秤的外形，主要由料斗、主振料盘，以及多个线振器、存料斗及称量斗所组成，其中每组线振器、存料斗和称量斗构成一"头"。利用电脑对从多头秤中选取若干"头"单元载荷量进行自动优选组合，可以得出最接近目标重量的组合值。一旦组合选定，便可将相应称量斗中的物料放入下方的料斗，使其落入下方准备好的装料容器。

电脑组合秤称量器数有 8、10、12、14、16 和 24 头，甚至更多。

多头秤的主要特点：称重速度快，例如，10 斗和 14 斗的称重速度可分别达 70 次/min 和 120 次/min；动态称重精度高，一般范围在 ±（0.1～2.0）g；自动化程度高，可与提升机、包装机形成一体自动完成定量包装系统。

（三）连续式重量定量充填机

连续式称重充填机在连续输送过程中通过对瞬间物流重量进行检测，并通过电子检控系统，将物料流量调节控制为给定量值，最后利用等分截取装置获得所需的每份物料的定量值。连续式称重装置按输送物料方式分为电子皮带秤和螺旋式电子秤。连续式称重装置的基本组成有：供料料斗、可控喂料装置、瞬间物流称量检测装置、物料载送装置、电子检控系统及等分截取装置等，可简化如图 11 - 23 所示。充

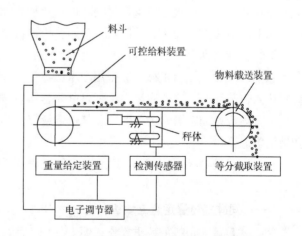

图 11 - 23　连续式电子秤基本组成

填机应用的电子皮带秤常与同步运转的等分截取装置配合使用，后者将皮带秤输送带上的某段物料截分为若干份相等的充填量。

三、 计数式定量充填设备

计数式充填设备按预定件数将产品充填至包装容器。按其计数方式不同，这类设备可分为单件计数式和多件计数式两类。单件计数式采用机械、光电、扫描等方法对产品逐件计数。多件计数式则以数件产品作为一个计数单元。多件计数充填机常采用模孔、容腔、推板等装置进行一次多件计数。

（一）模孔计数装置

模孔计数法适用于长径比小的颗粒物料，如颗粒状巧克力糖的集中自动包装计量。这种方法计量准确，计数效率高，结构也较简单，应用较广泛。模孔计数装置按结构形式分为转盘式、转鼓式和履带式等。

图 11－24 所示为转盘式模孔计数装置，在计数模板上开设有若干组孔眼，孔径和深度稍大于物料粒径，每个孔眼只能容纳一粒物料。计数模板下方为带卸料槽的固定承托盘，用于承托充填于模孔中的物品。模板上方装有扇形盖板，刮除未落入模孔的多余物品。在计数模板转动过程中，某孔组转到卸料槽处，该孔组中的物品靠自重而落入卸料漏斗进而装入待装容器；卸完料的孔组转到散堆物品处，依靠转动计数模板与物品之间的搓动及物品自重，物品自动充填到孔眼中。随着计数模板的连续转动，便实现了物品的连续自动计数、卸料作业。

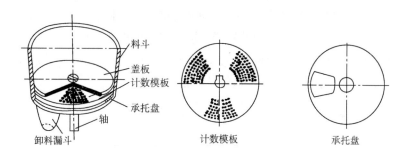

图 11－24　转盘式模孔计数装置

转鼓式模孔计数装置在转鼓外圆柱面上按要求等间距地开设出若干组计数模孔，随着转鼓的连续转动，实现连续自动计数作业。履带式模孔计数装置则在履带式结构的输送带上横向分组开设孔眼。

（二）推板式计数装置

规则块状物品有基本一致的尺寸，当这些物品按一定方向顺序排列时，则其排列方向上的长度就由单个物品的长度尺寸与物品的件数之积所决定。用一定长度的推板推送这些规则排列物品，即可实现计数给料目的。该装置常用在饼干、云片糕等包装，或用于茶叶小盒等的二次包装等场合。如图 11－25 所示，待包装的规则块状物品经定向排列后由输送装置送达两块挡板之间，然后由推板推送物品到裹包工位。挡板之间的间隔尺寸 b 即是推板所计量物品件数的总宽度。

（三）容腔计数装置

容腔计数装置根据一定数量成件物品的容积基本为定值的特点，利用容腔实现物品定量计数。图11-26所示为容腔计数装置工作原理图。物品整齐地放置于料斗中，振动器促使物品顺利落下充满计数容腔。物品充满容腔后，闸板插入料斗与容腔之间的接口界面，隔断料斗内物品进入计数容腔的通道。此后，柱塞式冲头将计数容腔内的物品推送到包装容器中。然后，冲头及闸板返回，开始下一个计数工作循环。这种装置结构简单、计数速度快，但精度低，适用于具有规则形状的棒状物品且计量精度要求不高场合的计数。

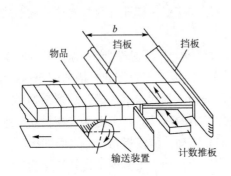

图11-25 推板定长计数喂料装置工作原理图

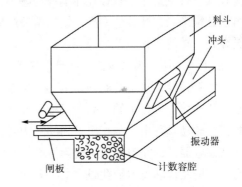

图11-26 容腔计数装置工作原理

另外，充填机还可按产品的受力方式不同分为推入式、拾放式、重力式等。推入式充填机是用外力将产品推入包装容器内的机器；拾放式充填机是将产品拾起并从包装容器开口处上方放入容器内的机器，可用机械手、真空吸力、电磁吸力等方法拾放产品；重力式充填机是靠产品自身重力落入或流入包装容器内的机器。

第三节　瓶罐封口机械设备

这类机械设备用于对充填或灌装产品后的瓶罐类容器进行封口。目前，常见的瓶罐及其封口形式如图11-27所示。不同类型的瓶罐应采用不同形式的封口机械设备。

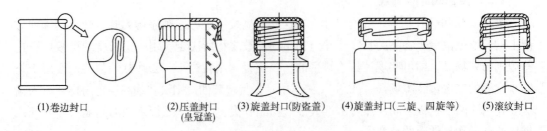

(1)卷边封口　　(2)压盖封口　　(3)旋盖封口(防盗盖)　　(4)旋盖封口(三旋、四旋等)　　(5)滚纹封口
　　　　　　　　　(皇冠盖)

图11-27 瓶罐封口形式

卷边封口是将罐身翻边与罐盖（或罐底）内侧周边互相钩合、卷曲并压紧，实现容器密封。罐盖（或罐底）内缘充填有弹韧性密封胶，起增强卷边封口气密性的作用。这种封口形式主要用于马口铁罐、铝箔罐等金属容器。

压盖封口是将内侧涂有密封填料的盖压紧并咬住瓶口或罐口的外侧凸缘，从而使容器密封。主要用于玻璃瓶容器，如啤酒瓶、汽水瓶、广口罐头瓶等。

旋盖封口是将螺旋盖旋紧于容器口部外缘的螺纹上，通过旋盖内与容器口部接触部分的密封垫片的弹性变形进行密封。用于旋盖的材料有金属或塑料两类，容器为玻璃、陶瓷、塑料、金属的组合容器。

滚纹封口是通过滚压使无锁纹圆形帽盖形成与瓶口外缘沟槽一致的所需锁纹（螺纹、周向沟槽）而形成的封口形式，是一种不可复原的封口形式，具有防伪性能。一般采用铝质圆盖。

以下介绍用于刚性结构封口部位的封口机械设备，涉及的容器为刚性或半刚性。

一、 卷边封口机

卷边封口机也称封罐机，是一类专门用于马口铁罐、铝箔罐等金属容器封口用的机械设备。封罐机有多种类型，可以根据不同依据进行分类。常见卷边封口机的类型如表11-3所示。半自动封罐机、自动封罐机和真空封罐机是食品工厂最常见的封罐机。

表11-3　　　　　　　　　　封罐机的分类

分类依据	封罐机
机械化程度	手扳封罐机、半自动封罐机和自动封罐机等
滚轮数目	双滚轮封罐机[①]、四滚轮封罐机[②]等
封罐机机头数	单机头、双机头、四机头、六机头以及更多机头的封罐机等
罐身运动状态	罐身自身转动封罐机，罐身自身不动，滚轮绕罐身旋转的封罐机等
罐型	圆罐、异形（椭圆形、方形、马蹄形）封罐机等
封罐时周围压力	常压封罐机、真空封罐机等

注：①头道和二道封罐滚轮各一个。
　　②头道和二道封罐滚轮各两个。

（一） 卷边封口原理

封罐机的卷封作业过程实际上是在罐盖与罐身之间进行卷合密封的过程，这一过程称为二重卷边作业。形成密封的二重卷边的条件离不开四个基本要素，即圆边后的罐盖、翻边的罐身、盖钩内的胶膜和具有卷边性能的封罐机。

各种型式的封罐机中，直接与罐盖和罐身接触，并参与完成卷边封口工作的部件如图11-28所示，包括压头、托底板（下托盘）、头道滚轮和二道滚轮。封罐作业过程如图所示，首先，托底板上升，将罐身与罐盖紧压在上压头下；然后头道滚轮和二道滚轮按先后顺序向罐身作径向进给，同时沿罐身和罐盖接合边缘作相对滚动，利用滚轮的沟槽轮廓形状使两者边缘弯曲变形，互相紧密地勾合。由于在罐盖的沟槽内预先涂有橡胶层，因此，当罐盖与罐身卷合时，涂层受挤压充塞于盖钩与身钩之间形成密封层。

二重卷边的形成过程如图 11-29 所示，图中 A-E 是头道滚轮卷边作业过程，F-J 是二道滚轮卷边作业过程。头道滚轮于 A 处与罐盖钩边接触；于 B、C 和 D 处逐渐向罐体中心作径向移动并形成卷边弯曲；在 E 处完成头道卷边作业。二道卷边滚轮于 F 处进入与卷边接触；于 G、H 和 I 处继续对卷边进行压合，在 J 处完成二道卷边作业。

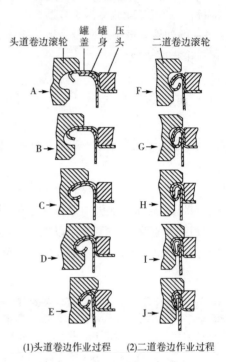

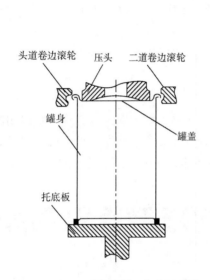

图 11-28　二重卷边封口作业示意图　　　图 11-29　二重卷边的形成过程

由图 11-29 还可以看出，参与二重卷边作业的头道滚轮与二道滚轮具有不同的槽形曲线形状，一般而言，头道滚轮的圆弧曲线狭而深，二道滚轮的槽型曲线宽而浅。卷边滚轮的槽型曲线对封口质量极为重要，所以槽型的确定必须根据罐型大小、罐盖盖边圆弧形状、板材厚度等因素加以慎重考虑，滚轮必须经过槽型曲线的设计，成型刀具车制，进行热处理以及曲线磨床精磨才能制成。

卷边作业中，卷边滚轮相对于罐体中心作径向和周向运动可以由两种方式实现。这两种方式的作业情形及适用罐型见表 11-4。

表 11-4　　　　　　　　　　　　二种形式的二重卷边情形

方式	罐身	卷边滚轮	装置	适用罐型
Ⅰ	自转	仅作径向移动	偏心机构	圆形罐
Ⅱ	固定	径向、周向复合运动	凸轮机构	异形罐

凸轮径向进给与偏心径向进给相比较，前者可根据封罐工艺设计凸轮形状，而后者则不能任意控制径向进给，因而封罐工艺性能没有前者好。凸轮机构可以使滚轮均匀径向进

给，最后有光边过程；而偏心装置的径向进给不均匀，最后无光边过程。但是凸轮径向进给机构结构比较复杂，体积较大，偏心装置结构简单、紧凑，加工制造方便，较适用于卷封圆形罐。

（二）自动真空封罐机

自动封罐机的型式有多种。下面以 GT4B2 型为例简要说明其结构和工作过程。图 11－30 为 GT4B2 型封罐机的外形，它是具有两对卷边滚轮的单头全自动真空封罐机，用于圆形三片罐的实罐真空封罐。该机主要由自动送罐、自动配盖、卷边机头、卸罐、电气控制等部分所组成。

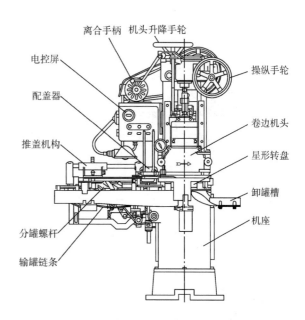

图 11－30 GT4B2 型封罐机外形简图

卷边机头是封罐机的主体机构，它由套轴、齿轮、螺旋轮和卷封滚轮等组成，产生偏心径向进给式卷边封口运动。它靠压板和螺栓而固定于机身的导轨内，并靠丝杆及手轮而

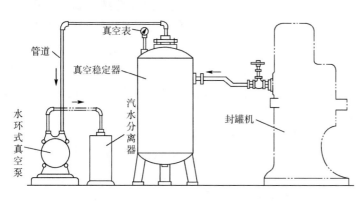

图 11－31 GT4B2 真空封罐机真空系统简图

承吊于变速箱壳体上，转动手轮可以使整个机头沿导轨上下移动，一般情况下，机头是置于后抱盘上的，它与进罐拨盘等组成封罐的真空密闭室。为了保证封罐时的真空条件，封罐机需要有真空源系统配套。

GT4B2 型封罐机真空系统如图 11－31 所示，主要由一台水环式真空泵及真空稳定器构成。真空稳定器主要是使封罐过程真空度的稳定，并对可能从罐头内抽出的杂液物进行分离，不致污染真空泵。

二、旋合式玻璃瓶封口机

旋合式玻璃瓶（罐）具有开启方便的优点，所以，在生产中得到广泛使用。玻璃罐盖底部内侧有盖爪，玻璃罐颈上的螺纹线正好和盖爪相吻合，置于盖子内的胶圈紧压在玻璃罐口上，保证了它的密封性。常见的盖子有四个盖爪，而玻璃罐颈上有四条螺纹线，盖子旋转 1/4 转时即获得密封，这种盖称为四旋式盖。此外还有三旋式盖、六旋式盖等。

图 11－32 所示为 LH5CIA 爪式旋开盖真空自动封口机的外形图。该机主要由输瓶链

带、理盖器、配盖预封部分、蒸汽管路系统、排气封盖部分以及电控系统和传动系统等组成。

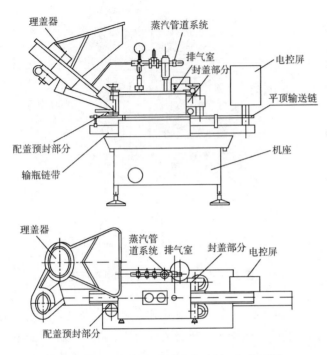

供盖装置由贮盖筒、理盖转盘、铲板、溜盖槽和滑道等组成。其作用是使贮盖筒中杂乱无序的瓶盖通过理盖转盘整理成朝向一致的有序排列，并沿滑道滑至配盖预封部分的定位座上，以备与进入的玻璃罐相配。为了减少瓶盖在理盖转盘受到过渡翻滚而导致表面涂层及印刷受擦伤，本机有一套电控保护系统，使理盖转盘只在滑道内瓶盖数少至一定量时才起作用，对滑道供盖。滑道下部安装有蒸汽喷管，对拧封前的瓶盖进行预热处理。

配盖预封部分位于机器输送链左端入口处，其功能是对进入机器的玻璃罐配盖、使瓶盖置平，并对其进行预拧。玻璃瓶由

图 11-32　爪式旋开盖真空自动封口机外形图

输送链输送通过瓶盖滑道下方时，瓶口刚好钩住（处于定位座的）瓶盖下缘，并将其拉出，使其扣合在瓶口上。带有瓶盖的玻璃瓶往前进入真空室后，即被两侧三角皮带夹紧，而上方的弹性板则将瓶盖压平压紧，输送通常右侧的橡胶阻尼板侧使瓶盖绕瓶口旋转，迫使瓶盖凸爪进入瓶口的螺旋线，从而实现预封的作用。

拧封部分的作用是将预封的玻璃瓶盖拧紧。这种拧紧作用，由此部位二根不同线速度、各紧压一半瓶盖的拧盖皮带完成。存在速差的皮带对盖形成旋转扭矩将盖拧紧。

玻璃瓶真空封口的原理是使封口前的玻璃罐处于饱和蒸汽氛围，利用蒸汽将瓶口顶隙的空气驱赶走，整个拧封过程是在蒸汽喷射室内完成，所以封口后瓶内会因顶隙部位蒸汽冷凝而形成真空。为封口机提供的蒸汽，经截止阀、止回阀、汽水分离器、减压阀后分为两路：一路经金属软管由喷嘴喷出，对滑道上的旋开盖进行预热，使旋开盖内侧的塑胶软化，以利封口密封；另一路经过滤器过滤后喷入真空室（蒸汽室）。可见图 11-32 所示的真空室实际上是一个饱和蒸汽室。本机真空室的后端装有冷却水管，用以对高温条件下运转的拧盖和抱罐皮带以及罐盖和玻璃罐进行冷却。

这种封口机对不同规模的瓶子和盖子有较好的可调节性，例如，LH5CIA 型封口机适用的瓶盖直径分别为 27mm、38mm 和 42mm 三种规格，适用的瓶径和瓶高范围分别为 38～105mm 和 62～240mm。这种封口机的产量可达到 100 瓶/min。除 LH5CIA 型封口机以外，旋合瓶封口机还有多种型式，它们对瓶和盖规格适应范围均较宽，并且生产能力也较大，有的机型的产量甚至达到 300 瓶/min。

三、 饮料瓶封盖机

碳酸饮料、啤酒、矿泉水等大多采用玻璃瓶或聚酯瓶灌装封盖。其盖型有皇冠盖、无预制螺纹的铝盖、带内螺纹的塑料旋盖等，后两种均带"防盗环"，俗称防盗盖。玻璃瓶装的碳酸饮料一般采用皇冠盖在压盖机上进行压封。当采用聚酯瓶时，由于其刚性差，不适于皇冠盖压封，较理想的形式是采用防盗盖在旋盖机上进行旋封。一些自动封盖机已设计成多功能型式，可同时适用于玻璃瓶和聚酯瓶的封盖。

图11-33所示为一种全自动封盖机外形结构，主要由理盖器、滑盖槽、封盖装置、主轴以及输瓶装置、传动装置、电控装置和机座等组成。封盖装置结构如图11-34所示，主要由中心旋转主轴与6个由它驱动的封盖机头构成。封盖头回转时按凸轮槽规定的轨迹上下移动，完成封盖动作。封盖头的高低可由升降装置调整，以适应不同规格的瓶高。封盖头可拆换，封合皇冠盖时使用压盖头〔图11-35（1）〕；封合防盗盖时可换上旋盖头〔图11-35（2）〕。

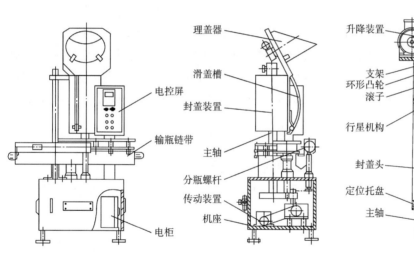

图11-33　全自动封盖机外形结构

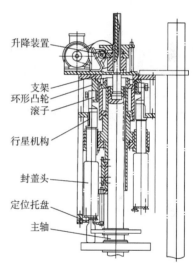

图11-34　封盖装置结构简图

封盖机的瓶子进出机构类似于第一节所述的容器输送机构，主要由分开螺杆、拨轮和封盖转盘等构成。已灌装的瓶子经输送链板送入，由分瓶螺杆定距分隔，然后由进瓶星形拨轮送入封盖机转盘。瓶子随转盘运转过程中接受压盖或旋合封口，最后由出瓶星形拨轮排出，完成封盖。

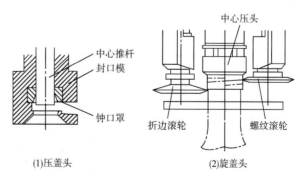

图11-35　封盖头

图 11 - 36 冲瓶灌装封盖三合一机

在大型的自动化灌装线上，封盖机常与前道冲瓶（吹瓶）机、灌装机联动，从而减小灌装至封盖的行程，使生产线结构更为紧凑。图 11 - 36 所示为冲瓶、灌装、封盖三合一的机型，瓶子在在三台机之间不用输送链带输送，而是通过中间拨轮传递，机组的护围结构内通入一定压头的洁净正压空气，可防止外界空气进入，从而提高了灌装封口环境的卫生条件。

第四节 袋装食品包装机械

袋装食品包装机械主要有两类。一类是成袋 - 充填 - 封合包装机，这类机器利用卷状（如聚乙烯薄膜、复合塑料薄膜等）包装材料制袋，将定量后的粉状、颗粒状或液体物料填到制成的袋内，随后可按需要进行排气（包括再充气）作业，最后封口并切断。另一类是预制袋封口设备，这类机械只完成袋装食品的填充、排气（可再充气）、封口或只完成封口操作。

一、 塑料膜的热压封合方法

不论是成袋 - 充填 - 封合包装机还是预制袋封口机，都需要用热压封合机构对包装材料进行热封合。如图 11 - 37 所示，常见的热压封口有平板、滚轮、带式、滑动夹和熔断等形式机构。不同热压封口形式的原理及特点列于表 11 - 5。

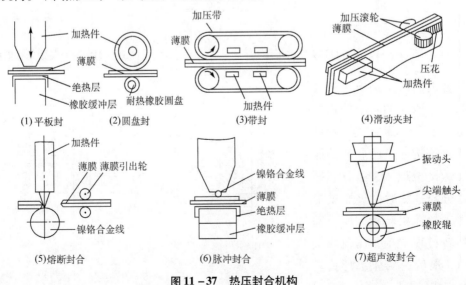

图 11 - 37 热压封合机构

表 11 - 5 不同形式热压封合的原理与特点

形式	原理	特点
平板	一般以电热丝等加热的板形构件，将薄膜压紧在耐热橡胶垫上，即可进行热封操作	结构最为简单，封合速度快，所用塑料薄膜以聚乙烯类为宜，不能进行连续封合，且不适于遇热易收缩的薄膜
圆盘	圆盘形加热元件与耐热橡胶圆盘夹住并压滚过塑料薄膜进行封合	可实现连续热封操作，适用于不易热变形薄膜材料的封合，特别适用于复合塑料袋的封口
带式	采用钢带带动薄膜袋在向前移动过程中完成热封	可进行连续封合，适用于易热变形薄膜的封合
滑动夹	利用平板加热，并用随后的压辊施压完成热压封合操作	可进行连续封合，适合易热变形及热变形较大的薄膜热封
熔断	加热刀将薄膜加热到熔融状态后加压封合，同时将已封合的容器与其余材料部分切断分离	熔断封口占用包装材料少，但封口强度低
脉冲	镍铬合金线压住薄膜，瞬间大电流使镍铬合金线发热，从而使薄膜受热封合	封口质量好，封接强度高，适用于易变形薄膜的封接，但热封机结构较复杂、封合速度较慢
超声波	用振荡器发生超声波，经振动头传递到待封薄膜上，使之振动摩擦放热而熔接	使薄膜从内部向外发热，因而适用于易变形薄膜的连续封合。对于被水、油、糖浸渍的薄膜，也能良好地黏合
高频	通过高频电流的电极板压住待封薄膜，同时使薄膜由内向外升温达到热熔状态后加压封合	不易使薄膜过热，适合于温度范围较窄的薄膜及易变形的薄膜的封口封合

通过调节控制装置，可对热压封合机构作用的温度、压力和时间参数进行调整，以满足不同的材料容器的封合要求。

二、 制袋 – 充填 – 封合包装机

自动制袋充填包装机所采用的包装材料为卷筒式包装材料，在机上实现自动制袋、充填、封口、切断等全部包装工序。这种方法适用于粉状、颗粒、块状、流体及胶体状物料的包装，尤其以小食品、颗粒冲剂和速溶食品的包装应用最为广泛。其包装材料可为塑料单膜、复合薄膜等。对于不同的机型，可采用单卷薄膜成袋或两卷薄膜制袋的形式，但主要以前者为多。

这类包装机可制成的袋型有多种，最常见有：中缝式两端封口、四边封口以及三边封口等（如图11 – 38 所示）。对于不同的袋型，包装机的结构也有所不同，

(1)三边封口式

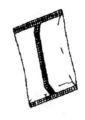

(2)纵缝搭接式

(3)四边封口式

(4)纵缝对接式

图 11 – 38 常见的薄膜材料包装袋形式

但主要构件及工作原理是基本相似的。

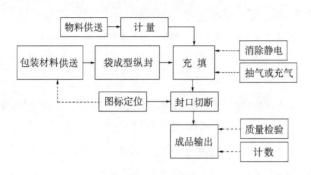

图 11 - 39　制袋 - 充填 - 封合包装机基本包装工艺流程

制袋 - 充填 - 封合包装机一般采用的包装流程如图11 - 39所示。当然，根据不同的机型，包装流程及其结构会有所差别，但其包装原理却大同小异。

自动制袋充填包装机的类型有多种多样，按总体布局分为立式和卧式两大类；按制袋的运动形式来分，有连续式和间歇式两大类。

（一）制袋 - 充填 - 封合包装机的组成结构

制袋充填包装机有多种型式，适用于不同的物料以及多种规格袋型，但其构成基本相似。下面以立式包装机为例进行介绍。

典型的立式连续制袋充填包装机如图 11 - 40 所示，主要可分为以下部分：传动系统、薄膜供送装置、袋成型封合装置、物料供给装置及电控检测系统等。安装在机箱内的动力及传动装置，同时为纵封口滚轮、封口横辊和定量供料器提供驱动和传送动力。安装在退卷架上的卷筒薄膜，可以平稳地自由转动。在牵引力的作用下，薄膜展开经导辊组引导送出。导辊对薄膜起到张紧平整以及纠偏的作用，使薄膜能正确地平展输送。

袋成型封口装置主要由袋成型器、纵封和横封机构等构成。这三者的不同组合可产生不同形状和封合边数的袋子，因此，通常可以此区分不同型式的包装机。

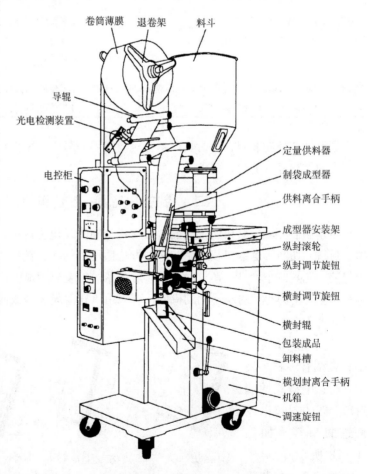

图 11 - 40　立式连续制袋充填包装机

物料供给装置是一个定量供料器。对于粉状及颗粒物料，主要采用可调式量杯定容计量。图中所示定量供料器为转盘式结构，从料斗流入的物料在其内由若干个圆周分布的量杯计量，并自动充填到成型后的薄膜管内。

电控检测系统是包装机工作的中枢系统。在此机的电控柜上可按需设置纵封温度、横封温度以及对印刷薄膜设定色标检测数据等，这对控制包装质量起到至关重要的作用。

（二）制袋－充填－封合原理

1. 卧式制袋充填封合原理

（1）三边封口袋的包装原理　此类机型的包装原理如图11－41所示。卷筒塑料薄膜经导辊引入成型器，在成型器及导杆的作用下形成U形并由张口器撑开。当加料器下行进入加料位置时，横封器闭合，同时充填物料；随后，横封器和加料器复位；紧接着，纵封器闭合热封并牵引薄膜移动一个袋位；最后由切刀把包装袋切断。

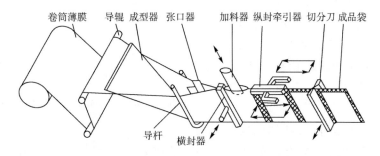

图 11－41　卧式间歇制袋三边封口包装原理

（2）横枕式袋的包装原理　图11－42所示是一种卧式枕型包装机的工作原理。该机集自动裹包物品、封口、切断于一体，是一种高效率的连续式的包装机，广泛应用于饼干、速食面等的自动包装。其包装材料为塑料或其复合材料，采用卷式薄膜供料，由牵引辊送卷，经导辊导向进入成型器，受成型器的作用，薄膜自然形成卷包的形式。同时，待包物品由供料输送链送入至薄膜卷包的空间。卷包的薄膜在牵引轮的作用下向前运行并由中封轮实现中缝热融封合。物品随薄膜同步运行。包装物品最后经横封辊刀封合切断，成为包装成品，由卸料传送带输出。由于其包装形式呈枕状，故称为枕式裹包或中缝包装。

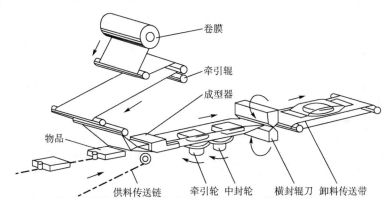

图 11－42　横枕式自动包装机工作原理

这种包装机采用有色标带包装时，需要随时对纸长进行调整，因此需配备光电检测控制系统，以实现光标的正确定位。

2. 立式制袋充填封合原理

（1）间歇制袋中缝封口原理　此种装置的原理如图 11 - 43 所示。卷筒塑料薄膜经导辊被引入成型器，通过成型器和加料管以及成型筒的作用，形成中缝搭接的圆筒形。其中加料管的作用为：外作制袋管，内为输料管。

封合时，纵封器垂直压合在套于加料管外壁的薄膜搭接处，加热形成牢固的纵封。其后，纵封器回退复位，由横封器闭合对薄膜进行横封，同时向下牵引一个袋的距离，并在最终位置加压切断。

可见，每一次横封可以同时完成上袋的下口和下袋的上口封合。而物料的充填是在薄膜受牵引下移时完成的。

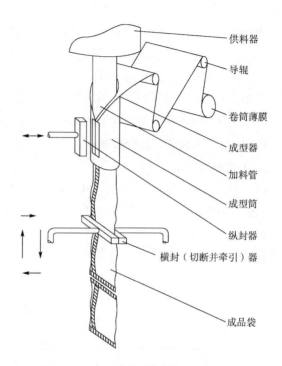

供料器
导辊
卷筒薄膜
成型器
加料管
成型筒
纵封器
横封（切断并牵引）器
成品袋

图 11 - 43　立式间歇制袋中缝封口原理

（2）对合成型制袋四边封口原理　此类包装机可制造四边封口的包装袋型，既可以用双卷膜制袋，也可用单卷膜制袋。采用双卷薄膜进行制袋时，左右薄膜卷料对称配置，经各自的导辊被纵封滚轮牵引，进入引导管处汇合。薄膜在牵引的同时两边缘被封合，形成两条纵封缝。在横封辊闭合后，物料由加料器进入，随后完成横封切断，分离上下包装袋。

单卷膜等切对合成型制袋包装机（如图 11 - 44 所示）只采用一卷薄膜制袋，其制袋过程是先将薄膜对中等切分离，然后两半材料复合成型。

（3）单卷膜三边封合制袋封口原理　此种包装用单卷膜制袋。有两种袋型。一种在成型器侧面纵向封合形成三边袋型（如图 11 - 45 所示）。如为美观起见，再在纵向再增加一对纵封滚轮，对折叠成的另一纵向袋边进行所谓的"假封"，则可形成四边封合的袋型。

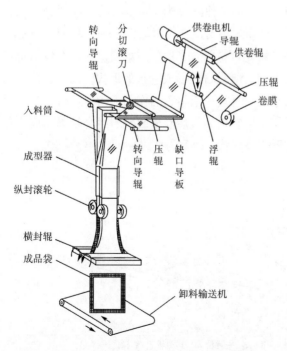

转向导辊
分切滚刀
供卷电机
导辊
供卷辊
入料筒
压辊
卷膜
成型器
转向导辊
压辊
缺口导板
浮辊
纵封滚轮
横封辊
成品袋
卸料输送机

图 11 - 44　等切对合成型制袋四边封口原理

另一种三边封合制成的是通常所说的"枕式包装"袋型。如图 11 - 46 所示，包装薄膜经成型器被纵封滚轮牵引纵封，随后经过导向板并被与纵封面成垂直布置的横封辊封合切断，形成一个中缝对折两端封合的包装袋。

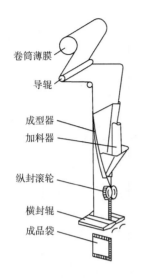

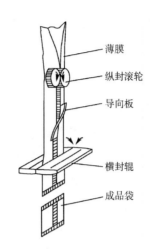

图 11 - 45　立式连续制袋三边封口包装原理　　**图 11 - 46　中缝对接两端封口包装原理**

三、 预制袋封口包装机

预制袋封口包装机是用于对充填产品的预制塑料袋进行封口的设备。常见的封口机械有普通封口机、真空包装机和真空充气包装机。普通封口机主要由热封口装置组成，结构较简单，这里不再作介绍。

一般而言，真空包装机，均可以进行充气包装。也就是说，真空及充气一般可以在同一台机上完成。真空充气包装可分为间歇式和连续包装两种形式。

（一）间歇式真空充气包装机

真空充气包装机采用复合薄膜袋，充填物品后，由操作工排列于真空室的热封条上，再加盖实现自动抽真空充气封合。包装袋的尺寸可在真空室的范围内任意变更，每次处理的包装袋数也可变，而且对于固体、颗粒、半流体及液体均适用。因其操作方便、灵活及实用，所以在食品生产厂家中得到广泛的应用。

1. 间歇式真空充气包装机的类型

常见间歇式真空充气包装机型式如图 11 - 47 所示，有台式、双室式、单室式和斜面式等型式。双室式又可分为单盖型和双盖型两种。真空包装机最低绝对气压为 1 ~ 2kPa，机器生产能力根据热封杆数和长度及操作时间而定，每分钟操作次数为 2 ~ 4 次。

台式和单室式机一般只有一根热封杆，且长度有限，因此生产能力较小，多用于实验室和小批量生产。双室式真空充气包装机由于两个室共用一套真空充气装置，因此生产效率比台式和单室式高。单室式封口机中每个室通常只有一根热封杆，而双室式中每室有两根热封杆。因此，如果，包装袋长度不超过两热封杆间距的一半，每次操作的封袋数量可

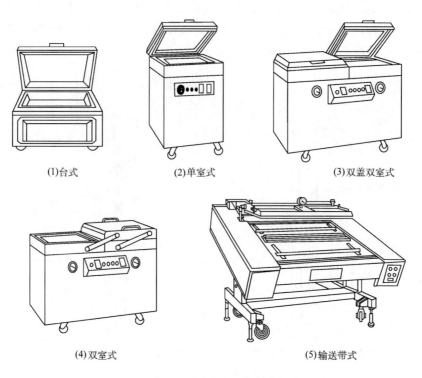

图 11 – 47　常见间歇式真空充气包装机的型式

以比单室式的多 1 倍。此外，双室式封口机中一个室在抽真空封口的同时，另一个室可以装卸包装袋，从而使得封口操作效率提高。

图 11 – 47（1）～（4）所示的包装机的真空室的底面一般均是水平的。这种形式不利于多汤汁产品封口前在真空室内的放置。因此，这类产品必须适当及时地将待封包装袋的袋口枕于高出真空室底板一定水平的热封条上，否则袋内的汤汁会流出。一般而言，这种包装机不适用于多汤汁内容物大规模生产。

输送带式（也称为斜面式）真空充气包装机与上述操作台式真空充气包装机的主要区别在于：采用输送带将待封物送入真空室；室盖自动闭合开启，其自动化程度和生产率均大大提高。当然，与台式操作一样，它同样需要人工排放包装袋，并合理地将包装袋排列在热封条的有效长度内，以便于顺利实现真空或充气封合。另外由图 11 – 47（5）可见，输送带式包装机的主平面是斜面的，这可以避免上述多汤汁产品在封口时汤汁外流情况。

2. 间歇式真空充气包装机的工作原理

间歇式真空充气包装机（除输送带式真空充气包装机有一个输送包装袋的输送系统以外）主要由机身、真空室、热封装置、室盖起落机构、真空系统和电控设备组成。

真空室是间歇式真空充气包装机的关键部分，封口操作过程全在真空室内完成。典型的真空室如图 11 – 48 所示。

真空充气封合原理可利用图 11 – 49 说明。气膜室上部与真空室相通，热封部件 2 嵌入气膜室内，两侧被气膜室上部槽隙定位，可上下运动。当包装袋充填物料后，被放入真空室内，使其袋口平铺在热封部件 2 上，加盖后可见袋口处于热封部件 2 和封合胶垫 1 之间。包装工作开始后，在真空室内分（1）真空抽气、（2）充气、（3）热封合和（4）放气四个步骤完成一次封口操作周期。

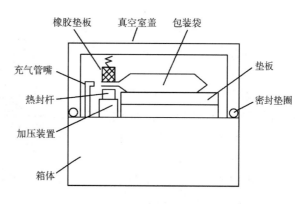

图 11 - 48　真空室结构示意

（1）真空抽气　如图 11 - 49（1）所示，真空室通过气孔 A 被抽气，同时下气膜室也通过气孔 B 被抽气，使得下气膜室和真空室获得气压平衡，避免下气膜室压强高于真空室形成压差，使膜片 3 胀起，推动热封部件 2 上行夹紧袋口以致不能抽出包装袋内空气。经抽气后的真空度应达到 - 0.097 ~ - 0.0987MPa。

（2）充气　如图 11 - 49（2）所示，经过抽真空后 A、B 封闭，C 气孔接通惰性气体瓶，充入气体。充气压强以 3 ~ 6kPa 为宜，充气量多少用时间继电器控制。经充气后，真空室内的真空度应控制在 - 0.097 ~ - 0.094MPa。

值得一提的是，如果待封口的包装产品是蒸煮袋装的后面还需要进行热杀菌的软罐头，则无须进行充气，因此，这一步可省去，而直接进入下一步热封合、冷却操作。

（3）热封合、冷却　如图 11 - 49（3）所示，A、C 关闭，B 打开并接通大气。由于大气压和真空室内的压差作用，使橡胶膜片 3 胀起，推动热封部件 2 向上运动，把袋口压紧在封合胶垫 1 之下。在 B 通气的同时，热封条通电发热，对袋口进行压合热封。热封达到一定时间后，热封条断电自然冷却，而袋口继续被压紧，稍冷后形成牢固的封口。

（4）放气　如图 11 - 49（4）所示，C 关闭，A、B 同时接通大气，使真空室充入空气，与外界获得气压平衡，可以顺利打开室盖并取出包装件，完成包装。

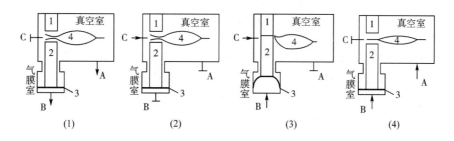

图 11 - 49　真空充气包装程序示意图

1—封合胶垫　2—热封部件　3—膜片　4—包装袋　A—真空室气孔　B—气膜室气孔　C—充气气孔

（二）旋转式真空包装机

某旋转式真空包装机外形及工作示意分别如图 11 - 50 和图 11 - 51 所示，该机由充填和抽真空两个转台组成，两转台之间装有机械手将已充填物料的包装袋转移至抽真空转台的真空室。充填转台有 6 个工位，自动完成供袋、打印、张袋、充填固体物料、注入汤汁 5 个动作；抽真空转台有 12 个单独的真空室，每一包装袋沿转台一周完成抽真空、热封、冷却和卸袋的动作。该机器的生产能力达到 40 袋/min。充填转台的固体填充工位应与适当定量装置配套，定量杯接受预先定量好的固体物。

图 11-50　一种旋转式真空包装机外形

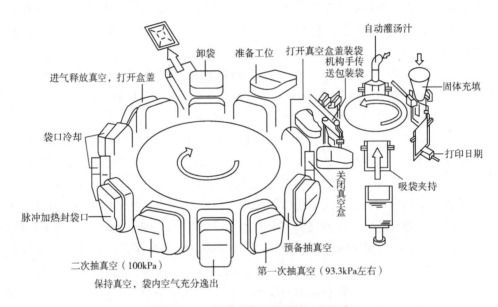

图 11-51　旋转式真空包装机工作示意

四、热成型包装机械

所谓热成型包装是指利用热塑性塑料片材作为原料来制造容器，在装填物料后再以薄膜或片材密封容器的一种包装形式。热成型包装的形式有多种多样，较常用的形式有：托盘包装、泡罩包装、贴体包装和软膜预成型包装等。各种成型包装形式如图 11-52 所示。表 11-6 给出了不同形式热成型包装的特点。

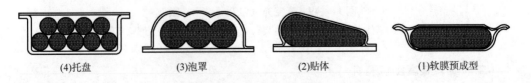

(4)托盘　　　(3)泡罩　　　(2)贴体　　　(1)软膜预成型

图 11-52　热成型包装的形式

表 11 - 6　　　　　　　　　　　不同形式热成型包装的特点

包装形式	底膜	上膜	特点	适用食品
托盘包装	硬质膜	软质膜	底膜构成的托盘，并可保持一定的形状。适合流体、半流体、软体物料及易碎易损物料。采用 PP 材料作底膜，铝箔复合材料作密封上膜时，包装后可进行高温灭菌处理	布丁、酸奶、果冻等；在包装鲜肉、鱼类时可充填保护气体
泡罩包装	软质或硬质膜	纸板或复合膜	上膜为与包装物外形轮廓相似的泡罩	棒棒糖、象形巧克力等
贴体包装	硬质膜或纸板	软质膜	包装时，底板要打小孔或冲缝，放置物品后，覆盖经预热的上膜，底部抽真空使上膜紧贴物品表面并与底板黏封合，如同包装物的一层表皮。包装后底板托盘形状不变	鲜肉、熏鱼片
软膜预成型包装	较薄的软质薄膜	较薄的软质薄膜	可进行真空或充气包装。这种包装的特点是包装材料成本低，包装速度快。当采用耐高温 PA/PE 材料时可作高温灭菌处理	能保持一定形状的物体，如香肠、火腿、面包、三明治等食品

　　热成型设备已很成熟，种类型号也较多，包括手动、半自动、全自动机型。热成型工序主要包括夹持片材、加热、加压抽空、冷却、脱模等。但是，热成型设备只是制造包装容器的设备，还需要配备装填及封合等设备才能完成整个包装过程。

　　全自动热成型包装机可在同一机上完成热成型、装填及热封，因此主要采用卷筒式热塑膜，由底膜成型，上膜封合。对食品生产等使用厂家来说，无需事先制盒或向制盒厂订购包装盒，把多个工序集中在一起一次完成。这类机型的性能强、适用性广，包装形式多（包括图 11 - 52 所示形式），可广泛应用于各种食品包装。

　　图 11 - 53 所示为一种全自动热成型包装机的外形，全机由以下几部分组成：薄膜输送系统、上下膜导引部分、底膜预热区、热成型区、装填区、热封区、分切区及控制系统。

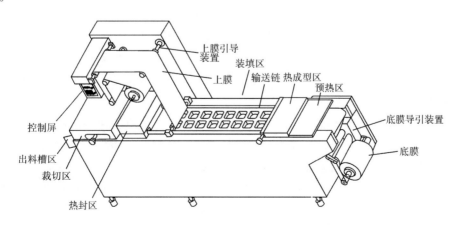

图 11 - 53　全自动热成型包装机外形

图 11 – 54 所示为全自动热成型包装机的包装工艺流程。整机采用连续步进的方式，由下卷膜成型，上卷膜作封口。

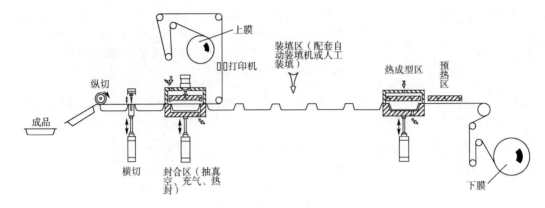

图 11 – 54　全自动热成型包装机工艺流程示意图

包装的全过程由机器自动完成，根据需要，装填可采用人工或机械实现。由流程图可见，下卷膜经牵引以定距步进，经预热区及加热区，由气压、真空或冲模成型，在装填区填充物料后进入热封区。在热封区，上卷膜经导辊覆盖在成型盒上，视包装需要可进行抽真空或充入保护气体的处理，然后进行热压封合。最后经横切、纵切及切角修边形成一个个美观的包装成品。经裁切后的边料可由抽吸储桶或卷扬装置收集和清理。

第五节　无菌包装机械

所谓无菌包装就是在无菌环境条件下，把无菌的或预杀菌的产品充填到无菌容器并进行密封。因此，食品无菌包装基本上包括以下三部分操作：一是食品物料的预杀菌；二是包装材料或容器的灭菌；三是充填密封环境的无菌化。食品物料的预杀菌通常采用第十二章所述的热处理方法和设备。无菌包装机械主要指的是在无菌条件下将预杀菌好的食品装入无菌容器的机械设备。从时序上来说，食品包装材料或容器的无菌化处理可有两种情形，一是使用预制时已经作无菌化处理的容器进行包装，二是在无菌包装机中同步对包装材料或容器进行灭菌处理。

理论上讲，不论是液体还是固体食品均可采用无菌方式进行包装。但实际上，由于固体物料的快速杀菌存在难度，或者固体物料本身有相对的贮藏稳定性，因此，一般无菌包装多指液体食品的无菌包装。

已经出现的食品工业用无菌包装设备有多种形式。主要有以下几种类型：① 卷材成型无菌包装设备，例如，瑞典利乐公司的 Tetra Pak 系列无菌包装设备；② 预制纸盒无菌包装设备，典型的是德国的 Combibloc 的 FFS 设备；③ 箱中衬袋无菌大包装设备；④ 无菌瓶包装设备；⑤热灌装无菌包装系统等。

一、卷材成型无菌包装机

卷材成型无菌包装机以成卷的复合纸板做包装材料，包装时，包装机将卷材展开对其进行灭菌处理，同时制成包装单元筒，在无菌条件下进行灌装并封口。以下以图11-55所示的 Tetra Pak 型砖形盒无菌包装机为例对这类包装机进行介绍。

该主机工作过程为：包装卷材经一系列张紧辊平衡展开，进入双氧水浴槽灭菌，然后进入机器上部的无菌腔并折叠成筒状，由纸筒纵缝加热器封接纵缝；同时无菌的物料从充填管灌入纸筒，随后横向封口钳将纸筒挤压成长方筒形并封切为单个盒；离开无菌区的准长方形纸盒由折叠机将其上下的棱角折叠并与盒体黏接成为规则的长方形（俗称砖形），最后由输送带送出。该

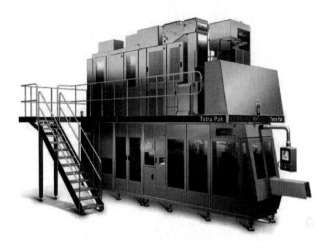

图 11-55 Tetra Pak 卷材成型无菌包装机外形结构意图

砖形盒无菌包装机的包装范围为124~355mL，生产能力为6000包/h。

（一）机器的灭菌

无菌包装开始正式进行包装操作之前，所有直接或间接与无菌物料相接触的机器部位都要进行灭菌。

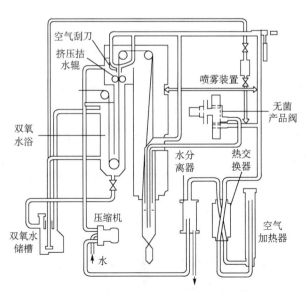

图 11-56 TBA 无菌包装机的灭菌系统

TBA 型无菌包装机的机器灭菌过程可用图11-56加以说明。首先将无菌空气加热器和纵向热封加热器的工作温度预热到360℃；然后将浓度为35%的双氧水溶液喷射到包材将经过的无菌区和机器其他待杀菌部分；最后用热空气将喷在机械内的双氧水溶液（以干燥挥发的方式）驱赶走。热空气的压力为0.015MPa，由水环泵（压缩机）输送，经过气水分离器后由空气加热器加热。加热后的热空气引入需要利用热空气的部位。机器灭菌的整个过程大约45min。

（二）包装材料的灭菌及灌装区的无菌化

图 11-57 所示为包装材料灭菌过程：纸板带进入温度约 75℃、浓度为 35% 的双氧水浴槽进行杀菌，出来后用橡胶辊（挤压拮水辊）除去残留双氧水液，橡胶辊后紧接着用无菌热空气吹，以驱赶残留在包装材料表面的双氧水，并使表面干燥。

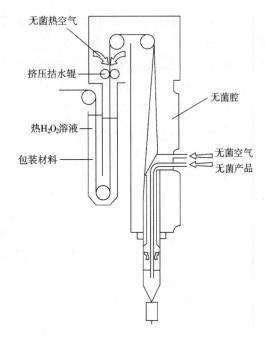

由纸板带卷成筒形开始、经过纵缝封口直到筒内液面以上的区域，是灌装过程中无菌化程度要求较高的区域。这一区域的无菌化由两方面保证：一是通入的无菌空气；二是在纸筒液面上设置（温度可在 450~650℃ 范围调节的）电加热器加热。加热器利用辐射方式对纸筒壁进行加热、同时加热周围的无菌空气。这种加热作用，既保证了充填环境的无菌，又使可能残留的双氧水分解成新生态"氧"和水蒸气，从而进一步减少其残留量，保障食品和生产者的安全。

图 11-57 包装材料的灭菌及灌装区的无菌化

（三）包装的成型、充填、封口和割离

纸板带通过导向辊进入无菌区并在三个成型件作用下折叠成纸筒，由纵向热封器进行封合。沿纸筒内侧的搭接纵缝引入一条塑料密封带，由纵向热封器将密封带黏合到搭接纵缝上。图 11-58 是纸盒纵缝密封的结构。

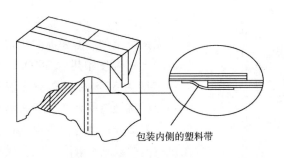

图 11-58 纸盒纵缝密封的结构

物料无菌充填管见图 11-59，无菌料液从进料管进入纸筒，其液面由浮子与节流阀控制。产生每个包装盒的横向封口均在物料液面下进行，因而可得到完全充满物料的包装。横向封口钳同时起热封和导引纸筒向下移位的作用。横向封口应用高频感应加热原理，200ms 的高频脉冲电流通过使横缝实现热封合，同时横封模具将连体包装切割成单体。

TAB 包装机配上顶隙填充装置后，就可用来对高黏度、带颗粒或纤维的产品进行填充包装。充填前预先设定好物料的流量，通过导入无菌空气或惰性气体来形成包装体的顶隙（图 11-60）。纸筒借助于一个特殊的密封环使料液上面的顶隙区与包装机的无菌腔隔离，密封环还有协助纸筒成型的作用。这种装置只对单个包装体的顶隙充以惰性气

体，所以不会像某些设备那样要求过量供应惰性气体而造成浪费。TBA8 型包装机可用于有顶隙的包装，配备的双流充填装置适合于含颗粒食品的包装。该机型配有用于充填含颗粒食品的正位移泵和控制产品流量的恒流阀。

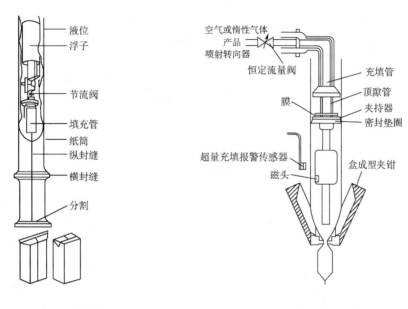

图 11 - 59　充填管　　　　　　图 11 - 60　顶隙包装的充填装置

（四）包装盒顶部、底部折叠和黏合

经过充填和封口的包装被分割为单个包装，送到两个折叠机上，将包装盒的顶部和底部折叠成角并下屈，然后用电加热的热空气将折叠角与盒体黏合。

二、预制盒式无菌包装机

与普通包装一样，无菌包装也可用预制包装容器进行包装。康美盒（Combibloc）无菌包装机（图 11 - 61）是采用这种方式进行无菌包装的典型设备。现以此机型为例对预制盒式无菌包装机进行介绍。

康美盒无菌包装机结构及主要工艺过程分别如图 11 - 62 和图 11 - 63 所示，从叠扁状的预制盒坯开始，经过多道工序，直到包装成小盒无菌产品后从机器出来。

（一）盒坯输送与成型

已完成纵封的预制盒坯通过输送台依次送到定形轮旁，由活动吸盘吸牢和拉开成无底、无盖的长方盒，并推送至定形轮中。长方盒随定形轮转

图 11 - 61　康美盒无菌包装机的外形

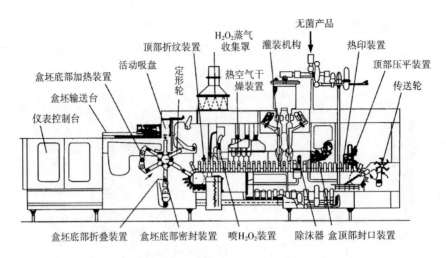

图 11-62　康美盒无菌包装机结构

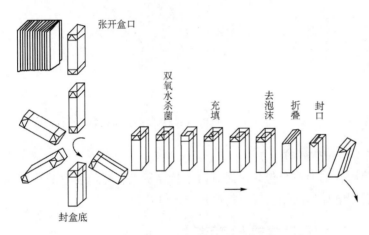

图 11-63　康美盒无菌包装机的工艺过程示意

动，进入盒底部加热熔化区，两个热空气喷嘴伸入盒内，使盒底四壁的塑料面受热熔化，由型芯张开并送入封底转轮，盒底在转轮转动过程中得到密封；当转到底部折叠区时，开口的纸盒即被折叠器纵横折压出折纹。然后，在封底器压力下将盒底封闭。空盒被定形轮封好底后，随即被链式输送带扣住往前移动。在进入杀菌区前，包装容器顶部被一折叠器由顶向下折纹，以备最后封口用。盒顶折纹后即进入正压无菌区。

（二）容器灭菌

容器灭菌也在其无菌区内进行。进入无菌区的容器，首先利用定量喷雾装置将 H_2O_2 和热空气喷入空盒，然后通入热无菌空气使 H_2O_2 分解成为无害的分子氧和水，以保证 H_2O_2 在包装内容物中的残留量小于 $0.1mg/kg$。

该包装机的无菌区是从执行容器灭菌开始到容器封顶结束的一段区域。该段区域在机器开机之前，先要采用 H_2O_2 蒸气和热空气的混合物进行灭菌。正常运转期间，无菌区通入无菌空气，并保持该区域处于一定的正压状态，以确保该环境的无菌条件。无菌空气在该区以呈层流状态流动分布。

（三）无菌充填系统

康美包装机的充填也在其无菌区内完成。充填系统由缓冲罐、定量泵和灌装头等组成。此灌装系统有两个灌装头，可单独对包装盒灌装。但一般采用两头同时灌装，即每一头灌装每盒容量的一半。充填过程的定量有两种方式，对于含颗粒料液或黏度大的料液采用柱塞式容积泵定量，对于黏度小的料液采用定时流量法。

灌装阀需要根据产品类型而定。已有灌装阀可供黏度范围 80～100mPa·s、内含最大粒径 20mm 的含颗粒料液灌装。允许的颗粒含量最高达 50%。

灌装后对于易起泡沫产品，用除泡器吸取泡沫并送回另一贮槽回用。

（四）容器顶端的密封

容器封顶是无菌区内的最后工位。对充填好的容器，采用超声波进行顶缝密封。超声波密封法由于热量直接发生在密封部位上，故可保护包装材料。密封发生在声极与封口之间。振动频率为 20000Hz 的声极使 PE 变柔软。密封时间约 0.1s。超声波可绕过微小粒子或纤维而不影响密封质量。

康美无菌包装机可进行多种规格的产品包装。目前市场上有 4 种不同截面积的包装规格，其容积从 150～2000mL 不等。该机生产能力为 5000～16000 盒/h。

（五）预制盒无菌包装机的特点

这种包装机有以下优点：①灵活性大，可以适应不同大小的包装盒，变换时间仅需 2min；②纸盒外形较美观，且较坚实；③产品无菌性很可靠；④生产速度较快，而设备外形高度低，易于实行连续化生产。

它的不足之处是必须用制好的包装盒，从而会使成本有所增加。

三、大袋无菌包装机

大袋无菌包装是将灭菌后的料液灌装到无菌袋内的无菌包装技术。由于容量大（范围在 20～200L），无菌袋通常是衬在硬质（如盒、箱、桶等）外包装容器内，灌装后再将外包装封口。这种既方便搬运又方便使用的无菌包装也称为箱中袋无菌包装。

在大袋无菌包装机中，有代表性的是 STAR-ASEPT 大袋无菌包装机，其外形如图 11-64 所示。采用这种无菌包装机灌装的无菌袋，有一个特殊的硬质开袋器（或称灌装阀）。此开袋器允许在无菌条件下打开灌装，并且，灌装后的产品可以多次打开使用，而不造成污染。

图 11-65 所示为无菌袋的灌装过程：大袋由包装机夹钳夹住，灌装阀盖被拉开，灌装阀口注入蒸汽以规定的时间和温度杀菌（1）；杀菌过程到终结时，开袋器将袋张开，灌装阀打开进行灌装（2）；灌装到规定质量后灌装阀关闭，在

图 11-64　STAR-ASEPT 大袋无菌包装机外形

阀口的小空间再通入蒸汽冲洗（3）；灌装阀盖与开袋器复位（4）；最后机器夹钳放开已完成灌装的包装袋。由于留在袋口的蒸汽冷凝成水，因而最终袋内无空隙。STAR - ASEPT 大袋无菌包装系统可用于包装浓缩果汁、牛乳、液态乳制品、冰淇淋等多种低酸性食品。

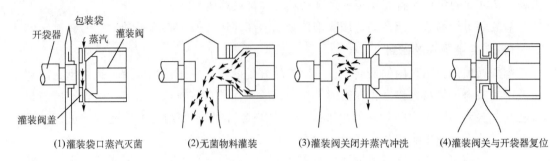

（1）灌装袋口蒸汽灭菌　　（2）无菌物料灌装　　（3）灌装阀关闭并蒸汽冲洗　　（4）灌装阀关与开袋器复位

图 11 - 65　STAR ASEPT 灌装阀的灌装过程

四、 其他形式无菌包装设备

除了以上介绍的采用多层复合纸（或膜）袋（盒）形式的典型无菌包装设备以外，其他包装形式的包装容器（塑料瓶、玻璃瓶、塑料盒和金属罐等）也有相应的无菌包装设备。

以塑料瓶为包装容器的无菌包装设备有两种型式。第一种型式直接以塑料粒子为原料，先制成无菌瓶，再在无菌环境下进行无菌灌装和封口。第二种是预制瓶无菌包装设备，这种无菌包装设备先用无菌水对预制好的塑料瓶盖进行冲洗（注意，不能完全灭菌），然后在无菌条件下将热的食品液料灌装进瓶内并封口，封口后瓶子倒置一段时间，以保证料液对瓶盖的热杀菌。这种无菌包装系统只适用于酸性饮料的包装。

使用玻璃瓶和金属罐的无菌包装设备工作原理相类似，均可用热处理（如蒸汽等）方法先对包装容器（及盖子）进行灭菌，然后在无菌环境下将预灭菌食品装入容器内并进行密封。

另外，前述的全自动热成型包装机如果配有无菌系统，也可成为无菌包装机。

第六节　贴标与喷码机械

食品内包装往往需要粘贴商标之类的标签以及印上日期批号之类的字码。这些操作须在外包装以前完成。对于小规模生产的企业，这些操作可以用手工完成，但规模化食品生产多使用高效率的贴标机和喷码机。

一、贴标机

贴标机是将印有商标图案的标签粘贴在食品内包装容器特定部位的机器。由于包装目的、所用包装容器的种类和贴标黏接剂种类等方面的差异，贴标机有多种类型。

常用贴标机，按操作自动化程度可分为半自动贴标机和自动贴标机，按容器种类可分为镀锡薄钢板圆罐贴标机和玻璃瓶罐贴标机等，按容器运动方向可分为横型贴标机和竖型贴标机，按容器运动形式可分为直通式和转盘式贴标机等。

（一）GT8C2 马口铁贴标机

这是一种用于圆形马口铁罐头的横型贴标机，其结构如图 11-66 所示，主要由进罐滚道、出罐滚道、分罐器、输送带、胶水盒、商标托架、胶水泵、电气控制箱、机架和传动系统等组成。

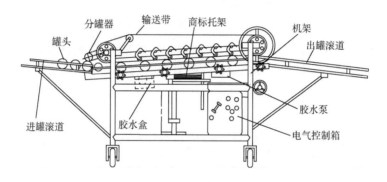

图 11-66　GT8C2 马口铁罐贴标机结构示意图

该机的工作过程为：圆罐连续地沿进罐滚道滚进，经分罐器分隔并成一定间距，随后进入输送带下端，输送带通过上面若干压轮紧压在罐头上，使罐头靠摩擦力继续向前滚动。在输送过程中，罐头首先碰触胶水盒中的胶水轮，罐身沾上黏合剂，然后到达商标纸托架上方，罐身即黏取一张商标纸，末端（已由胶水泵）预先涂有黏合剂的商标纸逐渐卷将罐身包住。当完成贴标的罐头滚至输送带右端，将最后一个压轮抬升，进而牵动胶水泵向下一张商标纸涂黏合剂备用。最后，贴有商标的罐头经出罐滚道送出。

该贴标机利用温度系统使胶水盒维持在 80～100℃ 范围，保证了黏合剂的黏合性能良好。利用贴标与不贴标金属罐在导电性上的差异，该机设置了一个保证不使无商标罐头出机的控制系统。

（二）龙门式贴标机

这是一种用于玻璃瓶罐的贴标机。该机的工作原理如图 11-67 所示，商标纸贮放在标盒中，标盒前的取标辊不停地转动，从标盒中一张张地取出标签，之后商标纸先后通过拉标辊和涂抹辊，在其背面两侧涂上胶水。然后，商标纸被送入龙门架，沿商标纸下落导轨自由下落，在导轨的底部保持直立状态。需要贴标的玻璃瓶经输送带送入导轨时，即由推爪板将玻璃瓶等距推进，瓶子通过龙门架时，将标签粘取带走，然后经过两排毛刷之间的通道，商标纸被刷子抚平完好地贴在瓶子上。

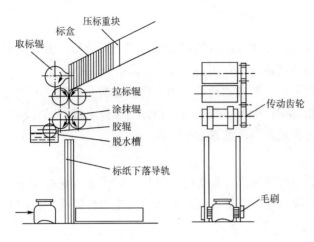

图 11-67 龙门式贴标机原理图

这种贴标机只能用于长度大致等于半个瓶身周长的标纸，过长和过短都不能贴，而且只能贴圆柱形瓶身的身标。由于标签是靠本身的自重下落至贴标位置，因此该贴标机的生产能力有限，并且标签粘贴位置不够准确。但由于这类贴标机具有结构简单的显著特点，因此适合于中小型食品工厂使用。

（三）真空转鼓式贴标机

这是一种用于玻璃瓶罐的贴标机，其结构如图 11-68 所示。它主要由输送带、进瓶螺旋、涂胶装置、印码装置、标盒、真空转鼓、搓滚输送皮带和海绵橡胶等构成。这种贴标机的特点是真空转鼓具有起标、贴标及进行标签盖印和涂胶等作用。

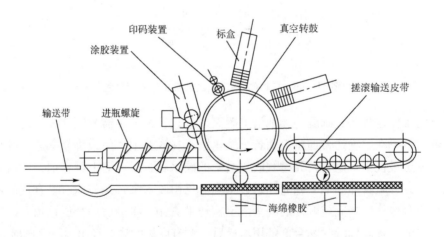

图 11-68 真空转鼓贴标机

该机的工作过程为：由输送带送入的玻璃罐经进罐螺旋分隔成一定间距，并送往作逆时针旋转的转鼓处，转鼓圆柱面上间隔均布有若干取标区段和橡胶区段。在每个取标区段设有一组真空孔眼，其真空的接通或切断靠转鼓中的滑阀运动来实现。标盒在连杆凸轮组合机构的带动下作移动和摆动的复合运动。当有瓶罐送来时，标盒即向转鼓靠近，标盒支架上的滚轮则碰触相应取标区段的滑阀活门，接通真空并吸取一张标纸。其后，标盒再跟随转鼓摆动一段距离，待标纸全部被转鼓吸附后再离开。带标纸的转鼓取标区段转经印码装置、涂胶装置时，标纸分别被打印上出厂日期和涂上适量黏合剂。当依附在转鼓上的标签再转至与（由进罐螺旋送来的）瓶罐相遇时，该取标区段的真空即被滑阀切断，标纸失去真空吸力而黏附在瓶罐上。随后瓶罐楔入转鼓上的橡胶区段与海绵橡胶衬垫之间，瓶罐在转鼓的摩擦带动下开始自转，标纸被滚贴在罐身。最后，瓶罐经输送带与海绵橡胶衬垫的搓动前移，罐身上的商标纸被滚压平整且粘贴牢固。

本机具有无瓶时不供标纸、无标纸不打印、无标纸时不涂胶的联锁控制系统。

二、 喷码机

喷码机是一种工业专用生产设备，可在各种材质的产品表面上喷印上（包括条形码在内的）图案、文字、即时日期、时间、流水号、条形码及可变数码等，是集机电于一体的高科技产品。

喷码机具有以下特点：①喷码机喷印符合国际标识标准，可提高产品的档次；②由于是非接触式喷印，可用于凹凸不平的表面和精密、不可触碰加压的产品；③可变、实时的喷印信息可追溯产品源头，控制产品质量；④可以适合高速的流水生产线，提高生产效率；⑤标识效果清晰干净，信息可多行按需喷印；⑥可直接喷印在不同的材质产品表面，不易伪造。

喷码机在食品行业有广泛应用，主要用于饮料、啤酒、矿泉水、乳制品等生产线上，也已在副食品、香烟生产中得到应用。喷码机既可用于流水线中的个体包装物喷码，也可用于外包装的标记信息喷码。

（一）喷码机基本原理与类型

喷码机一般安装在生产输送线上。对产品进行喷码的基本原理如图 11 – 69 所示。喷码机根据预定指令，周期性地以一定方式将墨水微滴（或激光束）喷射到以恒定速度通过喷头前方的包装（或不包装）产品上面，从而在产品表面留下文字或图案印记效果。

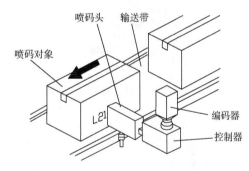

图 11 – 69 喷码机一般工作原理

喷码机有多种型式，总体上可分为墨水喷码机和激光喷码机两大类。两种类型的喷码机均又可分为小字体和大字体两种型式。

墨水喷码机又可分为连续墨水喷射式和按需供墨喷射式；按喷印速度分超高速、高速、标准速、慢速；按动力源可分内部动力源（来自内置的齿轮泵或压电陶瓷作用）和外部动力源（来自外部的压缩空气）两类。

激光喷码机也可分为划线式、多棱镜式和多光束点阵式三种。前两种只使用单束激光工作，后者利用多束激光喷码，因此也可以喷写大字体。

（二）墨水喷码机

1. 连续喷射式墨水喷码机

这种喷码机，由于只有一个墨水喷孔，喷印字体较小，因此称为小字体喷码机。其工作原理如图 11 – 70 所示。在高压力作用下，油墨进入喷枪，喷枪内装有晶振器，其振动频率约为 62.5kHz，通过振动，使油墨喷出后形成固定间隔点，同时在充电极被充电。带电墨点经过高电压电极偏转后飞出并落在被喷印表面形成点阵。不造字的墨点则不充电，故不会发生偏转，直接射入回收槽，被回收使用。喷印在承印材料表面的墨点排成一列列，它们可以为满列、空列或介于两者之间。垂直于墨点偏转方向的物件移动 (或喷头的移动) 则可使各列形成间隔。

2. 按需滴落式喷码机

按需滴落式喷码机，也称为 DOD (drop on demand) 式喷码机。其喷码机头的构成如图 11 −71 所示。喷头内装有 7 只能高速打开和关闭的微型电磁阀而非晶振，要打印的文字或图形等经过电脑处理，给 7 只微型电磁阀发出一连串的指令，使墨点喷印在物件表面形成点阵文字或图形。

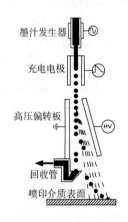

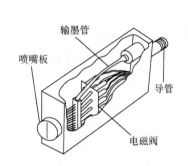

图 11 −70 连续墨水喷射式喷码机原理　　　图 11 −71 DOD 式喷码头结构示意

由于喷射板上每个喷孔由一个相对应的阀控制，这种喷码机在同一时刻喷出的墨滴数量和范围理论上没有什么限制。因此，这种喷码机通常也称为大字体喷码机。

3. 压电陶瓷喷码机

压电陶瓷喷码是一种新型喷码技术。这种喷码方式可在 2cm 左右的范围内使 128 个喷嘴同时工作，进行喷印。其喷印出来的字体效果与印刷品极为相似。这种新出现的喷印方式正越来越得到用户的认可，并逐渐取代点阵字体的喷印方式。

压电陶瓷新型喷码机有以下特点：用墨水自然流动到喷头的方法进行喷印，没有泵、过滤装置、晶振等部件；也不分大小字体，一台机器可以实现既喷大字又喷小字的任务；墨水的喷射压力较小，其喷印的距离相对较近，原则上说，喷印距离越近，其喷印效果越好。所以采用压电陶瓷技术的喷码机对异形物体如包装好以后的塑料带、表面凹凸不平的材质，喷印效果较差。但表面平整的物体，如纸盒、包装箱、瓶盖等物体表面，其喷印效果要比大字机和小字机完美得多。

(三) 激光喷码机

激光喷码机的基本工作原理是激光以极高的能量密度聚集在被刻标的物体表面，在极短的时间内，将其表层的物质汽化，并通过控制激光束的有效位移，精确地灼刻出精致的图案或文字。激光可以在物品表层刻蚀形成无法拭除的永久标记。

1. 划线式激光喷码机

划线式激光喷码机原理如图 11 – 72 所示，运用的是镜片偏转连续激光束的原理，镜片由高速旋转的微电机控制。从激光源产生的激光束，先通过两个镜片折射，再经过聚光镜，最后射到待喷码物体表面产生烧灼作用。由于有两个折光镜片，并且镜片的转动很快，因此，可以得到连续线条的字迹效果。使得这种形式的喷码机既可在运动的也可在静止的表面进行高速标刻。

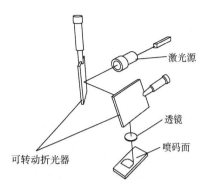

图 11 – 72　划线式激光喷码机原理

2. 多棱镜扫描式激光喷码机

多棱镜扫描式激光喷码机也使用单束激光。图 11 – 73 为这种喷码机的工作原理图示。由激光器产生的激光束与高速转动的多棱镜相遇（激光光束与多棱镜的轴相垂直），多棱镜上各面使光束只在物体表面的一定位置作直线扫描。因此这种形式的喷码机必须有物体运动的配合才能得到所需要的字迹或图案效果。

3. 点阵式激光喷码机

这种喷码机原理如图 11 – 74 所示，它很类似于 DOD 喷墨式喷码机工作原理。受控制的多束光成直线状排列通过聚光镜，与移动的物体相遇，在其表面产生标记。

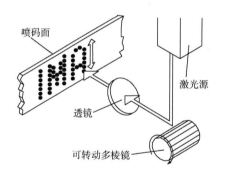

图 11 – 73　多棱镜扫描式激光喷码机原理

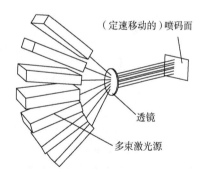

图 11 – 74　点阵式激光喷码机原理

第七节　外包装机械设备

外包装机械设备用于将内装食品的罐、瓶、袋、盒、杯等集合装入外包装容器。内包装容器因形状、材料各不相同，因而外包装机械的种类和型式较多。但它们的工作原理和操作程序基本上大同小异。

外包装作业一般包括四个方面：外包装箱的准备工作（例如将成叠的、折摺好的扁平的纸箱打开并成形），将装有食品的容器进行装箱，封箱；捆扎等四道工序。完成这四种操作的机械分别称为成箱机、装箱机、封箱机、捆扎机（或结扎机）。近代在这些单机不断改进发展的同时，又出现了全自动包装线，把内包装食品的排列、装箱和捆包联合起来，即在联动机组上实现分步完成小件食品的集排装箱、封箱和捆包操作。

一、装箱机

装箱机用于将罐、瓶、袋、盒等装进瓦楞纸箱。装箱机型式因产品形状和要求不同而异。可分为两大类型：

（1）充填式装箱机　由人工或机器自动将折叠的平面瓦楞纸箱坯张开构成开口的空箱，并使空箱竖立或卧放。然后将被包装食品送入箱中。竖立的箱子用推送方式装箱，卧放的箱子利用夹持器或真空吸盘方式装箱。

（2）包裹式装箱机　将堆积于架上的单张划有折线的瓦楞纸板一张张地送出，将被包装食品推置于纸板的一定部位上，然后再按纸板的折线制箱，并进行胶封，封箱后排出而完成作业。

（一）圆罐装箱机

圆罐装箱机于属于充填式装箱机，是一种供镀锡薄钢板圆罐装箱用的机器。它通过分道器，使罐头横卧滚入贮罐区，排列好后，一并推入一端开口的纸板箱内。

该机主要结构如图 11 – 75 所示，由进罐、存罐、推罐、插衬纸板、折桌、传动系统等组成。

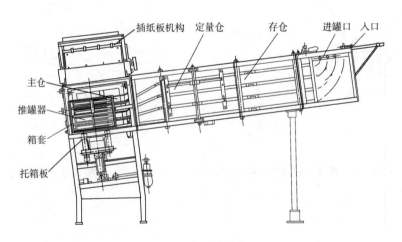

图 11 – 75　圆罐装箱机

机器的工作过程为：

（1）进罐　来自贴标机的罐头沿可调轨道滚至进罐入口，分成 3 路或 4 路落入贮罐部分。

（2）贮罐　经分挡几路后的罐头，先后通过存仓和定量仓区，最后贮存于主仓。主仓的大小可根据装箱规格（如每箱 24 罐或 12 罐，对应于 6×4 罐或 4×3 罐）进行调节。

（3）推罐入箱　由人工将空瓦楞纸箱坯张开并套在箱套上，再用托箱板托住。通过脚踏开关给出装箱指令，机器随即将主仓所贮罐头分批推入箱中。

（4）插衬纸板 为避免多层装箱的罐头碰撞受损，当装完一层罐头后，机器自动送下一张（成叠竖立存放在主仓上方的）衬纸板，备推罐时同时推入箱中，使每层罐头之间隔开。待罐头按装箱规格分路分层装满纸箱后，自动发出满箱信号，箱子被托箱板放下，落于出箱滚道上，再输入下道工序。

（二）成形式装箱机

成形式装箱机为较新型的装箱设备，它比上述装箱机多一道瓦楞纸箱成形机构。它将预先把瓦楞纸板折成筒状双层瓦楞纸片，并粘封好送上机器，在机器上再把纸板打开形成纸箱，然后再进行装箱、封箱等工序。它适用于塑料袋装食品如干面条等的包装。

该机装箱过程如图11-76所示，存放在机架上的折扁瓦楞纸箱，用吸盘逐块取出后，张开成为空箱，送到装箱工位。同时，聚集的（塑料薄膜包装好的）枕形食品由输送带送到装箱机的填充工位，由填装推进器随即将其推入预置好的空箱中。装箱后的瓦楞纸箱沿送出输送带往前移动，在移动过程中，由电热熔化的树脂涂敷器通过喷头往箱子的里折叶上喷涂树脂，同时折叶器将里折叶折弯。箱子到达加压部位时，加压器在短暂时间内对已成形的箱子折叶加压，到此箱子即封好送出。上述过程全由设在机身内部的电动机和控制计数器进行驱动和控制。

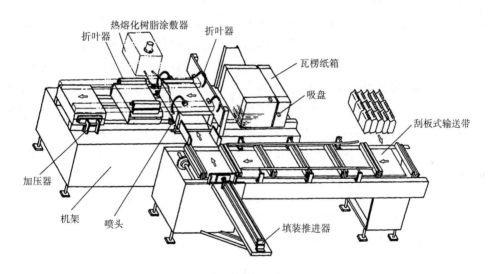

图11-76 成形式装箱机图

这类装箱机不仅适用于枕形塑料袋的包装，而且也可用于罐头、盒状食品的包装。

该机的特点有：机器较紧凑，若箱子粘住打不开时，机器的安全装置可使推进器停止动作，不再装箱，并有信号灯指示报警，由于改为侧开口式瓦楞纸箱，瓦楞纸的用量也可节省。

二、封箱机

封箱机是用于对已装罐头或其他食品的纸箱进行封箱贴条的机械。根据黏结方式可将封箱机分为胶黏式和贴条式两类。由于胶黏剂或贴条纸类型不同，上述两类机型内还存在结构上差异。

一种常见封箱机结构如图 11-77 所示，主要由滚道、提升套缸、步伐式输送器、折舌、上下纸盘架、上下水缸、压辊、上下切纸刀、气动系统等部分组成。

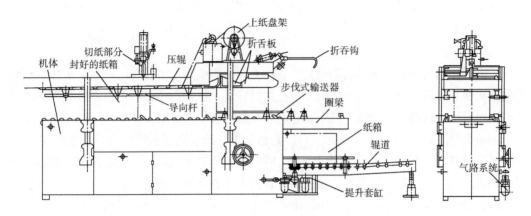

图 11-77　封箱机

机器的主要工作过程为：前道装箱工序送来的已装箱的开口纸箱进入本机辊道后，在人工辅助下，纸箱沿着倾斜辊道滑送到前端，并触动行程开关，这时辊道下部的提升套缸始升起，把纸箱托送到具有步伐式输送器的圈梁顶上，纸箱到位后即接通信号，发出动作指令，步伐式输送器即开始动作。步伐式输送器推爪将开口纸箱推进拱形机架。在此过程中，折舌钩首先以摆动方式将箱子后部的小折舌合上，随后由固定折舌器将纸箱前部的折舌合上，此后再由两侧折舌板将箱子的大折舌合上并经尾部的挡板压平服。完成折舌的纸箱被推入压辊下，并被推至下一道贴封条工序。用作封条的纸带装在上纸盘架上。纸带通过支架引出后，经过涂水装置使骨胶纸带润湿，再引到纸箱上部（纸箱下部也有同样的贴封条装置），由上压辊压贴在箱子上。箱子随着输送机推爪往前输送的过程，逐步将纸带从前往后粘贴到箱子上，步伐式输送器的推爪再将纸箱往前推送到切纸部分，待箱停稳后切刀向下运动（下部切刀向上运动）将纸带切断。装于切刀两侧的滚轮，随之将前一箱子的后端和后一箱子的前端的纸带滚贴到箱子上，使上下封条成"┌┐"、"└┘"形封住箱子。封箱完毕的纸箱再由推爪输送到下一工序。若使用不干胶封条，则涂水装置可以不用。

三、捆扎机

捆扎机是利用各种绳带捆扎已封装纸箱或包封物品的机械。如果主要是用来捆扎包装箱的，则常称为捆箱机。捆扎机发展很迅速，种类繁多，型式各异。

捆扎机，按操作自动化程度，可分为自动和半自动两种，按捆扎带穿入方式可分为穿入式和绕缠式两种，按捆扎带材料可分为纸带、塑料带和金属带捆扎机等。

图 11-78 所示为两种较典型的捆扎机。图 11-78（1）为同时捆扎两条带子的捆扎机外形图，图 11-78（2）为全自动捆扎机。全自动捆扎机配有自动输送装置和光电定位装置。输送带将捆扎物送到捆扎机导向架下，光电控制机构探测到其位置后，即触发捆扎机对物件进行捆扎，然后再沿输送带送出。目前食品工业多用聚丙烯带（又称 PP 带）作捆扎带。

图 11 - 79 所示为常用的使用 PP 带的捆扎机结构，该机主要由机架、聚丙烯带卷筒、贮带箱、带子进给和张紧机构、拱形导轨、加热器、封结器及传动机构和控制装置等部分组成。被包装物放在工作台上，即可进行捆扎作业。这种捆扎机适用性广，捆扎物的最大尺寸约为 600mm × 400mm，捆扎速度可达 2.5 ~ 3s/次。

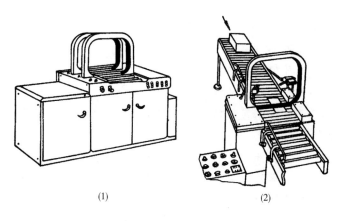

(1)　　　　　　　(2)

图 11 - 78　两种捆扎机

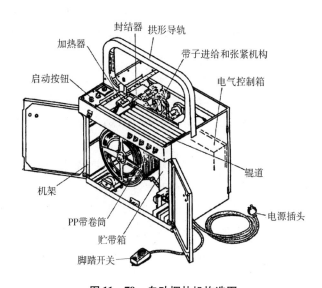

图 11 - 79　自动捆扎机构造图

（图中标注：封结器　拱形导轨　加热器　带子进给和张紧机构　启动按钮　电气控制箱　辊道　机架　PP 带卷筒　贮带箱　电源插头　脚踏开关）

捆扎机的工作过程为：插上电源插头、按下启动按钮，将需要捆扎的包装箱放在装有一系列可转动的辊道的工作台面上，送至拱形导轨下面等待捆扎。踩动脚踏开关后，捆扎机的执行机构开始动作，穿过拱形导轨的聚丙烯带绕被捆扎物一周，带子随即被抽紧机构抽紧，这时封结器、加热器工作，使其压紧带子端头并熔接、切断，捆扎完毕后推出被捆扎物。捆扎机内的聚丙烯带又被抽拉并送进拱形导轨，绕一周后进入封结器，准备好进行下次捆扎作业。

本章小结

食品包装机械设备可分为内包装机械和外包装机械两大类。内包装机械设备可分为装料、封口和装料封口机三类。外包装机械设备主要有装箱机、封箱机、捆扎机等。与包装相关的辅助设备有贴标机、喷码机等。

液体食品常用液位法和（量杯和计量泵之类）容积法定量。固体食品只有密度和形状均匀的物料可采用容积定量，其他多采用称重定量，也可采用计数定量。液体食品可采用常压、等压、真空三种方式进行灌装。常压灌装机用于一般料液，等压灌装机适用于含气料液，真空灌装机常用于低黏度非含气或氧敏性料液的灌装。

封口设备包括金属罐头卷边封口机、各类材质瓶子的旋盖和压盖封口机、柔性包装材料的热合封口机等。根据封口时包装材料内部的气压状态，封口设备可以分为常压封口机和真空封口机。

集装料和封口于一体的内包装机械设备可以分为两大类。一类是用于固体物料的普通环境装料封口机械设备。这类设备常使用卷状包装材料在包装机上制成袋状或盒状的包装容器，其封口可以在常压、真空或充气状态下进行。第二类是用于液体食品的无菌包装机。

无菌包装机可用不同形式的包装材料。应用柔性包装材料的无菌包装机可以分为三类。第一类是使用卷材的无菌包装机，如利乐无菌包装机等。第二类是使用预制盒的无菌包装机，如康美包无菌包装机等。第三类是使用大容量无菌袋的无菌包装机。此外，其他包装形式的包装容器（塑料瓶、玻璃瓶、塑料盒和金属罐等）也有相应的无菌包装设备。

贴标机有多种形式，主要区别在于取标、上胶水和包装物在贴标过程中行进方式不同。圆形金属罐头以滚动方式进行贴标、贴半标的玻璃瓶可以用龙门式贴标机。真空转鼓贴标机除了贴标以外还可进行标签盖印。

喷码机可分为喷墨式和激光式两大类型。每一类型又可分成扫描式和点阵式等。喷墨式喷码机的耗材是墨水。激光式利用激光能在物体表面灼烧产生字符，因此它不使用耗材。

装箱机多用于瓦楞箱包装，大致可分为瓦楞箱坯装箱机、成箱式的瓦楞纸箱装箱机和包裹式的瓦楞纸坯装箱机。

用于纸箱封箱贴条的机械设备有胶粘式和贴条式两类。前者又有采用溶剂型胶黏剂或热熔胶黏剂之分；后者也可分为采用骨胶纸带或不干胶带的两种类型。

捆扎机按操作的自动化程度可分为自动捆扎机和半自动捆扎机，按捆扎带穿入方式分为穿入式捆扎机和绕缠式捆扎机，按捆扎带的材料分为纸带捆扎机、塑料带捆扎机、金属捆扎机等。

🔍 思考题

1. 与食品加工过程关系较密切的包装设备有哪些类型？
2. 液体食品的定量方式有哪些？它们的定量精度与什么有关？
3. 试举例说明不同液态食品宜采用的灌装设备。
4. 液体食品常用灌装方式有哪些？
5. 固体物料常用什么方式定量？为什么固体食品定量包装设备大多为专用型？
6. 试述罐头封口原理。卷边滚轮运动与罐头容器相对运动有哪两种方式？
7. 保证包装产品无菌的条件有哪些？无菌包装设备哪些关键区域与系统需要无菌化？
8. 试比较分析卷材式与预制盒式无菌包装设备的特点。
9. 试述常见无菌包装机中包装材料的无菌化措施。
10. 分析讨论不同类型喷码机在食品生产中应用时必须具备的条件。

自测题

一、判断题

（　　）1. 单室真空灌装机有利于含芳香气味液料的灌装。

（　　）2. 双室式真空灌装机的贮液箱处于常压状态。

（　　）3. 对于相同物料，真空灌装不一定比常压灌装速度快。

（　　）4. 液位式定量灌装的误差主要由瓶子形状引起。

（　　）5. 汽水灌装机一般与封盖机组成灌装封口机组。

（　　）6. 液位定量一般比容积定量来得精确。

（　　）7. 等压灌装机一般都需要有空气压缩机配套。

（　　）8. 气动式升降机构适用于不含气饮料的灌装。

（　　）9. 螺杆式定量填充机适用于装填密度较大的物料。

（　　）10. 一台封罐机可有多个封口头。

（　　）11. 但每个封口头只能有一对卷边滚轮。

（　　）12. 罐头卷边封口的一对滚轮，头道滚轮比较浅。

（　　）13. 无汤汁罐头可采用卷边滚轮径向进给方式封口。

（　　）14. 防盗盖与皇冠盖的封口原理不同，因此不能用同一台封盖机封口。

（　　）15. 四边封口的软包装袋型只能用两卷包装薄膜的包装机产生。

（　　）16. 生产三边封口包装袋型的包装机只使用一卷包装薄膜带。

（　　）17. 全自动热成型包装机一般自动完成装填操作。

（　　）18. 输送带式真空包装机适用于多汤汁产品封口操作。

（　　）19. 连续喷射式墨水喷码机可以喷大字体。

（　　）20. 压电陶瓷喷码机较适用于对表面平整的物体喷码。

（　　）21. 成形式装箱机只适用于枕形塑料袋装食品的包装。

（　　）22. 无菌包装一般只适用于小包装食品，如无菌乳的包装。

（　　）23. 无菌包装设备内一般有一个对产品进行无菌化处理的机构。

（　　）24. 复合材料无菌包装机一般不用过氧乙酸对包装材料进行灭菌。

（　　）25. 一般无菌包装机用过热蒸汽对包装环境进行预灭菌处理。

二、填充题

1. 各类灌装机根据运动方式可分为_____型和_____型两大类。

2. 各类灌装机根据灌装压力可分为常压式、_____式和_____式三大类。

3. 液体食品灌装机的定量机构有三种形式：_____式、_____式、定量泵式。

4. 灌装机的容器升降机构有三种形式，即_____式，_____式和气动 - 机械混合式。

5. 固体装料机按定量方式分为_____定量、称量定量和_____定量三种类型。

6. 固定容积式定量型式有：_____式、转鼓式、柱塞式和_____挤出式等。

7. 固体物料充填机的称重定量可以有间歇式、_____式和_____式三种方式。

8. 计数式充填机按计数的方式不同，可分为_____计数充填机和_____计数充填机两类。

9. 单件计数式采用_____计数、_____计数、扫描计数方法对产品逐件计数。

10. 多件计数充填机常采用_____计数装置、_____计数装置、推板式计数装置。

11. 模孔计数装置按结构形式分为_____式、转鼓式和_____式等。

12. 卷边封口主要用于_____罐、_____罐等金属容器。

13. 封罐机直接参与完成卷边封口的部件包括压头、托底板、_____滚轮和_____滚轮。

14. 二重卷边作业的头道滚轮的槽型曲线_____，二道滚轮的槽型曲线_____。

15. 旋合式玻璃瓶封口机将带四个_____的瓶盖旋转_____转即获得密封。

16. 多功能封盖机对皇冠盖玻璃瓶封口时采用_____机构，对防盗盖封口时采用_____机构。

17. 袋装食品包装封口机械有两类：一类进行_____－充填－封合，另一类_____袋封口。

18. 旋转式真空包装机由一个_____转台和抽真空_____转台组成。

19. 全自动热成型包装机可在同一机上完成_____、_____及热封。

20. 无菌包装机在无菌条件下将_____食品装入_____容器。

21. 卷材成型无菌包装机主要由包装材料_____、纸板成型_____、充填和分割等机构。

22. Tetra Pak 型砖形盒无菌包装机的辅助部分有提供_____空气和_____等的装置。

23. 预制盒式无菌包装机的典型机种有_____无菌包装机，它使用包材是_____预制盒坯。

24. 康美包装机也使用对_____和_____空气对包装容器灭菌。

25. 大袋无菌包装机将_____后的料液灌装到_____袋内。

26. 热灌装无菌包装机将液料_____后，瓶子倒置一段时间，对_____进行的热杀菌。

27. 贴标机按容器运动方向可分为_____贴标机和_____贴标机。

28. 贴标机按容器运动形式可分为_____式和_____式贴标机等。

29. GT8C2 型贴标机是一种用于_____马口铁罐头的_____贴标机。

30. 龙门式贴标机是一种用于_____罐的贴标机，标纸的长度大致等于_____瓶身周长。

31. 真空转鼓式贴标机的真空转鼓具有_____、贴标及进行标签_____和涂胶等作用。

32. 喷码机既可用于流水线中的_____包装物喷码，也可用于_____的标记信息喷码。

33. 喷码机总体上可分为_____喷码机和_____喷码机两大类。

34. 喷码机均又可分为_____字体和_____字体两种形式。

35. 墨水喷码机可分为_____墨水喷射式和_____供墨喷射式。

36. 激光喷码机可分为_____式、_____式和多光束点阵式三种形式。

37. 装箱机的两大型式是：_____式和_____式。

38. 根据黏结方式可将封箱机分为_____式和_____式两类。

39. 捆扎机按自动化程度分为_____和_____两种。

40. 捆扎机按按捆扎带穿入方式可分为_____式和_____式两种。

三、选择题

1. 一般间歇式真空充气包装机每分钟操作次数为_____。

A. 1~2 次　　　　　　B. 2~4 次　　　　　C. 4~6 次　　　　　D. 6~8 次

2. 工作时要求被喷码表面的静止喷码方式为_____。

A. 划线激光式　　　　B. 压电陶瓷式　　　　C. 墨水连续喷射式　　D. DOD 式

3. 矿泉水灌装，适宜的机型为_____。

A. 等压灌装式　　　　B. 单室真空式　　　　C. 双室真空式　　　　D. 机械压力式

4. 不宜用常压式灌装的液体食品为_____。

A. 白酒　　　　　　　B. 牛乳　　　　　　　C. 可乐　　　　　　　D. 矿泉水

5. 酸乳灌装宜采用的定量方式为_____。

A. 量杯式　　　　　　B. 定量泵式　　　　　C. 液位式　　　　　　D. 称重式

6. 大包装无菌包装机一般不涉及_____。

A. 包装容器的成型　　B. 包装容器的杀菌　　C. 包装环境的杀菌　　D. A 和 B

7. 视密度稳定的乳粉填充适宜的定量方式为_____。

A. 容积　　　　　　　B. 重量　　　　　　　C. 液位　　　　　　　D. A 和 B

8. 无菌包装机对包装材料进行灭菌处理常采用_____。

A. 过氧化氢溶液　　　B. 无菌空气　　　　　C. 过氧乙酸　　　　　D. 蒸汽

9. 多汤汁罐头卷边封口宜采用的方式为_____。

A. 罐头固定不动　　　　　　　　　　　B. 封口滚轮径向进给

C. 封口滚轮渐进线进给　　　　　　　　D. B 或 C

10. 以下对软袋真空封口强度没有影响的因素是_____。

A. 薄膜袋材料和封口条压紧程度　　　　B. 加热条功率

C. 封口时间　　　　　　　　　　　　　D. 抽真空时间

11. 以下真空包装机型式中，还可进一步分为单盖和双盖型的是_____。

A. 台式　　　　　　　B. 双室式　　　　　　C. 单室式　　　　　　D. 斜面式

12. 量杯式定量机构一般用于_____。

A. 含气液体　　　　　B. 低黏度液体　　　　C. 高黏度液体　　　　D. 易挥发液体

13. 旋合式封口适用于_____。

A. 金属容器　　　　　B. 玻璃容器　　　　　C. 塑料容器　　　　　D. B 和 C

14. 罐身固定式二重卷边封口_____。

A. 适用异形罐　　　　　　　　　　　　B. 利用偏心机构完成

C. 卷边滚轮仅作径向运动　　　　　　　D. 适用于不含汤汁内容物

15. FFS 型无菌包装机使用的包装材料为_____。

A. 卷材　　　　　　　B. 预制盒　　　　　　C. 玻璃瓶　　　　　　D. 塑料瓶

16. 灌装机用的定量泵一般为_____。

A. 活塞泵　　　　　　B. 离心泵　　　　　　C. 转子泵　　　　　　D. 齿轮泵

17. 压盖封口适用于_____。

A. 金属容器   B. 玻璃   C. 塑料   D. 纸杯

18. 自动制袋充填包装机_____。

A. 只能四边封口   B. 只能三边封口

C. 只能两端封口   D. 既可连续式也可间歇式

19. STAR – ASEPT 无菌包装机的包装材料为_____。

A. 卷材   B. 玻璃瓶   C. 无菌大袋   D. 预制复合纸盒

20. 常压灌装法_____。

A. 灌装时容器与大气隔断   B. 灌装时容器与大气相通

C. 只能用于低黏度料液   D. 只能用于高黏度料液

21. 自动制袋充填包装机_____。

A. 只能四边封口   B. 只能三边封口

C. 可以中缝式两端封口   D. 不包括定量机构

22. 液体物料装料机操作一般不涉及_____。

A. 玻璃瓶   B. 金属罐   C. 定量   D. 封口

23. 回转式灌装机_____。

A. 为常压式   B. 为真空式

C. 常有瓶罐升降机构   D. 为等压式

24. 真空灌装法_____。

A. 贮液箱与待装容器压力相等   B. 贮液箱与待装容器真空度不相等

C. 贮液箱与待装容器压力既可相等也可不等 D. 适用于含气料液的灌装

25. 二重卷边封口过程中与罐身接触的封罐机部件不包括_____。

A. 压头   B. 托底板   C. 头道滚轮   D. 二道滚轮

26. 小包装无菌包装机正常操作_____。

A. 要求设备周围环境无菌   B. 必须预先制好包装盒

C. 要求所用的包材料为无菌   D. 要求进入机器的物料为无菌

27. 液体食品灌装机定量方式常用_____。

A. 容积式   B. 重量式   C. 压力式   D. 真空式

28. 真空灌装法不适用于_____。

A. 糖水   B. 盐水   C. 清汤   D. 可乐

29. 液位定量机构定量精度易受_____。

A. 容器高度影响   B. 容器直径影响

C. 容器精度影响   D. 容器形状影响

30. 灌装机中广泛使用的瓶罐升降机构形式为_____。

A. 气动式   B. 机械式   C. 气动 – 机械混合式 D. 螺旋式

31. 罐身自转式二重卷边封口_____。

A. 适用圆形罐   B. 利用凸轮机构完成

C. 卷边滚轮作径向周向复合运动   D. 适用于含汤多内容物

四、对应题

1. 找出以下有关包装机特征的对应关系，并将第二列的字母填入第一列对应的括号中。

（1）罐头封口机（　　　）　　　　　A. 皇冠盖

（2）塑料瓶无菌包装机（　　　）　　B. 塑料膜卷材

（3）制袋填充封包装机（　　　）　　C. 利用蒸汽排气

（4）旋盖封口机（　　　）　　　　　D. 无菌水冲瓶装置

（5）压盖机（　　　）　　　　　　　E. 二重卷边滚轮

2. 找出以下有喷码机的特点的对应关系，并将第二列的字母填入第一列对应的括号中。

（1）连续墨水喷码机（　　　）　　　　　A. 可喷大小字体

（2）压电陶瓷喷码机（　　　）　　　　　B. 可对静止和运动物体喷码

（3）划线式激光喷码机（　　　）　　　　C. 使用单束激光对运动物体喷码

（4）多棱镜扫描式激光喷码机（　　　）　D. 与 DOD 喷墨式喷码机原理相似

（5）点阵式激光喷码机（　　　）　　　　E. 只有一个墨水喷孔

第十二章
热杀菌机械设备

杀菌是食品加工过程中最重要的环节之一。许多食品需要经过相应的杀菌处理之后，才能获得稳定的货架期。

食品杀菌方法可分为热杀菌和冷杀菌两大类。热杀菌是借助于热力作用将微生物杀死的杀菌方法；除了热杀菌以外所有杀菌方法都可以归类为冷杀菌。尽管人们早就认识到，热杀菌同时也会对食品营养或风味成分造成一定的影响，并且也在冷杀菌方面进行了大量的研究，但到目前为止，热杀菌仍然是食品行业的主要杀菌方式。

根据杀菌处理与食品包装的顺序，可以将热杀菌分为包装食品和未包装食品两类方式。前者如罐头类食品的杀菌，后者如无菌包装的食品热处理。

冷杀菌可以分为物理法和化学法两类。已经出现的物理冷杀菌技术包括电离辐射、超高压、高压脉冲电场等杀菌技术。其中，电离辐射杀菌的应用最为成熟，但应用范围仍然有限，其他冷杀菌设备的应用尚存在较大的局限性。因此本书不专门介绍冷杀菌设备，感兴趣的读者可参见相关参考文献。

第一节 罐头食品杀菌机械设备

罐头食品杀菌机械设备，通常是指用于密封罐头加热杀菌的机械设备。这里需要指出，某些容器包装并密封的食品虽不称为罐头，例如，瓶装的饮料和啤酒等，也可常用以下介绍的某些设备进行杀菌。

罐头食品杀菌机械设备，按操作方式可以分为间歇式和连续式两大类。按杀菌操作压力，又可以分为常压杀菌设备和高压杀菌设备。

一、间歇式杀菌设备

间歇式罐头杀菌设备有多种形式，按杀菌锅安装方式分立式和卧式杀菌锅。立式杀菌锅又可分为普通立式杀菌锅和无篮立式杀菌锅；卧式杀菌锅可以分为普通卧式杀菌锅、回转式杀菌锅、浸水式和喷淋式杀菌锅等。

（一）立式杀菌锅

立式杀菌锅容量较小，既可用于常压杀菌，又可用于高压杀菌，一般适用于小规模生产的场合。其外形与结构如图 12-1 所示，主体由圆柱筒形锅体和锅盖组成。锅盖铰接于锅体边缘，与锅盖相连的平衡锤起开锅省力作用。锅盖和锅体由蝶形螺栓或自锁嵌紧块密封。锅盖上有安全阀、放气阀、冷却水盘管及冷却水接管口（未画出）；锅体上有蒸汽进管、冷水排放管、温度计和压力表。

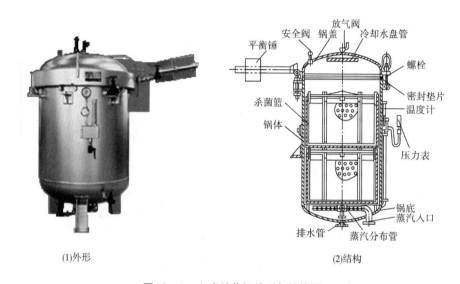

(1)外形　　　　　　　　　　　　(2)结构

图 12-1　立式杀菌锅外形与结构图

立式杀菌锅通常以半地下形式安装（如图 12-2 所示）。杀菌篮（如图 12-3 所示）进出锅通过电动葫芦操作实现。电动葫芦挂于杀菌锅上方的型钢轨道上，使电动葫芦沿型钢移动，就可以实现杀菌篮在平地上装卸。

图 12-2　车间内安装的立式杀菌锅

图 12-3　杀菌篮

上面已经提到，立式杀菌锅是一种既可用于常压、也可用于高压杀菌的设备。操作过程均采用手动与自动控制结合的方式。以下根据图 12 – 4 所示的立式杀菌锅典型管路连接，分别对高压杀菌和常压杀菌过程作简要介绍。

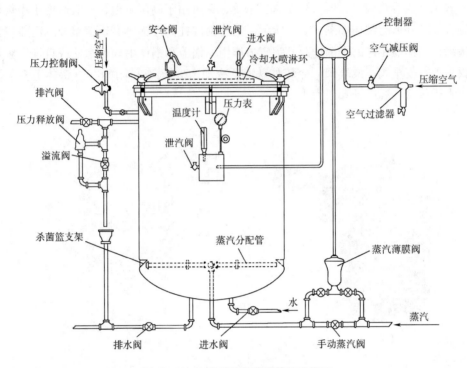

图 12 – 4　立式杀菌锅典型管路连接图

立式杀菌锅用作高压杀菌时，一般用蒸汽作加热介质。杀菌操作过程一般包括：装锅密封、排气升温、保温杀菌、反压冷却、开锅出罐等步骤。具体操作如下：①将要杀菌的罐头装入杀菌篮，吊入杀菌锅；②盖上锅盖并加以密封；开启手动蒸汽阀，同时将锅盖上的泄气阀打开，待泄汽阀出来的气体呈青气（表明内部排出的气体全为蒸汽）后，将泄汽阀和手动蒸汽阀关闭，同时改用由控制器控制的蒸汽薄膜阀供汽；③待锅内压力（温度）升至预定杀菌压力（温度），由调节控制器控制的蒸汽阀会自动闭合，保持锅内温度恒定；④保温杀菌到达预定时间后，将蒸汽薄膜阀关闭，同时打开压缩空气阀和通入锅盖冷却盘管的冷却水阀，通过冷却环管喷嘴朝锅内喷淋冷水，对罐头进行反压冷却；⑤当锅内温度降到一定值后，便可关闭压缩空气阀，同时将溢流阀和锅下方的冷却水阀打开，继续对罐头进行冷却；⑥冷却过程结束后，关闭冷却水阀，便可打开锅盖，将杀菌篮吊出卸罐，同时打开杀菌锅下方的排水阀排尽锅内的冷却水，就此完成一个杀菌周期。

常压杀菌一般采用热水作加热介质对酸性食品进行杀菌。其操作过程一般包括进水预热、装罐升温、保温杀菌、冷却和出锅等步骤。杀菌锅内的水面要求高出最上层罐头至少10cm。锅内的水由蒸汽直接加热。升温时，可开启手动蒸汽阀，但需要注意观察杀菌锅上的温度计，温度达到预定的恒定值后就需要关闭该阀门，改用气动控制。另外需要注意的是，如果罐头为玻璃罐，则预热温度不能过高，以免热冲击导致玻璃瓶破裂。冷却时，需要打开溢流水阀。

进入杀菌锅的蒸汽采用薄膜阀和手动旁路阀两种方式控制。手动阀在每次加热升温时使用，也可在蒸汽薄膜阀失效时全程使用。蒸汽薄膜阀主要用于恒温时供汽调节，由气动温度控制器记录仪控制。图12-4所示控制器，是一种基于气体平衡原理的控制器，它的工作需要经过净化除杂的压缩空气配合，它有两个作用：一是根据设定值调节气动薄膜阀开启度；二是记录杀菌过程的温度和压力。需要指出的是，如今这种气动的温度记录显示和控制器，往往由电子式温度显示控制系统所取代。相应的气动薄膜阀也改用其他与电子控制相配的控制阀。

（二）无篮立式杀菌锅

无篮式杀菌锅是一种大型、无需杀菌篮的立式杀菌锅，外形如图12-5（1）所示，高约2.4m，直径约为1.83m，容积是普通立式杀菌锅的4~5倍。这种杀菌锅的装卸罐原理如图12-5（2）所示，杀菌锅通常安装在冷却水槽上方，借助于水的缓冲作用，可在无篮条件下安全地从罐顶进入杀菌锅，也可使处于冷却阶段的罐头安全地直接排入下方的冷却水槽中进一步冷却。图12-5（3）所示为一套无篮杀菌锅装置系统，通常将若干只杀菌锅一起安装在缓冲冷却水槽上方，水槽底设有输送罐头的输送带。

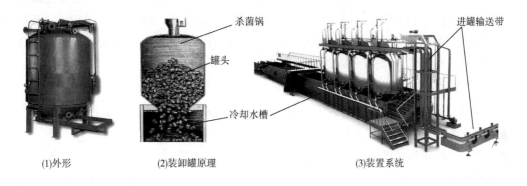

(1)外形　　　　　(2)装卸罐原理　　　　　(3)装置系统

图12-5　无篮立式杀菌锅

这种杀菌锅系统的操作过程可以图12-6所示的五锅驼机系统为例说明。

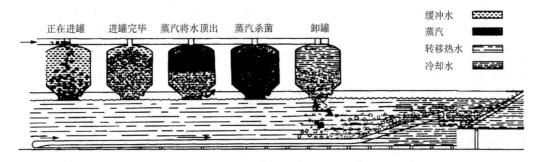

图12-6　无篮式杀菌锅系统操作示意图

（1）进罐　锅内预装一定温度缓冲水，通过输送带将罐头从锅上方投入锅内（罐头在无篮式杀菌锅中是随机排列的），同时打开溢流管口使水溢出。

（2）进罐完毕　当杀菌锅装满时，关闭输送带上的闸阀，通过液压关闭进料口盖，同时关闭溢流阀。

（3）蒸汽将水顶出　从锅顶分配管通入蒸汽，利用蒸汽压力使锅内的水从锅底通过排水管排出（排出的水可以收集，供另外一只杀菌锅使用）。

（4）蒸汽杀菌　随后的杀菌操作过程与上述立式杀菌锅的加压杀菌操作类似，主要经过排气、升温、保温。

（5）冷却和卸罐　冷却为两个阶段，先在锅在进行反压冷却，结束后开始卸罐，使罐头落在下方冷却水槽的输送带上，边输送边在常压下冷却。卸罐有两种方法：第一种方法是使缓冲水槽的水面正好保持在锅底门的下面。锅底门打开后，罐头落入缓冲水道中的输送带上。第二种方法是使缓冲冷却水槽的水位高于杀菌锅底盖，并且需要真空系统配合，这种方法用于大型罐头的卸罐。罐头卸完之后，关闭锅底门，即可进行下一锅的杀菌。

无篮式杀菌系统主要特点如下：①节省劳动力，5 台无篮杀菌锅仅需一人操作，其产量相当于 9 人操作 18 台四篮式静止高压立式杀菌锅；②节省能源，与普通方式杀菌锅相比，由于单位容积锅体的表面积小，使得热辐射损失少，且无杀菌篮耗热，另外无需要长时间排气而耗汽；③适用性、灵活性大，可以处理所有的标准罐型，可以在高达 135℃ 的各种温度下进行杀菌；④控制装置配置灵活，可根据需要选择配备从普通常规控制到全自动控制所需的检测仪表和控制装置。

（三）卧式杀菌锅

卧式杀菌锅目前仍然是我国罐头行业主要杀菌设备。卧式杀菌锅容量一般比普通立式的大，多用于高压杀菌，不适于常压杀菌。

图 12 - 7 所示为一种卧式杀菌锅的外形。这种杀菌锅的主体是由锅体与（铰接于锅体口、水平向开启的）锅门构成的平卧钢筒形耐压容器。被杀菌的罐头在锅内用杀菌笼装载，杀菌笼底一般带有小轮（因此也常称为杀菌车），沿设在锅底的两根平行轨道进出杀菌锅。一般卧式杀菌锅只有一个门，也有些容量大的杀菌锅在锅体两端分设两个门，目的是为了大批量生产时，实现更为方便的进出罐操作。

卧式杀菌锅筒体有直径和长度不同的系列产品，相应的生产能力通常以容积、容纳的杀菌笼数量，或某种型号的罐头数量表示。例如，GT7C5A 型和 GT7C5B 型卧式杀菌锅的容积分别为 $4.2m^3$ 和 $3.5m^3$，可分别为容纳 4 台和 3 台杀菌笼，每次装 776 型罐的数量分别为 3240 罐和 2430 罐。

卧式杀菌锅可用于不同形式的罐头杀菌，杀菌笼形式也因所载罐头形式不同，或者装卸罐方式不同而异。用于小形刚性罐头的杀菌笼多用敞口的底部带小滑轮的栅栏（或多孔板）方形容器。软罐头要用多层多孔杀菌盘［图 12 - 8（2）］装载，这样可使杀菌蒸汽均匀分布。大规模生产时，杀菌笼可通过导轨架车、装笼台、卸笼台和多台杀菌锅之间周转，这种场合所用的杀菌笼，底板是活动的。

(1)用于刚性罐头　　　　(2)用于软罐头

图 12 - 7　卧式杀菌锅外形图　　　　**图 12 - 8　装在小车上的杀菌笼**

　　卧式杀菌锅内的导轨高于其底座，因此为了使杀菌笼顺利进出，必须采取适当措施。通常有两种做法。第一种做法是降低杀菌锅安放位置，使锅内导轨刚好与锅的车间地坪持平，然后通过辅助轨道将车间地平上的杀菌笼引入到杀菌锅内导轨。第二种措施目前较常采用，是如图 12 - 8 所示将杀菌笼（盘）置于另一辆小车或可移动轨道架上，使小车或轨道架与安装在车间平面上的杀菌锅体内的轨道对接，使杀菌车方便地进出杀菌锅。

　　卧式杀菌锅的管路连接如图 12 - 9 所示。加热杀菌用的多孔蒸汽长管位于杀菌锅的下方；冷却用的多孔冷却水长管位于锅的上方。此外，锅体上方还外接压缩空气管、排气管、安全阀、温度计、压力表以及温度传感器等的接口，锅体下方有设有排水管口，锅体的侧面还装有玻璃式液位计，以供冷却时观察冷却水液位。

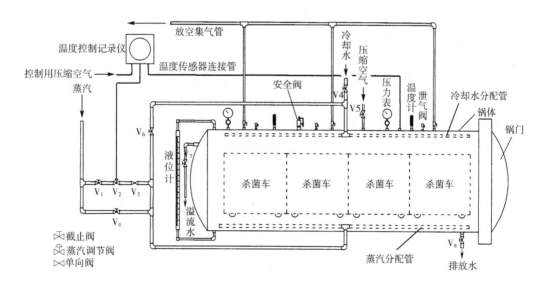

图 12 - 9　卧式杀菌锅管路连接图

　　卧式杀菌锅的高压杀菌操作过程基本与立式杀菌锅的高压杀菌操作相似，主要包括装锅、升温排气、恒温杀菌、反压冷却和卸锅等阶段。

（1）装锅　可通过小车或可移动台架将杀菌笼道入杀菌锅内的轨道，随后关闭杀菌锅门。

（2）升温排气　同时打开锅体上部的排气管和泄气管阀门，打开蒸汽阀门，通入蒸汽对锅内罐头加热升温，并将锅内不凝性气体排出。升温时间和排气时间均以通入蒸汽时开始计时。一般包括排气在内的升温时间范围在 10~25min。

（3）恒温杀菌　当锅内温度达到预定的杀菌温度时，即关闭排气阀，泄气阀继续打开，使锅内的加热蒸汽部分外泄，以促进加热蒸汽在锅内流动，使锅内各部分的温度均匀一致。由温度控制记录仪通过蒸汽调节阀 V2 控制进入的蒸汽流量，保持杀菌阶段杀菌温度的均匀一致，并记录杀菌温度和时间。为避免有些罐头产品在杀菌过程中受热后出胀罐变形，可利用压缩空气增加锅内压力，进行反压控制。

（4）反压冷却　一般可分为两个阶段。第一阶段为反压冷却阶段，首先关闭相关蒸汽阀，随即先打开压缩空气阀 V5 使压缩空气进行锅内，随后打开冷却水阀 V4，使冷却水通过分布管对锅内进行喷淋冷却。随着冷却水在锅内积累，水位逐步升高，罐头中心温度逐渐下降，需逐渐降低锅内压缩空气的压力，使罐头内外压力平衡，避免因过高锅内压力造成瘪罐废品。第二阶段为常压冷却阶段：随着锅内水位升高，罐头中心温度进一步降低，可关闭压缩空气进气阀 V5，同时打开排气管阀、水管截止阀 V6，及溢流管截止阀 V7，使冷却水同时从锅顶部喷水管和底部蒸汽分配管进入锅内，并由溢流管排出，形成冷却水的环流，进一步降低罐头温度。如此继续几分钟后，可关闭截止阀 V6，打开排水阀 V8，使冷却水仅从顶部进入锅内，从底部排出，达到更均匀的冷却效果。

（5）卸锅　当罐头中心温度达到45℃以下，即可关闭进水阀 V5，停止进水。打开锅门，待水流尽后，便可将杀菌车从锅内推出，转移到指定位置卸罐。

卧式杀菌锅用蒸汽作介质进行杀菌的最大特点是升温降温迅速、锅内温度分布均匀。因此较适用于罐型不太大的金属罐头的反压杀菌。

对于玻璃瓶或软罐头之类的产品，不宜用蒸汽直接进行杀菌，因为热（冷）冲击作用会造成包装材料（玻璃瓶、包装袋）的破损。因而，对于这类产品，通常以水为介质进行杀菌，以避免以上问题。然而，普通卧式杀菌锅用水作介质进行杀菌会引出一系列需要解决的问题。首先，水自身的升温降温需要增加额外的热能和冷却时间，从而延长杀菌操作期；其次，如果冷却时将过热水全部排掉则带走了大量的热量；最后，锅内的温度分布不如蒸汽那样很均匀。因此，普通卧式杀菌锅用水作介质，需要锅体内外增加适当的辅助装置，并配以适当的管路连接，实现热水的回收使用，并使锅内罐头和热水温度分布均匀。这样既可节约热量，又能缩短加热和冷却时间。普通的卧式杀菌锅配上这些外围设备及相应管阀以后，操作起来会较复杂，因此，往往还需要与自动控制相结合，以实现程控化操作。

实际上，已经有以水作杀菌介质的专用杀菌机械设备，以下要介绍这类杀菌设备。

（四）浸水式与淋水式杀菌机

以水作传热介质的杀菌机可以分为浸水式杀菌机和淋水式杀菌机两类。

1. 浸水式杀菌机

这种杀菌机是利用与杀菌温度对应的热水作介质，使罐头类食品浸于其中进行杀菌的一种设备。图 12 – 10 所示为一种浸水式杀菌机的外形，主体由上下两只卧式高压容器组成，安装在上方的是预热水贮罐，安装在下方的为杀菌锅。贮水罐和杀菌锅之间有管道连接，并安装了控制阀门。热水罐中的预热水通过管道流入杀菌锅，杀菌时通过循环泵使热水在杀菌锅内循环，使锅内温度分布均匀。在杀菌结束时，热水回流入贮水罐。袋装软罐头在杀菌锅内，需用专门（置于架车托盘结构件上）的多孔盘装，托盘之间须留有一定间隙，以形成热水流动通道。

浸水式杀菌机主要优点：① 罐头在杀菌和冷却的开始阶段所受的热冲击较小，故较适宜于玻璃瓶罐和软罐头的杀菌；②节能。浸水式杀菌机在杀菌结束后，热水可以回收为下一次杀菌使用。其主要不足是杀菌锅内温度均匀性可能因循环水流向的不均匀而受到影响。针对这种不足，出现了下面介绍的回转杀菌机。

2. 淋水式杀菌机

淋水式杀菌机以热水喷淋方式对罐头进行杀菌和冷却，这种杀菌机最早由法国巴里坎公司在 20 世纪 80 年代开发。图 12 – 11 所示为一种淋水式杀菌机的外形。主要由卧式锅体、热交换器、循环水泵，管路和各种阀门，以及自动控制系统构成。

图 12 – 10　浸水式杀菌机外形

图 12 – 11　淋水式杀菌机外形

淋水式杀菌机的工作原理可通过图 12 – 12 来说明。整个杀菌过程中，利用贮存在杀菌锅底部的少量（可容纳 4 辆杀菌车的杀菌锅存水量约 400L）热水作为杀菌传热用水，通过大流量热水离心泵进行高速循环，流经板式热交换器进行热交换后，进入杀菌锅内上部的水分配器，均匀喷淋在需要杀菌的产品上。在加热、杀菌、冷却过程中所使用的循环水均为同一水体，热交换器也为同一个，只是热交换器另一侧的介质在变化。在加热与杀菌过程中，循环水由热交换器的蒸汽加热，从而提供罐头升温维持恒温所需的热量，在冷却工序中，循环水被冷却水降温。该机的调压和调温控制是完全独立的，其中调压控制通过向锅内注入或排出压缩空气实现。淋水式杀菌锅的温度、压力和时间由程序控制器控制，操作过程完全自动化。

值得一提的是，所示的水分配管，实际上多数杀菌机如图 12 – 13 所示，水分配管分两侧以侧喷方式喷水（图 12 – 14），这样可以缩短热水流程，使罐头受热更为均匀，这种方式尤其适用于袋装食品的杀菌。

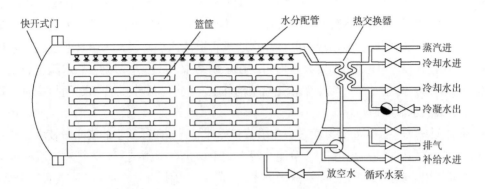

图 12 - 12 淋水式杀菌机工作原理示意图

图 12 - 13 设在两侧的水分配管

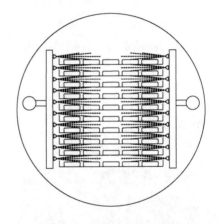

图 12 - 14 侧向水平喷淋示意

淋水式杀菌机可用于果蔬类、肉类、鱼类、方便食品等的高温杀菌，其包装容器可以是马口铁罐、铝罐、玻璃罐和蒸煮袋等。

淋水式杀菌锅的特点：①由于采用高速喷淋对产品进行加热、杀菌和冷却，温度分布均匀，提高了杀菌效果，改善了产品质量；②杀菌与冷却采用同一水体，产品无二次污染的危险；③采用同一间壁式换热器，循环水温度无突变，消除了热冲击造成的产品质量的降低及包装容器的破损；④温度与压力为独立控制，易准确控制；⑤设备结构简单，维修方便；⑥水消耗量少。

（五）回转杀菌机

回转式杀菌机是一类使被杀菌物在杀菌锅内以适当形式回转的杀菌设备，既可以蒸汽为加热介质，也可用热水作加热介质。这类杀菌机主要用于改善某些罐头内部传热条件，也可改善以水为介质杀菌时锅内温度分布均匀性。目前使用最多的间歇式回转杀菌机有浸水式、淋水式和轨道式回转杀菌机。

1. 浸水式回转杀菌机

浸水式回转杀菌机的整体结构与操作过程基本与静置浸水杀菌机的相同，只是增加了一套使杀菌笼在锅内绕轴旋转的装置。回转速度范围为 5 ～ 36r/min，可根据产品的特点进行选择。

在这种回转式杀菌机中，圆形刚性罐头顶头竖放在杀菌笼中（图 12 - 15），这样在回转时有利于罐头内容物的搅动。层与层之间的罐头应放置（耐热塑料板制成的多孔）隔板，以便水流可以在杀菌笼内自由流动，有利于温度均匀分布。对于软包装袋或半硬质容器，除了层与层之间需要多孔隔板以外，还需使不同层之间产品保持一定间距的多孔性支承结构件，以保证水流畅通。

浸水式回转杀菌机有以下特点：

（1）杀菌锅温度分布均匀性好　由于杀菌笼回转具有搅拌作用，再加上热水由泵强制循环，锅内热水形成强烈的涡流，使锅内温度分布更加均匀，同时提高了罐外传热效率。不同搅拌与循环方式时锅内热水温度分布状况如图 12 - 16 所示。

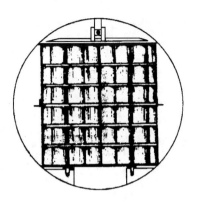

图 12 - 15　罐头在杀菌笼中的
头顶头固定方式

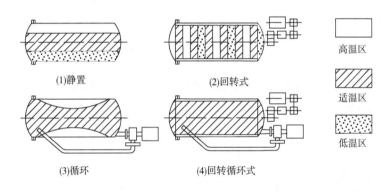

图 12 - 16　不同搅拌与循环方式时锅内热水温度分布状况

（2）缩短杀菌周期　通过比较发现，对同样的罐头，回转式的杀菌时间为静置式的四分之一（图 12 - 17）。这种杀菌机使之所以可使杀菌时间大大缩短，原因是杀菌笼以适当速度回转，可产生罐头的"摇动效应"（图 12 - 18），从而使传热效率得以提高。这对于内容物为流体或半流体的罐头效果更为明显，另外，罐头有一定顶隙才能使罐头在翻转时产生"摇动效应"，但过大顶隙会在罐头内形成气袋而产生假胖听现象。

（3）产品质量好且稳定　对于肉类罐头，其翻转可防止油脂和胶冻的析出；

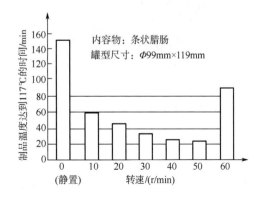

图 12 - 17　罐头回转速度与杀菌时间的关系

对于高黏度、半流体和热敏性食品，不会产生因罐壁处的局部过热而形成黏结现象。

（4）节能　过热水在不降温情况下回收并重复利用，大幅度减少了蒸汽消耗量，从而降低运行费用。第二次杀菌开始，其热量主要消耗在补偿锅体对空气的对流和辐射损失及罐头的升温。因而反复使用的次数越多，两者消耗蒸汽量的差额就会越大，其优越性就更加明显。

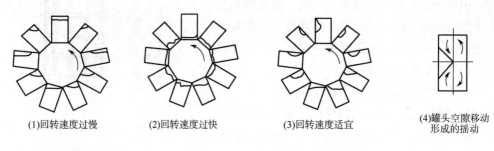

（1）回转速度过慢　　（2）回转速度过快　　（3）回转速度适宜　　（4）罐头空隙移动
形成的摇动

图 12 - 18　罐头内容物在回转过程中的搅拌状况

（5）提高产品的成品率　这种设备杀菌锅的压力由贮水锅的压力维持。而贮水锅的压力由压力调节器随时加以控制和调整，因而压力的变化很小。在加压冷却过程中，可以根据不同杀菌对象采用不同时间的加压冷却方式，可使压力随时间有规律地递减。这对袋装食品、大听罐头、螺旋盖玻璃罐、铝制罐及易开罐等的杀菌特别有利，可防止包装容器的变形、破损等事故发生。

回转式杀菌设备的主要缺点是：操作要求较高；杀菌锅内有回转体，因而减少了有效容积；热水循环可能使锅体结垢，因而用水必须处理，增加了处理水的装置的投资。

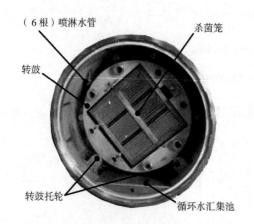

（6根）喷淋水管
杀菌笼
转鼓
转鼓托轮
循环水汇集池

图 12 - 19　淋水式回转杀菌机内部结构

2. 淋水式回转杀菌机

淋水式回转杀菌机是浸水式回转杀菌机的改进型，如图 12 - 19 所示，杀菌锅内主要有（使杀菌笼回转的）转鼓、使转鼓平稳运行的托轮、沿内壁安装的喷淋水管及以循环水汇集池等。

淋水回转式杀菌系统流程如图 12 - 20 所示。贮水罐的水可以预热到所需杀菌温度以上，如 150℃。与浸水式相比，贮水罐的容积要小得多，因此要预热的水量很少，大大节省了热能。杀菌时也用压缩空气产生所需要的反压，因此，许多对压力敏感的包装容器均可用这种设备进行杀菌。

杀菌开始时，预热水从贮水锅中流入下面的杀菌锅中。由于锅内原有的空气可作反压空气保留在锅，所以不必如浸水式杀菌锅那样进水时要排气。这样可以节省因排气造成的热量损失。锅内的反压，也由程序控制引入压缩空气实现，既可在升温过程中逐步产生，也可以一开始就加到所要求的压力。如果杀菌笼在进水时就开始回转，则更有利于温度的

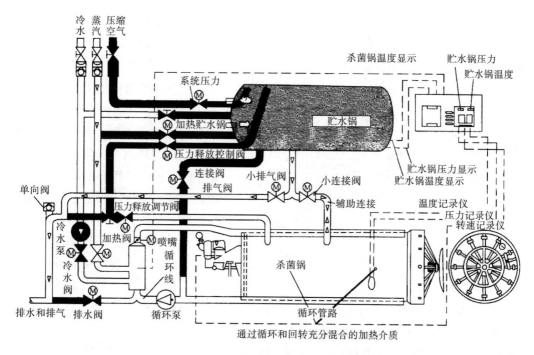

图 12 - 20　淋水回转式杀菌系统流程图

均匀分布。

　　杀菌锅的进水时间一般仅为 30s，进水之后使可开始升温杀菌。水的循环和杀菌锅的回转使水、蒸汽和压缩空气充分混合成为一体。因此，对流加热食品传热十分迅速而且均匀，短时间内就可使产品受到所需 F_0 值的杀菌强度。

　　热压杀菌结束后的冷却分两个阶段。第一阶段冷却时，冷却水由泵吸入口进入循环系统，这样可防止罐头容器受到热冲击。此阶段冷却时间很短，一般仅需几分钟，因为在杀菌锅充满水之后，只有少量的水需要返回贮水锅。

　　当贮水罐内水位升到一定的位置时，便开始进入第二阶段的冷却。此阶段，部分冷却水开始从溢流管排出。由于第一阶段的冷却已大大降低了杀菌锅温度，因此整个冷却过程的时间是很短的。

　　冷却阶段结束，杀菌锅便开始排水，同时贮水锅也可以用蒸汽重新加热升温，为下一锅的杀菌做准备。当杀菌笼从杀菌锅中取出后，即可开始新一轮的杀菌操作。

　　虽然淋水式杀菌有一定的局限性，但是有许多产品适合采用这种方法杀菌。由于头顶头回转结合使用了蒸汽-水-压缩空气三位一体的加热介质，即使是高黏度产品，也容易实现高温短时杀菌，因此可以获得好的产品质量，同时节省时间、蒸汽和水。

　　与浸水式回转杀菌相比，淋水式回转杀菌机运行时，罐头容器缺乏浮力，这使容器增加了应力，同时由于压缩空气的存在，金属容器及杀菌锅本体易发生重氧化。因此，有必要使用阻蚀剂。同样由于机内缺乏浮力，锅内的转鼓必须非常坚固，而且回转时需要防止振动。

　　3. 轨道式回转杀菌机

　　轨道式回转杀菌机是一种高温短时、摇动式、全自动罐头杀菌设备。这种设备专门为大罐型圆形金属罐头设计。最适宜用来对自然对流难以加热和冷却的食品（如糊状玉米、真空包装的整条玉米、茄汁鱼类、豆类、布丁、沙司和汤类等）进行杀菌。这种杀菌机以蒸汽为加热介质，可以施加反压。

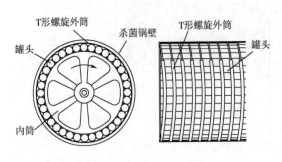

图 12-21　轨道回转杀菌机的罐头排列

轨道式杀菌机的主体由耐压的壳体和可以回转的内、外筒体构成。罐头不用杀菌篮装，而是夹于内外筒之间的圆环内。内筒的外壁上有条形板，进入杀菌锅的罐头处在条形板中间，外筒的内壁上有带动罐头回转、使其由入口端向口端前移的 T 形螺旋轨道（见图 12-21）。

轨道式杀菌机的两端各有一只大型气动闸阀，分别用于进罐和出罐。在罐头装入（同时有罐头离开）杀菌机时，外筒与壳体锁定，内筒回转使罐头沿着壳体前进。在进罐时，罐头轨道上的自动停罐装置将罐头送至进罐阀，罐头通过回转阀门进入杀菌机，并自动进入内筒壁的条形板中间。当内筒回转计数器和停罐计数器显示一定罐数时，停止进罐。在进罐和出罐过程中有一个安全装置保证未经杀菌的（刚进入杀菌机的）罐头不会从出口端卸出。

这种杀菌机虽然进出罐同时进行，但杀菌不是连续的。进出锅完毕后，要将（内筒体和带 T 形条钢螺旋的）两只筒体结合在一起将罐头固定，并密闭锅后，再进行杀菌。杀菌同时带动罐头一起回转。轨道回转杀菌机回转体的轴线与装内罐头轴线是平行的。回转一圈罐头顶隙气泡的运动情形如图 12-22 所示。

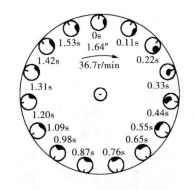

图 12-22　内筒回转一周罐头顶隙气泡对内容物的搅动情形

整个杀菌过程由全自动数字程序控制器控制。对程序控制器预先设定了排气、升温、加压，杀菌和冷却工艺参数。所有的操作步骤由自动程序控制，并由控制器监测温度、压力和时间。

二、　连续式杀菌设备

连续式杀菌设备是内部具有连续运送罐头装置的杀菌设备，并有相应的连续进出罐装置。一般这种杀菌设备分成几个区段，连续通过这些区段的罐头食品依次受到预热、杀菌和冷却等工序处理。

连续式杀菌机的生产能力大，一般直接配置于连续包装机之后，产品包装、封口后直接送入杀菌机进行杀菌。各种类型和包装形式的罐头食品只要达到足够大的生产规模，均可以考虑采用适当的连续杀菌设备进行杀菌。

连续式杀菌设备可以分为常压式和加压式两大类，分别用于酸性和低酸性食品的杀菌。

（一）常压连续杀菌机

常压连续杀菌机的杀菌温度不超 100℃，因此，不需要严格的密封机构，设备结构简单。常压连续杀菌机，按运载链的层数可分为单层式和多层式；按加热和冷却的方式分为浸水式和淋水式。

1. 淋水式常压连续杀菌机

淋水式常压连续杀菌机多为单层式。典型的这种杀菌机外形如图 12 - 23 所示。主体为内有一条产品运载输送链带穿过的隧道结构，隧道输送带两端有进出罐的外围输送带相联。

竖立的待杀菌罐（瓶）物料由隧道入口处的拨罐器从外围输送带拨到隧道输送链带上，罐头随输送链带经过隧道时，先后经过热水（蒸汽）喷射加热杀菌区和喷淋冷水冷却区。在整个过程中，产品与输送链处于相对静止状态而同步移动。

对于玻璃瓶装的产品，为了避免热应力集中造成瓶子破损，加热区和冷却区要分成多个段，以使得加热时最大温差不超过 20 ~ 50℃，冷却时最大温差不超过 20℃。采用热水加热时一般包括预热段 1、预热段 2、加热段、预冷段、冷却段、最终冷却段等多个工作段。

图 12 - 23　淋水式常压连续杀菌机

这种设备的特点是，结构简单，性能可靠、生产能力大，并且通常可以根据工艺要求进行调节。适合于内容物流动性良好的瓶装产品的常压杀菌。其缺点是占地面积较大，长度可达 27m 以上。

2. 浸水式常压连续杀菌机

浸水式常压连续杀菌机，也称为水浴式常压连续杀菌机。这类杀菌机主要部件是若干只冷热水槽和一条或多条与水槽相配的链式输送带。根据水槽的布置，这类杀菌机可以分为单层式和多层式的两种类型。

图 12 - 24 所示为典型的单层浸水式常压连续杀菌机外形，它由一只杀菌热水槽和一只冷却水槽及一条输送链构成。每只水槽带有一套由循环

图 12 - 24　单层常压连续杀菌机外形

水泵驱动的循环水路，使槽内水流与罐头行进方向呈逆流，并有一定的相对速度，以提高水与罐头之间的传热速率。输送罐头的链带，既可是多孔刮板式输送带，也可是钢条链带。待杀菌罐头由人工（或机械辅助）卧放在输送带刮板或钢条之间，因此，罐头长轴向与输送带行走方向垂直。输送链的速度可以根据杀菌要求进行变速调整，从而调整罐头在杀菌的杀菌和冷却时间。

这种杀菌机由于输送带行动平稳，既可用于金属圆罐，也可用于玻璃瓶圆罐的常压杀菌。由于结构简单，目前广泛用于水果罐头之类酸性食品的杀菌。

多层式浸水式常压连续杀菌机的层数一般为 3～5 层。可根据生产量、杀菌时间要求及车间面积、工艺布置的需要进行选择。每一层设一水槽，用于装温度不同的热水或冷却水。虽然多层式杀菌机因水槽层叠可以减少设备的占地面积，但由于罐头转移的需要，每槽两端均需设置转向机构，并且只能用于圆形金属罐的杀菌，因此，目前国内基本上不再使用。

（二）高压连续杀菌机

高压连续杀菌机是用于100℃以上（相应的压力高于大气压力）条件下连续杀菌的设备，因此，为了使杀菌设备在高压状态下连续对罐头产品进行杀菌，需要有专门的进出罐装置，因而加压连续杀菌机的结构比常压连续杀菌机要复杂得多。

常见的高压连续杀菌设备有回转式、静水压式和水封式三种。

1. 回转式高压连续杀菌机

回转式连续杀菌机一般由 2～3 个（作杀菌锅和冷却锅用的）卧式压力锅、进罐阀、出罐阀、转罐阀、驱动装置及自动控制系统等构成。图 12-25 所示为由两个杀菌锅和一个冷却锅构成的高压回转连续杀菌机的外形。大多数连续回转杀菌锅的锅体直径为 147cm，长度为 3.35～11.28m。实际长度由杀菌时间、生产速度和罐型大小决定。

图 12-25 回转式高压连续杀菌机外形

不论是杀菌锅还是冷却锅，均有机构使罐头按一定速度从锅体的一端移动到另一端。圆筒形锅体内壁上固定有由 T 形钢卷成的螺旋槽。转鼓上有条形挡板。转鼓的转动和锅体内壁螺旋槽的引导使得罐头可从锅体的一端运动到另一端。这与间歇式轨道回转杀菌机的进出罐的情形类似（参见图 12-21）。但不同的是连续式杀菌机的 T 形钢螺旋一直固定在锅体壁。

回转式杀菌机的进罐阀是特殊设计的，可以防止蒸汽泄漏（图 12-26）。罐头在温度不同的锅体间转移，也需要借助于特殊的装置——转罐阀（图 12-27 所示）。罐头从冷却锅卸出也要借助于类似于进罐阀的装置。

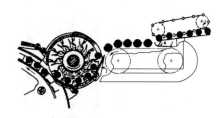
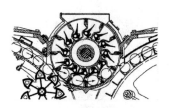

图 12-26　进罐阀　　　　　　　　　图 12-27　转罐阀

罐头在回转式杀菌锅沿锅筒转动情形如图 12-28 所示，其运动状态包括：在杀菌锅顶部，因落在旋转架内而不与锅体内壁接触，罐头仅随旋转架一起公转；在锅侧处，罐头除随回转架公转外，做少量自转（滑动短距离）；在锅底处，因罐头与锅体内壁有一定的接触压力，可使其做自由滚动，从而在此区域既有公转，又有自转。罐头的自转及公转运动引起的内容物搅动效应显著提高了传热效率。

这种设备的优点是可在高温（127～138℃）和回转状态下连续进行杀菌和冷却操作，杀菌时间短，食品品质的均一性好，且蒸汽消耗少。其缺点是设备庞大、结构复杂、初

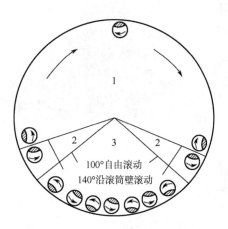

图 12-28　回转杀菌锅内罐头转动情形

期投资费用大、维护保养困难、罐型适用范围小、通用性差，同时罐头的滚动易造成罐头封口线处镀锡层的磨损而引起生锈，影响外观质量。另外，这种设备只适合于大中型罐头食品厂大批量生产之用。

2. 静水压连续杀菌机

静水压杀菌机是通过水柱压力维持蒸汽室压力的一种立式连续高压杀菌机。主要由进出罐装置、静水压升温柱、杀菌室、降温水柱和冷却系统等构成。

图 12-29 所示为一种静水压杀菌机的外形，其流程如图 12-30 所示。由输送带送来的罐头，在进入杀菌机前，头尾衔接，排成一列，由推进器按一定数量自行送至用输送链牵引的载罐器。然后，顺序通过升温柱、杀菌柱（蒸汽室）、降温柱和冷却段，最后由卸

罐装置卸出。杀菌后的成品罐头到达卸罐处时，载罐器自动张开释放罐头，由输送带送往仓库。进、出罐端在杀菌机的同一侧，出罐位于进罐的下方（图12-31）。

图 12-29 静水压杀菌机外形

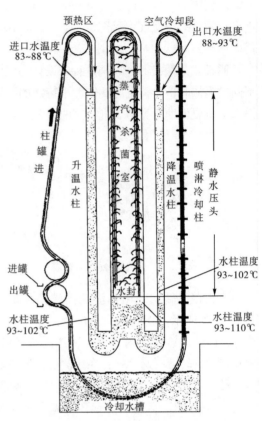

图 12-30 静水压杀菌机流程图

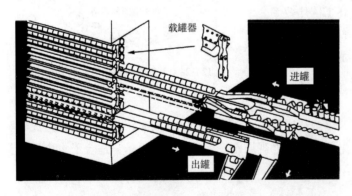

图 12-31 杀菌机罐头进出口处的罐头排列

杀菌时间可通过控制输送链速度进行调节。输送装置可设置成多条独立运行的输送链（输送链的根数有1根、2根和3根三种形式），分别挂接不同罐型的载罐器，使得可在同一杀菌温度环境中分别处理不同规格及杀菌时间的产品，大幅度提高了设备的通用性和灵活性。

提升区段是容器输送链从进罐处上升到升温水柱入口的一段。在此区段内，容器暴露在空气中，未受到加热。

升温水柱在杀菌设备内部，是输送链进入蒸汽室前必须通过的一段水柱。在此段水柱中，罐头自上而下得到加热。升温水柱中的水温单独控制，自上而下温度逐渐升高，变化范围一般为 16 ~ 102℃。

蒸汽室（杀菌室）内与杀菌温度（如 121℃，或低于这个值的温度）对应的饱和蒸汽空间高度由其下面的水平面高度与升温水柱（或降温水柱）的水平高度之差决定。因此，可通过对此二水柱液位的控制，来控制杀菌室的温度。输送链条的运行回路在蒸汽室内的停留时间也与此二水柱液位有关。

降温（卸罐）水柱与升温（进罐）水柱的液位相同，此液位对蒸汽杀菌室的蒸汽压力起平衡作用。

静水压连续杀菌机适用于大批量生产的各种蔬菜和肉类罐头的高压杀菌，可以每日三班生产。它的主要优点：①生产量大，每分钟可杀菌 500 ~ 3000 罐；②自动化程度高，杀菌、冷却，甚至包括洗罐，仅需一人操作就可；③节能，与一般杀菌锅比，可节省蒸汽量 50% 以上，节省冷却水 70% 以上；④通用性好，适用于各种材质和大小的包装容器，如马口铁罐、玻璃瓶和软包装袋；⑤食品容器在运动中受热，温度稳定，无压力、温度突变，避免罐变形，产品质量好。该设备的缺点：设备庞大（外形尺寸大于 8m×3m×18m）、一次性投资较大、结构较复杂，以及检修维护困难。

3. 水封式连续杀菌机

图 12 - 32 所示为一种水封式连续杀菌设备的结构示意图。主要由高压杀菌 - 冷却罐、常压冷却槽、（带罐头传送器的）输送链、水封阀及进出罐机构等组成。高压杀菌 - 冷却罐由中间隔板分为上下两室，上室为蒸汽杀菌室，下室为高压水冷却室。带有罐头传送器的输送链，穿过上下两室构成循环链。室外冷却水槽的输送链也带有传送器。

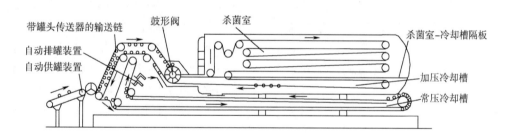

图 12 - 32　水封式连续杀菌机

这种杀菌设备的工作原理如下：由供罐装置转动到输送链载罐器的罐头，经过鼓形阀进入高压杀菌室，在此，在载罐器输送链经数次折返杀菌后，穿过隔板进入加压冷却室。加压冷却后的罐头再次从鼓形阀排出，进入常压冷却水槽。罐头在这里仍然保持自身的滚转，以达到快速冷却的目的。当冷却至中心温度 40℃ 左右时，罐头从自动排罐装置排出。从而完成整个杀菌冷却的过程。鼓形阀结构如图 12 - 33 所示，由于其浸没在水中，因此又称为水封阀。鼓形阀可以保证罐头进出而不改变杀菌 - 冷

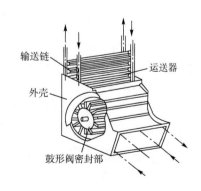

图 12 - 33　鼓形阀结构示意图

却罐内的压力。

输送链载罐器下部设一条平板链（或导轨），平板链运动方向与载罐器运动方向相反，由于两者间的摩擦力使罐头随载罐器回转，回转速度因产品不同而异，一般为 10 ～ 30r/min。若不需回转，则可去掉载罐器下面的导轨，或使平板链与载罐器运动方向一致并保持相同线速度。通过改变罐头回转速度，可调节罐头的传热速率。因此，在调换品种时，不改变杀菌时间，而改变罐头回转速度，也可调节杀菌强度。

第二节　液体食品物料无菌处理系统

食品物料无菌处理系统是为无菌包装系统提供无菌液料的系统。目前，食品物料无菌处理系统都是热杀菌系统。由于多数无菌包装产品为液体，并且是在杀菌后包装的，因此可以选用高效热交换器对食品进行连续杀菌处理。无菌包装产品连续杀菌所要求的无菌性处理的影响因素与常规的罐头食品相同。根据食品的性质特点，可以选择高温短时（HTST）和超高温瞬时（UHTST，或称 UHT ）两种热杀菌方式进行无菌处理，但目前以后者居多，因此，液体食品的无菌处理系统也往往指 UHT 系统。为使料液达到最高杀菌温度，UHT 系统既可采用直接加热方式，也可采用间接加热方式，

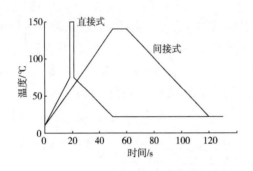

图 12 – 34　UHT 温度曲线形状

因此 UHT 系统分为直接式和间接式两类。图 12 – 34 所示为两种形式加热的 UHT 温度曲线形状。

一、 无菌处理系统的基本构成

无菌处理是一种热处理过程，料液所经历温度历程通常包括三个阶段：进料预热升温、保温和冷却降温。为使料液连续地经历这些温度阶段，无菌处理系统的基本构成要素包括热交换器、泵、管路、阀门、贮罐及控制系统等。

（一）热交换器

如上所述，虽将料液加热到最高杀菌温度可采用间接式或直接式两种方式，但料液的预热和冷却均采用间接式热交换器。因此，间接式 UHT 系统只采用间接式热交换器，而直接式 UHT 系统均同时包括直接式和间接式两种形式的换热器。

1. 间接式热交换器

根据被处理物料的性质，无菌处理系统可采用板式、管式和旋转刮板式三种类型的间接式热交换器，对料液进行加热或冷却。一般稀料液或低黏度料液可采用板式热交换器，

较高黏度或含颗粒的料液可采用管式热交换器，黏度很高的料液可采用旋转刮板式热交换器。同一无菌处理系统，既可只采用一种型式的间接式热交换器，也可以同时采用不同类型的间接式换热器。

用于料液加热的介质可以是蒸汽、热水或杀菌后需要冷却的高温料液；用于料液冷却的介质可以是冷水、冰水或需要预热的低料料液。由于同一系统中温度较低的进料液和温度较高的杀菌后料液同时分别需要升温和降温，因此，可利用一台间接式热交换器（或热交换器中的一个区段）实现余热回收。如果料液黏度较大，不便利用同一热交换器（或热交换器中的同一区段）实现不同温度料液间的换热，则可利用循环水作为中间介质进行余热回收。除实现余热回收的预热段（或冷却段）以外，必要时，系统要用蒸汽、热水、冷水或冰水作介质，对料液进行加热或冷却。间接式 UHT 系统，料液最后升温达到最高杀菌温度，要求料液在增压条件下用饱和蒸汽或过热水作介质（饱和蒸汽通入循环水得到）进行加热。

2. 直接式热交换器

直接式 UHT 系统利用蒸汽直接与料液混合并将其加热到杀菌温度。蒸汽直接加热式热交换器有喷射式和注入式两种类型（参见第七章相关内容）。由于蒸汽直接加热换热器在将料液温度提高的同时，也将蒸汽冷凝水带给了料液，因此，这种换热器对所所用加热蒸汽有较高的卫生要求。

另一方面，蒸汽直接加热带入料液的蒸汽冷凝水分，通常需要采用闪蒸罐除去。闪蒸罐是一种同时使料液温度和水分含量降低的直接式热交换器，它是一种真空容器，料液中的部分水分在此受到真空作用，吸收潜热迅速蒸发，使料温迅速降低。闪蒸罐系统实际上是一种特殊形式的真空蒸发系统，与一般真空蒸发系统一样，也需要有真空冷凝系统及抽吸料液的泵配合才能正常运行。闪蒸罐还可起部分除去料液中（多由挥发性成分构成的）异味的作用。

（二）保持管与背压阀

保持管也称为保温管，用于使加热到杀菌温度的物料保持必要的时间。保持管的长度及物料在管内的流动速度决定了物料在管内的滞留时间，直接式 UHT 系统的杀菌温度高，因而所需的保温时间短，保温管较短，而间接加热的系统，杀菌温度低，所需要的保温时间长，从而保温管也较长。

背压阀设在保持管末端，它使被处理物料在增压泵与保持管之间保持与杀菌温度对应所需的压力。图 12 – 35 所示为一种背压阀的外形和结构，这种阀利用给定压缩空气压力控制阀芯的开度来控制阀前料液的压力。

需要指出的是，有些 UHT 系统不设专门的背压阀。这些系统最后设有一进多出的切换阀，这种切换阀同时起背压阀作用。

（三）泵

UHT 系统的泵按卫生要求可分为无菌泵和非无菌泵两类。所有无菌处理系统均有进料泵和增压泵，由于用在杀菌段以前，所以是非无菌泵。进料泵一般为离心泵，用于将物料送至预热段。增压泵用于确保物料杀菌所需温度所对应的压力，增压泵一般为正位移泵，

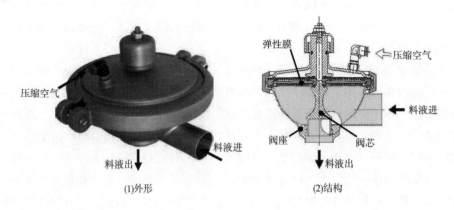

压缩空气

料液进

料液出

(1)外形

弹性膜

压缩空气

料液进

阀座   阀芯

料液出

(2)结构

图 12 – 35　背压阀

经常串接在 UHT 系统的均质机，除均质以外，也起增压泵作用。因此，在杀菌处理以前，如采用均质机，则可不用其他增压泵。值得一提的是，直接式 UHT 系统中的闪蒸罐是真空状态的，要求有真空泵配合才能正常工作，料液要从闪蒸罐排出，要用无菌泵抽吸。

（四）控制装置

UHT 装置首先应当具有安全性，必须能够避免出现向无菌包装机段供非无菌产品之类的危害。一般 UHT 系统的操作涉及四种模式：预杀菌、正常杀菌、中间清洗（Aseptic intermediate cleaning）和 CIP 清洗，这四种模式之间运行切换一般以自动控制的方式实现。控制规划必须能对误操作引起的过程干扰采取联动安全措施，例如，UHT 在经过适当预杀菌前应当无法执行正常杀菌运行模式。装置启动、运行和清洗涉及的各种程序指令，均通过控制装置发出，控制装置应当包括过程控制、指示和记录所需的各种必需部件。

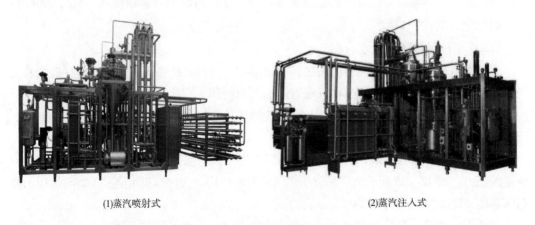

(1)蒸汽喷射式

(2)蒸汽注入式

图 12 – 36　直接加热式 UHT 系统

二、蒸汽直接加热式无菌处理系统

这种无菌处理系统组成最大的特征是带有直接加热产品的蒸汽加热器、起冷却和除去多余水分的闪蒸罐（也称为膨胀罐），以及与闪蒸罐配套的真空系统。由于直接加热温度

（150℃左右）高，保温时间短，所以保温管很短。但仍然会有间接式热交换器，用于产品直接加热前的预热和闪蒸冷却后的进一步冷却。根据产品特性，可采用喷射式或注入式蒸汽直接加热器。图 12 – 36 所示分别为结合这两种不同蒸汽直接加热器的无菌处理系统。以下分别举例介绍这两种系统的流程。

（一）蒸汽喷射式系统

一种应用蒸汽直接喷射加热器超高温瞬时杀菌系统流程如图 12 – 37 所示。生产前，整个装置需用喷射蒸汽加热到 136℃ 的循环热水杀菌 30min ，然后用无菌冷水降温。整个系统始终保持无菌水循环直至进料产品开始杀菌。

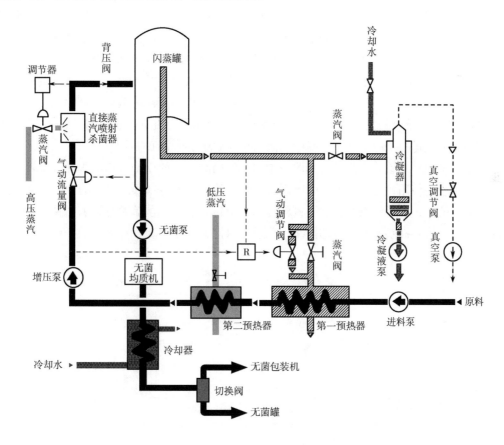

图 12 – 37　蒸汽直接喷射式 UHT 流程

产品由进料泵输送进入系统，先后经第一和第二预热器预热，温度升至 80℃。然后由增压泵加压输送，经气动流量阀进入直接蒸汽喷射杀菌器。在该处，产品受到 1MPa 压力蒸汽的直接喷射作用，温度瞬时升至 150℃。此温下的产品在保持管中停留 2~4s 后，经背压阀进入闪蒸罐中进行闪蒸冷却，使产品温度急剧冷却到 77℃ 左右。

在闪蒸罐内，相当于喷入产品的蒸汽冷凝水分量的水成为蒸汽从闪蒸罐排出，同时带走产品中可能存在的一些异味。闪蒸罐产生的蒸汽被冷凝器冷凝。真空泵使闪蒸罐始终保持一定的真空度。部分从闪蒸罐排出的热蒸汽可作为加热介质用于第一预热器对进入系统的产品进行预热。

闪蒸罐底部收集到的产品保持一定的液位，然后用无菌泵抽吸送至无菌均质机。经均质的无菌产品在冷却器中进一步冷却后送往无菌灌装机或进入无菌贮罐。

为了保持产品的含水量不变，喷射入产品中的蒸汽量必须在闪蒸冷却时全部排净，这可以通过调节器控制喷射前产品的温度和闪蒸后产品的温度的差值来实现。

（二）蒸汽注入式系统

蒸汽注入式 UHT 杀菌系统采用蒸汽直接注入式热交换器进行杀菌。图 12 – 38 所示为一种 APV 公司的蒸汽注入式 UHT 系统流程。系统在正常操作前，先利用过热水在系统中循环 30min 对系统进行预杀菌并随后进行冷却。

系统对物料杀菌的过程为：原料罐中的待杀菌物料由离心泵送至板式换热器第一预热段进行初步预热，然后在可调速的回转式定量泵的作用下，经过板式热交换器第二预热段升温后，进入注入式直接加热器，在此与蒸汽直接接触瞬间被加热到杀菌温度，接着由定量泵二抽出（加热器中的液位自动控制在一定高度）送入保持管流动 2~4s 后（此即保持时间）经过背压阀进入无菌闪蒸罐进行自蒸发，同时温度下降。闪蒸罐中产生的二次蒸汽由冷凝器/真空泵系统除去，而产品由无菌离心泵送至无菌均质机（根据需要选用），再送至管式热交换器进一步冷却，冷却好的无菌产品最后送至灌装工序。

为节省能量，从管式换热器冷却段一中出来的已经升温的冷却水作为加热介质给板式换热器预热段一使用，并在两者之间循环。在管式热交换器冷却段二后面有一切换阀控制无菌产品的流向，若物料杀菌合格则将其转至无菌包装机或无菌罐暂存，若杀菌不足则被自动转向并经管式换热器回料冷却段冷却后送至回料罐，待重新杀菌使用。

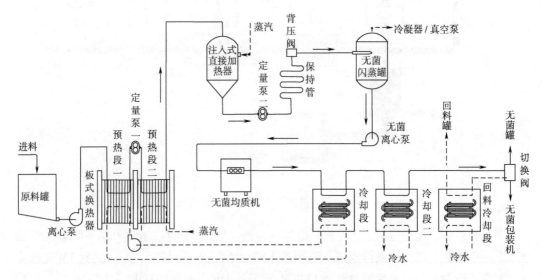

图 12 – 38 蒸汽注入式 UHT 系统流程

三、间接加热式无菌处理系统

间接加热式 UHT 系统与直接加热式 UHT 系统在结构上的最大区别在于料液不与加热介质接触，因此，不需有除去水分的闪蒸罐和真空冷凝系统，对加热介质的洁净程度也较直接式的要求低些。另外还可以采用过热水作为杀菌加热器的加热介质。

（一）板式 UHT 系统 300

图 12 – 39 所示为一种 APV 板式 UHT 杀菌装置。板式 UHT 系统的生产能力可达 30000L／h。

板式 UHT 系统的典型流程如图 12 – 40 所示。约 4℃ 的原料由进料泵送到板式热交换器的余热回收段（c），由 UHT 处理过料液预热到约 75℃，后者同时得到冷却。预热后的产品然后经均质机以 18～25MPa 的压力进行均质处理。在间接式 UHT 装置

图 12 – 39　一种 APV 板式 UHT 杀菌装置

中，UHT 处理前均质处理意味着可以使用非无菌均匀质机进行处理。需要指出的是，诸如稀奶油之类的产品，最好在 UHT 处理后进行均质，以便改善质地和物理稳定性。

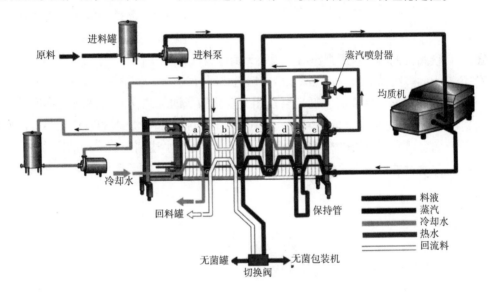

图 12 – 40　典型板式 UHT 杀菌系统流程

a—热水冷却段　b—中间冷却段　c—预热/冷却段　d—冷却段　e—加热杀菌段

经过预热、均质的料液连续地在板式热交换器的加热杀菌段（e）由热水加热到约 137℃。加热介质由封闭的热水循环构成，其温度调节通过蒸汽喷射器将蒸汽混合水中实现。加热以后，产品在保持管中保持约 4s。

最后，分两段进行余热回收性冷却：首先在冷却段（d）与循环热水冷端进行换热冷却，然后与低温进料在预热/冷却段（c）进行换热冷却。切换阀是一进三出型的多通道阀，达到杀菌要求的产品冷却后直接进入无菌包装机或进入无菌罐中间贮存，这两个通道阀的开启程度起背压阀作用，保证加热杀菌段有与杀菌温度相对应的压力存在。

同样，如果过程中杀菌温度达不到生产要求，则料液再经中间冷却段（b）回收经冷却后进入回料罐，然后系统用水冲洗。系统在重新启动以前必须进行清洗和灭菌。

（二）套管式 UHT 系统

套管式 UHT 系统适用于较黏稠或含有颗粒的物料，可用于乳、风味乳、咖啡伴侣、稀奶油、冰淇淋混合物、蛋乳和奶昔等物料。这种系统性能可靠，有较大耐压能力，热能再生利用率较高（接近85%）。套管式 UHT 系统有两种形式：一种是组合套管式；另一种是盘管式（盘绕套管式）。

图 12 - 41　组合套管式 UHT 装置系统

1. 组合套管式 UHT 系统

组合套管式 UHT 处理系统，采用的是新型套管式热交换器，图12 - 41 所示为一种组合套管式 UHT 装置系统。

典型组合套管式 UHT 流程如图 12 - 42 所示。原料液经预热段 a 预热后，进入均质机均质，再经过加热段 c 加热至所需杀菌温度，进入保持管保温，然后经余热回收/冷却段 d 冷却后，经切换阀（同时起背压阀作用）通往无菌包装机或作为中间贮存的无菌罐。达不到杀菌温度要求的经回料冷却段 e 用冰水冷却后送往回料罐。

蒸汽喷射加热器、平衡罐、循环泵及相关管路构成的加热介质（热水）和冷却介质（冷水）循环在两个环节实现余热回收：①利用 d 段回收保持管出来的料液余热，使循环水升高，只需经蒸汽喷射加热器补充少量蒸汽，就可使热水达到杀菌所需的温度；②a 段是利用循环热水对进料预热的余热回收段，b 为中间冷却段，用于除去余热回收循环中多余的热量。

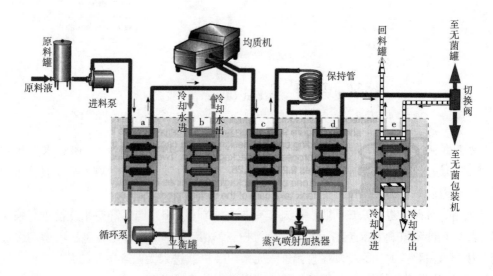

图 12 - 42　组合套管式 UHT 系统流程
a—预热段　b—中间冷却段　c—加热段　d—热回收/冷却段　e—回料冷却段

2. 盘管式 UHT 系统

这种形式的 UHT 系统，最早由荷兰的 STORK 公司开发，目前我国有多家设备厂商生产类似设备。图 12 - 43 所示分别为外形和流程图。盘管式 UHT 杀菌装置的热交换器主体由不锈钢同心套管（例如外管 32mm×3mm/内管 20mm×2mm）盘管串接而成，套管盘绕管可构成不同温度料液的余热回收段，也可构成通蒸汽或冷却水的加热或冷却段。蒸汽加热杀菌段及保持段为单管盘管结构。通过外管适当位置焊接管口与原料泵相接，也可与均质机（同时起增压作用）串联。这种装置的特点是结构紧凑、占地面积小，热交换器密封件少，运行可靠。

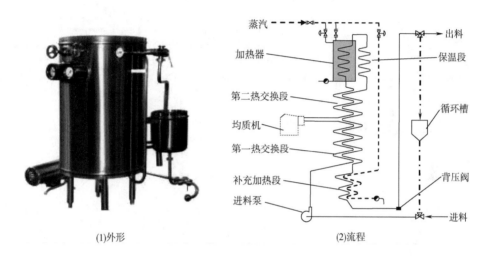

(1)外形　　　　(2)流程

图 12 - 43　盘管式 UHT 装置

典型的盘管式 UHT 系统流程如图 12 - 43（2）所示。以牛乳杀菌为例，离心进料泵将牛乳泵入第一热交换段，升温到一定温度（60℃）进行均质，再经第二组热交换段加热升温至 90℃ 后进入加热器，在此将牛乳加热至 118～120℃，再在保持段保持 5～7s，之后再依次进入第二、第一热交换段，冷却到 60℃ 至出口处。如出口温度太低，则可在补充加热段用蒸汽加热至所需的出口温度。背压阀后的料液如满足杀菌要求，可从此装置出料，如达不到要求，可回流再经过循环处理。

（三）刮板式 UHT 系统

高黏度并含有颗粒的产品不便用管式或板式 UHT 系统，可采用旋转刮板式热交换器（结构和工作原理见第 7 章相关部分）构成的 UHT 系统。图 12 - 44 所示为一种 APV 公司所产的刮板式 UHT 装置。这类 UHT 系统由于处理的料液黏度高，因此，所用的泵一般均为正位移泵。为了使物料达到所需的加热温度和冷却温度，可由几台旋转刮板式热交换器串联合成，达到杀菌温度后，也要经过保温管。这种系统可不专门设背压阀，料

图 12 - 44　APV 刮板式 UHT 系统

液维持杀菌温度所对应的压力，由保温段后冷却过程的流动阻力维持。

图12-45所示为一种采用刮板式换热器UHT系统流程，系统加热和冷却由五台刮板式热交换器完成。原料液由正位移泵从贮罐抽出，先后送经预热器和加热器，进行预热和加热到最后所需温度。出来的料液经过保温管后，先经冷却器一、冷却器二用冷水进行冷却，最后在冷却器三用冰水冷却到最终包装所需温度，再由正位移泵II将无菌料液送到包装工段。

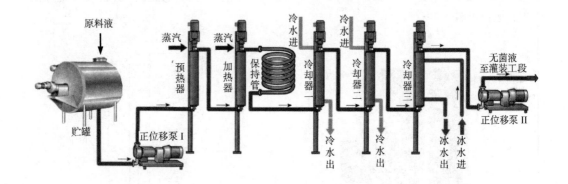

图 12-45　刮板式 UHT 系统流程

本章小结

热杀菌机械设备仍然是食品行业使用最普遍的杀菌设备。

用于罐头杀菌的设备可以分为间歇式和连续式两大类，按操作压力可分为常压杀菌设备和高压杀菌设备。

常压连续杀菌设备可以分为单层式和多层式。

普通立式杀菌锅是间歇式杀菌设备，既可用于常压也可用于高压杀菌。无篮立式杀菌锅是一种不使用杀菌篮、自动化程度较高的间歇式杀菌设备，与冷却水槽结合，罐头装锅和卸锅可以自动进行。

普通卧式杀菌锅是一种常用的使用蒸汽作加热介质的间歇式高压杀菌设备。其他形式的间歇卧式杀菌设备包括浸水式、淋水式、回转式杀菌机。其中回转式杀菌有两种形式。

轨道回转式、静水压式和水封式是三种常见的高压连续杀菌设备。

无菌包装食品的热处理设备可以分为直接式和间接式两大类。间接杀菌设备所用的热交换器主要有管式、板式和刮板式三种。

思考题

1. 比较普通立式杀菌锅与卧式杀菌锅结构。

2. 简述无篮式杀菌系统的特点。

3. 间歇式杀菌锅通常有哪些外围辅助设备与接管，作用是什么？

4. 常见的双锅体杀菌机（喷淋式，浸水式）是否必须将两锅体上下安排？为什么？

5. 试比较浸水式杀菌机与淋水式杀菌机的结构。

6. 比较分析本章所介绍的几种罐头高压连续杀菌设备。

7. 流体食品无菌处理系统如何保证食品获得所需的杀菌值？

8. 分析讨论两种换热类型（直接式与间接式）无菌处理系统流程构成的异同点。

自测题

一、判断题

(　　) 1. 卧式杀菌锅一般只用来进行高压杀菌。

(　　) 2. 马口铁罐头在各种形式的间歇式杀菌锅内一般都是直立放置的。

(　　) 3. 罐头在无篮式杀菌锅内以无序形式堆放。

(　　) 4. 无篮式杀菌锅是一种连续操作杀菌设备。

(　　) 5. 软包装罐头必须装在多孔杀菌盘内进行杀菌。

(　　) 6. 卧式杀菌锅均须配水循环泵，以保证锅内杀菌温度的均匀。

(　　) 7. 水封式连续杀菌机结构上须有足够的高度，才能获得所需要的杀菌压力。

(　　) 8. 轨道回转式杀菌机是一种连续高压罐头杀菌设备。

(　　) 9. 回转式罐头杀菌机罐头回转速越快，杀菌所需时间越短。

(　　) 10. 对于不易自然对流的大型金属罐，宜用轨道回转杀菌机杀菌。

(　　) 11. 液体连续杀菌设备中，料液一般要经过多个加热和冷却段处理。

(　　) 12. 蒸汽注入式无菌处理系统无须保温段。

(　　) 13. 液体食品 UHT 系统只使用蒸汽作换热介质。

(　　) 14. 直接式 UHT 系统中的闪蒸罐为负压状态。

(　　) 15. 只有间接加热式 UHT 系统需要设背压阀。

(　　) 16. UHT 系统中的料液泵一般均为无菌泵。

(　　) 17. 无菌处理系统中，加热杀菌前的均质机可起增压泵作用。

(　　) 18. 稀奶油之类的产品最好在 UHT 处理前进行均质处理，以便改善质地和物理稳定性。

(　　) 19. 有些无菌系统的最终产品切换阀同时起背压阀作用。

(　　) 20. 直接式 UHT 系统的背压阀设在闪蒸罐之后。

(　　) 21. 直接式 UHT 系统闪蒸罐料液可直接进入无菌均质机进行均质。

二、填充题

1. 罐头食品杀菌机械设备按操作方式可以分为_____式和_____式两大类。

2. 罐头食品杀菌机械设备按杀菌操作压力，可以分为_____和_____杀菌设备。

3. 杀菌锅的安装方式可分为_____和_____两类。

4. 立式杀菌锅可分为_____立式和_____立式两类。

5. 按杀菌时罐头的状态，卧式杀菌锅可有_____式和_____式两种形式。

6. 卧式杀菌锅可使用两种状态的加热介质，即_____和_____。

7. 以水为加热介质的卧式杀菌锅可有_____式和_____式两种形式。

8. 间歇回转式杀菌机有_____式、_____式和_____杀菌机。

9. 常压连续杀菌机，按运载链的层数可分为_____式和_____式。

10. 常压连续杀菌机按加热和冷却的方式分为_____式和_____式。

11. 直接式 UHT 系统利用_____直接与料液混合并将其加热到_____温度。

12. 无菌处理系统的利用_____用于使加热到_____温度的物料保持必要的时间。

13. 间接式 UHT 系统对料液进行加热或冷却可采用板式、_____式和_____式热交换器。

14. UHT 无菌处理系统杀菌段有_____加热式和_____加热式两大类。

三、选择题

1. 立式杀菌锅的辅助装置不包括_____。

A. 杀菌篮　　　　B. 电动葫芦　　　　C. 空气压缩机　　　　D. 杀菌车

2. 卧式杀菌锅通常不用于_____。

A. 常压杀菌　　　　B. 加压杀菌　　　　C. 反压冷却.　　　　D. B 和 C

3. 普通卧式杀菌锅通常不适用于_____。

A. 金属罐头杀菌　　　　　　　　B. 蒸煮袋食品杀菌

C. 玻璃瓶罐头杀菌　　　　　　　D. 低酸性罐头杀菌

4. 普通高压杀菌锅杀菌阶段蒸汽供应由_____。

A. 人工控制　　　B. 蒸汽阀控制　　　C. 控制器控制　　　D. 反压阀控制

5. 卧式杀菌锅内的多孔蒸汽分配管_____。

A. 在锅内上方　　　　　　　　　B. 也可供压缩空气

C. 也可供冷却水　　　　　　　　D. 不可供冷却水

6. 普通卧式杀菌锅常用_____。

A. 于低酸性食品杀菌　　　　　　B. 于高酸性食品杀菌

C. 热水做杀菌介质　　　　　　　D. 冰水做冷却介质

7. 下列杀菌设备型式中，属于间歇式的是_____。

A. 轨道回转式　　　B. 静水压式　　　C. 水封式　　　D. 淋水回转式

8. 下列杀菌设备型式中，属于连续式的是_____。

A. 静水压式　　　B. 浸水回转式　　　C. 无篮式　　　D. 淋水回转式

9. 与间歇式杀菌设备生产能力关系最小的因素是_____。

A. 罐头的大小　　　B. 内容物性质　　　C. 压缩空气压力　　　D. 冷却水温

10. 与连续式杀菌设备生产能力关系最大的因素是_____。

A. 杀菌室的大小　　　B. 罐头的放置方式　　C. 压缩空气压力　　　D. 冷却水温

11. 静水压连续杀菌机的杀菌室温度通过控制_____。

A. 水柱高度维持　　　B. 水柱的液位维持　　C. 蒸汽压力维持　　　D. 水温维持

12. 水封式高压连续杀菌机内的高压状态借助于_____。

A. 水柱维持　　　　　B. 转鼓阀维持　　　　C. 进出罐阀维持　　　D. 转罐阀维持

13. 回转式高压连续杀菌机维持机内高压与_____。

A. 转鼓阀无关　　　　B. 进罐阀无关　　　　C. 出罐阀无关　　　　D. 转罐阀无关

14. 流体食品无菌处理流程中可串联_____。

A. 胶体磨　　　　　　B. 高压均质机　　　　C. 离心分离机　　　　D. B 和 C

15. 高黏稠食品液料无菌处理系统宜选用_____。

A. 旋转刮板式换热器　B. 管式换热器　　　　C. 板式换热器　　　　D. B 和 A

16. 液体食品进行无菌处理时，对加热蒸汽洁净程度要求高的热交换器型式为_____。

A. 板式　　　　　　　B. 管式　　　　　　　C. 蒸汽注入式　　　　D. 旋转刮板式

四、对应题

1. 找出以下有关杀菌装置与其特殊机构的对应关系，并将第二列的字母填入第一列对应的括号中。

（1）静水压连续杀菌机（　　）　　　　　　A. 杀菌小车

（2）卧式杀菌锅（　　）　　　　　　　　　B. 水柱

（3）立式杀菌锅（　　）　　　　　　　　　C. 水封阀

（4）水封式连续杀菌机（　　）　　　　　　D. 转罐阀

（5）轨道式回转杀菌机（　　）　　　　　　E. 杀菌篮

2. 找出以下有关杀菌装置与应用的对应关系，并将第二列的字母填入第一列对应的括号中。

（1）立式杀菌锅（　　）　　　　　　　　　A. 玻璃罐头

（2）带孔杀菌盘（　　）　　　　　　　　　B. 酸性食品

（3）静水压连续杀菌机（　　）　　　　　　C. 大批量生产

（4）淋水式卧式杀菌机（　　）　　　　　　D. 黏稠物料

（5）轨道式回转杀菌机（　　）　　　　　　E. 软包装食品

3. 找出以下有关无菌处理流程部件与处理流程或适用物料的对应关系，并将第二列的字母填入第一列对应的括号中。

（1）直接式蒸汽杀菌流程（　　）　　　　　A. 保持杀菌段和保温段高温

（2）间接式杀菌流程（　　）　　　　　　　B. 保温段管路较长

（3）刮板式换热器（　　）　　　　　　　　C. 直接式换热器

（4）蒸汽喷射式杀菌器（　　）　　　　　　D. 黏稠物料

（5）背压阀（　　）　　　　　　　　　　　E. 闪蒸罐

4. 找出以下有关杀菌装置与特殊部件或应用类型的对应关系，并将第二列的字母填入第一列对应的括号中。

（1）立式杀菌锅（　　）　　　　A. 电动葫芦

（2）卧式杀菌锅（　　）　　　　B. 上侧装有贮水锅

（3）淋水式杀菌锅（　　）　　　C. 部分冷却在锅外完成

（4）浸水式杀菌锅（　　）　　　D. 锅内积水较少

（5）无篮式杀菌锅（　　）　　　E. 通常只适用于高压杀菌

第十三章

冷冻机械设备

冷冻机械与设备在食品工业中应用相当广泛，冷冻食品、冷却食品、冷食食品等都直接利用冷冻设备生产。冷库及其冷链的各个环节都离不开冷冻设备。冷冻机械在一些重要食品操作中，如真空冷却、冷冻浓缩、冷冻干燥和冷冻粉碎也是关键设备。其他食品加工条件工艺过程，如车间空调、工艺用水冷却以及需要较低温度冷却的加工操作也需要利用制冷设备。除了专门的商业冷库及速冻食品厂以外，罐头厂、肉联厂、乳品厂、蛋品厂、糖果冷饮厂等食品工厂，几乎都有冷冻机房及冷藏库的设置。冷链已经成为现代食品工业成品的主要流通途径之一，冷链所涉及的贮运和展示设备均需配备制冷机械设备。

食品工业中应用的冷冻机械设备可以分为两大部分，第一部分是产生冷源的制冷机械与设备，即所谓的制冷机，第二部分是利用冷源的机械设备。第二类设备的主体实质上是以各种型式出现的制冷循环中的蒸发器。例如，速冻机、冷风机等，其核心就是蒸发器。因此，后者必须与前者配套才能发挥作用。

第一节 制冷概念与机械设备

一、制冷基本概念

现代食品工业中所应用的冷源都是人工制冷得到的。人工制冷大致分为机械压缩制冷和非机械压缩制冷两大类。习惯上将利用压缩机、冷凝器、膨胀阀和蒸发器等构成的蒸发式制冷称为机械制冷，而将其他的制冷方式称为非机械制冷。食品工业中应用最广的是机械制冷，但非机械制冷方式也有一定的应用。

（一）机械压缩制冷

机械压缩制冷即机械蒸气压缩制冷。它是一种以制冷剂为工质，通过压缩机对制冷剂压缩做功为补偿，利用制冷剂状态变化产生的吸热和放热效应达到制冷目的的循环过程。

如图 13 - 1 所示，最基本的机械压缩制冷系统由压缩机、冷凝器、膨胀阀和蒸发器四部分组成。

1. 制冷循环

制冷循环若以压缩机和膨胀阀为界，可粗略地分成高压高温和低压低温两个区；若以冷凝器和蒸发器为界，可粗略地分成气态和液态两个区。制冷循环中的制冷剂状态变化及所经历的过程，可以用压焓图或温熵图表示（图 13 - 2）。

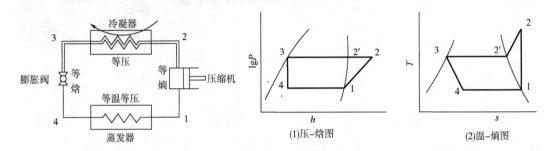

图 13 - 1　蒸气压缩冷循环　　　　图 13 - 2　蒸气压缩制冷的相图

制冷剂在机械压缩制冷系统中的循环过程为：经过蒸发器后，其低压低温蒸气被压缩机吸入压缩成高压高温的过热蒸气，此为等熵过程（图 13 - 1 中 1→2）。压缩机出来的过热蒸气温度高于环境介质（水或空气）温度，在常温下可冷凝成液体。因而，制冷剂蒸气被排至冷凝器时，经冷却、冷凝成常温高压的液态制冷剂，此阶段为等压过程，如图 13 - 1 中 2→3 所示。常温高压液体通过膨胀阀时，因节流作用而降压降温，此为等焓过程，如图 13 - 1 中 3→4 所示。把这种低压低温的制冷剂引入蒸发器蒸发吸热，使周围空气及物料温度下降，此为等压等温过程，如图 13 - 1 中 4→1 所示。从蒸发器出来的低压低温蒸气重新进入压缩机，如此完成一次制冷循环。这是最为简单的蒸气压缩制冷循环。

2. 单级压缩制冷

图 13 - 1 所示的制冷循环是理论上的制冷循环。实际上，这种循环实现起来有许多实际问题。例如，蒸发器中抽吸出来的制冷剂蒸气常带有雾滴，会导致压缩机不能正常工作；又如，压缩机中的润滑油会因温度升高而气化进入系统中，使得冷凝器和蒸发器的换热效率大大降低；再如，由于没有制冷剂的贮存设备，整个系统工作会变得不稳定。

因此，实际制冷循环系统需要克服以上存在的问题。图 13 - 3 所示的实际单级氨压缩制冷系统，增加了分油器、贮氨罐及氨液分离器等部件。这些部件可以保证制冷循环正常运行。氨蒸气中携带的雾滴由氨液分离器消除，保证了压缩机正常工作；冷凝器之前的除油装置，使得压缩机润滑油不再进入系统，从而提高了冷凝器和蒸发器的换热效率；冷凝器之后安装的贮液罐起两方面的作用，一是保证系统运行平稳，二是可以方便地为多处用冷场所提供制冷剂。

3. 双级压缩制冷

如上所述，以压缩机和膨胀阀为界，制冷系统可粗略地分成高温高压和低温低压两个区。高压端压强对低压端压强的比值称为压缩比。压缩比由高温端的冷凝温度和低温端蒸发温度确定，冷凝温度越高、蒸发温度越低，压缩比越高。高压缩比情形下，若采用单级

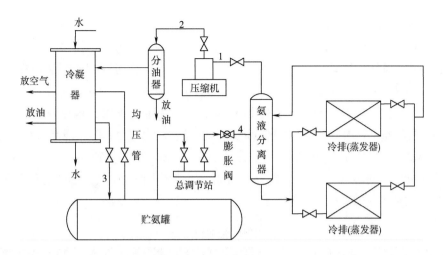

图 13 – 3　单级氨压缩制冷系统

压缩，运行会有困难，这时可采用多级压缩，以双级压缩较为常见。一般而言，当压缩比大于 8 时，采用双级压缩较为经济合理。对氨压缩机来说，当蒸发温度在 – 25℃ 以下时，或冷蒸气压强大于 1.2MPa 时，宜采用双级压缩制冷。

双级压缩制冷循环的原理如图 13 – 4 所示。所谓双级压缩，是指在制冷循环中的将低温低压制冷剂蒸气分两级压缩成高温高压的制冷剂蒸气。为此，可在蒸发器与冷凝器之间设两个压缩机，或使用双级压缩机，并在两压缩机间（或双级压缩气缸间）再设一个中间冷却器。

双级压缩制冷循环中制冷剂的状态变化如图 13 – 5 所示。由图可见，蒸发器中形成的低压、低温制冷剂蒸气（状态点 1），被低压压缩机吸入，经绝热压缩至中间压力的过热蒸气（状态点 2）；低压压缩产生的过热蒸气，被冷却至干饱和蒸气（状态点 3），与由膨胀阀 II 出来的（点 9）制冷剂在中间冷却器中蒸发形成的中压蒸气（点 3）一起由高压段压缩机压缩到冷凝压力过热蒸气（状态点 4）；高压过热蒸气经过冷却到干饱和蒸气（状态点 5），并进一步等压冷凝成饱和液体（状态点 6）。然后分成两路：一路便是上面所讲的，经膨胀阀节流降压后的制冷剂（点 9），进入中间冷却器；另一路进入中间冷却器盘管进行过冷（状态点 7）；经过膨胀阀 I 节流降压的制冷剂（状态点 8）进入蒸发器，蒸发吸热，产生冷效应。

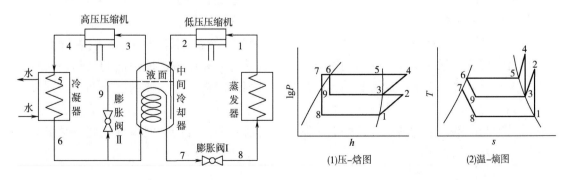

图 13 – 4　双级压缩制冷循环　　　　　　**图 13 – 5　双级压缩制冷的相图**

4. 制冷量与制冷系数

（1）制冷量　制冷量用于描述制冷机（系统）的制冷能力，是指在一定的操作条件（即一定的制冷剂蒸发温度、冷凝温度，过冷温度）下，单位时间制冷剂从被冷冻物取出的热量，制冷量与压缩机的大小、转速、效率及其他因素有关。制冷量用符号 Q 表示，单位为 W。一般制冷机的制冷量大，多用 kW 表示。制冷量还可用其他单位表示，如大卡（kcal/h）、冷吨等。冷吨是英文 refrigeration ton 的译名，缩写为 RT。1 冷吨（RT）相当于 24h 内将 1t 0℃的水冷冻成同温度冰需除去的热量。根据这个定义，可将冷吨转化为其他单位。因不同国家对吨（t）定义有差异，因此，冷吨转化得到的其他单位也有差异。某些制冷量单位的换算系数如表 13 - 1 所示。

表 13 - 1　　　　　　　　　　常见制冷量单位换算

	瓦（W）	大卡（kcal/h）	美国冷吨（RT）
瓦（W）	1	0.8598	2.8409E - 04
大卡（kcal/h）	1.163	1	3.3042E - 04
美国冷吨（RT）	3520	3026.496	1

（2）制冷系数　制冷机（或制冷系统）为产生一定的制冷量（Q）需要输入一定的能量，即需要消耗一定的功率（P）。制冷量与输入功率之比称为制冷系数（ε），即

$$\varepsilon = \frac{Q}{P} \tag{13-1}$$

制冷系数是衡量制冷机（或制冷系统）的重要技术经济指标。如制冷系数为 3，即是说每消耗 1kW 的能量可以获得 3kW（2580kcal/h）的制冷量。

5. 直接制冷与制冷剂

制冷装置中不断循环流动以实现制冷的工作物质称为制冷剂或制冷工质。蒸气压缩制冷装置通过制冷剂物态的变化实现热量的传输。制冷循环中，如果制冷剂吸热的蒸发器直接与被冷物体或被冷物体周围环境进行换热，则这种制冷方式称为直接制冷，或称直接蒸发制冷。

制冷剂是实现人工制冷不可缺少的物质。有多种物质可作为制冷剂使用，虽然性质上有差异，但有一共同的特点，即在常温下可以冷凝成为液体。制冷装置的特性及操作条件与制冷剂性质有关。

选择制冷剂主要从热力学、物理化学、生理学、经济性和对环境影响等方面考虑。特别需要注意的是其对环境的影响。氨是食品工业冷库最常使用的制冷剂，它较为安全，对环境无影响。以氟利昂为商品名的系列制冷剂也是主要的制冷剂。但部分这类制冷剂产品被证实对外层空间的臭氧层有破坏作用，以 R11 和 R12 等为代表的氟利昂系列制冷剂已经被禁用。这是选用制冷机时所需要注意的，因为有些制冷系统只适用于某种或某类制冷剂。

6. 间接制冷与载冷剂

食品企业中，如果冷加工场所较大或冷却作业机器台数较多，往往采用间接制冷方

式。所谓间接制冷，也称为间接蒸发制冷，利用廉价物质作为媒介载体实现制冷装置与耗冷场所或机台之间的热交换。这种媒介载体称载冷剂，也称为冷媒。间接制冷原理如图 13 – 6 所示。载冷剂将从被冷物体吸取的热量送至制冷装置蒸发器，传递给制冷剂，自身则被降温供循环使用。

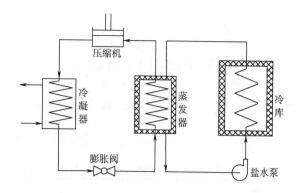

图 13 – 6　间接制冷原理

常用的载冷剂有空气、水和盐水及有机物水溶液等。选择载冷剂时，一般应考虑：冰点低、比热容大、无金属腐蚀性、化学上稳定、价格低及容易获取等因素；作为食品工业用的载冷剂，往往还须具备无味、无臭、无色和无毒的条件。

用空气作载冷剂虽然有较多优点，但由于其比热容小，而且作为气态使用的对流换热效果差，所以在食品冷藏或冷冻加工中，空气以直接与食品接触形式使用。

水虽然具有比热容大的优点，但其冰点高，所以仅适用于 0℃ 以上制冷场合。

如需传递低于 0℃ 的冷量，则可采用盐水或有机溶液作为载冷剂。氯化钠、氯化钙及氯化镁的水溶液，通常称为冷冻盐水。食品业中最广泛使用的冷冻盐水是氯化钠水溶液。有机溶液载冷剂中，最有代表性的两种载冷剂是乙二醇和丙二醇的水溶液。

（二）非机械压缩制冷

非机械压缩制冷是除机械压缩制冷以外的其他人工制冷方式，这些制冷方式利用固体融解与盐溶解、固体升华，及液化气体汽化等吸热效应进行制冷。

1. 融化和溶解制冷

固体吸热后变为液体称为融化。固体溶于溶剂称为溶解。这两类物质状态变化均需要吸收热量，因此，可以利用来制造冷量。例如，1kg 冰融化成水，可以吸收 334.94kJ 的热量。但这种制冷方式有局限性，主要是冰的熔点（冰点）限定了用冰融化不能获得低于零度的冷量，其次是冰也必须由另一种制冷操作才能得到。水与食盐或其他无机盐类混合时，冰的熔点将随盐量增加而降低，并形成 0℃ 以下的低温，吸收大量潜热而造成特定低温，并使食品冻结。这种冰盐混合物，称为起寒剂。冷冻机发明以前，人们早就利用这种方法来完成如冰淇淋和鱼类的冻结作业。

2. 固体升华制冷

固体吸热后直接变成气体叫升华。在升华制冷中已经应用的升华固体主要是固态 CO_2，即所谓"干冰"。干冰在大气孔率压（0.1MPa）下的升华温度为 – 78.5℃ ，每 kg 干冰变成气体时，约吸收 573.59kJ 热量。升华潜热的吸收及升华后的低温二氧化碳均可利用来对高温食品进行冷冻。

3. 液化气体制冷

液化气体制冷本质上属于蒸发制冷。它利用低沸点液化气体物质时性直接与食品接触，吸取食品热量使其冻结，而自身汽化成气体。这种制冷方式能获得的温度可低达 –73℃以下，因而适用于要求速冻的场合。另外，由于此法使用的液化气体不再回收，因此选用时，尤其要注意成本。液氮是最常用的液体直接制冷剂。在大气压下，液氮的蒸发温度为 $-196℃$，可吸收蒸发潜热 119.3kJ/kg。其潜热虽然不大，但其蒸发温度与 0℃ 的温差很大，因此蒸发后气体升温还可吸收相当分量的显热。如取其气体的比热容为 1.0kJ/（kg·K），则气态氮再升温到 0℃ 还可带走约 196.5kJ/kg 的热量。因此，每千克液氮蒸发后温度升到 0℃，共可吸收 396kJ/kg 的热量，此热量约可使食品中的 1kg 水分冻结成冰。

二、 制冷系统主要设备

构成蒸气压缩制冷系统的主要设备包括压缩机、冷凝器、膨胀阀和蒸发器。这些设备各有多种形式。

（一）压缩机

压缩机是蒸气压缩制冷装系统的核心设备，通常称为制冷主机。制冷压缩机，可根据其部件形式及运转方式分为活塞式、螺杆式、转子式和涡旋式等，食品工业中，应用较多的为活塞式和螺杆式压缩机。

1. 活塞式制冷压缩机

活塞式压缩机主要靠电机带动连杆，连杆带动活塞在气缸内做往复运动不断吸气、压缩、排气，完成压缩过程。活塞式压缩机按气缸数分类，有单缸、双缸和多缸压缩机；按压缩部分与驱动电动机组合形式分为全封闭式、半封闭式和开启式压缩机。按压缩级数又可分为单级（可制取 $-40℃$ 以上温度）双级（可制取 $-70℃$ 以上温度）和三级压缩机（可制取 $-110℃$ 以上温度）。食品冷冻冷藏过程中常用单级压缩机。食品快速冻结，以及冷冻干燥机系统的低温冷凝器要使用双级压缩机。

全封闭活塞式压缩机，其压缩机和电动机组成的整体封闭在钢板冲制的机壳内，结构紧凑，可防止轴封泄漏，体积和功率较小，多用于冰箱、冷柜和小型冷库等。

半封闭活塞式压缩机的电动机与压缩部件封闭在一个机壳内，机壳部分靠螺栓连接，可拆启。图 13-7 所示为一种半封闭活塞式压缩机外形。半封闭式制冷压缩机，功率范围比全封闭活塞式压缩机大，多用于冷柜、冷库、冷水机组。

开启活塞式压缩机外形如图 13-8 所示，其压缩部分与电机部分分开，各自成一独立体，驱动电动机与压缩部分靠联轴器或皮带连接。这种压缩机运行时有振动、噪声较大。开启活塞式压缩机制取冷量范围广，大多用于大型冷库和食品厂等。

图 13-7　半封闭式制冷压缩机　　　　图 13-8　开启活塞式制冷压缩机

活塞式压缩机历史悠久、技术成熟、便于维修。虽然活塞式压缩机已经受到新型压缩机较大冲击，但其在特殊条件（如在环境温度下由单台压缩机制取较低温度）下的运行性，仍有不可替代的优势。

2. 螺杆式压缩机

螺杆式压缩机结构如图 13－9 所示，主要由阴、阳转子、机体、轴承、轴封、平衡活塞及能量调节装置等组成。其工作原理是由阴、阳转子螺杆的啮合旋转产生容积变化，进行气体的压缩。阴转子的齿沟相当于活塞缸，阳转子相当于活塞。阳转子带动阴转子做回转运动，使阴阳转子间的容积不断变化，完成制冷剂蒸气的吸入、压缩、排出。

与活塞式制冷压缩机相比，螺杆式压缩机具有多方面优势，如结构简单、体积小、输气系数大、排温低、排气脉动小、易损件少、检修周期长、制冷量可调范围大等。在大冷量领域中，螺杆式压缩机已经显示出其优越性，有取代活塞式制冷压缩机的趋势。

3. 并联压缩机组

并联压缩机组主要由安装在公共机架的若干台相同或不同型号的压缩机组成。压缩机一般可以是活塞式，也可以是螺杆式或其他型式，一般使用氟利昂系列制冷剂。图 13－10 所示为一种并联螺杆压缩机组。压缩机共享（安装在同一机架上的）吸排气集管、冷凝器及储液器等部件。它向整个制冷系统的各蒸发末端直接提供制冷剂，并由集中控制系统根据压力、温度参数控制各压缩机开停。

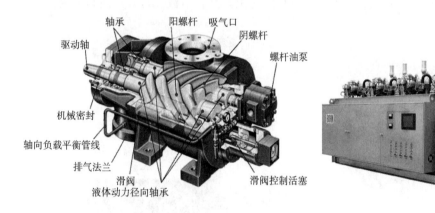

图 13－9　双螺杆制冷压缩机　　　　　　图 13－10　并联螺杆压缩机组

并联压缩机组具有以下特点：①可灵活调节供冷量。可根据季节或生产所需冷负荷等决定压缩机开停的数量，从而可使系统持续保持高效运行状态；②可提高自动化程度，利用系统电控箱与电脑控制器相结合的方式，基本上可以做到无人操作或远程操作；③节能，有人对同一套系统用并联机组与单机进行实验对比，发现前者可节能 18%；④降低设备成本和安装工程量，缩短工期，减小机房面积，综合初投资可以降低 20% 左右。

并联压缩机组适用于冷藏库群、超市岛柜、展示柜，以及用冷单机分散、生产负荷变化较大的食品加工企业。

（二）膨胀阀

膨胀阀，又称节流阀，型式包括：手动膨胀阀、自动浮球阀、自动膨胀阀、热力膨胀阀、电子膨胀阀等。

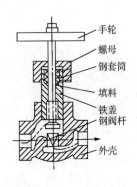

图 13 – 11　手动膨胀阀

（手轮、螺母、钢套筒、填料、铁盖、钢阀杆、外壳）

1. 手动膨胀阀

手动膨胀阀是一种针阀（图 13 – 11）。根据蒸发器热负荷的变化，利用手动调节方式通过旋转调节杆调整手动膨胀阀的开度，可使其缓慢地增大或减小。如果蒸发器出口处制冷剂蒸气的过热度过高，需要调大阀口，使较多的制冷剂液体进入蒸发器，从而降低蒸发器出口处制冷剂蒸气的过热度；反之亦然。目前，手动膨胀阀正在被自动膨胀阀所取代，只在氨制冷系统中仍在使用。在氟制冷系统中，手动膨胀阀作为备用阀，常与热力膨胀阀组合，仅供维修时使用。

2. 自动浮球阀

自动浮球阀分低压浮球阀和高压浮球阀两种。

自动低压浮球阀用于满溢式蒸发器。如图 13 – 12 所示，低压浮球阀的浮球位于系统的低压侧。随着较多制冷剂的蒸发，浮球会下降从而打开节流孔，让更多的制冷液由高压侧进入低压侧。节流孔随浮球的上升而关闭。这种膨胀阀简单、运行稳定、有很好的控制性能。

自动高压浮球阀的浮球浸没在高压制冷液中（图 13 – 13）。随着热制冷气体在冷凝器中冷凝成液体，室内的制冷剂液位上升。浮球也随之上浮并将节流孔打开，使制冷液流入蒸发器。

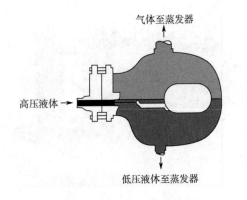

（气体至蒸发器、高压液体、低压液体至蒸发器）

图 13 – 12　低压浮球阀

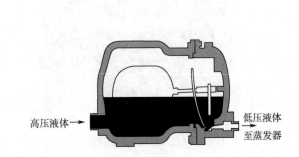

（高压液体、低压液体至蒸发器）

图 13 – 13　高压浮球阀

3. 自动膨胀阀

自动膨胀阀结构如图 13 – 14 所示，能使蒸发器维持恒定的压强。其工作原理为：当蒸发器压强升高使得薄膜克服弹簧压力而上升，从而将阀关闭；当蒸发器的压强下降时，阀打开。这种阀适用于要求维持恒定制冷负荷和恒定蒸发温度的场合，如家用冰箱。

4. 热力膨胀阀

这是一种能自动调节液体流量的节流膨胀机构，它由调节阀（一个贴在压缩机吸气管上的）、感温包及传递压力的毛细管构成（图 13 – 15）。感温包用于感测离开蒸发器的过热气体温度。较高的感温包温度使得包内流体（通常是同一种制冷剂）的压强升高。升高的压强通过恒温管传递到波纹管和薄膜室，使膨胀阀开启，从而使更多的液体制冷剂流过。

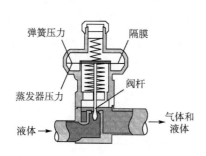

图 13-14　自动膨胀阀

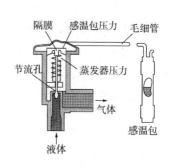

图 13-15　热力膨胀阀

5. 电子膨胀阀

电子膨胀阀是一类由电压或电流控制驱动开启度的膨胀阀，可应用于不同规模自动控制的制冷系统。提供给电子膨胀阀的电信号大小，一般由压力或温度传感器的反馈信号通过适当方式转换而成。按驱动原理，电子膨胀阀可分为电磁式和电动式两大类。电磁式通过调节电磁线圈电压使阀杆发生直线位移，从而控制膨胀阀阀芯的开启度。电动式膨胀阀通过电机的转动使阀杆发生位移。按阀体的节流结构，电子膨胀阀可有针阀式、滑阀式等形式。

图 13-16 所示为一种由步进电机驱动的陶瓷阀芯电子膨胀阀。此膨胀阀通过步进电机驱动阀杆升降，带动陶瓷阀芯块的上下滑动而改变阀芯孔与密封圈圆孔相交面积大小，从而对通过此阀的制冷剂产生调节作用。

（三）蒸发器

蒸发器是制冷系统中的热交换部件之一，是用冷场所或设备实现冷却效果的设备。节流后的

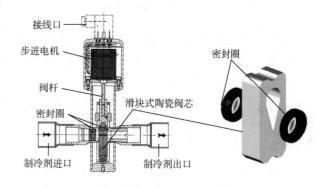

图 13-16　陶瓷阀芯电子膨胀阀

低温低压液体制冷剂在蒸发器管路内蒸发吸热，达到制冷降温的目的。

按被冷却介质类型，蒸发器可分为用于冷却液体的和用于冷却空气的两大类。

1. 冷却液体的蒸发器

（1）立管式蒸发器　立管式蒸发器由若干立式排管组合安装在一个长方形水箱内（图13-17）。每个立式排管分别由水平向的上总管、下总管和与两总管相连的直立管子构成。水平上总管的一端与液体（氨液）分离器相连，可使制冷剂气体回流至制冷压缩机内，而分离出来的制冷剂液体流至下总管。下总管的一端设有集油器，集油罐上端的均压管与回气管相通，可将润滑油中的制冷蒸气抽回至制冷压缩机内。被冷却的水从上部进入水箱，由下部出口流出。为保证水在箱内以一定速度循环，管内装有纵向隔板和螺旋搅拌器，水

流速度可达 $0.5 \sim 0.7 \mathrm{m/s}$。

制冷剂在立管中的循环情形如图 13-18 所示。节流后的低压液体制冷剂（氨液）由导液管引入上总管及中间一根直立粗管，直接进入下总管，并可均匀地分配到各立管中去。立管内充满液体制冷剂，汽化后的制冷剂（氨气）上升到上总管，经液体分离器，气体制冷剂被制冷压缩机吸回。由于制冷剂由下部进入、从上部流出，符合液体沸腾过程的规律，制冷剂沸腾时的放热系数高。

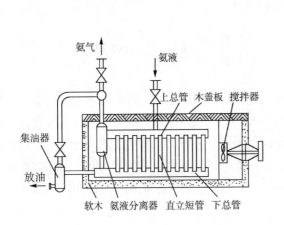

图 13-17　立管式蒸发器（水箱）

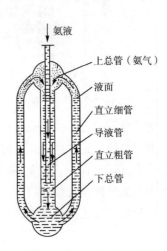

图 13-18　立管中制冷剂循环路线

立管式蒸发器属于敞开式设备，其优点是便于观察、运行和检修。其缺点是如用盐水作载冷剂时，因与大气接触吸收空气中的水分，易降低盐水的浓度，而且系统易被迅速腐蚀。这种蒸发器适用于冷藏库制冰。

（2）卧式壳管式蒸发器　这是一种特殊形式的列管式热交换器，利用制冷剂在器内吸热蒸发将水之类液体冷却。这种蒸发器有制冷剂在管内流动和管外流动两种类型，前者适用于氟制冷系统，而后者适用于氨制冷机。

制冷剂在管外流动的卧式壳管式蒸发器结构如图 13-19 所示，其筒体由钢板焊成，两端各焊有管板，两管板之间焊接或胀接许多根水平传热管，管板外面两端各装有带分水槽的封头。封头内的分水槽将水平管束分成若干管组，使冷冻水由封头下部进水管进入蒸发器，并沿着各管组做自下而上的反复流动，将热量传给管外液体制冷剂，使其汽化。被冷却后的水从封头上部出水管流出，冷却水在管内流速范围为 $1 \sim 2 \mathrm{m/s}$。

2. 冷却空气的蒸发器

冷却空气的蒸发器根据应用场所不同，可分为空气自然对流式和强制对流式两种。

（1）自然对流蒸发器　装在冷库的自然对流蒸发器一般称为库房冷却排管（冷排管）。安装在近墙处的称为墙排管；安装在顶棚处的称为顶棚排管；用架子平放的称为搁架排管。常用库房冷却排管，按管子的连接方法，可分为立管式及盘管式。此外，冷排管按冷却表面形式，又可分为光滑管及翅片管两大类。

蛇形盘管式蒸发器［图 13-20（1）］多采用无缝钢管制成，横卧的光滑或翅片管通过 U 形管卡固定在竖立的角钢支架上，气流通过自然对流经过盘管得到降温。这种蒸发器结

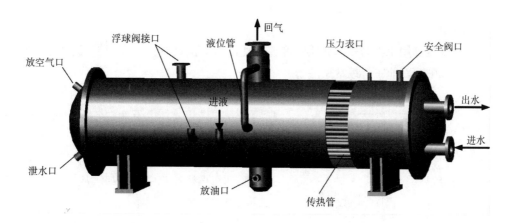

图 13 – 19　卧式壳管式蒸发器

构简单、制作容易、充氨量小，但排管内的制冷气体需要经过冷却排管的全部长度后才能排出，而且空气流量小、制冷效率低。

立管式蒸发器［图 13 – 20 （2）］常见于氨制冷系统，一般用无缝钢管制造。氨液从下横管的中部进入，均匀地分布到每根蒸发立管中。各立管中液面高度相同，汽化后的氨蒸气由上横管的中部排出。这种立管式蒸发器中的制冷剂汽化后，气体易于排出，从而保证了蒸发器有效传热效果，减少了过热区。这种蒸发器的主要缺点是，当蒸发器较高时，因液柱的静压力作用，下部制冷剂压力较大，蒸发温度高。这种现象在蒸发温度较低的系统尤为突出。

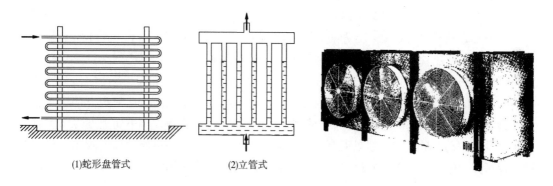

(1)蛇形盘管式　(2)立管式	
图 13 – 20　自然对流蒸发器	**图 13 – 21　冷库中使用的冷风机**

（2）强制对流蒸发器　强制对流蒸发器由风机与管内通制冷剂的翅片管结合而成。这种蒸发器对于用冷场所（如冷库和速冻设备）而言，通常称为冷风机。需要指出的是，风机与内通载冷剂结合而成的供冷装置也称为冷风机。图 13 – 21 所示为一种用于冷库的冷风机的外形。这种蒸发器的轴流风机的抽吸及作用，使空气强制通过蒸发器翅片盘管。氨、氟制冷系统均可采用这种型式的蒸发器。

（四）冷凝器

冷凝器是使来自压缩机的高温高压制冷剂气体冷凝成常温高压液体的热交换设备。根据冷却介质和冷却方式，冷凝器可分为水冷式、风冷式和蒸发冷凝式三类。

1. 水冷式冷凝器

水冷式冷凝器用水作为冷却介质。这类冷凝器型式主要有：立式壳管式、卧式壳管式及套管式，其中，以前二者最常见。

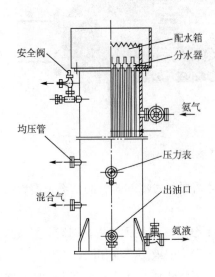

图 13 - 22　立式壳管式冷凝器

（1）立式壳管式冷凝器　结构如图 13 - 22 所示，立式结构筒体上下两端各焊一块管板，两管板之间配有许多根小口径无缝钢管（换热管）。冷凝器顶部装有配水箱，冷却水通过配水箱均匀地分配到每根换热管中。冷却水从冷凝器上部送入管内吸热后从冷凝器下部排出。

制冷剂蒸气（氨气）从上部的进气管进入冷凝器的壳体内，在换热管表面凝结成液体。冷凝后的液体制冷剂沿着管壁外表面下流，积于冷凝器底部，从出液管流出。

这种冷凝器的冷却水流量大、流速高，制冷剂蒸气与凝结在换热管上的液体制冷剂流向垂直，能够有效地冲刷钢管外表面，不会在管外表面形成较厚的液膜，传热效率高，因无冻结危害，故可安装在室外；冷却水自上而下直通流动，便于清除铁锈和污垢，对使用的冷却水质要求不高，清洗时不必停止制冷系统的运行。但冷却水用量大，体型较笨重。目前大中型氨制冷系统采用这种冷凝器较多。这种冷凝器传热管的高度在 4~5m，冷却水温升为 2~4℃。

（2）卧式壳管式冷凝器　这种冷凝器的外形结构如图 13 - 23 所示，壳体内部装有无缝钢管制作的换热管束，固定在两端管板上。管板两端装有带分水槽的封头。工作时，高温高压制冷剂蒸气由管壳顶部进气管进入壳体内的冷却水管的空隙间，遇冷后便结成液滴下落到壳体的底部，由壳体底部的出液管流出。冷却水由水泵供送，从封头下部进水管流入冷凝器。通过封头内的分水槽，使冷却水在筒内分成数个流程，自下而上在冷却水管内按顺序反复流动，最后由右端封头上部的出水管流出。左侧封头顶部的放气阀用于供水时排出存积其内的空气。下部的放水阀用于冷凝器在冬季停止使用时积水的放出，以防冷却

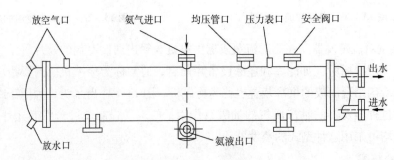

图 13 - 23　卧式壳管式冷凝器

水管冻裂。卧式壳管式冷凝器的特点：传热系数高，冷却水耗用量较少，反复流动的水路长，进出水温差大（一般为 4 ~ 6℃）；但制冷剂泄漏时不易发现，清洗冷凝器污垢时需要停止制冷压缩机的运行。

卧式壳管式冷凝器适用于水温较低，水质较好的条件。常用于中型及大型的氟利昂制冷机组中，便于制冷自动化。

2. 风冷式冷凝器

利用常温空气作为冷却介质的冷凝器称为风冷式冷凝器。风冷式冷凝器又分为自然对流式和强制对流式两种：前者适用于制冷量很小的制冷装置，后者适用于中小型制冷设备。

强制风冷式冷凝器的结构与冷风机的结构类似，主要由翅片式换热器与风机组合而成。图 13 - 24 所示为一种风冷式冷凝器机组的外形图。

3. 蒸发式冷凝器

蒸发式冷凝器是目前在制冷方面比较理想的一种冷凝器，外形和结构如图 13 - 25 所示。这种冷凝

图 13 - 24 风冷式冷凝机组

器将水喷淋装置、空气冷却装置以及冷却水循环利用装置三者结合在一起。

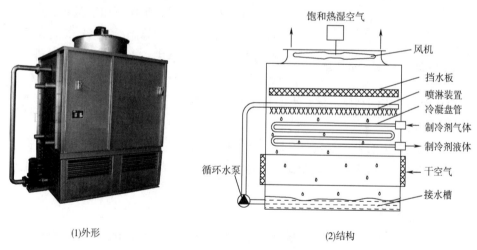

(1)外形 (2)结构

图 13 - 25 蒸发式冷凝器

蒸发式冷凝器因冷却水喷淋到制冷剂盘管上有部分会吸收蒸发而命名。制冷剂蒸气冷凝时释放的热量同时为两种冷却介质吸收，水冷却以喷淋方式进行，而空气流动有助于水在冷却管表面汽化，并将汽化后的蒸气带走，对关键的冷凝壁外侧，形成了一种伴有相变对流换热机制的强化作用。

三、 制冷系统的附属设备

为改善制冷机工作条件，保证良好的制冷效果，延长制冷机使用寿命，制冷机除四大

主件（压缩机，冷凝器，膨胀阀，蒸发器）外，还必须有其他的装置和设备，这些装置和设备统称为制冷机的附属设备。制冷机附属设备的种类和形式较多，以下介绍主要和常用的几种。

（一）油分离器

油分离器也称为分油器，它的作用是分离压缩后制冷剂气体中所带出的润滑油，保证油不进入冷凝器，以避免其壁面因油污染而使传热系数大大降低。

油分离器有多种形式。图 13 − 26 所示的洗涤式（也称翻泡式）油分离器，用于氨制冷系统。它由钢制圆柱壳体封头焊接而成，其上有氨气进出口、放油口和氨液进口。依靠降低气流速度、改变运动方向以及降低温度可使氨气中润滑油得以分离，并下落到油分离器底部。这种油分离器能将氨气中95%以上的润滑油分离出来。

除洗涤式以外，尚有填料式、离心式和过滤式等油分离器。

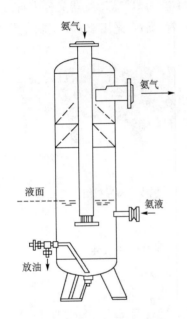

图 13 − 26　洗涤式油分离器

（二）高压贮液器

高压贮液器，也称高压贮液桶，用来贮存和供应制冷系统内的液体制冷剂，以便工况变化时能补偿和调剂液体制冷剂的量，是保证压缩机和制冷系统正常运行的必需设备；在检修制冷系统时，可将系统中的制冷剂收集在贮液器中，以避免将制冷剂排入大气造成浪费和污染环境。贮液桶常与冷凝器安装在一起，可以贮存从冷凝器来的高压液体。小型制冷系统，往往不装贮液器，而是利用冷凝器来调节和贮存制冷剂。

氨制冷系统常用的卧式贮氨器，是一个由柱形钢板壳体及封头焊接而成的压力容器。其上有氨液进出口、均压管、安全阀、放空气、放油等接头及液位计等。最高工作压力为2MPa。

（三）气液分离器

它位于系统膨胀阀之后，设在蒸发器与压缩机之间。它主要起两方面的作用：一是分离蒸发器出来制冷剂蒸气，保证压缩机工作是干冲程，即进入压缩机的是干饱和蒸气，防止制冷剂液进入压缩机产生液压冲击造成事故；二是用来分离来自膨胀阀的制冷剂气体，使进入蒸发器的制冷剂全为液体，以提高蒸发器的传热效果。

气液分离器是低压容器，其中贮存有适当量的低压制冷剂（氨液），因此气液分离器有时也称为低压贮液器。气液分离器内的制冷剂液体可以重力（见图 13 −53）或循环泵供送（见图 13 −54）方式提供给蒸发器。

（四）空气分离器

制冷循环的整个系统虽然是密闭的，在首次加制冷剂前虽经抽空，但不可能将整个系统内部空气完全抽出，因而还有少量空气留在设备中。在正常操作时，由于操作不慎，使低压管路压力过低，系统不够严密等，也可能渗入一部分空气。另外，在压缩机排气温度过高时，常有部分润滑油或制冷剂分解成不能在冷凝器中液化的气体。这些不易液化的气体，往往聚集在冷凝器、高压贮液器等设备内，这将降低冷凝器的传热系数，引起冷凝压力升高，增加压缩机工作的耗电量。所以，需要用空气分离器来分离、排除冷凝器中不能液化的气体，以保证制冷系统的正常运转。

（五）中间冷却器

中间冷却器应用于双级（或多级）压缩制冷系统中，用以冷却低压压缩机压出的中压过热蒸气。常用的中间冷却器如图 13 - 27 所示，是立式带蛇形盘管的钢制壳体。其有氨气进出口，氨液进出口，远距离液面指示器，压力表和安全阀等接头。氨气进入管位于容器中央并伸入氨的液面以下。来自低压压缩机的中压氨过热蒸气，经过氨液的洗涤而迅速被冷却。液面的高低由浮球阀维持。氨气进入管上焊有伞形挡板两块，用以分离通向高压压缩机氨蒸气中夹带的氨液和润滑油。

为了提高制冷效果，将高压贮氨器的氨液，通过中间冷却器下部的冷却盘管（蛇形管）。盘管浸没在中压氨液中，由于中压氨液蒸发吸热，使盘管内的高压氨过冷。过冷氨液节流后的液体成分增大，蒸气成分减少，使循环中氨的单位制冷量增大。

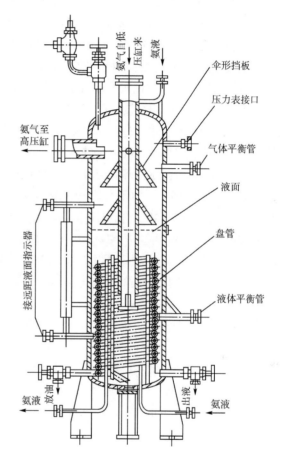

图 13 - 27　中间冷却器

（六）冷却水系统

制冷系统的冷却水主要用于水冷式或蒸发式冷凝器冷却，其次用于某些压缩机的夹套冷却。工业规模的氨制冷系统冷却水用量相当大，例如，一台 500kW 的制冷机组，每小时至少要消耗 100t 冷却水。

冷却水的来源有地面水（河水、湖水、海水）、地下水和自来水。冷却水的水温取决于水源的温度和当地的气象条件。冷却水温低，可以降低冷凝压力，降低能耗，提高制冷量。为保证制冷系统冷凝压力不超过制冷压缩机的允许工作条件，冷却水温一般不宜超过 32℃。

冷却水的供水方式一般分为直流式、混合式和循环式三种。

直流式一般用于小型制冷系统，或水源相当充裕的地方，如靠近海边或江河旁。一般不宜用自来水作为直流式冷却的水源。

混合式冷却系统部分采用水源供水，部分采用循环水，混合在一起供冷却系统使用。

循环式冷却水系统的特点是冷却水循环使用。冷却水经冷凝器等热交换升温后，再在大气中利用蒸发吸热原理进行冷却。对冷却水进行蒸发冷却的装置有两种：一种是喷水池；一种是冷却塔。喷水池中设有许多喷嘴，将水喷入空中蒸发冷却。喷水池结构很简单，但冷却效果欠佳，且占地面积大。一般 $1m^2$ 水池面积可冷却的水量为 $0.3 \sim 1.2t/h$。当空气的湿度大时，蒸发水量较少，则冷却效果较差。喷水池适用于气候比较干燥的地区和小型制冷场合。

大型工业制冷系统的冷却水多采用冷却塔降温。冷却塔有自然通风和机械通风式两类。常用的为机械通风冷却塔。目前，国内生产的定型机械通风式冷却塔大多采用玻璃钢作外壳，故又称为玻璃钢冷却塔。按冷却水进出温差，冷却塔可分为低温差（5℃左右）和中温差（ 10℃左右）两种，前者足以满足蒸气压缩式制冷系统的冷却水循环要求。

图 13 - 28 所示为一种玻璃钢冷却塔的结构。为增大空气与冷却水的接触面积，塔内充满塑料材质的填料层。水通过均布的喷嘴喷淋在填料层上，空气由下部进入冷却塔，两者在填料层中呈逆流接触，提高了水的蒸发速率。这种冷却塔结构紧凑，冷却效率高。从理论上讲，冷却塔可以把水冷却到空气的湿球温度。实际上，冷却塔的极限出水温度比空气的湿球温度高 $3.5 \sim 5$℃。由于水的汽化潜热较大，少量水分蒸发就可使水温有明显降低，例如，1% 的冷却水量蒸发，就可使水温降低 5℃。但是，由于雾沫夹带和滴漏损失，冷却塔补充的水量约为冷却水量的 4% ~ 10%。低温差玻璃钢冷却塔铭牌上标示的水量，一般指湿球温度28℃，进水温度37℃、冷却温差5℃ 工况条件下的冷却水量。实际冷却水量将随工况而变化。当湿球温度降低、进塔水温升高或冷却温差减小时，冷却塔冷却的水量将增加。

典型的循环式冷却水系统如图 13 - 29 所示。冷却塔一般安装在冷冻车间的房顶上，或另筑混凝土框架支座。冷凝器置于水池上方。水池一般设在地下，容积大小根据总的循环水量来确定，一般取冷却水循环水量的 10min 流量来计算，还要考虑水面离水池顶面应保持200 ~ 300mm 的距离，及水泵吸水管不能吸走的容积。循环水泵的流量应根据冷凝器的热负荷和水温来计算确定，泵的扬程按冷却塔的高度和管道阻力损失来选用。

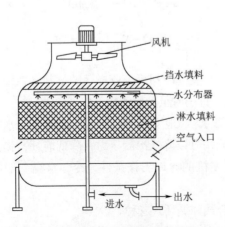

图 13 - 28　玻璃钢冷却塔

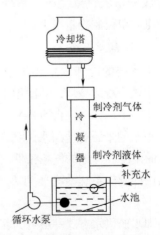

图 13 - 29　典型的循环式冷却水系统

（七）除霜系统

空气冷却用的蒸发器，当蒸发表面低于0℃，且空气湿度大时，表面就会结霜。霜层导热性很低，影响传热，当霜层逐步加厚时将堵塞通道，无法进行正常的制冷。所以，须定期对蒸发器进行除霜。啤酒厂或某些食品厂需要制造大量的4℃以下的"冰水"，采用的是壳管式蒸发器，蒸发温度在 -5 ~ -4℃，若操作失误，就可能使列管冻结，无法工作。这些场合都需要设计除霜的装置。

蒸发器除霜的办法很多，对空气冷却用的蒸发器可采用人工扫霜、中止制冷循环除霜、水冲霜、电热除霜等办法。

对于大型的壳管式蒸发器，霜冻发生在管内，因此，不能采用上述办法，而应选用热氨除霜法。所谓热氨除霜法即利用压缩机排出的高压高温气体引入蒸发器内，提高蒸发器内的温度，以达到使冰融化的目的。图13-30为重力供氨制冷系统中的热氨除霜系统。正常工作时，凡有可能使热氨进入系统的阀门（如排液阀、热氨阀）处于关闭状态。当需要除霜时，原正常供氨的阀门（如供氨阀、回气阀）关闭，开启排液阀、热氨阀，使热氨气经热氨阀逆向进入蒸发器，由于热氨压力高，可借助压差将液氨经排液阀流回贮氨罐。

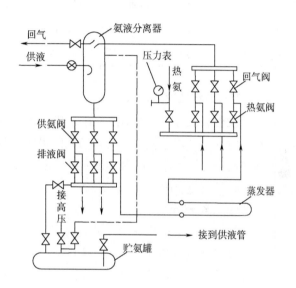

图13-30　热氨除霜系统

对壳管式蒸发器除霜操作时应注意，以提高系统温度，脱离冷媒的冰点即可，不可过度通入热氨气，否则压力可能过高，超出容器允许的承压值，不安全。

第二节　食品冷冻冷却设备

食品冷冻冷却的目的是将食品冻结或冷却到适当低的温度。为此，虽然可以利用下节介绍的冷库速冻间或冷却间实现，但更多场合利用本节介绍的各种冷冻冷却设备。这些设备大多在常温环境下操作，有利于生产环节的衔接，也改善了操作人员的劳动条件。本节主要介绍各种食品冻结设备、冷水机，以及近年来出现的真空冷却设备。

一、 冷冻设备

食品的冻结有多种方法，食品工业中常用的冻结方法有空气冻结法、间接接触冻结法，及直接接触冻结法。每种方法又包含多种形式的冻结装置（见表13-2）。

表13-2   食品冻结方法与装置形式

冻结方法	装置形式
空气冻结法	隧道式（推车式、传送带式、推盘式、吊篮式）、螺旋式、流态化式：斜槽式、一段带式、两段带式、往复振动式
间接接触式	卧式平板式、立式平板式、回转式、钢带式
直接接触式	载冷剂接触冻结装置、低温液体冻结装置、液氮冻结装置、液态 CO_2 冻结装置

（一）空气冻结法冷冻设备

空气冻结法，又称鼓风冻结法。在冻结过程中，冷空气以强制或自然对流方式与食品换热。由于空气的导热性较差，与食品间的换热系数小，故所需的冻结时间较长。但是，空气资源丰富、无任何毒副作用，其热力性质已为人们熟知，所以，空气冻结法冷冻设备仍然是目前食品行业应用最为广泛的冷冻设备。

1. 隧道式冻结装置

隧道式冻结装置，也称为隧道式速冻器或速冻隧道，主要由冷风机（或蒸发器＋风机）、冻结物输送装置和绝热护围层等构成。

冻结物料输送装置分间歇式的，例如（用多孔或无孔）料盘架开一面推车，和连续式的，如不锈钢（网、链板或环绕板）带输送机和推盘等。连续输送装置的输送速度通常可根据物料冻结时间要求进行调整。

隧道式冻结装置所用的蒸发器一般为翅片式，并带有融霜系统。蒸发温度在 $-40 \sim -35℃$ 间。蒸发器在隧道内的位置根据输送装置形式而定，有的设在输送通道侧面，也有的安装在输送通道上方。

图13-31所示为小车输送式冻结隧道冷风循环方式，可见，两种情形下均使冷风以水平向吹过冻结食品的表面。

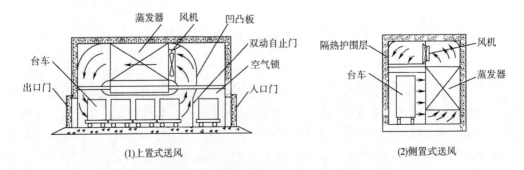

(1)上置式送风   (2)侧置式送风

图13-31　小车输送的冻结隧道冷风循环方式

带式速冻隧道的冷风机多置于输送网带的上方，以节省设备占地面积。冷风机的冷风，可（以正反两个方向）侧向吹过物料层上下（即水平向与物流垂直交叉），也有的主风方向与物料方向呈逆流向（即冷风朝进料口方向在物料上面吹）。图13-32所示为典型带式速冻机的外形。这类速冻器目前国内食品行业应用相当多。

图13-33所示为一种用于冰淇淋硬化的速冻隧道。它的输送装置为料盘垂直升降机构及水平向的多层式输送机。它的两端分别设有料盘的进出口。料盘进出、在冻结隧道内的垂直和水平移动均由程序自动控制执行。每次在进料端送入一个料盘，便同时在出料端送出一个料盘。

图13-32　带式速冻隧道

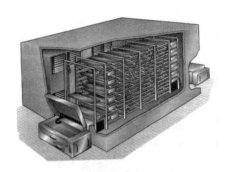

图13-33　冰淇淋硬化冻结隧道

2. 螺旋式冻结装置

螺旋式冻结装置与隧道式冻结装置一样，也主要由护围结构、物料输送装置和蒸发器和风机等构成。物料输送装置是一种如图13-34（1）所示螺旋带式输送机，输送带用的是钢丝扣带或工程塑料链板带，这类带可以在水平方向有一定的弯曲余地，从而可以沿适当的圆柱体以近于水平的螺旋升角（约为2°）向上或向下盘旋，食品不会下滑。

根据带式螺旋输送机的结构原理，可以将螺旋式冻结装置分别设计成如图13-34（2）所示的单螺旋式和如图13-34（3）所示的双螺旋式两种型式。可见，单螺旋式在下面进料，在上面出料，而双螺旋式的进出均在下面。双螺旋式的输送带长度为单螺旋式的一倍，因此，可以说，冻结时间相同条件下，双螺旋式的生产能力是单螺旋式的一倍。

被冻结的物料，可以直接单个摆放在输送带上，也可装在料盘中，由输送带输送料盘通过冻结装置。

螺旋式冻结装置的蒸发器和风机通常安排在螺旋输送机的侧面，风向与输送带面相对平行，即横向吹过输送带上面物料表面。根据需要，也可以通过在输送带间设置适当走向的风道，在单个螺旋体总体上实现冷风与物料呈逆向穿流的效果，从而可以提高传热速率，缩短冻结时间。人们发现，穿流构型与横流构型相比，相同的产品，冻结时间约可缩短30%。

螺旋式冻结装置适用于冻结单体食品，如饺子、烧卖、对虾及经加工整理的果蔬，还可用于冻结各种熟制品，如鱼饼、鱼丸等。

螺旋式冻结装置有主要有以下特点：①结构紧凑，相同产能的装置占地面积小，仅为一般水平输送带冻结装置的四分之一；②运行平稳，产品与传送带相对位置保持不变，适

 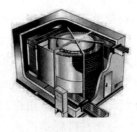 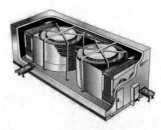

(1)输送装置原理　　　　　(2)单螺旋式　　　　　(3)双螺旋式

图 13 - 34　螺旋式冻结器

于冻结易碎食品和不许混合的产品；③冻结速度快，生产能力大，干耗小，冻结质量好，适用于大批量生产。

3. 流态化速冻装置

食品流态化冻结是在一定流速的冷空气作用下，使食品在流态化条件下得到快速冻结的方法。这类冻结装置主要用于颗粒状、片状和块状食品的快速单体冻结。食品流态化冻结装置，按其机械传送方式可分为：带式、振动式和斜槽式流态化冻结装置等。

（1）带式流态化式速冻装置　带式流态化速冻装置以不锈钢网带作为物料的传送带。根据输送带的数目，带式流态化速冻装置可分为单流程和多流程形式；按冻结区分可分为一段和两段的带式速冻装置。

早期的流态化速冻装置的传输系统只用一条传送带，并且只有一个冻结区，这种单流程一段带式速冻装置结构简单，但配套动力大、能耗高、食品颗粒易黏结，适用于冻结软嫩或易碎的食品，如草莓、黄瓜片、青刀豆、芦笋、油炸茄块等。操作时需要根据食品流态化程度确定料层厚度。

多流程一段带式流态化冻结装置也只有一个冻结区段，但有两条或两条以上的传送带，传送带摆放位置为上下串联式，与单流程式相比，这种结构外形总长度较短，配套动力小，并且在防止物料间和物料与传送带黏结方面也有所改善。

两段带式流态化冻结装置是将食品分成两区段冻结，第一区段为表层冻结区；第二区段为深层冻结区。颗粒状食品流入冻结室后，首先进行快速冷却，即表层冷却至冰点温度，然后表面冻结，使颗粒间或颗粒与传送带不锈钢网间呈散离状态，彼此互不黏结，最后进入第二区段深层冻结至中心温度为 -18℃，完成冻结。

图 13 - 35 所示为典型的用于果蔬速冻的二段带式流态化冻结装置，它主要由两条行进速度不等的输送带、蒸发器、风机和护围（保温）结构等组成。在速冻机外经过脱水的待冻食品，首先经过由第一条输送带输送的"松散相"（表层）冻结区域，此时的流态化程度较高，食品悬浮在高速的气流中，从而避免了食品间的相互黏结。然后进入第二条输送带所在的"稠密相"（深层）冻结区域，此时仅维持最小的流态化程度，使食品进一步降温冻结。这种速冻装置适用范围广泛，可以用于青刀豆、豌豆、豇豆、嫩蚕豆、辣椒、黄瓜片、油炸茄块、芦笋、胡萝卜块、芋头、蘑菇、葡萄、李子、桃子、板栗等果蔬类食品的冻结加工。

（2）振动流态化速冻装置

振动流态化速冻机以振动槽作为物料水平方向传送手段。由于物料在行进过程中受到振动作用，因此这类形式的速冻装置可显著地减少冻结过程中黏结现象的出现。

振动槽传输系统主要由两侧带有挡板的振动筛和传动机构构成。由于传动方式的不同，振动筛有两种运动形式：一种是往复式振动筛；另一种是直线振动筛。后者除了有使物料向前运动的作用以外，还具有使物料向上跳起的作用。

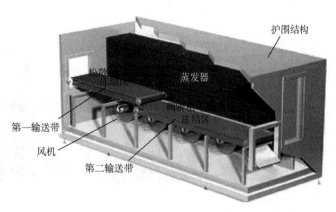

图 13-35　两段带式流态化冻结装置示意图

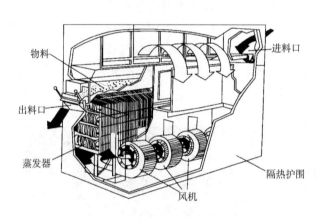

图 13-36　MA 型往复式振动流态化速冻装置

图 13-36 所示为瑞典 Frigoscandia 公司制造的 MA 型往复式振动流态化冻结装置。这种装置的特点是结构紧凑、冻结能力大、耗能低、易于操作，并设有气流脉动旁通机构和空气除霜系统，是目前世界上比较先进的一种冻结装置。

（二）间接接触式冻结设备

间接接触式速冻设备是指产品与一定形状的（内通制冷剂或载冷剂）的蒸发器或换热器表面进行接触换热的冷冻设备。接触式速冻设备主要依靠传导方式传热，冻结效果直接受产品与换热器表面的接触状态影响。最常见的间接接触式速冻设备型式为平板式，其他还有钢带式和转鼓式等。

1. 平板冻结装置

平板冻结装置是一组与制冷剂管道（通过软管）相连的空心平板作为蒸发器的冻结装置，将冻结食品放在两相邻的平板间，并借助液压系统使平板与食品紧密接触。由于金属平板具有良好的导热性能，故其传热系数高。当接触压力为 7~30kPa 时，传热系数可达 93~120W/（h·K）。根据平板取向，这种冻结装置形式可分为卧式和立式两种。

带护围结构的卧式平板冻结器［图 13-37（1）］整体为厢式结构，一般有 6~16 块水平冻结板，平板间的位置由液压装置控制。被冻食品装盘放入两相邻平板之间后，启动液压油缸，使被冻食品与冻结平板紧密接触进行冻结。为了防止压坏食品，相邻平板间装有限位块。这种冻结器适用于常温环境的车间。

无护围结构的卧式平板冻结器［图 13-37（2）］适用于低温环境，可以多台同时安装在冷间内，适合生产规模较大场合。

(1)带护围结构   (2)无护围结构

图 13-37　卧式平板式速冻器

立式平板冻结装置的结构原理与卧式平板冻结装置的相似，但冻结平板呈垂直状态平行排列，外形结构如图［图 13-38（1）］所示。平板一般有 20 块左右。待冻食品一般直接散装倒入平板间进行冻结，操作方便，适用于小杂鱼和肉类副产品的冻结［图 13-38（2）］。冻品脱离平板的方式有上进下出、上进上出和上进旁出等。平板的移动、冻块的升降和推出等动作，均由液压系统驱动和控制。

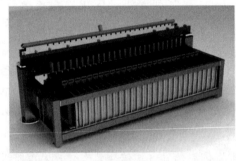

(1)外形结构   (2)冻结后的肉制品

图 13-38　立式板式冻结器

2. 其他间接接触冻结器

除了平面型冻结器以外，还有其他形式的主要用于连续操作的接触式冻结器，如回转式冻结器、钢带隧道式冻结器，以及旋转刮板式冻结器等。

回转式冻结装置如图 13-39 所示，是一种新型的间接接触连续式冻结装置。其主体为一内通载冷剂的轴向水平的不锈钢回转筒。被冻品呈散状由入口送到回转筒的表面，由于转筒表面温度很低，食品立即粘在上面，进料传送带再给冻品稍施加压力，使其与回转筒表面接触得更好。转筒回转一周，完成食品的冻结过程。冻结食品转到刮刀处被刮下，刮下的食品由传送带输送到包装生产线。利用回转式冻结器，可对虾仁进行单体速冻，进料温度为 10℃，出料温度为 -18℃时，冻结时间约为 15~20 min。该冻结装置的特点是，占地面积小，结构紧凑，冻结速度快，干耗少，生产率高。

图 13 - 40 所示是一种日本 MYCOM 公司生产的钢带式隧道冻结装置结构示意。这种冻结器借助于不锈钢带输送物料，不锈钢钢带与直接蒸发器的冷表面紧密接触，二者之间的热阻可以忽略，食品随钢带通过隧道时，受到连续接触冻结。同时，不锈钢带上方的冷风机也将冷风吹向所经过的食品，强化了冻结过程。因此，这种冻结器具有接触式、

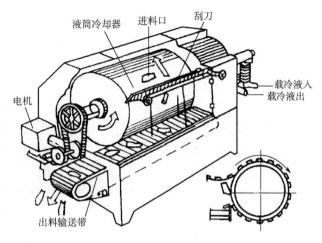

图 13 - 39　回转式冻结装置

风冷式和连续式三者结合的特点。这种冻结装置可在 6 ~ 60min 时间范围内实现无级调速。

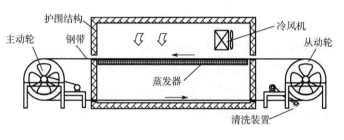

图 13 - 40　钢带隧道冻结装置

除了以上用于固体物料的接触式冻结器以外，还有用于液体物料的冻结器，这类冻结器实际上是一种刮板式热交换器（见图 7 - 16）。这类冻结器可用于冰淇淋凝冻。

（三）直接接触冻结装置

直接接触式冻结装置是指利用冷媒直接与（包装或未包装）食品接触进行冻结的装置。所用的冷媒可以是载冷剂（如食盐溶液，），也可以是低温制冷剂的液化体气体，如液氮、液体 CO_2 等。因冷媒不同，这类冻结装置可有两种型式，即沉浸式和喷淋式。

1. 沉浸式冻结装置

这类冻结装置直接使食品浸入载冷剂液中进行冻结。这种装置通常由敞开或半敞开的保温槽体、槽内设置冷冻机的蒸发器及载冷剂液体。被冷冻物体直接沉于载冷剂进行冷却冻结。为了提高载冷剂与蒸发器表面和物体表面的换热系数，通常设法提高载冷剂在槽内的循环流动速度。有的冻结装置甚至将蒸发器做成中空搅拌器形式，这样，既提高了蒸发器表面的换热系数，又提高了载冷剂在槽内的流动速度，从而可以提高载冷剂与被冻结物料之间的换热速率。

沉浸式冻结装置多用于刚捕捞到的小鱼、虾类及贝类等小个体海产品的冻结，以最大限度地保留其新鲜度。由于被冻对象个体在流动的载冷剂液中冻结，因此可以做到单体冻结。这种装置一般用一定浓度的食盐溶液作载冷剂。

2. 液氮喷淋速冻装置

使用液态氮作冷媒时，可将液氮直接喷向食品，使食品直接与 -196℃ 的低温接触而快

速冻结。液氮的蒸发潜热约为 46kcal/kg，因此每千克液氮能冻结约 1kg 的食品。由于液氮冻结可得到品质优良的产品，设备成本也较低廉，并且，液氮价格近年来也已下降许多，因此，液氮冻结有一定的应用发展潜力。

典型的液氮速冻机如图 13 - 41 所示，其主体为一网状输送机。为了充分发挥液氮的吸热效率，出现了多种型式的液氮速冻设备流程，主要形式如图 13 - 42 所示，有瀑布式、全蒸发式和强风式三种。

图 13 - 41　液氮速冻机

全蒸发式〔图 13 - 42（1）〕流程的液氮在输送带末端喷出，并全部蒸发；输送带前端设置的风扇将气态氮继续吹向刚进入的食品，进行预冷处理，装置的出口端设置了风幕，将氮气挡住，迫使氮气由物料入口端排气孔排出。

瀑布式的流程如图 13 - 42（2）所示，液氮在其接近出口的后段上方以雾状方式喷下，随即吸热汽化，汽化的氮在风机的抽吸下，再吹向刚从入口端进入的高温食品作预冷处理，以提高氮气的利用效率。来不及汽化的液氮，收集后用泵回送重新喷雾。

强风式〔图 13 - 42（3）〕的设计特点是将输送带分成四个区，各区自成一个循环系统，在液氮喷嘴后方有一个强力风机，可将在输送带面已蒸发的氮气加以抽回再喷向液氮，进行强制循环。这种机型所用的输送带为平板无孔带。

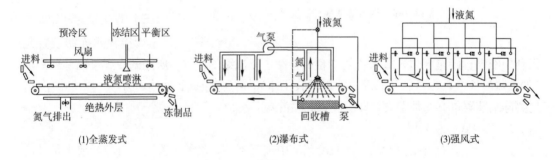

(1)全蒸发式　　　　　　　　　(2)瀑布式　　　　　　　　　(3)强风式

图 13 - 42　液氮速冻机的流程形式

二、冷水机

冷水机也称冰水机，是提供低温冷水或冷冻液的制冷装置。低温冷水或冷冻盐水应用于各种场合的操作，如加热处理后的冷却，杀菌后的冷却，以及用来进行空气调节等。冷水机也可用来直接制造低温工艺用水。

冷水机基本上均带有完整的制冷系统，因此，有时也称其为冷水机组，主要由压缩机、膨胀阀、冷凝器、产生冷水（或冷冻盐水）的蒸发器和自动控制系统等构成，有时冷水机还自带循环水泵等。

冷水机根据冷凝器形式可分为水冷式和风冷式两种；根据蒸发器形式，可以分为壳管式和水箱式两种。此外，还可以根据压缩机类型，分为螺杆式和活塞式压缩机冷水机等。

（一）水冷式冷水机

水冷式制冷机的制冷量一般较大。图 13 - 43 所示的水冷式冷水机主要由螺杆式压缩机、冷凝器、蒸发器及控制箱等构成。冷凝器和蒸发器均为壳管式，各有两个水管接口，分别用于接冷却水循环系统和冷冻水循环系统。蒸发器为低温部件，因此外壳通常有隔热层保护，与之相连的循环冷水管往往也要进行隔热处理。水冷式冷水机在提供低温冷水的同时，本身需要用冷却水冷凝其制冷剂。因此，必要时，也需要有凉水塔之类的冷却水循环系统配套。

冷水机是一种间接制冷设备，除了能够提供 0℃ 以上冷水以外，也可用来

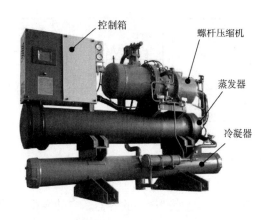

图 13 - 43　水冷式冷水机

产生盐或醇溶液载冷剂。例如，使用盐溶液时，可以提供 -15℃ 的冷冻温度。这种螺杆压缩冷水机提供的冷冻液体温度范围及制冷量的变化范围，可通过控制系统及压缩机的排气量调节实现。

（二）风冷式冷水机

制冷量较小的冷水机多为风冷式，它不需要专门的冷却水系统。图 13 - 44 所示为一种风冷式冷水机外形，其流程如图 13 - 45 所示。其中的水箱，既是制冷系统的蒸发器，也是低温冷水贮存器。可利用循环水泵提供工艺冷水，但需要及时将用去的水补上。水箱的水位可以通过供水浮球保持相对恒定。

图 13 - 44　风冷式冷水机

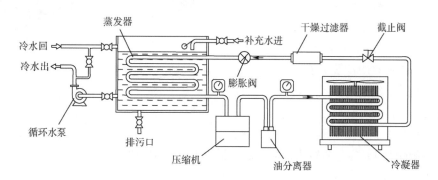

图 13 - 45　风冷式冷水机流程图

三、真空冷却设备

真空冷却设备常用于对新鲜果蔬、肉、禽、水产品进行冷却。真空冷却是利用含水产品中的水分在真空条件下蒸发汽化，吸收蒸发潜热，从而使产品降温。

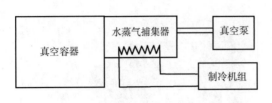

图 13 -46　典型真空冷却系统构成

（一）系统构成

典型真空冷却系统构成如图 13 - 46 所示，主要由真空容器、水蒸气捕集器、制冷机组和真空泵等构成。真空容器内产品蒸发产生的水蒸气，进入水蒸气捕集器，其中的（由制冷机组提供冷媒的）冷却器表面使水蒸气冷凝成水，不凝的气体则由真空泵抽走。

1. 真空容器

真空容器是处理产品的容器。它的容积、形状直接关系到产品的处理量。此外，其结构、材料也是容器设计制造中要考虑的重要方面。

真空容器可以设计成圆筒形，也可设计成长方体形。圆筒形虽然有受力均匀、制造方便等优点，但是装入产品的包装箱多为方形，容器利用率不高。目前大多数的真空容器都制作成方形。方形容器具有较高的容器空间利用率，同时还可节约制造材料。但是方形容器四周（包括门）须焊上型钢作加强筋，以防真空状态下内外压差过大，而使真空容器变形。

真空容器的门可以不同方式与箱（筒）体配合，常见形式如图 13 -47 所示，有铰链水平转开式、悬臂上开式、侧向平移式等。箱体小的开一扇门，朝向可在端面，也可在侧面；箱体大的可分别在箱体两端各设一扇门［图 13 -47 (4)］，以方便产品进出。

有些真空容器底面设有带滚轮的轨道，并与室外相同轨道和移动垫板配合，以提高货物的进出效率。另外，也有的冷却装置直接将水蒸气捕集器（即制冷系统的蒸发器）设在真空容器内。

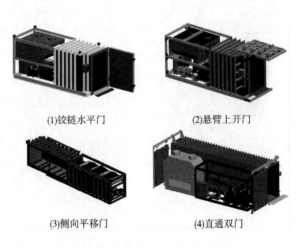

(1)铰链水平门　　(2)悬臂上开门

(3)侧向平移门　　(4)直通双门

图 13 -47　常见真空冷却装置开门型式

处理加工食品的真空容器必须采用食品级的不锈钢板，如 304 等不锈钢板制造，也有采用碳钢板的，但要经过防锈表面处理。容器内壁需经抛光加工处理。

2. 水蒸气冷凝捕集器

真空冷却的特点决定了这种过程会产生大量水蒸气，因此，在进入真空泵以前，必须将其大部除去。为此，真空冷却装置通常采用水蒸气冷凝捕集器（简称捕集器）。这种水蒸气冷凝捕集器工作原理与冷冻干燥机的冷阱相似，因此也称为低温冷阱（简称冷阱）。它是一种制作成特殊结构的制冷系统蒸发器。实践表明，真空冷却装置中冷凝器的表面温度以 −5℃ 左右为宜，过低的温度无多大作用。因此，制冷系统的蒸发温度也不能过低。水蒸气冷凝捕集器可以设在真空容器外，也可直接设在真空容器内。

3. 真空系统

用于食品的真空冷却装置必须达到所要求的极限压力，一般至少在 600Pa 以下，并且，配置的真空泵或真空系统应具有足够大的抽气能力。真空泵用于抽吸容器内的空气，造成真空环境，整个过程，真空泵抽吸空气的负荷是先大后小，因此，一般真空冷却系统往往设多台真空泵，开始时全部启动，到后来只留一台运行，以维持系统内所需的真空状态。常见于真空冷却装置的真空泵类型有滑阀式、罗茨泵式、旋片式、水力喷射式和蒸汽喷射式等，它们可以根据系统规模进行适当组合。表 13 − 3 所示为某些真空系统组成及适用的冷却装置规模对应关系。

表 13 − 3　　　　　　　　　各种用途的真空冷却装置的真空系统

真空系统	适用冷却装置规模	真空系统	适用冷却装置规模
旋片式真空泵	小型	水力喷射泵	小型
滑阀真空泵（单台或多台）	中大型	蒸汽喷射泵 + 水力喷射泵	中大型
罗茨泵 + 旋片式真空泵或滑阀真空泵	大型	罗茨泵 + 水环式真空泵	中大型

4. 喷水装置

利用真空却对食品及新鲜果蔬产品进行冷却是一种非稳定传质传热过程，对产品而言，降温作用动力来源于产品表面水分的蒸发吸热。有些产品比表面积较小（如果菜类产品和水果），表面水分蒸发完后，还未达到降温要求，有

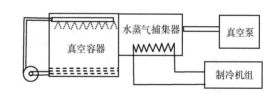

图 13 − 48　带喷水装置的真空冷却系统

些产品（如一些包装品）表面甚至没有什么自由水分，这种情形下，要使真空冷却发挥作用，则可采取先进行喷水再进行真空冷却操作。于是就出现了如图 13 − 48 所示的带喷水的真空冷却系统。通常，这类设备运行时，真空冷却与喷雾加湿并不同时操作，而是先进行喷雾加湿，再进行真空冷却。加湿时，水泵将水输送到真空冷却室顶部的喷嘴喷成水雾，将待冷却产品淋湿。喷淋下的多余水滴积在真空室底部，再由水泵抽到水喷射口喷出，反复循环使用。抽真空时，这些在产品上的水分蒸发吸热使产品冷却。

喷雾加湿的设备种类很多。真空冷却装置可采用高压喷射式或压缩空气喷雾式两种，前者主要利用喷嘴孔把高压水喷射成（粒度为 5 ~ 20μm 的）水雾；后者利用压缩空气在喷嘴处将水喷成（1 ~ 5μm）水雾。前者结构较小，后者因压缩机体积较大，运作时噪声很大。

喷雾加湿式真空冷却装置不仅可以在无水分质量损耗条件下对表体比很小的产品进行

冷却，而且能将产品温度降到0℃以下（普通真空冷却只能使叶菜降到2~3℃）。同时它也适用于表体比很大的产品的冷却。因此，这种装置技术促进了真空冷却技术的进展。

（二）真空冷却装置系统举例

常见真空冷却装置有单室式和双室式两种构型。中小型或移动式冷却装置常采用单室构型；而大型及固定式真空冷却装置可采用双室结构。以下分别就两种构型装置作简单介绍。

1. 单室式直列式真空冷却装置

这种冷却装置只有一个真空容器和一套制冷设备。一种型号为VAC-3的单槽真空冷却装置结构如图13-49所示，其真空室有效容积为$3m^3$；真空系统最大抽气速率$560m^3/h$，极限真空度小于200Pa；冷阱所联制冷机功率为3.2kW，所用的冷凝面积为$50m^2$。用于蔬果冷却时的生产能力为1t/h。这种装置可以移动使用也可固定使用。

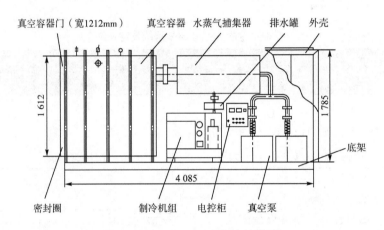

图13-49 VAC-3真空冷却装置

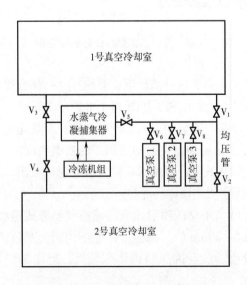

图13-50 双槽均压式真空冷却装置流程

2. 双室均压式真空冷却装置

双室均压式真空冷却装置的结构流程如图13-50所示，这种装置的结构特点是：①采用两个容积相同、内带产品装入取出装置的真空冷却室，真空冷却室的门为电动门；②两个真空冷却室由均压管相连，均压管由真空阀门 V_1、V_2 调节，V_3、V_4 分别为两个真空室的主阀门；③两个真空冷却室合用一套由3台滑阀真空泵组成的真空系统，分别由阀门 V_6、V_7、V_8 控制，V_5 为真空系统的主阀门；④两个冷却室合用一套制冷设备及水蒸气冷凝捕集器。

两个真空冷却室在时序上，以交替程序进行产品进、出和冷却操作，整个运作过程如表 13 -4 所示。整个操作过程所费时间只有 44min 。在真空冷却运作中，1 号真空室冷却结束时，室内真空度为 0.80kPa 时，先打开连接两个真空室的均压管阀门 V₁ 和 V₂，使两个真空室均压为 51.33kPa，然后切断 V₁V₂ 和 V₃，再由真空泵继续对 2 号真空室抽气。对于 2 号真空室而言，由于产品装入与冷却结束的 1 号真空相通后，立即可获得 51.33kPa 低压状态，因而既缩短了所需抽气的时间，同时节约了电力消耗。可见，双槽式真空冷却装置具有缩短抽气时间、节约能源和设备投资费用等优点。

表 13 -4　　　　　　　　　　　双室均压真空冷却装置的运行过程

1 号真空冷却室	2 号真空冷却室	时间/min
3 台真空泵抽气，从 51.33kPa →2.67kPa	冷却结束，蔬菜推入	10
1 台真空泵抽气，从 2.67kPa →0.80kPa	运转结束	10
冷却结束，打开均压管阀门 V₁ 和 V₂	两个槽均压为 51.33kPa	2
产品取出产品推入	3 台真空泵抽气，从 51.33kPa →2.67kPa	10
运转结束	1 台真空泵抽气，从 2.67kPa →0.80kPa	10
打开均压管阀门 V₁ 和 V₂	两个槽均压为 51.33kPa	2

第三节　食品冷藏链设备

食品冷藏链是指易腐食品在生产、贮藏、运输、销售的各个环节中始终处于规定的低温环境下，以保证食品质量，减少损耗的一项系统工程。它随着科技的进步、制冷技术的发展而建立起来，以食品冷冻工艺学为基础，以制冷技术为手段。食品冷藏链是一种在低温条件下的物流过程，因此，要把所涉及的生产、运输、销售、经济性和技术性等各种问题集中起来考虑，协调相互间的关系。

食品冷藏链如图 13 -51 所示，主要由冷冻加工、冷冻贮藏、冷冻运输和冷冻销售四个方面构成。冷冻加工包括肉类、鱼类的冷却与冻结；果蔬的预冷与速冻；各种冷冻食品的加工等。主要涉及冷却和冻结装置。冷冻贮藏包括食品的冷藏和冻藏，也包括果蔬的气调贮藏。主要涉及各类冷藏库、冷藏柜、冻结柜以及家用冰箱等。冷藏运输包括食品的中、长途运输及短途送货等，主要涉及铁路冷藏车、冷藏汽车、冷藏船、冷藏集装箱等低温运

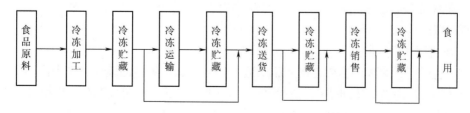

图 13 -51　食品冷藏链结构

输工具。在冷藏运输过程中，温度的波动是引起食品质量下降的主要原因之一，因此，运输工具必须具有良好的性能，不但要保持规定的低温，更切忌大的温度波动。冷冻销售包括冷冻食品的批发及零售等，由生产厂家、批发商和零售商共同完成。城市超市是当前冷冻食品的主要销售场所。超市中的冷藏陈列柜，兼有冷藏和销售的功能，是食品冷藏链的主要组成部分。

一、冷藏库

食品冷藏库是用人工的方法对易腐食品进行加工和贮藏的设施，是食品冷藏链中的重要一环。冷藏库在食品的加工和贮藏、调节市场供求、改善人们生活质量等方面都发挥着重要的作用。

（一）冷藏库的分类

冷藏库可按容量、温度以及使用性质等进行分类。

1. 按容量分类

根据 GB 50072—2010《冷库设计划范》规定，冷库的设计规模以冷藏间或冰库的公称容积为计算标准。公称容积大于 20000m³ 为大型冷库；20000～5000m³ 为中型冷库；小于 5000m³，为小型冷库。公称容积应按冷藏间或冰库的室内（不扣除柱、门斗和制冷设备所占的面积）净面积乘以房间净高确定。

值得一提的是，我国商业系统冷藏库曾经长期按重量分为四类（表 13-5）。虽然，目前看来这种分类方法似乎不如目前按容积分类科学，但其基于重量分类在制冷工程长期积累的经验数据资料，在冷库设计规划方面仍然有其重要参考价值。

表 13-5　　　　　　　　　　食品冷藏库按重量分类

规模分类	容量/t	冻结能力/（t/d）	
		生产性冷藏库	分配性冷藏库
大型冷藏库	>10 000	120～160	40～80
大中型冷藏库	5 000～1 0000	80～120	40～60
中小型冷藏库	1 000～5 000	40～80	20～40
小型冷藏库	<1 000	20～40	<20

2. 按库温分类

按冷藏库设计温度分为高温冷藏库（-2℃以上），低温库（-15℃以下）。需要指出的是，食品加工业习惯上将 -18℃冷库称为低温库，或冻藏库，而将 0～5℃的冷库称为高温库或冷藏库。

3. 按使用性质分类

（1）生产性冷藏库　主要建在食品产地附近、货源较集中的地区，作为肉、禽、蛋、鱼、果蔬加工厂的冷冻车间使用，是生产企业加工工艺的重要组成部分，应用最为广泛。由于它的生产方式是从事大批量、连续性的冷加工，加工后的食品必须尽快运出，所以要求建在交通便利的地方。它的特点是冷冻加工能力大，并设有一定容量的周转用冷藏库。

（2）分配性冷藏库　一般建在大中城市、人口较多的工矿区和水陆交通枢纽，作为市场供应、中转运输和贮藏食品之用。其特点是冻结量小，冷藏量大，而且要考虑多种食品的贮藏。由于冷藏量大，进出货比较集中，因此要求库内运输畅通，吞吐迅速。

（3）零售性冷藏库　一般建在城市的大型副食品商店内，供临时贮藏零售食品之用。特点是库容量小，贮藏期短，库温随使用要求不同而异。在库体结构上，大多采用装配式组合冷库。

（二）冷藏库的组成与布置

1. 冷藏库的组成

冷藏库主要由主体建筑和辅助建筑两大部分组成。按照构成建筑物的用途不同，主要分为冷加工间及冷藏间、生产辅助用房和生活辅助用房等。

（1）冷加工间及冷藏间　冷加工间及冷藏间包括冷却间、冻结间、冷却物冷藏间、冻结物冷藏间和冰库等。

①冷却间：用于对进库冷藏或需要先预冷后冻结的常温食品进行预冷。加工周期为12~24h，产品预冷后温度一般为4℃左右。

②冻结间：用于将食品由常温或冷却状态快速降至-15℃或-18℃，加工周期一般为24h。冻结间出来的冻结产品需要及时转移到冻结物冷藏库。

③冷却物冷藏间：称为高温冷藏间，或称为高温库，主要用于贮藏鲜蛋、果蔬等食品。若贮藏冷却肉，时间不宜过长。某些肉类、水产品品加工中的腌制过程常在高温库完成。

④冻结物冷藏间：又称低温冷藏库、冻藏库、低温库，主要用于贮藏经过冻结的食品，如冷冻肉、禽、水产品及冻果蔬等冷冻加工品，也用于冰淇淋、冰糕、冰棍等冷冻甜食制品贮藏。

⑤冰库：用于储存人造冰，解决需冰旺季的制冰能力不足的矛盾。

冷间的温度和相对湿度，应根据各类食品冷加工或冷藏工艺要求确定，一般按冷藏设计规范推荐的值选取。表13-6所示为冷间的设计温度和相对湿度。

表13-6　冷间的设计温度和相对湿度

冷间名称	温度/℃	相对湿度/%	适用食品范围
冷却间	0~4		肉、蛋类
冻结间	-18~-23		肉、禽、冰蛋、蔬菜、冰淇淋等
	-23~-30		鱼、虾等
冷却物冷藏间	0	85~90	冷却后的肉、禽
	-2~0	80~85	鱼蛋
	-1~1	90~95	冰鲜鱼、大白菜、蒜薹、葱头、胡萝卜、甘蓝等
	0~2	85~90	苹果、梨等
	2~4	85~90	马铃薯、橘子、荔枝等
	1~8	85~95	柿子椒、菜豆、黄瓜、番茄、菠萝、柑等
	11~12	85~90	香蕉等

续表

冷间名称	温度/℃	相对湿度/%	适用食品范围
冻结物冷藏间	−15 ~ −20	85 ~ 90	冻肉、禽、副产品、冰蛋、冻蔬菜、冰淇淋、冰棒等
	−18 ~ −23	90 ~ 95	冰鱼、虾等
冰库	−4 ~ −10		

（2）生产辅助用房　包括供装卸货物用的装卸站台、穿堂、楼梯电梯间和过磅间等。公路装卸站台应与进出最多汽车的高度相一致，长度按每1000t冷藏容量约7~10m的规格设置。铁路站台高出钢轨面1.1m。穿堂是运输作业和库房间联系的通道，一般分低温和常温穿堂两种，分属高、低温库房使用。多层冷库均设有楼梯、电梯间，其大小数量及设置位置视吞吐量和工艺要求而定，一般按每千吨冷藏量配0.9~1.2t电梯容量设置，同时应考虑检修。过磅间是专供货物进出库时司磅计数用的房间。另外还有制冷机房、变配电间、水泵房等。

2. 冷藏库的布置

冷藏库的布置是根据冷库的性质、允许占用土地的面积、生产规模、食品冷加工和冷藏的工艺流程、库内装卸运输方式、设备和管道的布置要求等，来决定冷库的建筑形式；确定冷藏库各组成部分的建筑面积和冷库的外形；并对冷库的各冷间、生产和生活辅助用房的具体布置进行合理设计。

（1）冷藏库库房的平面布置　为便于冻结间的维修、扩建和定型配套以及延长主库的寿命，通常将冻结间移出主库而单独建造，同低温冷藏间分开，中间用穿堂连接。多层冷藏间把同一温度的库房布置在同一层上，冻结物冷藏间布置在一层或一层以上的库房内。单层冷藏库要合理布置不同温度的冷藏间，使冷区与热区的界限分明。为了减少冷藏库的热渗透量，无论是多层冷藏库还是单层冷藏库，都应建成立方体式，尽量减少维护结构的外表面积，其长宽比通常取1.5：1左右。

（2）冷藏库的垂直布置　小型冷库一般采用单层建筑，大、中型冷库则采用多层建筑。库房的层高应根据使用要求和堆货方法确定，并考虑建筑统一模数。目前国内冷库堆货高度在3.5~4m，单层冷藏库的净高一般为4.8~5m，采用巷道或吊车码垛的自动化单层冷库不受此限。多层冷藏库的冷藏间层高应≥4.8m，当多层冷藏库设有地下室时，地下室的净高不小于2.8m。冻结间的层高根据冻结设备和气流组织的需要确定。

（三）冷间所需面积的确定

冷库冷间所需面积根据各冷间容量确定。冷却间或速冻间（生产性库房）的容量决定于：①每月最大的进货量，并应考虑到进货的不均衡情况；②货物堆放形式；③货物冷冻所需时间及货物装卸所需时间。冷藏间或冻藏间（贮藏性库房）的容量决定于：①冷却间或速冻间的生产能力；②货物堆放形式；③贮藏时间。

冷间所需有效堆货面积可由下式计算：

$$F_d = \frac{G}{U \cdot H} \ (\text{m}^2) \tag{13-1}$$

式中　G——冷间容量，kg；

U——冷冻食品堆放定额，即平均容重，kg/m^3；

H——堆放高度，根据冷间层高及装卸方式（手工或机械）不同而异，一般为 2.5 ~ 5（m）。

表 13 - 7 给出了一些常见冷冻食品的堆放定额，其他冷冻食品的堆放定额可参比这些食品或查阅有关资料得到。

表13 - 7　　　　　　　　　　　冷冻食品堆放定额（U 值）

食品名称	平均容重/（kg/m^3）	食品名称	平均容重/（kg/m^3）
猪肉	350	冻禽（箱装）	350
牛肉	400	冰蛋（听装）	550
羊肉	300	新鲜水果（箱装）	340
冻鱼	450		

冷间建筑面积可由下式计算：

$$F_j = F_d + C \cdot l + a^2 \cdot n + f \, (m^2) \tag{13 - 2}$$

式中　F_j——冷间建筑面积，m^2；

C——让开墙壁 0.3（m），或让开靠墙冷却排管 0.4（m）；

l——墙壁或靠墙冷却排管的长度，m；

a——方形柱的边长或圆形柱的直径，m；

n——冷间内柱子根数；

f——堆货间走道所占的面积，m^2。

库房宽度在 10 m 以内，一侧留走道。库房宽度在 10 ~ 20 m，库房中央留走道。库房宽度超过 20 m，每 10 m 宽留一走道。走道宽度，手工搬运 1.20 m，机械搬运 1.80m。

冷间建筑面积也可用以下简便公式估算：

$$F_j = \frac{F_d}{a} \, (m^2) \tag{13 - 3}$$

式中　a——建筑系数，1000t 以下冷库为 0.7，1000t 以上冷库为 0.73 ~ 0.75。

（四）冷库冷负荷计算与估算

为了合理地配置冷分配设备和制冷机总装机容量，需要对冷库冷负荷进行计算或估算。所谓冷分配设备是指如冷排管、冷风机等直接为冷间配送冷量的设备或装置。有些场合，冷分配设备的冷负荷也称为蒸发器负荷。用于确定制冷机总装机容量的冷负荷，有时也称为压缩机负荷或机械负荷。

不论是冷分配设备或是制冷机机器总冷负荷，均包括以下四项耗冷量：扩围结构散热损失冷量 Q_1、食品冷却或冻结耗冷量 Q_2、库房换气通风耗冷量 Q_3 及经营操作耗冷量 Q_4。计算时，需要配上相应的修正系数。

冷分配设备冷负荷 Q_k 可以根据以下公式计算：

$$Q_k = Q_1 + PQ_2 + Q_3 + Q_4 \text{ （W）} \tag{13-4}$$

式中　P——冷却或冻结加工的负荷系数，冷却间或速冻间 $P = 1.3$，冷藏间或冻藏间 $P = 1.0$。

制冷机机器总冷量负荷 Q_1 计算式如下

$$Q_1 = (mQ_1 + Q_2 + Q_3 + nQ_4)R \text{ （W）} \tag{13-5}$$

式中　m——冷库生产旺季修正系数，旺季在夏季时，m 取 1，冷库生产旺季不在夏季时，m 取值范围在 0.30~0.80；

　　　n——库房同期操作系数，取值范围在 0.50~0.75；

　　　R——制冷装置管路等冷损耗系数，氨直接蒸发冷却时取 1.07，盐水冷却时取 1.12。

有关 Q_1、Q_2、Q_3 和 Q_4 的具体计算，涉及建筑材料、冷库所在地理位置、冷藏或冷加工物的物性与温度、冷库经营及操作等因素，可以参考相关资料或手册进行。

冷库的冷负荷也可用估算法得到。表 13-8、表 13-9 和表 13-10 列出了冻结间和冷藏间及冷却间、制冰间的蒸发器负荷和制冷压缩机负荷估算值。对于小型冷藏库，冷负荷的估算可参照表 13-10。

表 13-8　　　　　　　　　　　冷加工每吨肉类时的冷负荷

加工类别	冷间温度/℃	肉内温度/℃		冷加工时间/h	冷负荷/（W/t）	
		出库时	入库时		蒸发器负荷	压缩机负荷
冷却加工	2	4	35	20	3000	2300
	2	4	35	11	5000	4000
	-10	12	35	8	6200	5000
	-10	10	35	3	13000	11000
冻结加工	-23	-15	4	20	5300	4500
	-23	-15	12	12	8200	7000
	-23	-15	35	20	7600	5800
	-30	-15	4	11	9400	7600
	-30	-15	10	16	6700	5500

表 13-9　　　　　　　　　　　冷藏间的单位质量冷负荷

冷间名称	冷间温度/℃	单位质量冷负荷/（W/t）		备注
		蒸发器负荷	压缩机负荷	
一般冷却物冷藏间	0，-2	88	70	制冷压缩机负荷已包括管道等的冷负荷
250t 以下冻结物冷藏间	-15，-18	82	70	
500~1000t 冻结物冷藏间	-18	53	47	

表 13 – 10   冷间的单位质量冷负荷

冷藏间规模/t	产品类型	冷间温度/℃	单位质量冷负荷/（W/t）	
			蒸发器负荷	压缩机负荷
<50t	肉、禽、	–15 ~ –18	390	320
50 ~ 100t	水产品		300	260
100 ~ 200t			240	190
200 ~ 300t			160	140
<100t	水果、蔬菜	0 ~ 2	390	350
100 ~ 300t			360	320
<100t	鲜蛋	0 ~ 2	320	290
100 ~ 300t			280	250

注：①压缩机负荷已包括管道等冷损耗补偿系数 7%。

②–18 ~ –15℃冷藏间进货温度 –5℃，进货量按 10 % 计。

（五）冷藏库的绝热和防潮

1. 冷库隔热防潮的重要性

为了减少外界热量侵入冷藏库，保证库内温度均衡，减少冷量损失，冷藏库外围的建筑结构必须敷设一定厚度的隔热材料。隔热保温是冷库建筑中一项十分重要的措施，冷库的外墙、屋面、地面等围护结构，以及有温差存在的相邻库房的隔墙、楼面等，均要作隔热处理。

冷藏防潮层对于冷库同样十分重要。防潮层的有无、质量的好坏，以及设置的合理与否，对于围护结构的隔热性能起着决定性的作用。如果不设防潮层，那么不管隔热层采用什么材料和多大的厚度，都难以取得良好的隔热效果。若隔热层的性能差，还可以采取增加制冷装置的容量加以弥补；而但若防潮层设计和施工不良，外界空气中的水蒸气就会不断侵入隔热层以至冷库内，最终将导致围护结构的损坏，严重时甚至整个冷库建筑报废。

隔热材料的热物理性质，直接影响到库内食品的冷冻加工过程和制冷设备的冷负荷，影响到冷藏库的经营费用。冷藏库用隔热保温材料的主要热物理性质是热导率和密度。工程上把热导率小于 0.2W/（m·K）的材料称作热绝缘材料。

由于冷藏降内外温差较大，在围护结构的两侧存在水蒸气分压力差，库外高温空气中的水蒸气将力图穿透隔热保温材料向库内渗透。同时也侵入隔热保温层内部，使其隔热性能显著降低。为了确保隔热材料的隔热性能，必须在围护结构上设置隔气层，隔绝或减少水蒸气的渗透。

2. 冷桥及其危害性

各种冷藏库的护围结构，总体上由起承重作用的建筑结构件与隔热防潮层有机结合而成。当建筑结构中热导率较大的构件（如柱、梁、板、管道等）穿过或嵌入冷库围护结构的隔热层时，便形成冷桥。冷桥是隔热防潮层中冷量集中传递的通道。冷桥在构造上破坏了隔热层和隔气层的完整性与严密性，容易使隔热材料受潮失效。若墙、柱所形成的冷桥跑冷严重，还会引起柱基、内隔墙墙基冻胀，危及冷库建筑的安全。因此，冷库建筑应当采取各种措施避免或缓和冷桥现象。

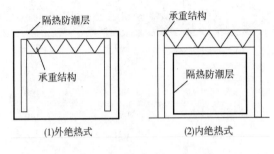

图 13 – 52 隔热防潮层的两种布置方式

3. 隔热防潮层的布置

隔热防潮层中冷桥的多少与其相对于承重结构层的位置有关。冷藏库的承重结构和隔热防潮层的处理，有内绝热式（内置式）和外绝热式（外置式）两种方式。外绝热式如图 13 – 52（1）所示，隔热防潮层设置诸如地坪、外墙及屋顶等承重结构之外，这种方式的特点是可以连续的隔热层将能形成冷桥的结构包围在其里面，防潮性能最佳，隔热造价较便宜，另外施工简便，便于装配化。内绝热式如图 13 – 52（2）所示，与外置式相反，隔热防潮层设置在地板、内墙、天花板上。当墙壁和天花板需要经常清洗时，常采用这种结构。

在布置隔热防潮层时，应注意以下因素：①合理布置围护结构的各层材料，把密实的材料层（材料的蒸汽渗透系数小）布置在高温侧，热阻和蒸汽渗透系数大的材料布置在低温侧，使水蒸气"难进易出"；②合理布置隔气层。对于能保证常年库温均低于室外温度的冷库，将隔气层布置在温度高的一侧；对于时停时开的高温库，则双面都设隔气层；③要保持隔气层的完整性，处理好接头；④做好相应的防水处理。

4. 隔热材料与防潮材料

通常对低温隔热材料有以下要求：热导率少；吸湿性含湿量小；密度小，且含有均匀的微小气泡；不易腐烂变质；耐火性、耐冻性好，无臭、无毒；在一定的温度范围内具有良的热稳定性；价格低廉，资源丰富。

低温隔热材料种类很多，按其组成可分为有机和无机两大类。选用低温隔热材料时，应根据使用要求、围护结构的构造、材料技术性能及其来源和价格等具体情况进行全面的分析比较后做出抉择。

（六）冷藏库库房冷分配方法与设备

冷库库房可采用排管冷却、空气冷却和混合冷却三种方法进行冷分配。具体选择何种方法，应视各冷间的用途，贮藏食品所要求的温湿度，食品的包装方法及贮藏期限等而定。

排管冷却常用在贮藏未包装速冻产品的冻藏间，贮藏冷却产品的冷藏间。也可采用在小型冷库的冷却间及速冻间。

空气冷却（冷风冷却）是较先进的冷却方法，广泛采用在产品加工冷却强度较大的冷间（冷却间、速冻间），贮藏冷却产品的冷却间，贮藏包装速冻产品的冻藏间。空气冷却较适合于低温（在 –30 ~ –28℃时）贮藏未包装产品的冻藏间（肉鱼等），在这种温度下，产品的干耗较小。当贮藏温度在 –20 ~ –18℃时，应采用排管冷却。

混合冷却是既采用排管冷却又采用空气冷却的冷分配方法。

1. 冷排管及供液系统

冷排管是一类用于冷库库房供冷却的自然循环蒸发器。安装在近墙处，称墙排管；安装在顶棚处，称顶棚排管；用架子平放者，称搁架排管。墙排管可采用如图 13 – 53 所示的立管式和盘管式冷排管。盘管式冷排又可分为单列式［如图13－53（1）所示］和双列式。

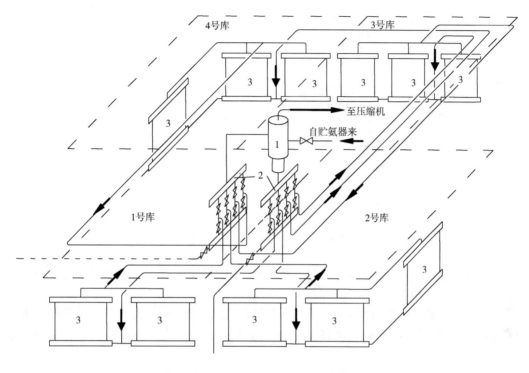

图13－53 重力供液的库房管路图

1—氨液分离器 2—调节站 3—库房冷却排管

为了使冷却排管有效地工作，必须使各管组和管路内流体阻力在相同的情况下，才能将氨液均衡地供给各冷排管组。按对冷排的供液方式，又可分为重力供液及氨泵供液两种。500t以上的冷库，应采用氨泵供液；500t以下的冷库可采用重力供液或氨泵供液。

重力供液系统如图13－54所示。氨液经膨胀阀降压，进入氨液分离器后，氨液靠其重力进入库房排管，蒸发吸热，使库房及食品降温，蒸发后的氨气连同夹带的氨液滴进入氨液分离器后，氨液被分离出来，再次进入排管，气体则由压缩机抽走。这种供液方式的优点是系统简单而且经济。

氨泵供液系统在多层冷库中使用。这种系统可均匀地对各层楼冷间供液，可分非淹没式和淹没式两种（见图13－54）。

非淹没式氨泵供液系统，氨液从冷排管上部引入，由下部引出（上进下出）。在整个冷排管中，氨液是不充满的，只占管子截面的10%～20%，其余容积充满着蒸气，故称非淹没式。因此，管道内氨的充液量（容积）可以大大减少。供液量比管中蒸发量约大4～6倍，进入冷排的氨液绝大部分未被蒸发，并与已蒸发的氨蒸气一起进入低压循环桶（低压贮氨器），循环使用。非淹没式氨泵供液系统中，液体静压的影响完全被消除。氨液沿着管道从上而下地流动，将管内油污等杂物冲除，使冷排管的传热情况得到改善，在停止供液后，排管内无积存氨液，所以易实现温度自动控制。

淹没式氨泵供液系统，氨液对冷排管的供液方式是下进上出，冷排管中充满着氨液。

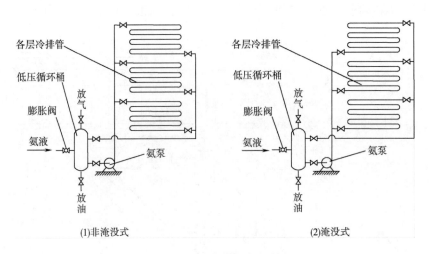

图 13-54　氨泵供液系统示意图

其低压循环桶比非淹没式的可适当小些。氨泵供液系统的冷库，可不设排液桶，但低压循环桶的容量应能容纳冲霜时排下的氨液量。

　　氨泵供液应按不同的蒸发温度，单独设置氨泵及低压循环桶。氨泵供液系统的主要优点是系统内部氨液畅流循环，供液均匀，制冷效果好，便于集中在机房控制及实现自动调节。

2. 空气冷却及冷风机

　　空气冷却（也称强制通风或冷风冷却），是利用冷风机对冷库进行冷却的方法。低温空气由风机强制输送分布于冷库内，与被冷却食品接触后温度升高的空气，吸回冷风机，再次冷却循环使用。根据冷却要求不同，冷风机可装风道或不装风道。装风道的空气冷却系统如图 13-55 所示。设置风道时，应注意配风的均匀。

　　空气冷却适应于冷藏水果和新鲜鸡蛋的高温库房，这类库房如果用顶排管和墙排管容易滴水，另外，这类易腐食品冷藏，还需要适当换气。在冷却间、速冻间等冷却强度较大的库房，一般都采用空气冷却。

　　冷风机是由冷却排管（一般为翅片管）、冲霜水管和鼓风机等组合而成的紧凑机组。冷

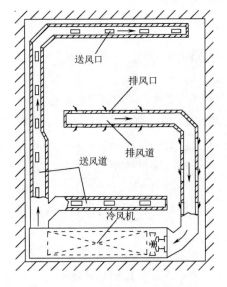

图 13-55　空气冷却的冷风管道图

风机有台座式和悬吊式等形式。冷却排管可直接使用制冷剂（此时排管即为蒸发器），也可以使用低温载冷剂（如冷冻盐水）。冷风机具有占地面积小、施工快、金属耗量小，食品冷加工过程降低干耗，及容易自动化等优点，因此，新建冷库较多采用空气冷却。

3. 混合冷却

采用混合冷却的库房内不仅装有冷却排管，还装有冷风机。混合冷却制冷量大。常用于果蔬、鲜蛋的冷藏间及速冻间，以及肉类的冷却间及速冻间等。

（七）装配式冷藏库

装配式冷藏库是由预制的夹心隔热板拼装而成的冷藏库，又称为组合式冷藏库。由于装配式冷藏库具有重量轻、结构紧凑、安装快，美观卫生等优点，近年来发展很快。

根据安装场地，装配式冷藏库可分为室内型和室外型两种。室内型冷库容量较小，一般为 2～20t，这种冷库大多采用可拆装结构，顶、底墙板之间用偏心钩连接或直接粘结装配。图 13 – 56 所示为一种小型装配式冷库的外形。室外型冷库容量一般大于 20t，为一独立建筑结构，具有基础、地坪、站台、机房等设施，库内净高在 3.5m 以上。多采用外承重结构，即在冷库的外侧或内侧设钢柱、钢梁，利用库内或库外的钢框架支撑隔热板、安装制冷设备和支撑库顶防雨棚。

装配式冷藏库由重量轻、弹性、抗压和抗弯强度高，保温防潮性能好的复合隔热板拼装而成，因而具有抗振性能好、组合灵活方便、可拆装搬迁、成套批量生产等特点。

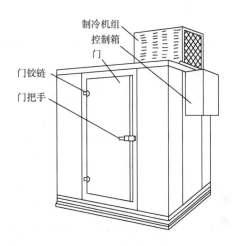

图 13 – 56　小型装配式冷藏库外形

二、　食品冷藏运输设备

食品冷藏运输是冷藏链中必不可少的重要一环。冷藏运输设备是指本身能造成并维持一定的低温环境，以运输冷冻食品的设施与装置，包括冷藏汽车、铁路冷藏车、冷藏船和冷藏集装箱等。从某种意义上讲，冷藏运输设备是可以移动小型冷库。

（一）冷藏汽车

冷藏汽车运输的主要任务是将食品由分配性冷库送到食品商店和其他消费场所。当没有铁路时，冷藏汽车被用于长途运输冷冻食品。冷藏汽车根据制冷方式可分为机械制冷、液氮或干冰制冷、蓄冷板制冷等多种。这些制冷系统彼此差别较大，选择使用时应从食品种类、运行经济性、可靠性和使用寿命等方面综合考虑。

1. 机械制冷冷藏汽车

机械制冷冷藏汽车是采用适当的制冷机组使车体内降温的冷藏运输工具。制冷机组通常安装在车厢的前端，大型货车的制冷压缩机配备专门的发动机，通常以汽油作燃料，布置在车厢下面；小型货车的压缩机与汽车共用一台发动机，为了防止汽车出现机械故障，或在冷藏汽车停驶时仍能驱动制冷机组，有的汽车还装备一台能利用外部电源的备用电动机。机械制冷冷藏汽车的蒸发器通常安装在车厢的前端，采用强制通风方式，如图 13 – 57 所示。冷风贴着车厢顶部向后流动，从两侧及车厢后部下到车厢底面，然后沿底面间隙返

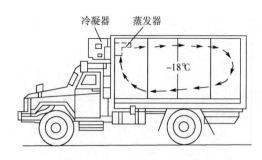

图 13 –57 机械制冷汽车车内气流组织示意图

2. 液氮或干冰制冷冷藏汽车

液氮制冷冷藏车如图 13 – 58 所示，其低温保持系统主要由液氮罐、喷嘴及温度控制器组成。冷藏车装好货物后，通过控制器设定车厢内要保持的温度，而感温器则把测得的实际温度传回温度控制器，当实际温度高于设定温度时，则自动打开液氮管道上的电磁阀，液氮从喷嘴喷出降温，当实际温度降到设定温度后，电磁阀自动关闭。液氮由喷嘴喷出后，立即吸热汽化，体积膨胀高达 600 倍，即使货堆密

回车厢前端。这种通风方式能使整个食品货堆都被冷空气所包围，外界传入车厢的热量直接被冷风吸收，能够保持食品的冷藏温度。

机械制冷冷藏汽车的优点：车内温度可调、均匀稳定，运输成本较低。缺点：结构较复杂，易出故障，维修费用和初投资高，噪声较大；大型车的冷却速度慢，时间长，需要融霜。

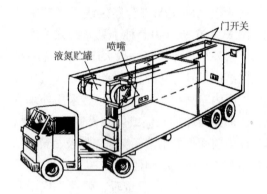

图 13 –58 液氮制冷冷藏汽车

实，没有通风设施，氮气也能进入货堆内。冷的氮气下沉时，在车厢内形成自然对流，使温度更加均匀。为了防止液氮汽化时引起车厢内压力过高，车厢上部装有安全排气阀或安全排气门。液氮冷藏汽车的优点：装置简单，初投资少；降温速度快，而且液氮制冷时，车厢内的空气被氮气置换，长途运输果蔬类时，能够减缓其呼吸作用，防止氧化，保持食品的质量；与机械制冷装置比较，重量轻，无噪声；缺点：液氮成本较高；运输途中液氮补给困难，长途运输时必须装备大的液氮容器，减小了有效载货量。

用干冰制冷时，先使空气与干冰换热，然后借助通风使冷却后的空气在车厢内循环。吸热升华后的二氧化碳由排气管排出车外。有的干冰冷藏汽车在车厢中装置隔热的干冰容器，干冰容器中装有氟利昂盘管，车厢内装备氟利昂换热器，在车厢内吸热汽化的氟利昂蒸气进入干冰容器中的盘管，被盘管外的干冰冷却，重新凝结为氟利昂液体后，再进入车厢内的蒸发器，使车厢内保持规定的温度。干冰制冷冷藏汽车的优点：设备简单，投资费用低；故障率低，维修费用少、无噪声。由于干冰在 – 78℃时就可以升华吸热而使车厢降温，车厢内温度可降到 – 18℃以下，因而常用于运输冻结货物。缺点：车厢内温度不够均匀，冷却速度慢，时间长；干冰的成本较高。

3. 蓄冷板冷藏汽车

蓄冷板冷藏汽车利用蓄冷板进行降温。蓄冷板中充注有低温共晶溶液。使蓄冷板内共晶溶液冻结的过程就是蓄冷过程。将蓄冷板安装在车厢内，外界传入车厢的热量被共晶溶液吸收，共晶溶液由固态转变为液态。常用的共晶溶液有乙二醇、丙二醇的水溶液及氯化

钙、氯化钠的水溶液。不同的共晶溶液有不同的共晶点，要根据冷藏车的需要选择合适的共晶溶液。一般来讲，共晶点应比车厢规定的温度低 2~3℃。蓄冷板可装在车厢的顶部，也可安装在车厢的侧壁上，如图 13-59 所示。蓄冷板距车厢顶部或侧壁 4~5cm，以利于车厢内的空气自然对流。为了使车厢内温度均匀，有的汽车还装有风扇。

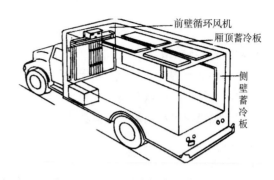

图 13-59　蓄冷板冷藏汽车

蓄冷板蓄冷方法通常有两种：一是利用集中式制冷装置，即当地现有的供冷藏库用的或具有类似用途的制冷装置。拥有蓄冷板冷藏车较多的地区，可设立专门的蓄冷站，利用停车或夜间使蓄冷板蓄冷。另一种蓄冷方法是借助于装在冷藏车内部的制冷机组，停车时借助外部电源驱动制冷机组使蓄冷板蓄冷。

蓄冷板冷藏汽车的优点：设备费用比机械式的少；可以利用夜间廉价的电力为蓄冷板蓄冷，降低运输费用；无噪声；故障少。缺点：蓄冷板的数量不能太多，蓄冷能力有限，不适于超长距离运输冻结食品；蓄冷板减少了汽车的有效容积和载货量；冷却速度较慢。

（二）铁路冷藏车

陆路远距离运输大批量冷冻食品时，采用铁路冷藏车运输比较经济，因为它的运量大、速度快。铁路冷藏车根据降温方式的不同，可有多种型式。

利用水冰、冰盐混合物作冷源的冷藏列车，源于 1851 年美国运输黄油的铁路冷藏运输，至今冰仍是铁路冷藏运输的常用制冷介质。但这种方法一般只能在车内保持 -8℃ 以上的温度。

机械冷藏列车可用于运送要求在 -18℃ 以下贮运的冻结食品。它的优点是：温度低，温度调节范围大；车厢内温度分布均匀；运输速度快；制冷、加热、通风及除霜自动化。因而机械冷藏列车正逐步取代加冰冷藏车。机械冷藏列车的缺点：造价高，维修复杂；使用技术要求高。

此外，铁路冷藏车也可采用液氮、干冰和蓄冷板供冷，其原理、结构及特点与相应的冷藏汽车相似。

（三）冷藏船

冷藏船主要用于渔业，尤其是远洋渔业。远洋渔业的作业时间很长，有时长达半年以上，必须有冷藏船将捕捞物及时冷冻加工和冷藏。此外，由海路运输易腐食品也必须用冷藏船。冷藏运输船是非常经济的运输方式，随着冷藏船技术性能的提高，船速加快，运输批量加大，装卸集装箱化，冷藏船运输量逐年增加，成为国际易腐食品贸易中主要的运输工具。

冷藏船可分为渔业冷藏船和运输冷藏船两种。渔业冷藏船用于接收捕获的鱼货进行冻结和运送到港口冷库。渔业冷藏船上配备有低温装置，可进行冷冻前的预处理加工，也可进行鱼类的冻结加工及贮藏；运输冷藏船包括集装箱船，主要用于运输易腐食品和货物，它的隔热保温要求很严格，温度波动不超过 ±5℃。

（四）冷藏集装箱

冷藏集装箱出现于 20 世纪 60 年代后期，是一种具有一定程度隔热性和保温性的集装箱，适用于各类食品冷藏运输。冷藏集的主体是保温集装箱，由轻型钢质骨架，内外金属板及两板之间隔热材料构成。冷藏集装箱根据供冷方式大体可分为保温式、集中供冷式和单独制冷式三类。

1. 保温集装箱

这种集装箱无制冷装置，箱壁具有良好的隔热性能。由于无冷源，因此，这种集装箱只适用于短距离的冷藏运输。如在箱内装设蓄冷板则可相对延长运输距离。也有利用液氮或干冰制冷，以维持箱体内低温的冷藏集装箱。

2. 集中供冷集装箱

这种集装箱自身也无制冷装置，但箱内设有冷分配装置。箱体配有软管连接器，可与船上或陆上供冷站的制冷装置连接，使冷气在集装箱内循环，达到制冷效果。这种集装箱，一般能保持 −25℃ 的冷藏温度。由于集装箱集中供冷，因此箱容利用率高，自重轻，使用时机械故障少。但必须由设有专门的制冷装置的船舶装运，使用时箱内的温度不能单独调节。

3. 制冷集装箱

这种集装箱自身单独带有制冷装置。制冷机组安装在箱体的一端，冷风由风机从一端送入箱内，如果箱体过长，则采用两端同时送风，以保证箱内温度均匀。为了强化换热，可采用下送风上回风的冷风循环方式。

三、 冷藏陈列柜

冷藏陈列柜是菜场、副食品商场、超市等销售环节的冷藏设施，目前已成为冷藏链建设中的重要一环。冷藏陈列柜装配有制冷装置，有隔热层，能保证冷冻食品处于适宜的温度下；能很好地展示食品外观，便于顾客选购。冷藏陈列柜按其结构形式分为敞开式和封闭式两种。

敞开式冷藏陈列柜有卧式和立式两种型式，分别如图 13 − 60 和图 13 − 61 所示。卧式陈列柜，开口处有循环冷空气形成空气幕，通过维护结构侵入的热量也被循环的冷风吸收，不影响食品的质量。对食品质量影响较大是由开口部侵入的热空气及辐射热，特别是对于冻结食品用的陈列柜，辐射热流较大。当外界湿空气侵入陈列柜时，遇到蒸发器就会结霜，随着霜层的增大，冷却能力降低，因此必须在 24h 内至少进行一次除霜。

立式陈列柜一般为多层结构，与卧式的相比，立式陈列柜单位占地面积的容积大，商品放置高度与人体相近，展示效果好，便于顾客选购。但这种结构的陈列柜，其内部的冷空气更易逸出柜外，从而外界侵入的空气量也多，为了防止冷空气与外界空气的混合，在冷风幕的外侧，再设置一层或两层非冷空气幕，同时，配备较大的制冷能力和冷风量。由于立式陈列柜的风幕是垂直的，外界空气侵入柜内的数量受空气流速的影响较大，从节能考虑，要求控制柜外风速小于 0.5m/s，温度小于 25℃，相对湿度小于 55%。

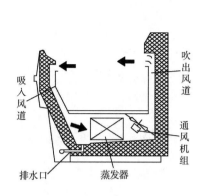

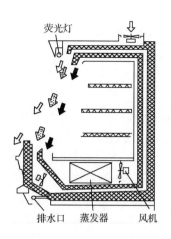

图 13 – 60　敞开卧式冷藏陈列柜示意图　　　　图 13 – 61　敞开立式冷藏陈列柜

　　封闭式陈列柜也有卧式和立式两种。卧式封闭冷藏陈列柜的结构与敞开式相似，在开口处设有两到三层玻璃构成的滑动盖，玻璃夹层中的空气起隔热作用。另外，冷空气也由埋在柜壁上的冷却排管代替，通过外壁面传入的热量被冷却排管吸收。为了提高保冷性能，可在陈列柜后部的上方装置冷却器，让冷空气像水平盖子那样强制循环，但缺点是商品载量减少，销售效率低。立式封闭式冷藏陈列柜，在其柜体后壁上有冷空气循环通道，冷空气在风机作用下强制地在柜内循环。柜门为两或三层玻璃，玻璃夹层中的空气具有隔热作用，由于玻璃对红外线的透过率低，虽然柜门很大，传入的辐射热并不多。

本章小结

　　冷冻机械与设备广泛应用于食品工业。它可分为制冷和利用冷源的机械设备两大部分。两者有着紧密的联系。

　　目前食品行业使用最多的是一级和二级机械压缩蒸气制冷机械。氨是最常用的制冷剂之一。曾经使用同样广泛的氟利昂系列制冷剂已经被列入禁用的范围。制冷机的主要部件包括压缩机、冷凝器、膨胀阀和蒸发器，其辅助设备包括油分离器、高压贮液桶、气液分离器（或低压贮液桶）、空气分离器、中间冷却器、冷却水系统和除霜系统等。

　　食品冷冻设备可以分为三大类：空气冻结冷冻设备、间接接触冷冻设备和直接接触冻结设备。其中以空气冻结冷冻设备的应用最为普遍。

　　冷水机是一种为食品加工提供冷水的制冷设备。它分为水冷式和风冷式两种。

　　真空冷却设备是一种真空系统与制冷系统结合的设备。主要形式有单槽式和双槽式。

　　食品冷藏链涉及冷冻加工设备、冷藏库、冷藏运输设备和冷藏陈列设备和家用冰箱等。其中与食品加工厂关系最大的是冷冻加工设备和冷藏库。

🔍 思考题

1. 食品冷冻涉及哪两方面的机械设备？
2. 试述蒸气压缩制冷原理。
3. 什么是制冷量？什么是制冷系数？它们分别受哪些因素影响？
4. 选用制冷机时，为什么需要注意所用制冷液对环境的影响因素？
5. 氨压缩制冷机系统常由哪些设备构成？它们的作用是什么？各有哪些类型？
6. 冷库供冷设备有哪两大类型？分别适用于什么场合？
7. 为什么要采用二级压缩制冷？有些二级压缩制冷系统为什么只有一台压缩机？
8. 举例说明直接和间接制冷在食品工厂中的应用。
9. 常见的食品速冻机的类型、特点及适用场合如何？
10. 为什么要计算冷负荷？冷库冷负荷包括哪些耗冷量？
11. 冷分配负荷与制冷机负荷有什么区别？

自测题

一、判断题

（　　）1. 制冷剂在蒸发器内发生的是等温等压过程。
（　　）2. 制冷系统的蒸发温度越低，压缩比越低。
（　　）3. 制冷系统的冷凝温度越高，压缩比越高。
（　　）4. 制冷系数与制冷剂在制冷机内蒸发温度有关而与环境温度无关。
（　　）5. 人工制冷中以机械压缩循环制冷最为常用。
（　　）6. 空气冻结法是食品工业最为普遍采用的一种冻结方法。
（　　）7. 接触冻结法不适用于鱼类肉类的冻结。
（　　）8. 所有用于蒸气压缩制冷的制冷剂必须在常压下能够被液化。
（　　）9. 食品工业中使用最普遍的载冷剂是氯化钠水溶液。
（　　）10. 壳管式冷凝器的冷却水一般走壳程。
（　　）11. 壳管式蒸发器的载冷剂一般走壳程。
（　　）12. 氨液的密度通常小于润滑油的密度。
（　　）13. 水冷式冷凝器的冷却水温低，可以降低冷凝压力，降低能耗，提高制冷量。
（　　）14. 手动膨胀阀主要用于氨制冷系统。
（　　）15. 隧道式冻结装置的蒸发器均装在物料通道的上方。
（　　）16. 所有带式流态化速冻装置均有一条不锈钢输送网带。
（　　）17. 螺旋式冻结装置适用于冻结单体食品。
（　　）18. 双螺旋冻结装置的进料在下面，出料在上面。
（　　）19. 立式平板冻结装置适用于小杂鱼和肉类副产品的冻结。

（　　）20. 无护围结构的卧式平板冻结器适用于室温环境操作。

（　　）21. 冷水机只提供低温冷水。

（　　）22. 风冷式冷水机也需要有凉水塔之类的冷却水循环系统配套。

（　　）23. 真空冷却装置的水蒸气捕集器，在其所带的制冷系统中起蒸发器作用。

（　　）24. 真空冷却装置的水蒸气冷凝捕集器不一定设在真空容器内。

（　　）25. 比表面积小或不带表面水分的产品不能用真空冷冻装置冷却。

（　　）26. 多层式冷库建筑中，生产性库房一般安排在第二层。

（　　）27. 冷库建筑物外形最好呈正方形。

（　　）28. 冷库防护结构中的防潮层重要性不亚于隔热层。

（　　）29. 冷库冷排管要与风机配合才能为冷间供冷。

（　　）30. 冷库的防潮层既可位于隔热层内侧，也可在隔热层外侧。

二、填充题

1. 制冷循环若以_____和_____为界，可粗略地分成高压高温和低压低温两个区。

2. 制冷循环若以_____和_____为界，可粗略地分成气态和液态两个区。

3. 食品工业中两种应用较多制冷压缩机型式为_____式和_____式。

4. 并联压缩机组由多台缩机、共享的吸排气管、_____器、_____器等部件构成。

5. 活塞式压缩机按气缸数分类，有单缸、_____和_____压缩机。

6. 活塞式压缩机按压缩部分与驱动电动机组合形式分为_____式、_____式和开启式。

7. 压缩机的压缩比是_____压强对_____压强的比值。

8. 压缩比由高温端的_____温度和低温端的_____温度确定。

9. 膨胀阀又称_____阀，型式有：_____式、_____式、_____式及_____式膨胀阀等。

10. 自动浮球阀分_____浮球阀和_____浮球阀两种形式。

11. 制冷蒸发器按被冷却介质类型可分为两类：一类冷却_____，另一类冷却_____。

12. 冷却空气的制冷系统蒸发器有_____对流式和_____对流式两种形式。

13. 冷却液体的蒸发器有_____式和_____式两种类型。

14. 强制对流蒸发器由_____与管内通制冷剂的_____结合而成。

15. 装在冷库的自然对流_____一般称为库房_____排管（冷排管）。

16. 制冷系统的冷凝器可分为水冷式、_____式和_____冷凝式三类。

17. 制冷系统的壳管水冷式冷凝器有_____和_____两种形式。

18. 风冷式冷凝器分为_____对流式和_____对流式两种。

19. 制冷压缩机中的润滑油进入制冷循环，会使得_____和_____的换热效率大大降低。

20. 实际单级氨压缩制冷系统，在制冷循环中增加了_____、_____，及氨液分离器等部件。

21. 制冷系统的贮液器起两重作用：（1）使_____稳定，（2）向多处提供_____。

22. 制冷系统冷却水来源有_____水（河水、湖水、海水）、_____水和自来水。

23. 冷却水的供水方式一般分为：_____式、_____式和循环式三种。

24. 大型工业制冷系统的_____水多采用_____塔降温。

25. 食品工业中常用的冻结方法有_____冻结法、_____接触冻结法和直接接触冻结法。

26. 螺旋式冻结装置有_____和_____两种形式。

27. 流态化冻结装置按机械传送方式可分为：_____、_____和斜槽式等形式。

28. 带式流态化速冻装置可分为_____和_____形式。

29. 带式流态化速冻装置按冻结区分可分为_____带式和_____带式两种形式。

30. 两段带式流态化冻结装置有两个冻结区：一个称为_____冻结区，第二个称为_____冻结区。

31. 平板冻结装置有_____和_____两种形式。

32. 直接接触冻结装置有_____式和_____式两种形式。

33. 液氮速冻机流程有：_____式、_____式和强风式三种形式。

34. 冷水机按冷凝器形式可分为_____式和_____式两种形式。

35. 真空冷却系统主要由_____容器、_____捕集器、制冷机组和真空泵等构成。

36. 真空冷却装置按容器数量分_____式和_____式两种构型。

37. 食品冷藏链主要由冷冻_____、冷冻_____、冷冻运输和冷冻销售四个方面构成。

38. 隔热防潮层的两种布置方式分别为_____式和_____式。

39. 冷库库房冷分配的三种方式为：_____冷却、_____冷却和混合冷却。

40. 安装在冷库近墙处的冷排管称为_____；安装在顶棚处的，称_____排管。

41. 空气冷却也称强制通风冷却或_____冷却，是利用_____对冷库进行冷却的方法。

42. 采用混合冷却的库房内不仅装有冷却_____，还装有_____。

三、选择题

1. 实际制冷系统蒸发器_____。

A. 靠近冷凝器   B. 气液分离器   C. 靠近压缩机   D. 靠近空气分离器

2. 双级压缩制冷系统需要_____。

A. 两个膨胀阀   B. 两个冷凝器   C. 两个蒸发器   D. 两个中间冷却器

3. 双级压缩机制冷系统产生的低温可低于_____。

A. $-40℃$ B. $-50℃$ C. $-70℃$ D. $-110℃$

4. 与双级压缩制冷系统特征不符的是_____。

A. 获得更低的蒸发温度   B. 需中间冷却器

C. 不必用两台压缩机   D. 一定有两台压缩机

5. 双级压缩制冷系统的蒸发器、膨胀阀和冷凝器数量依次为_____。

A. 1、2 和 1   B. 2、1 和 1   C. 1、1 和 2   D. 2、1 和 2

6. 氨蒸发制冷机系统中，油分离器一般装在_____。

A. 冷凝器与膨胀阀之间   B. 膨胀阀与蒸发器之间

C. 蒸发器与压缩机之间   D. 压缩机与冷凝器之间

7. 制冷机的输入功率为 3.5kW，制冷量为 3RT，则其制冷系数约为_____。

A. 1. 2   B. 2   C. 3   D. 3. 5

8. "冷吨"的英文缩写为_____。

A. RT   B. T. R.   C. TOR   D. FR

9. 间接制冷系统中不能在0℃以下使用的载冷剂是_____。

A. 氯化钠   B. 乙二醇溶液   C. 水   D. B 和 C

10. 与隧道式冻结装置结构特征不符的说法是_____。

A. 可用台车、输送带或程控料盘机构输送物料   B. 进入隧道的物料必须预冻结

C. 蒸发器温度在一般 -30 ~ -40℃ 范围   D. 风机可在隧道顶部也可在侧面

11. 与螺旋式冻结装置特点不符的说法是_____。

A. 结构可有单螺旋和双螺旋   B. 适用于大批量物料冻结

C. 可用于物料单体冻结   D. 可进行流态化冻结

12. 流态化冻结装置_____。

A. 自带双级制冷机组   B. 用小车输送物料

C. 用于物料单体冻结   D. 全用不锈钢链带输送物料

13. 平板冻结器_____。

A. 多自带制冷机   B. 可在室温下操作

C. 冻结物料须装在规则容器中   D. 不能冷冻散装物料

14. 液氮速冻机_____。

A. 不带制冷机   B. 不将液氮直接喷到食品上

C. 可回收使用后的气化液氮   D. 使食品冻结到 -176℃

15. 冷水机_____。

A. 都带有冷水泵   B. 可为杀菌产品冷却提供循环冷却水

C. 只能提供0℃以上冷水   D. 一般不带制冷机

16. 冷水机_____。

A. 都带有冷水泵   B. 可为杀菌产品冷却提供循环冷却水

C. 只能提供0℃以上冷水   D. 一般不带制冷机

17. 真空冷却设备_____。

A. 容器必须为长方形   B. 依靠真空泵除水分

C. 可使干燥产品冷却   D. 可使含水果蔬降温

18. 喷雾加湿式真空冷却装置_____。

A. 可使产品冷却到0℃以下   B. 可使产品冷却到2 ~ 3℃

C. 可使产品冻结湿   D. 可使产品增加重量

19. 大型冷库的库容量≥_____。

A. 20000m³   B. 2000m³   C. 3000m³   D. 5000m³

20. 食品加工厂的冷藏库_____。

A. 不宜建在食品产地附近   B. 属于分配性冷藏库

C. 属于零售性冷藏库   D. 属于生产性冷藏库

21. 库温为4℃的冷间最有可能是_____。

A. 冻结间   B. 冷却间   C. 冻藏间   D. 冷藏间

22. 温度为 -23℃的冷间可能是_____。

A. 速冻间   B. 冷藏间   C. 冻藏间   D. 冷却间

23. 200 吨箱装冻禽，堆放高度为2.5m，约占冻藏间面积_____。

A. 230m^2 B. 300m^2 C. 100m^2 D. 150m^2

24. 速冻间或速冻机的冷风温度为范围_____。

A. -40 ~ -30℃   B. -30 ~ -20℃   C. -35 ~ -40℃   D. -40 ~ -20℃

25. 确定冷藏间容量时，必须考虑_____。

A. 每月最大进货量   B. 冷间的具体温度

C. 货物冷藏时间   D. 货物冷却所需时间

26. 确定冷却间容量时，可以不考虑_____。

A. 每月最大进货量   B. 货物堆放形式

C. 冷却货物所需时间   D. 货物贮藏时间

27. 对冻藏间进行冷量消耗估计时，可不考虑_____。

A. 冷间的大小   B. 被贮存食品的种类

C. 冷间的温度   D. 冷间护围结构

28. 制冷量为500kW 的制冷机系统，每小时冷却水消耗量至少为_____。

A. 50 t   B. 80 t   C. 100 t   D. 150 t

29. 排管冷却不适用于_____。

A. 未包装产品冻藏   B. 未包装产品冷藏间

C. 小型冷库冷却间   D. 大型冷库速冻间

30. 空气冷却不适用于_____。

A. -18℃肉、鱼等冻藏   B. 冷却间

C. -28℃肉、鱼等冻藏   D. 速冻间

四、对应题

1. 找出以下制冷系统部件位置与制冷剂状态及过程的对应关系，并将第二列的字母填入第一列对应项的括号中。

(1) 蒸发器出口(　　)   A. 常温高压液态

(2) 压缩机(　　)   B. 高温高压气态

(3) 膨胀阀出口(　　)   C. 低温低压液态

(4) 压缩机出口(　　)   D. 低温低压气态

(5) 蒸发器(　　)   E. 等压过程

(6) 膨胀阀(　　)   F. 等熵过程

(7) 冷凝器出口(　　)   G. 等焓过程

(8) 冷凝器(　　)   H. 等温等压过程

2. 找出以下制冷系统部件与其功能的对应关系，并将第二列的字母填入第一列对应项的括号中。

(1) 分油器(　　)   A. 稳定系统供氨

（2）空气分离器(　　)　　　　　　B. 供冷凝器和压缩机用

（3）水冷却系统(　　)　　　　　　C. 排除不凝性气体

（4）中间冷却器(　　)　　　　　　D. 安全生产

（5）贮氨器(　　　)　　　　　　　E. 双级压缩

（6）除霜系统(　　　)　　　　　　F. 改善传热和设备的安全

（7）氨液分离器(　　　)　　　　　G. 保证进入压缩机的为干饱和蒸汽

（8）紧急泄氨器(　　　)　　　　　H. 减少润滑油进入系统

CHAPTER

14

第十四章

典型食品生产线及其机械设备

　　食品加工是将原辅料转化为成品的制造过程。这种制造过程的基础是工艺，它包括了产品配方、工艺流程和工艺条件等要素。产品配方决定了各种原辅料成分在产品中的量化配比，工艺流程决定原辅料介入制造过程的时序以及在制造过程中需要经过的物理或化学转化的步骤，工艺条件则规定了原辅料及中间产品在加工过程中转化的条件参数等。

　　食品制造的工业化生产，最终依赖于由一系列符合工艺要求的加工设备组成的生产线。在满足工艺要求的前提下，相同产品的生产线可以选用不同型式和数量的生产设备。在一定条件下，不同产品的生产线可以部分地共用型式和数量相同的生产设备。设备选型的要点之一是最大程度地利用有限的设备，构成尽可能多的产品生产线。这种生产线分时或同时利用和共享加工机械设备。

　　食品加工的特点之一是产品种类繁多。因此，本章所讨论的生产线不可能将食品领域所有产品的加工都包含进去，而是选择了部分代表性的产品：果蔬制品类、肉制品类、乳制品类、糖果制品类和软饮料制品类。

第一节　果蔬制品生产线

　　果蔬原料可以加工成果肉、果汁罐头，也可以通过榨汁加工成浓缩制品等，还可以加工成其他产品，如速冻制品、腌制品和干制品等。果蔬原料或制品的酸度有不同类型，因此，不论是罐头或是经过浓缩后的产品，其杀菌条件也不同。酸性产品只需常压杀菌，而非酸性的则需要高压杀菌，否则要求冷藏或冻藏。干制品和腌制品则在一定条件下不经过杀菌便可以在常温下贮存。在此，我们以果蔬罐头产品为例，介绍果蔬制品的生产线。

一、糖水橘子罐头生产线

　　糖水橘子是一种典型的酸性罐头产品例子。加工糖水橘子的原料为带皮橘子，虽然不同品种的橘子均可以加工成罐头，其工艺参数也有所差异，但基本的流程及所用的设备相同。

糖水橘子罐头生产线流程如图 14 – 1 所示。进入工厂或仓贮的原料橘子，首选要在分级机上按大小规格进行分级。分级机的型式可用辊式或滚筒式，这两种分级机的原理可参见本书第四章图 4 – 1、图 4 – 2 及图 4 – 3 相关内容。

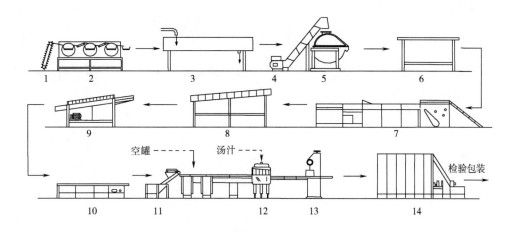

图 14 – 1　糖水橘子罐头生产工艺流程图
1—提升机　2—分级机　3—流水漂洗槽　4—提升机　5—烫橘机　6—剥皮去络操作台
7—分瓣运输机　8—连续酸碱漂洗流槽　9—橘瓣分级机　10—选择去籽输送带
11—装罐称量输送带　12—加汁机　13—封罐机　14—常压连续杀菌机

分级后的橘子进入清洗槽用流动水进行清洗，以除去表面的泥土和污物。

清洗后的橘子由升运机送入烫橘机进行热烫。烫橘机可以根据品种及大小的不同，对热烫的水温和热烫时间进行调节。

热烫后的橘子应趁乘热将橘子皮剥去，将橘络除去，并将橘瓣分开。这些操作虽然可以利用机械完成，但至今仍多由人工操作完成。需要为人工操作安排适当的操作台面，对于带有选择性操作成分的去橘络及分瓣等操作，可以安排人员在带式输送机两侧完成。

分开的橘瓣需要进行酸、碱处理，再用清水漂洗。这三步可在流送槽中以连续方式完成。

在流送槽经过酸碱处理并清洗后的橘瓣，随后在辊筒式分级机中按大小进行分级。分级机的原理是：橘瓣由输送带送入进料盘、经水淋冲分别进入八对旋转着的分级辊，通过分级辊间的锥形缝隙将橘瓣按需要的规格进行分级，分级后的橘瓣分别再由输送槽流出。

分级后橘瓣要求去除囊衣及核。这一操作在输送带两侧由人工进行完成，具体做法是：橘瓣装入带水盆中逐瓣去除残余囊衣、橘络及橘核，并洗涤一次。

装罐称量输送带也是一条辅助人工完成装罐操作的输送带。在此，操作工将橘瓣按大小规格定量装入预先经过清洗消毒的空罐。

内装定量橘瓣的罐头由输送带向前输送至加汁机加汁。（根据罐型而定的）加汁机将煮沸并冷却至85℃左右的糖液定量注入罐内。

加汁后的罐头由真空封罐机进行真空抽气封口。需要指出的是，真空封口机也可用蒸汽加热排气机和常压封口机结构代替，但后者目前基本不再采用，原因是占地面积大，操作也不方便。

封口后的罐头应及时进行杀菌，糖水橘子罐头属于为酸性食品，因此，用常压杀菌装置进行杀菌。显然，只要满足杀菌条件，也可用其他型式的设备替代，图中所示为多层式常压连续杀菌机。

二、 蘑菇罐头生产线

蘑菇罐头是典型的非酸性蔬菜类原料的罐头制品。工业生产中，一般以鲜蘑菇为原料，加工过程涉及原料清洗、预煮、分级、切片、装罐、封口、杀菌、包装成为成品。其加工生产线的工艺流程如图 14 - 2 所示。

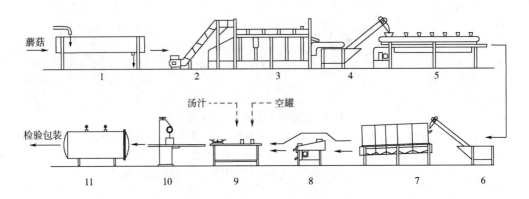

图 14 - 2 蘑菇罐头生产工艺流程图

1—蘑菇流动水漂洗槽 2—升运机 3—蘑菇连续预煮机 4—冷却升运机 5—带式检验台
6—升运机 7—蘑菇分级机 8—蘑菇定向切片机 9—装罐称量台 10—封罐机 11—杀菌锅

原料蘑菇一般在产地验收，运至厂内的原料蘑菇首先在有流动水的漂洗槽内进行（60~90min）漂洗。其目的一是为了护色，二是防止加工不及时而产生的干耗。在漂洗过程中，蘑菇必须全部浸没于水中，防止变色。

经过漂洗的蘑菇随后通过升运机送入连续预煮机预煮。一般采用本书第七章介绍的螺旋式预煮机。由于这种设备不带冷却装置，因此，从预煮机出来的蘑菇需要得到冷却，然后送入下一个处理工位。

预煮冷却后的蘑菇需要进行挑选，将其分成整菇及片菇两种。泥根、菇柄过长或起毛、病虫害、斑点菇等应进行修整。修整后不见褐的可作整菇或片菇，否则只能作碎片菇。这些操作目前仍需人工完成。因此，这一工段主要是供人工挑选用的输送操作台。

用作整菇的蘑菇需要按大小分级后才能装罐。一般采用圆筒分级机进行分级。一般蘑菇直径大小分为 18~20mm，20~22mm，22~24mm，24~27mm，27mm 以上及 18mm 以下6 级。分级机的结构原理参见本书第四章相关内容。

作片菇用的原料可用定向切片机纵切成 3.5~5.0mm 厚的片状。定向切片机的结构原理见本书第五章内容。

分级后或切片后的蘑菇随后进入装罐工段。装罐和加汤汁目前仍采用靠人工定量操作，一般用台式电子秤进行定量。需要装罐的蘑菇装在适当的大容器中，装罐前需要淘洗1次。因此，这一工段的设施也是操作台。装罐时，按配方定量装入蘑菇、注入盐水（盐水温度80℃以上）。同样需要注意的是，罐头在装罐前需要进行清洗消毒。产量大时可以用洗罐机器进行清洗。

装罐后的蘑菇罐头随后进行排气或抽气封口操作。一般尽量采用真空密封，真空密封时压力为0.05～0.055MPa。需要指出的是蘑菇罐头规格有多种，如果生产的罐型规格无适当的真空封口机，则可采用热排气与常压封口替代真空封口。

封口后的蘑菇罐头应及时进行杀菌。由于蘑菇为低酸性食品，因此需采用卧式杀菌锅进行高压杀菌和反压冷却。

三、 苹果浓缩汁生产线

苹果浓缩汁是常见的浓缩果汁之一，其生产线的工艺流程如图14-3所示。

原料苹果首先在洗果机中进行充分清洗。洗果机的型式可为本书第三章所介绍的浮洗式清洗机。经过清洗的苹果随后需要在输送台上由人工对不合格的苹果进行修整或剔除，然后再由升运机送入破碎工段。

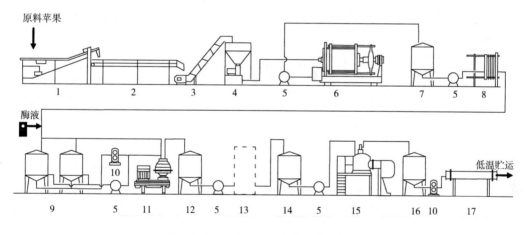

图14-3　浓缩苹果汁生产工艺流程图

1—洗果机　2—输送检选机　3—升运机　4—破碎机　5—离心泵　6—榨汁机
7—暂存罐　8—预热器　9—酶解罐　10—浓浆泵　11—澄清离心机　12—暂存罐
13—芳香回收系统　14—暂存罐　15—蒸发器　16—浓缩汁暂存罐　17—冷却器

破碎操作可用破碎机进行。破碎时可同步加入维生素C溶液以护色。破碎后的果泥已经具有流送性，因此，可以采用适当形式的浓浆泵（如螺杆泵）进行输送。

破碎后的苹果泥在榨汁机进行榨汁处理。图14-3中所示设备6为布尔式榨汁机，当然也可用其他形式的榨汁机，如螺旋压榨机、带式压榨机等进行榨汁。

榨取得到的苹果汁应立即进行加热，目的是为了杀灭致病菌和钝化氧化酶及果胶酶。加热可采用板式热交换器或管式热交换器进行。

经过灭酶处理的苹果汁为浑汁，随后需要进行澄清处理。采用的澄清工艺可用酶处理法或明胶单宁法。这一工段通常为一组罐器和分离器。酶制剂（复合果胶酶）通过计量泵与输往澄清罐的果汁在管路中按比例混合。贮罐中酶处理需要一定温度，因此这种处理罐配有适当的加热器（如夹层保温式）。果汁经一定时间酶处理后，需要用适当的分离设备将其中的（包括果胶物质和酶制剂在内的）沉淀物除去。图14-3所示采用的是沉淀式离心分离机。由于果汁经过一定时间酶处理后会自动在酶处理罐内产生分层，因此，系统采用离心泵从罐的上部抽送上层清液（适当条件下可不经离心分离直接进入下一工段），用浓浆泵（如螺杆泵）从罐底将下层沉淀液送到离心分离机进行分离。除了酶法处理以外，还可采用其他方式，如用明胶单宁法对果汁进行澄清处理。该法需在一定温度下处理，并且也需要适当的分离设备（如硅藻土过滤机）除去沉淀物。

澄清处理后的清汁在浓缩前需要用专门的系统对芳香物质进行回收。经过此系统可以收集到苹果的挥发性成分中所含有的低沸点芳香物质，再经精馏塔浓缩可得到浓度为200倍的天然香精。

经过芳香物质回收后的果汁随后进入真空浓缩系统进行蒸发浓缩，所用的蒸发浓缩设备除了图14-3中所示的离心薄膜式蒸发设备以外，也可用其他型式的蒸发设备，如多效降膜蒸发器系统等。

蒸发浓缩系统得到的浓缩汁体积约为原容积的1/7~1/5，其浓度还达不到抑制所有微生物的要求。因此，浓缩汁一般需要进行冷却，然后装入适当形式的容器（如内衬聚乙烯袋的桶）中在低温下贮运。

四、番茄酱生产线

番茄酱是一种以新鲜番茄为原料，经过取汁、浓缩和杀菌后的产品。图14-4所示为番茄酱罐头生产线。

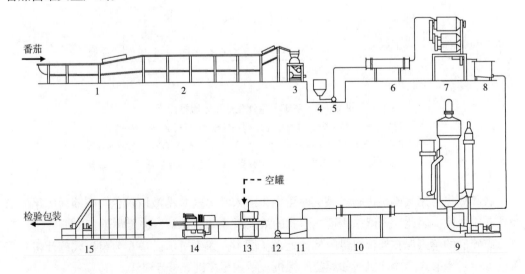

图14-4 番茄酱罐头生产工艺流程图

1—番茄浮洗机 2—输送检选台 3—破碎机 4—贮槽 5—泵 6—预热器 7—三道打浆机 8—贮桶
9—双效真空浓缩锅 10—杀菌器 11—贮浆桶 12—泵 13—装罐机 14—封口机 15—常压连续杀菌机

原料番茄首先被送入清洗槽，在流动水的作用下，去掉表面所附着的泥砂、枯叶、部分微生物和农药等，再移入另一清洗槽进一步清洗，最后，在输送过程中用余氯量为 2～10mg/kg 的消毒水喷淋。输送带供人工拣去霉烂、有病虫害以及成熟度不足的果实。

经过清洗挑选的番茄由破碎机破碎，集于贮槽的破碎番茄浆被泵送到列管式换热器进行预热，一般要求在 5～10s 左右将物料加热到 80℃以上，以钝化果胶酶。

经过预热的番茄浆随后在三道打浆机组中进行打浆分离，除去果皮、果蒂和籽，得到番茄汁。三道打浆机结构紧凑，效率较高，但打浆过程会引入不少空气，对产品质量有所影响。因此，目前趋于改用螺旋榨汁机取汁，并进一步用离心式精滤机除去汁中的碎果皮和纤维。

番茄酱的浓缩可在多效真空浓缩装置中进行。图中所示为典型的双效逆流式蒸发浓缩设备，这种设备为外加热式，由泵强制循环。根据产品的质量要求，其可溶性固形物含量为 26%～30% 或 30% 以上。

浓缩汁在灌装以前还需要经过加热器杀菌，这里使用的也是列管式换热器。

最后经灌装、封口、杀菌等工序即可得到罐头包装的番茄酱制品。番茄酱为酸性食品，因此采用的是常压连续杀菌机。

如图 14-4 所示的工艺流程中，只要选取适当形式的杀菌器进行加热杀菌和冷却，并将其通过无菌化管路直接送往大袋无菌包装系统进行包装，便可得到大容器包装的番茄酱制品。

第二节　肉制品生产线

肉类原料可以加工成各种形式的罐头制品，也可以加工成各种形式的中、西式肉制品。这里以午餐肉罐头、高温火腿肠和低温火腿制品为例，介绍西式肉制品生产线。

一、午餐肉罐头生产线

午餐肉罐头是典型的以肉类为主原料的罐头制品。工业生产中，一般以冻藏肉为原料，加工过程涉及原料解冻、分割处理、混合拌料、腌制、斩拌、装罐、封口、杀菌、包装成为成品。图 14-5 所示为午餐肉罐头加工过程的工艺流程图。

原料肉可以用腿肉，也可以用肋条肉，但在进行切割以前必须将这些原料肉的皮、骨、肋条肉部位过多的脂肪及淋巴组织去除。这样得到的肉有两种类型，一是由腿肉得到的净瘦肉和由肋条肉得到的肥瘦肉。

大块的净瘦肉和肥瘦肉在切肉机上进行切块。一般要求将净瘦肉和肥瘦肉切成适当大小的（3～4cm 见方的）肉块或（截面 3～4cm 的）肉条，目的是为了腌制以及满足后道斩拌操作的投料要求。图 14-5 所示的为 GT6D2 型切肉机的外形。该机系圆片式切肉设备。需切的大肉块由人工放在切肉条部分的输肉滚子链上，经送肉滚筒及切刀先切成条状后，

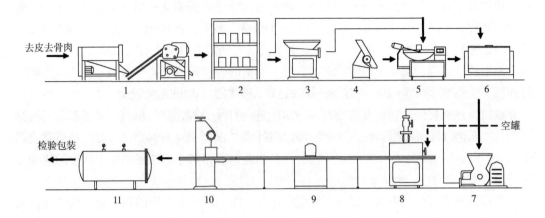

图 14-5　午餐肉罐头生产工艺流程图

1—切肉机　2—腌制室　3—绞肉机　4—碎冰机　5—斩拌机　6—真空搅拌机
7—肉糜输送机　8—装罐机　9—刮平机　10—封罐机　11—杀菌锅

从出料斗落入切肉块部分的输肉滚子链上，再由人工拨正肉条位置，同样经过送肉滚筒及切肉刀切成小方块肉后落入出料斗输出。

腌制工段将上述切好的小肉块用混合盐腌制。一般采用机械方式将混合盐按比例与肉块混合（图中没有示出）。腌制的工艺条件是在 0~4℃ 下腌制 8~96h。腌制容器一般可用适当材质的不锈钢桶缸或塑料材料容器。

腌制后的肉块，或经过绞肉机进行绞碎处理，或直接进入斩拌机进行斩拌。两者都能使肉块得到碎解。但作用的效果不一样。一般而言，绞肉机对肉细胞破碎的作用较大，这有利于可溶性蛋白的释放。斩拌机对肉细胞无多大破碎作用，得到的肉糜富有弹性感。因此，此工段一般根据具体产品工艺要求，决定腌制肉块使用绞肉机处理和使用斩拌机处理的比例。斩拌机也是午餐肉中除盐以外其余配料加入、混合的机器。常用的配料有淀粉、胡椒粉及玉米粉等。另外需要指出的是，斩拌需要加入一定量的冰屑，以防在斩拌过程中肉糜发热变性。

斩拌得到的肉糜内含有空气，因此需要在真空搅拌机中进行搅拌排除，以防杀菌过程中引起的物理胀罐。本流程中所示为卧式真空搅拌机。操作时，将上述斩拌后的细绞肉和粗绞肉一起倒入搅拌机中，先搅拌 20s 左右，加盖抽真空，在 0.033~0.047MPa 真空度下搅拌 1min 左右。

真空搅拌后的肉糜倒入肉糜输送机。肉糜输送机实际上是一种特殊形式的滑板泵，它可将加于料斗的肉糜及时送往装罐机（充填机）。装罐机将肉糜装入经过清洗消毒的空罐，由于肉糜几乎无流动性，因此，定量装于空罐的肉糜随后需用机械或人工刮平后，再用真空封口机进行封口。以上 3 台设备通常用板链输送带连接成直线。午餐肉罐头有多种规格，因此所用的装罐机和封口机也需要与之相适应。必要时需更换设备或模具。

密封之后罐头可用卧式杀菌锅进行高压杀菌和反压冷却。杀菌条件根据罐型不同而异。

二、高温火腿肠生产线

高温火腿肠是以塑料肠衣为内包装容器的西式肉制品。其生产线的工艺流程如图14 - 6所示。由图可见，高温火腿肠的制作与午餐肉罐头的制作过程有很大的相似性，所不同的只是包装形式不同。也可以将高温火腿肠看成是软包装罐头。

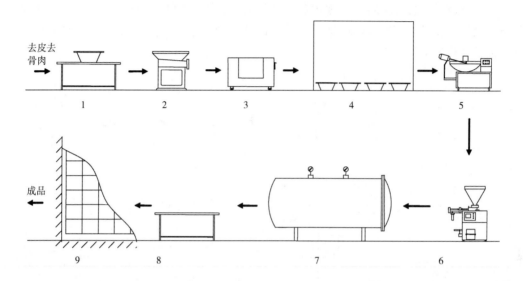

图14 -6 火腿肠生产工艺流程图

1—解冻台 2—绞肉机 3—搅拌机 4—腌制间 5—斩拌机
6—真空灌肠机 7—杀菌锅 8—贴标包装台 9—成品库

分割冻藏的原料肉，首先解冻。解冻一般在自然室温下进行。解冻后的肉置于绞肉机中绞碎，绞碎过程应特别注意肉温不应高于10℃。最好在绞碎前将原料肉和脂肪切碎，并将肉料温度控制在3～5℃。绞碎过程不得过量投放，肉粒要求直径6mm左右。

将绞碎的肉放入搅拌机中，然后加入食盐、亚硝酸盐、复合磷酸盐、异抗坏血酸钠、各种香辛料和调味料，搅拌5～10min，搅拌过程应注意肉温不得超过10℃。然后肉糜用不锈钢盆盛放，排净表面气泡，用保鲜膜盖严，置于腌制间腌制，腌制间温度0～4℃，相对湿度85%～90%，腌制24h。

将腌制好的肉糜置于斩拌机中斩拌，斩拌机预先用冰水冷却至10℃左右，然后加入肉糜、冰屑、糖及胡椒粉，斩拌约3min。然后加入玉米淀粉和大豆分离蛋白继续斩拌5～8min，经过斩拌的肉糜应色泽乳白、黏性好、油光发亮。

采用连续真空灌肠机进行灌肠。使用前将灌肠机料斗用冰水降温，并排除机中空气，然后将斩拌好的肉馅倒入料斗进行灌肠。灌肠后用铝线结扎（打卡），肠衣为高阻隔性的聚偏二氯乙烯（PVDC）。灌制的肉馅应紧密无间隙，防止装得过紧或过松，胀度要适中，以两手指压火腿肠时两边能相碰为宜。

灌制好的火腿肠要在30min内进行蒸煮杀菌。火腿肠与罐头制品一样，需要进行商业灭菌。因此需要用高压杀菌锅进行杀菌。杀菌条件因灌肠的种类和规格不同而异。以下为一些具体产品的杀菌条件。火腿肠：重量 45g、60g、75g 的为 120℃/20min；重量 135g、200g 的为 120℃/30min。

杀菌后经过检验，合格品进行外包装后便作为成品，可以入库或出厂。

三、 低温火腿生产线

低温火腿是一种以猪后腿肉为主原料的西式肉制品。原料肉经过腌制（盐水注射）、嫩化、滚揉、灌肠、蒸煮（或熏蒸）、冷却和包装成为制品。图 14 – 7 所示为低温火腿生产线的工艺流程图。

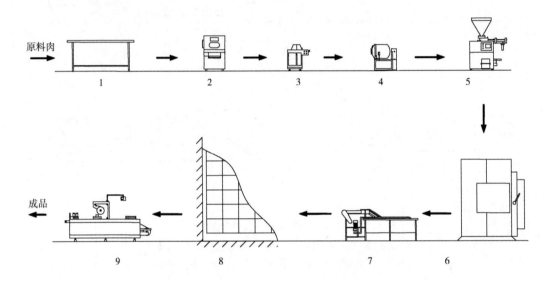

图 14 – 7　低温火腿生产工艺流程图

1—选料操作台　2—盐水注射机　3—嫩化机　4—滚揉机　5—填充机
6—熏蒸机　7—冷却池　8—冷藏间　9—包装机

原料肉采用肌肉注射腌制法。将配制好的盐水用肌肉注射装置注入肉块中，但不得破坏肌肉的组织结构。要确保盐水准确注入，且能在肉块中均匀分布。

肉块注射盐水之后，要在嫩化机中经过嫩化处理。嫩化机的作用原理是利用特殊刀刃对肉切压穿刺，以扩大肉的表面积，破坏筋和结缔组织及肌纤维束等，以促使盐水均匀分布，增加盐溶性蛋白质的溶出和提高肉的黏着性。

嫩化后的原料肉随后在滚揉机中进行滚揉操作。滚揉的目的是使注射的盐水沿着肌纤维迅速向细胞内渗透和扩散，同时使肌纤维内盐溶性蛋白质溶出，从而进一步增加肉块的黏着性和持水性，加速肉的 pH 回升，使肌肉松软膨胀，结缔组织韧性降低，提高制品的嫩度。通过滚揉还可以使产品在蒸煮工序中减少损失，产品切片性好。滚揉时的温度不宜高于 8℃，因为蛋白质在此温度时黏性较好。因此，滚揉机一般安装在冷藏间内。

滚揉后的肉料，通过充填机将肉料灌入蒸煮袋（或人造肠衣）中，并结扎封口，再蒸煮（或熏蒸）。一般蒸煮温度在 75 ~ 79℃，当中心温度达到 68.8℃时，保持 20 ~ 25min 便完成蒸煮工序。若为烟熏产品，则在烟熏炉内进行熏蒸。蒸煮（或熏蒸）后的半成品在冷却池中进行冷却，产品中心温度达到室温后再送入 2 ~ 4℃的冷藏间冷却，待产品温度降至 1 ~ 2℃时，即可进行外包装（或用双向拉伸膜包装）成为成品。

第三节　乳制品生产线

乳制品种类颇多。有巴氏杀菌乳、灭菌乳、全脂乳粉、凝固型酸乳等常见乳制品。这些制品相对于果蔬和肉类为原料的制品，其生产线有较大的连续性。并且，由于乳类为营养丰富的原料，因此其加工生产线完整操作过程一般均需由适当的 CIP 系统配合清洗。

一、巴氏杀菌乳和灭菌乳生产线

全脂巴氏杀菌乳或灭菌乳均以新鲜牛乳为原料，它们的生产过程相似，只是在后面的杀菌方式、杀菌程度以及包装方式上有差异。从新鲜原料乳开始到包装成为成品的全脂巴氏杀菌牛乳生产线工艺流程如图 14 - 8 所示。

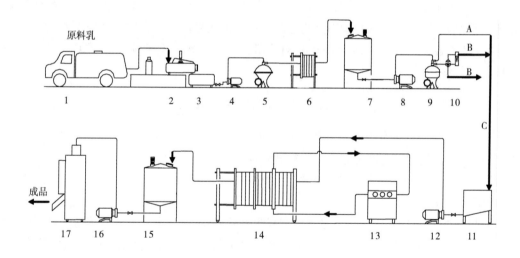

图 14 - 8　巴氏杀菌乳生产工艺流程图

1—奶槽车　2—磅奶槽　3—受奶槽　4—泵　5—净乳机　6—净乳器　7—贮奶罐　8—泵
9—奶油分离机　10—奶油流量调节系统　11—暂存罐　12—泵　13—均质机　14—杀菌机
15—成品罐　16—泵　17—包装机　A—脱脂乳　B—稀奶油　C—标准化乳

奶槽车或奶桶中的原料乳取样（用于规定指标检验）后，一般要经过定量。奶槽车装的牛乳用流量计计量，奶桶装的牛乳通常用磅奶槽和受奶槽操作。

原料乳随后用净乳机（或过滤器）除去牛乳中的各种杂质。经净化的牛乳可在低温条件下进行贮存。因此，可先使净化的原料乳经过板式冷却器冷却到贮存温度，再在贮乳罐中贮存。

原料乳首先要进行标准化，即将乳中的脂肪和非脂乳固体的比例调整到符合国家标准的要求。标准化方法如图 14-8 所示，奶油分离机 9 与稀奶油流量调节系统 10 可对乳脂过量的原料乳进行标准化，其结果是，从原料乳中除去部分稀奶油（B），而脱脂乳（A）再与另一部分定量的稀奶油（B）混成标准化乳（C）。如果原料乳含脂量低于国家标准要求，则从原料乳中除去部分脱脂乳（A），混合方法与前介绍的相同。

标准化乳随后进行均质和杀菌处理。将原料乳预热到 60℃ 后，于 15~21MPa 的压力下均质。

巴氏杀菌乳现在一般采用 75~85℃/10~15s 的处理方式进行杀菌。利用板式换热器结合均质机同时进行，牛乳均质前的预热是用杀菌后的热牛乳在板式换热器中进行的，均质后的牛乳再回到杀菌机进行加热杀菌并冷却到 4℃ 左右。

冷却后的牛乳立即用包装容器进行包装。巴氏杀菌乳可用玻璃瓶或塑料袋或纸质容器包装。包装后的巴氏杀菌乳有 2d 的保质期。因此包装完成入库后，需在冷链条件下及时出厂和配送。

如果生产保质期为 6 个月的灭菌乳，要采用超高温灭菌法，以提高杀菌强度。超高温灭菌处理牛乳有两种方法：一是直接加热灭菌法；二是间接加热灭菌法。这两种处理方法均可以获得良好的制品。灭菌乳一般要用无菌包装系统进行包装。

另外，以上流程经过适当调整，可以生产其他形式的巴氏杀菌乳。如生产调配巴氏杀菌乳，是以脱脂乳粉与无水乳脂为主要原料，适量加入新鲜牛乳，因此，需要水粉混合机等设备。生产花式巴氏杀菌乳时除用新鲜牛乳外，还应添加各种果味、果料、可可、咖啡等。

二、 全脂乳粉生产线

全脂乳粉是以鲜牛乳为原料，经过浓缩和干燥后得到的乳制品。其加工生产线的工艺流程如图 14-9 所示。由图可见，从原料乳验收到贮存基本上是相同的。

原料乳一般要经过高温短时杀菌再进入浓缩工段。杀菌方法对全脂乳粉的品质，特别是溶解度和保藏性有很大影响。

原料乳杀菌后应立即进行浓缩。浓缩视生产量等因素可采用单效或多效真空浓缩设备。国内目前多采用从单效到三效不等的真空浓缩蒸发器。国外都采用多效蒸发器完成，先进的采用七效甚至九效的系统。单效蒸发温度在 55~56℃，多效蒸发温度在 70~45℃。浓缩的目的是为了节省能源，同时对粉体的质量有特别的效果。从浓缩系统出来的浓缩乳的浓度范围一般为 45%~50%，温度一般为 45~50℃。

浓缩后的乳应立即进行干燥。乳粉通常采用喷雾干燥方法进行干燥。此法可使水分迅速蒸发，得到品质优良的乳粉。干燥室的进风温度国产设备为 150~180℃，国外大型设备在 180~230℃，排风温度为 80~85℃。干燥室的型式目前多为立式，雾化器可用离心式，也可用压力式（目前国内大多采用压力式）。国外自动化程度高的喷雾干燥系统多采用旋风分离器对干燥塔排风粉尘进行细粉回收；国内一般用袋滤器。图 14-9 所示为离心式喷雾干燥器，其排风集粉机构为装在干燥塔四周的袋滤器。因此，干粉是全部通过塔底的转鼓阀排出的。

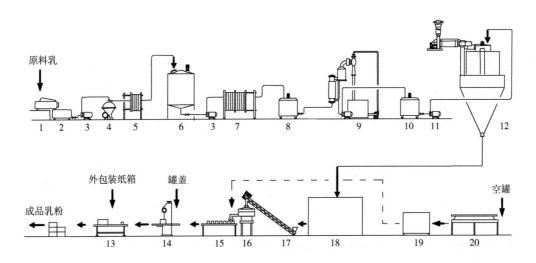

图 14 – 9　全脂乳粉生产工艺流程图

1—磅奶槽　2—受奶槽　3—奶泵　4—净乳机　5—冷却器　6—贮奶罐　7—预热器　8—暂存罐
9—蒸发器　10—浓缩奶暂存罐　11—浓奶泵　12—喷雾干燥器　13—外包装台　14—封罐机
15—定量装粉台　16—筛分机　17—螺旋输送机　18—凉粉室　19—烘干机　20—洗罐机

　　从干燥塔出来的粉体有较高的温度，在进行包装之前需要先冷却。本流程图示为在凉粉室内对干燥乳粉进行冷却。自动化程度较高的干燥系统，干燥的热乳粉从塔内出来后多经过利用冷风的流化床进行冷却降温。

　　乳粉收集后尚未冷却到包装温度，通过筛分达到进一步冷却的效果，同时将结成团块的乳粉筛分成大小均匀一致的颗粒。

　　筛分机可与定量机构结合，将筛分得到的乳粉进行定量包装。乳粉可用复合薄膜袋、塑料袋或马口铁罐包装。如用马口铁罐，为了获得长保质期，也有采用充氮封罐的。其方法是，先用抽真空的方法排除乳粉罐中的空气，再充氮气，最后封口。采用复合袋或塑料袋一般不用充氮包装。

三、　冰淇淋生产线

　　冰淇淋是一种以牛乳、炼乳、稀奶油为原料，配以糖类、乳化剂、稳定剂和香料等制成的冷冻甜食。其生产线工艺流程如图 14 – 10 所示。

　　制造冰淇淋的第一步是使乳及其他原料在配料罐中充分溶解并混合均匀。为了达到这一目的，一些难以溶解的物料，或比例量少的配料，一般要在高速搅拌机中进行预混合溶解，然后再与配料罐中的乳液进行混合。配料罐一般用冷热缸（即带夹层的搅拌罐），通过适当加热以促进物料的混匀。

　　混合均匀并预热到一定温度（一般为 50 ~ 60℃）的混合料随即通过双联过滤器过滤后进行均质，均质压力为一级 17 ~ 21MPa，二级 3.5 ~ 5MPa。均质后的物料随即进行杀菌。一般采用杀菌条件为 80 ~ 85℃/10 ~ 15s，并立即冷却至 0 ~ 4℃。

　　杀菌冷却后的混合料要在 0 ~ 4℃温度条件的老化罐（也称为成熟罐）中保持 4 ~ 24h，

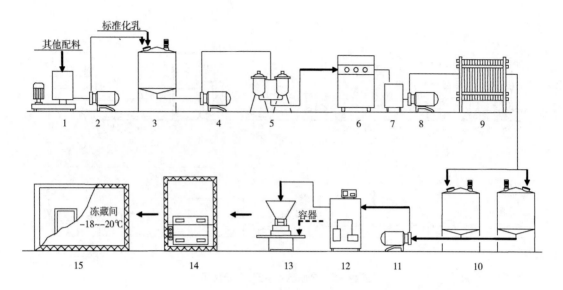

图 14-10 冰淇淋生产工艺流程图

1—高速搅拌机 2—泵 3—配料罐 4—泵 5—双联过滤器 6—均质机 7—贮存缸 8—泵
9—板式热交换器 10—老化罐 11—泵 12—凝冻机 13—灌装机 14—速冻隧道 15—冻藏库

进行老化（即成熟），使其黏稠度增大，提高成品的膨胀率，改善组织状态。

经过老化的混合物在冰淇淋凝冻机中进行凝冻（亦称冷冻或冻结），在 -4 ~ -2℃下进行强烈搅拌，混入大量极微小的空气泡，使膨胀率达到最适宜的程度。

从凝冻机出来的冰淇淋直接通往灌装机进行灌装。刚装入不同容器中的冰淇淋称为软质冰淇淋，经过硬化后则成为硬质冰淇淋。硬化一般在接触式速冻机内进行，要求冰淇淋的平均温度降到 -15 ~ -10℃之间。硬化后的硬质冰淇淋可置于 -15℃的冷库中贮藏。

四、 凝固型酸乳生产线

凝固型酸乳为典型的发酵乳制品，它以鲜牛乳（或全脂乳粉）为原料，加入发酵菌种后，灌装入容器进行发酵得到。凝固型酸乳生产线工艺流程如图 14-11 所示。

经过包括标准化在内的预处理过的原料乳在配料罐内与溶解过滤后的蔗糖溶液按配方要求混合，若加入添加剂一般应预先加热溶解后加入混合料中。混合料预热到 60℃后，在均质机上以 15 ~ 21MPa 的压力条件进行均质。

混合料均质后随之需要进行杀菌，杀菌采用 95℃/5min 的处理，此处理方法可以获得硬度、稳定性良好的制品。杀菌后的料液迅速冷却到 43 ~ 45℃。

杀菌后的物料泵入接种罐（带搅拌器的混合罐），在此添加 2.5% ~ 5% 的工作发酵剂。接种（投入工作发酵剂）时应立即搅拌，以使发酵剂均匀分布于乳中。

接种后应及时用灌装机将物料灌装入消费用的小容器（如玻璃瓶、塑料杯等），随即进行封口。灌装时间须严格把握，从接种开始到灌装结束送入发酵室的时间不超过 1.5h。否则在灌装过程中牛乳就会凝固，最终导致产品中的乳清析出。

灌装、封盖后的酸乳迅速送入发酵室中，于 (43±1)℃下发酵 2.5 ~ 4h，待牛乳呈凝

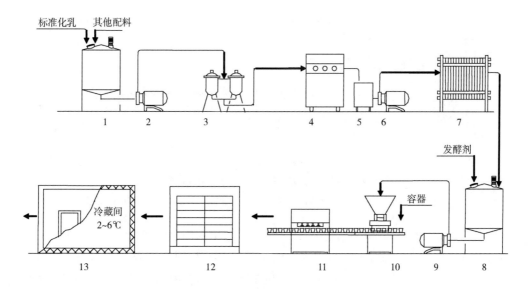

图 14 – 11 凝固型酸乳生产工艺流程图

1—配料罐 2—泵 3—双联过滤器 4—均质机 5—暂存罐 6—泵 7—板式热交换器

8—接种罐 9—泵 10—灌装机 11—封口机 12—保温发酵室 13—冷藏室

固状态即可终止发酵。此时应立即将酸乳放入 2～6℃的冷藏库中，以迅速抑制乳酸菌的生长，降低酶的活性，防止酸度过高。酸乳在 2～6℃下放置一定时间（12h 以上）称为后发酵，其目的是促进芳香物质的产生，同时增加酸乳制品的黏稠度，最终产品应呈胶体状、乳白色、不透明、组织光滑、具有柔软蛋奶羹状的硬度。

第四节 糖果制品生产线

种类繁多的糖果制品，大体上可以分为三大类，即硬糖、软糖和巧克力制品。其种类又因配料和工艺条件不同而可进一步划分。一般说来，糖果制造过程主要涉及物料溶解、溶化、混合、冷却成型等操作。其中成型是糖果制造中的关键工序之一。本书第十章中介绍的成型方法大多可在糖果制造业中应用。

一、硬糖生产线

硬糖也称熬煮糖果，其主要原料是蔗糖、葡萄糖、淀粉糖浆等，辅料有柠檬酸、香料及色素等。使用不同配方和生产方式可制成许多不同品种，透明型的有各种水果、薄荷硬糖等；丝光型的有拷花糖等；夹心型的有酱心、粉心夹心糖等；膨松型的有脆仁糖等；结晶型的有梨膏糖等。硬糖可用两种方法成型：一是冲模成型；二是浇模成型。采用真空熬糖浇模成型的硬糖生产线工艺流程如图 14 – 12 所示。

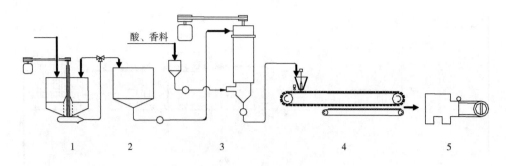

图 14 - 12　浇模成型硬糖生产工艺流程图

1—溶糖罐　2—暂存缸　3—连续真空熬糖机　4—硬糖浇模成型机　5—糖果包装机

白砂糖与葡萄糖浆按比例加入溶糖罐，加入的水量约为白砂糖量的30% ~ 35%。边搅拌边将糖液加热到105 ~ 107℃使砂糖充分溶解。图14 - 12所示的溶糖罐本身自带（80 ~ 100目筛）过滤器、利用泵（由中轴驱动，位于罐底）对糖液的抽吸循环作用进行搅拌的溶糖罐。此泵既可起搅拌作用，也用作糖浆输送泵。

溶化的糖液经过滤后泵入贮罐中暂存，再用泵送入熬糖设备进行熬煮。硬糖可在常压和真空两种状态下进行熬煮。目前一般采用真空熬煮。

本图例采用目前较先进的连续真空薄膜熬糖新工艺，将糖浆泵入一装有高速旋转刮板的真空熬煮机中，糖浆受离心力作用，从顶部沿着加热壁面迅速进行热交换并汽化。二次蒸汽被顶部的风扇排除。浓缩的糖浆落到底部进入香味料混合室。以上整个过程在7 ~ 8s内完成。室内真空度约为650 ~ 700mmHg。糖浆温度最终在115 ~ 118℃，水分含量不超过3%。从蒸发室流下的糖浆在熬煮机的下方与经计量的柠檬酸、香料及色素等混合，此过程称为调和。

调和后的糖浆泵入成形机的保温料斗内，依次注入模型盘中。由成形机中上方和下方的冷却气流冷却至40℃以下，再由卸料点将糖粒脱模至输送带上。

脱模输送带送出的糖粒，经过将不合格的糖粒拣出后送至糖果包装机进行包装，然后大包装、入库。

二、 奶糖生产线

奶糖属低度充气的半软性糖果，其相对密度约为1.2 ~ 1.3。奶糖主要由白砂糖、葡萄糖浆、乳品、胶体、油脂、水和空气等组成。其中，乳品常用的是甜炼乳和乳粉；胶体常用的是明胶；油脂常用的是奶油和麦淇淋等。典型产品配方如表14 - 1所示。

表 14 -1　　　　　　　　　　　　　典型奶糖产品配方

原料	份额	原料	份额
白砂糖	12	奶油	3
葡萄糖浆	28	明胶（干）	1.0
甜炼乳	20	香兰素	0.025

奶糖加工的工艺流程如下：溶糖→过滤→熬糖→搅打与调和→冷却→成形→包装。图14-13 所示为典型的奶糖生产工艺流程图。

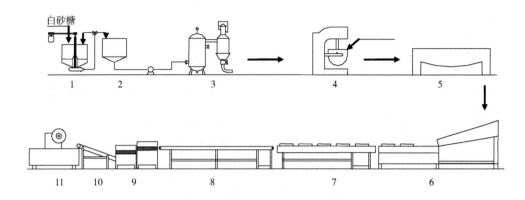

图 14-13 奶糖生产工艺流程图

1—溶糖罐 2—暂存缸 3—常压熬糖机 4—搅打机 5—冷却台 6—保温拉条机
7—均条机 8—带式输送机 9—搓切机 10—带式输送机 11—包装机

奶糖制造过程的第一步也是溶糖，方法与硬糖相同。只是由于本身含水的葡萄糖浆在配方中比例较高，因此，水可适量少加，约为砂糖的 20%~25%，使糖液浓度在 75%~80% 较适宜。

奶糖一般用常压熬糖机进行熬煮。奶糖是半软糖，水分含量较硬糖高，且在后面搅打时还可蒸发部分水分，故熬糖温度不必太高，一般采用常压熬煮即可。具体操作过程为：先将糖液加热熬煮至 100℃，加入奶油和甜炼乳，再熬煮至 115~118℃。由于乳品与高温的糖浆接触时，会促使糖液变色反应增强，故熬煮好的糖液要及时进行下一步的操作，否则就会影响产品色泽。

熬煮好的糖液随即与明胶冻混合，在立式搅打机上进行搅打。搅打时取相应比例的明胶冻于搅拌机中，冲入熬煮好并稍冷后的糖浆，先慢速搅和，再以高速搅打 30min 左右，完成充气过程，最后再加入香兰素搅匀。

搅打后的糖膏立即移入冷却台，不断翻叠，使温度冷却至 50℃ 左右。冷却后的糖膏移入保温拉条机（也称保温辊床），将糖膏搓细，然后经匀条机（也称均条台）上的滚轮对作用，糖条由粗变细达到规定的要求。匀条机出来的糖条还须在带式输送机上经过一段时间冷却，以使糖条获得一定的硬度。再送入搓切机上切割成圆柱状糖粒。

搓切机切出的糖粒，通过可完成将不合格糖粒拣出操作的输送带送往糖果包装机进行包装，然后进行大包装、入库。

三、巧克力生产线

巧克力制品的主要原料为（由可可豆加工制得的）可可液块、可可粉和可可脂以及白砂糖和乳化剂等。添加不同的辅料和香料可制成不同风味的巧克力产品，如香草巧克力、牛奶巧克力等。目前有许多工厂用代可可脂部分或全部替代可可脂生产巧克力。表 14-2 所示为典型巧克力配方。

表 14 – 2 典型巧克力产品配方

原料	份额	原料	份额
可可液块	12	可可粉	5
可可脂	25	卵磷脂	0.4
白砂糖	45	香兰素	0.5
乳固体	12		

制造巧克力的一般工艺流程：原料→调和→精磨→精炼→调温→浇模成型与冷却硬化→包装。图 14 – 14 所示为巧克力生产线工艺流程图。

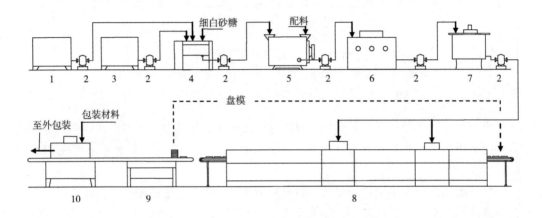

图 14 – 14　巧克力生产工艺流程图

1—可可液熔化罐　2—泵　3—可可脂熔化罐　4—巧克力混合机　5—精磨机
6—精炼机　7—调温罐　8—浇模成型机　9—脱盘台　10—包装机

可可脂、可可液块分别在熔化罐内预先加热熔为液态，白砂糖经粉碎机粉碎成 25 ~ 60μm 的糖粉，三者按比例与配方中其他配料一起加入调和机（也称混合机），在 45 ~ 55℃ 的温度下调和均匀。也可将这些原料直接加入精磨机中调和，再精磨。

混合均匀的料液送入精磨机，在 45 ~ 60℃ 的温度下不断研磨，使其固形物中大部分质粒的直径在 15 ~ 20μm 的范围内。

精磨后的巧克力酱料再送入精炼机进行精炼。酱料在精炼机中经长时间摩擦作用，使固体质粒变得更为均匀。精炼后的料液变得较为稀薄和容易疏散，易于后道工序操作。同时可使产品质构更为细腻滑润、增香并改善外观色泽。精炼时间一般需 24 ~ 72h。用于精炼的设备称为精炼机。精炼机有多种形式，通常为辊式研磨机。常见的有单滚式、三辊式和五辊式等。图中所示为一种三辊式巧克力精炼机。

精炼后巧克力浆料要在调温罐中进行调温处理。所谓调温就是通过调节巧克力浆料温度的变化，使物料产生稳定的晶型。调温可分为三个阶段：第一阶段是将浆料从 40℃ 冷却到 29℃；第二阶段是从 29℃ 连续冷却到 27℃；第三阶段是从 27℃ 再回升到 29 ~ 30℃。

调温好的浆料便可在浇模成型机中成型。浇模成型机的工作原理可参见本书第十章相关内容。

从成型机出来的模盘随后可在脱模台上由人工进行翻转脱模，得到成型的巧克力块。这些巧克力块经剔去残次品后，按要求进行包装。巧克力是一种对温度和湿度敏感的产品。一般要求包装室相对湿度不得超过50%，温度控制在17~19℃范围内。

最后需要指出的是，由于巧克力浆料的流动性对温度较敏感，因此，输送巧克力浆料的管路均需要有保温层保温，必要时还应配上恒温措施。

第五节　软饮料生产线

软饮料指的是经过包装的乙醇含量小于0.5%的饮料制品。根据原料和产品形态的不同，软饮料可分为碳酸饮料、果汁饮料、蔬菜汁饮料、含乳饮料、植物蛋白饮料、固体饮料、天然矿泉水以及其他饮料，如橘子露、杨梅露、茶饮料等。软饮料可用不同材料和不同形状的瓶、罐、袋和盒等包装。

包括碳酸饮料在内的多数软饮料，其最主要的成分应为符合饮用标准的净化水。因此，不同来源的原料水，在配制软饮料前均需要进行不同方式和程度的净化和杀菌处理。

一、碳酸饮料生产线

碳酸饮料是在一定条件下充入二氧化碳气体的制品，成品中二氧化碳含量（20℃时体积倍数）不低于2.0倍。碳酸饮料分为果汁型碳酸饮料、果味型碳酸饮料、可乐型碳酸饮料、低热量型碳酸饮料和其他型碳酸饮料。

碳酸饮料可用一次灌装法或二次灌装法进行灌装封口。所谓一次灌装法是将糖浆基料与汽水按比例预选在混合机中混合，然后直接进行灌装和封口。二次灌装法是先将糖基浆料灌入容器内，然后再加入按比例量的溶有二氧化碳的汽水，最后进行封口。目前一般的做法是采用一次灌装法。图14-15所示为一次灌装法生产碳酸饮料的工艺流程图。整个生产线在混合机上游可以分为三个支路，即水处理、糖浆配制、二氧化碳净化，灌装机是混合汽水分支和空瓶清洗分支的结合点。

在图14-15中，原水1到紫外杀菌机8为水处理工段。在此工段内，原水先后经过多介质过滤器、精密过滤器、纤维过滤器、混合离子交换器、精密过滤器、中空纤维超滤器和紫外杀菌器的处理，得到符合工艺要求的纯水。从紫外杀菌器出来的水分为两路，一路由冷却机冷却后进入饮料混合机，第二路直接作为冲瓶、化糖和调糖浆用的净水。

糖浆调配的过程为：首先在溶糖罐内以一定比例投入砂糖和水进行加热及搅拌制得浓糖液，经过滤、冷却后，在调配罐内按顺序加入用少量水溶化糖精、防腐剂、柠檬酸、香精、色素，得到调和糖浆。

最初装在高压钢瓶中碳酸饮料用的二氧化碳，在混合以前要经过二氧化碳净化器净化，除去其中的不纯成分。

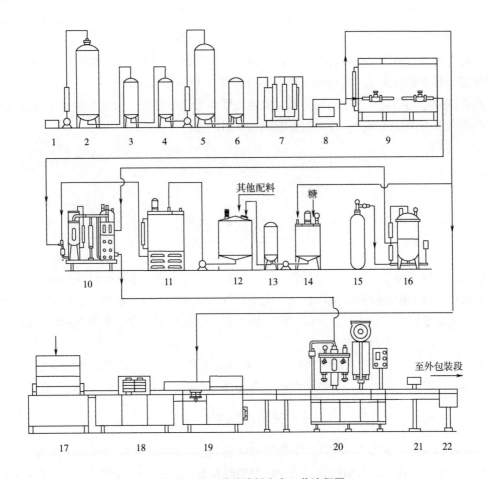

图 14-15 碳酸饮料生产工艺流程图

1—原水 2—多介质过滤器 3—精密过滤器 4—纤维过滤器 5—混合离子交换器

6—精密过滤器 7—中空纤维超滤器 8—紫外线灭菌器 9—冷却机组 10—饮料混合机

11—糖浆冷却器 12—调配罐 13—膜过滤器 14—溶糖罐 15—CO_2 钢瓶 16—CO_2 净化器

17—浸泡器 18—外刷除标机 19—刷瓶主机 20—等压灌装封口机 21—喷码机 22—输瓶机

饮料混合机是一次灌装法碳酸饮料生产线的中心枢纽。在此经过冷却的净化水首先按比例与配制好的糖浆基料液混合，得到的混合液再在汽水混合罐与经过净化的二氧化碳混合成为汽水，可供灌装。

碳酸饮料可用二种形式的瓶灌装，一种是回收使用的玻璃瓶，另一种是一次性使用的 PET 瓶（即聚酯瓶）。本例所示使用的是回收玻璃瓶。回收瓶经过浸泡、外标刷除、瓶内刷洗，最后用净化水冲洗后，送至灌装机接受灌装。需要指出的是，这种洗瓶线的生产能力不太大。产量大的，可用本书第三章所介绍的整体式自动洗瓶机进行清洗。

在饮料混合机混合得到的汽水由等压灌装机灌入经过清洗的空瓶，随后进行压盖，完成灌装封口过程。此灌装封口的碳酸饮料半成品经过由喷码机在瓶盖上喷出生产日期后，便可送至外包装段作业。但在送往外包装段的输送线上，一般要设检视工位，以剔除不合格的瓶子。产品经检查合格后装箱，便成为可库存或出厂的成品。

二、 纯净水生产线

所谓纯净水是指原水经过多层过滤和反渗透等处理后，除去主要悬浮物、固体杂质及微生物等后得到的饮用水。工业化生产的成品纯净水分桶装和瓶装两类。瓶装纯净水的工艺流程如图 14 – 16 所示。

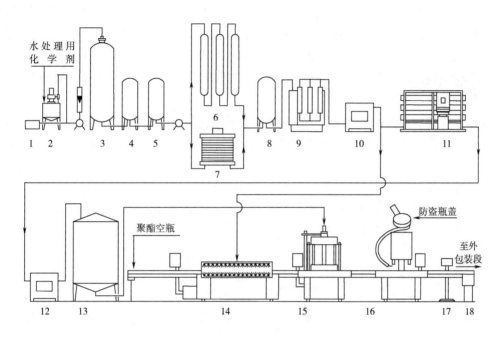

图 14 – 16　纯净水生产工艺流程图

1—源水　2—计量加药罐　3—多介质过滤器　4—精密过滤器　5—活性炭过滤器　6—离子交换单元
7—电渗析器　8—精密过滤器　9—超滤器　10—紫外杀菌机　11—反渗透装置　12—紫外杀菌机
13—无菌贮水罐　14—塑料瓶冲洗机　15—真空灌装机　16—压盖机　17—喷码机　18—输送机

纯净水的处理与碳酸饮料的水处理有一定的相似之处，但要求去除更多的非水成分杂质。源水首先与絮凝药物溶液经比例混合后，进入多介质过滤器，然后再经过精密过滤和活性炭过滤，之后可以采用两种方法去离子：一是经离子交换柱组除去水中的大部分阴阳离子；另一是用电渗析方法去除离子。得到的去离子水再经过超滤除去较大分子的悬浮胶体物质，然后经过紫外杀菌机杀菌。杀菌后的处理再分两路：一路进入反渗透机处理；另一路直接用于空瓶的冲洗。

反渗透处理后的水再经过一次紫外杀菌处理后，水质应达到纯净水标准要求。此纯净水先贮于无菌贮罐中，再由真空灌装机抽吸灌装。

本例流程中所用的是一次性使用的聚酯瓶，因此只需在倒置情况下用前面处理得到的净水冲洗一次就可用于灌装。

纯净水不含气体，因此可以用真空灌装机进行灌装。灌装后的纯净水瓶随即经压盖机压盖（防盗式塑料瓶盖）。

压盖封口的瓶装纯净水经由喷码机在瓶盖上喷出生产日期后，便可送至外包装段作业。同样，也要在送往外包装段的输送线上，将不合格的瓶子剔除。经检查合格的产品装箱（或热收缩成束）后便可作为成品库存或出厂。

三、茶饮料生产线

茶饮料是指用水浸泡茶叶得到的茶汤，经过滤、杀菌、超滤及灌装封口制成的软饮料。如在茶汤中加入糖、酸味剂、食用香精、果汁或植物抽提液等，则可加工制成多种口味的茶饮料制品。茶饮料有茶汤饮料、果汁茶饮料、果味茶饮料和其他茶饮料。

茶汤饮料生产线的工艺流程如图14－17所示。

用于泡茶的源水首先经过多介质过滤、精密过滤和活性炭过滤，再经过紫外杀菌处理。然后用于浸泡茶叶。

加热提取槽利用前处理得到的净水对茶叶进行浸泡。这一过程实为固－液萃取过程，因此可以利用固－液浸提的理论和成熟实践经验来指导具体提取槽结构的设计和工艺条件的确定。

由提取段提取到的茶汤随后经过由8、9和10串联而成的三级精密过滤，目的是为了除去茶汤中的大部分茶乳酪。随后经过板式热交换器进行杀菌和冷却，并经过超滤处理，最大限度地除去茶汤中的可沉淀物。

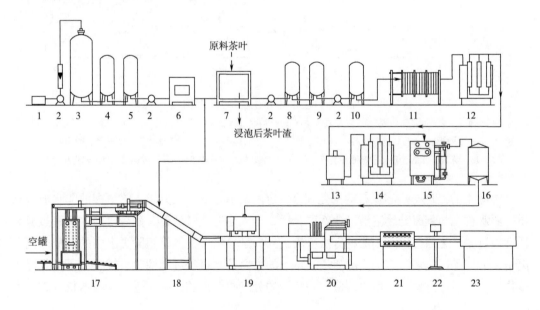

图14－17　茶饮料生产工艺流程图

1—源水　2—卫生泵　3—多介质过滤器　4—精密过滤器　5—活性炭过滤器　6—紫外线杀菌机
7—加热提取槽　8、9、10—精密过滤器　11—板式换热器　12—超滤机组　13—酸碱平衡罐
14—超滤机组　15—超高温瞬时灭菌机　16—无菌贮罐　17—半自动卸垛机　18—斜槽洗罐机
19—灌装机　20—封口机　21—翻转喷淋机　22—喷码机　23—烘干机

超滤得到的茶汤送往酸碱平衡罐将 pH 调整至酸性，再经过超滤处理，随后在超高温瞬时灭菌机中进行灭菌，灭菌后可作为符合要求的茶汤饮料供灌装用。需要指出的是，此

工艺流程中采用的是热灌装法灭菌，因此，超高温瞬时灭菌的冷却段只将茶汤冷却到90℃以上。另外，用于贮存茶汤的无菌罐也需具有保温作用。

本例中所用的茶饮料容器为易拉盖金属罐。成垛的马口铁空罐利用半自动卸垛机卸垛后，在该机上方由输送机构送入斜槽式洗罐机，空罐在此受到经过紫外线杀菌处理的水的冲洗。

贮于无菌贮罐中的热茶汤（85～90℃）通过灌装机19趁烫灌入冲洗后的空罐内，随之封口。

封口以后，像通常的热灌装法一样，罐头要在倒罐喷淋机上进行倒罐，以利用茶汤热量将罐底的微生物杀灭。并对罐头外侧进行喷淋清洗。

喷淋后的罐头经过喷码机喷码，再进入烘干机烘干，随后可以送往外包装工段装箱或用热收缩方式包装成束。

本章小结

各种食品加工生产线由一系列加工设备组成。各种加工设备必须满足工艺要求。相同产品的生产线可以选用不同型式和数量的加工设备。不同产品的生产线可以部分地共用型式上和数量上相同的生产设备。在对食品工厂生产线设计时，应考虑最大程度地利用有限的设备，构成尽可能多的产品生产线。

🔍 思考题

1. 举例说明如何利用糖水橘子和蘑菇罐头生产线的部分设备，来加工生产其他类型的果蔬罐头产品。设备方面需要如何调整？

2. 比较午餐肉罐头生产线与高温火腿生产线的设备，设计一张可以同时加工生产这两种产品的设备流程图，并作必要的说明。

3. 比较冰淇淋与发酵型酸乳生产的设备，设计一张可以同时加工生产这两种产品的设备流程图，并作必要的说明。

4. 参考相关资料，图示设计一个可同时加工生产巴氏杀菌乳、炼乳、乳粉、奶油等产品的生产车间设备流程。

参 考 文 献

1. 无锡轻工学院，天津轻工学院．食品工厂机械与设备．北京：中国轻工业出版社，1991.
2. 蒋迪清，唐伟强．食品通用机械与设备．广州：华南理工大学出版社，1996.
3. 崔建云．食品加工机械与设备．北京：中国轻工业出版社．2004.
4. 沈再春．农副产品加工机械与设备．北京：中国农业出版社，1993.
5. 张裕中．食品加工技术装备．北京：中国轻工业出版社，2000.
6. 陈斌．食品加工机械与设备．北京：机械工业出版社，2003.
7. 肖旭霖．食品加工机械与设备．北京：中国轻工业出版社，2000.
8. 高福成．食品工程全书（第一卷）．北京：中国轻工业出版社，2004.
9. 黄福南．食品工程全书（第二卷）．北京：中国轻工业出版社，2004.
10. 高福成．食品分离重组工程技术．北京：中国轻工业出版社，1998.
11. 胡继强．食品机械与设备．北京：中国轻工业出版社，1999.
12. 杨邦英．罐头工业手册．北京：中国轻工业出版社，2002.
13. 华泽钊．食品冷冻冷藏原理与设备．北京：机械工业出版社．1999.
14. 金世林．乳品工业手册．北京：中国轻工业出版社，1987.
15. 陈斌，黄星奕．食品与农产品品质无损检测技术．北京：化学工业出版社，2001.
16. 孙企达．真空冷却气调保鲜技术与应用．北京：化学工业出版社，2004.
17. 高福成，冯骉．食品工程原理．北京：中国轻工业出版社，1998.
18. 冯骉．食品工程原理．北京：中国轻工业出版社，2005.
19. 天津轻工业学院，无锡轻工业学院合编．食品工艺学．北京：中国轻工业出版社．1983.
20. 夏文水．食品工艺学．北京：中国轻工业出版社，2007.
21. Paul Singh R, Dennis R. Heldman. Introduction to food engineering third edition. San Diego, Academic press. 2001.